编委会

主　编　王雅春　温　万　顾亚玲　张　毅

副主编　张海亮　田　佳　王　琨　李委奇　马丽琴

编　委　周佳敏　王　澳　路婷婷　马烨烨　邵怀峰

黄越川　张伟新　段鑫磊　侯丽娥　韩丽云

张艳梅　杜爱杰　徐　寒　郝　峰　张　宇

周吉清　马苗苗　王　瑞　厉　龙　常　玮

刘　超　李　莉　李　敦　任子昱　刘　畅

余　波　王金升　刘统高　牛书弟　任宇佳

孙培荃　张转弟　张伟英　虎雪姣　朱熙春

胡启超　郭　红　金立彬　吴乾宇　程思源

张婧雯　常　晨　张立强　刘永军　孙　磊

刘　敏　杨玉东　文　鹏　苏　亮　马晓萍

徐凯明　冯国顺　慕　明　王　栋　陈丽佳

2022-2023 annual
dairy genetic evaluation report
iin Ningxia Hui Autonomous Region

2022—2023年度
宁夏奶牛遗传评估报告

宁夏回族自治区畜牧工作站 主编

黄河出版传媒集团
阳 光 出 版 社

图书在版编目（CIP）数据

2022—2023年度宁夏奶牛遗传评估报告 / 宁夏回族自治区畜牧工作站主编. -- 银川：阳光出版社，2024.4
ISBN 978-7-5525-7258-2

Ⅰ.①2… Ⅱ.①宁… Ⅲ.①乳牛－遗传育种－评估－研究报告－宁夏－2022-2023 Ⅳ.①S823.92

中国国家版本馆CIP数据核字(2024)第081681号

2022—2023年度宁夏奶牛遗传评估报告　宁夏回族自治区畜牧工作站　主编

责任编辑　李少敏
封面设计　赵　倩
责任印制　岳建宁

黄河出版传媒集团
阳光出版社　出版发行

出 版 人　薛文斌
地　　址　宁夏银川市北京东路139号出版大厦（750001）
网　　址　http://www.ygchbs.com
网上书店　http://shop129132959.taobao.com
电子信箱　yangguangchubanshe@163.com
邮购电话　0951-5047283
经　　销　全国新华书店
印刷装订　宁夏凤鸣彩印广告有限公司
印刷委托书号　（宁）0029046

开　　本　880 mm×1230 mm　1/16
印　　张　31.5
字　　数　620千字
版　　次　2024年4月第1版
印　　次　2024年4月第1次印刷
书　　号　ISBN 978-7-5525-7258-2
定　　价　128.00元

编写说明

宁夏是全国奶产业十大主产省区之一，具有独特的地理环境和气候优势，发展奶产业的资源条件优越。“十四五”以来，奶产业是宁夏确定的“六特”产业之一，也是率先实现现代化的特色优势产业。2013年宁夏启动实施农业特色优势产业新品种选育专项，“优质高产奶牛选育”作为重点项目列入第二轮新品种选育专项重点支持项目。为贯彻落实《种业振兴行动方案》和《全国奶牛遗传改良计划（2021—2035年）》，宁夏奶产业优先发展和重点支持优质高产奶牛遗传改良工作。群体遗传改良是一项系统性工作，定期开展牛群遗传评估可为跟踪牛群遗传水平变化趋势、评价历史选配效果、优化未来选配计划、筛选核心群及种子母牛提供支撑。2022—2023年度，项目组对宁夏奶牛继续开展了遗传评估并发布了遗传评估报告。

2022—2023年度，项目组继续更新表型数据库，利用各种信息完善牛群系谱数据。《2022—2023年度宁夏奶牛遗传评估报告》（以下简称《报告》）采用2020年最新版CPI指数展示奶牛的综合性能，系统发布了来自宁夏82个规模化牧场中国荷斯坦牛的产奶性状、体型性状、产犊性状、繁殖性状、长寿性状和$CPI1_{2020}$指数的遗传评估结果，全面揭示了宁夏奶牛的遗传水平。本轮遗传评估中，表型数据主要来自近15年来宁夏积累的258 612头牛的3 503 708条DHI记录，60 414头牛的体型外貌鉴定记录，141 251头牛的繁殖、产犊和长寿性状记录。

《报告》揭示了宁夏奶牛群体各个性状的遗传水平现状，可为宁夏奶牛群体的牛只登记、数据收集和遗传改良等工作提供参考，是指导宁夏持续提高奶牛群体遗传水平的科学依据。遗传评估工作和《报告》发布得到了中国奶业协会、中国农业大学、宁夏畜牧工作站和以宁夏农垦乳业股份有限公司为代表的“优质高产奶牛选育”项目二期核心育种场等单位的持续支持，在此一并表示感谢。受限于编者水平，《报告》中难免有偏误之处，恳请读者批评指正。

编者

2023年9月

目　录 CONTENTS

1　宁夏奶牛养殖概况

宁夏地处我国西北内陆，属温带大陆性干旱、半干旱气候。宁夏是全国奶产业十大主产省区之一，具有独特的地理环境和气候优势，位于世界公认的奶牛适宜分布地带，是最适合奶牛养殖的地区之一。宁夏奶产业整体生产技术水平位居全国前列，在自动化、信息化、精准化和健康养殖等方面都具有较高水平。

截至 2022 年，宁夏奶牛存栏 83.7 万头，居全国第 6 位（2006—2022 年宁夏奶牛存栏及其占全国奶牛存栏比例的变化见图 1-1）。2022 年宁夏 DHI（dairy herd improvement，指奶牛群体改良，也称奶牛生产性能测定，余同）参测牧场的泌乳牛日产奶量 36.4 kg，居全国第 1 位；宁夏牛奶总产量 342.5 万 t，居全国第 5 位（2006—2022 年宁夏牛奶总产量及其占全国牛奶总产量的比例变化见图 1-2）。2021 年宁夏人均牛奶占有量 386.9 kg，居全国第 1 位（2006—2021 年宁夏及全国人均牛奶占有量变化见图 1-3）。

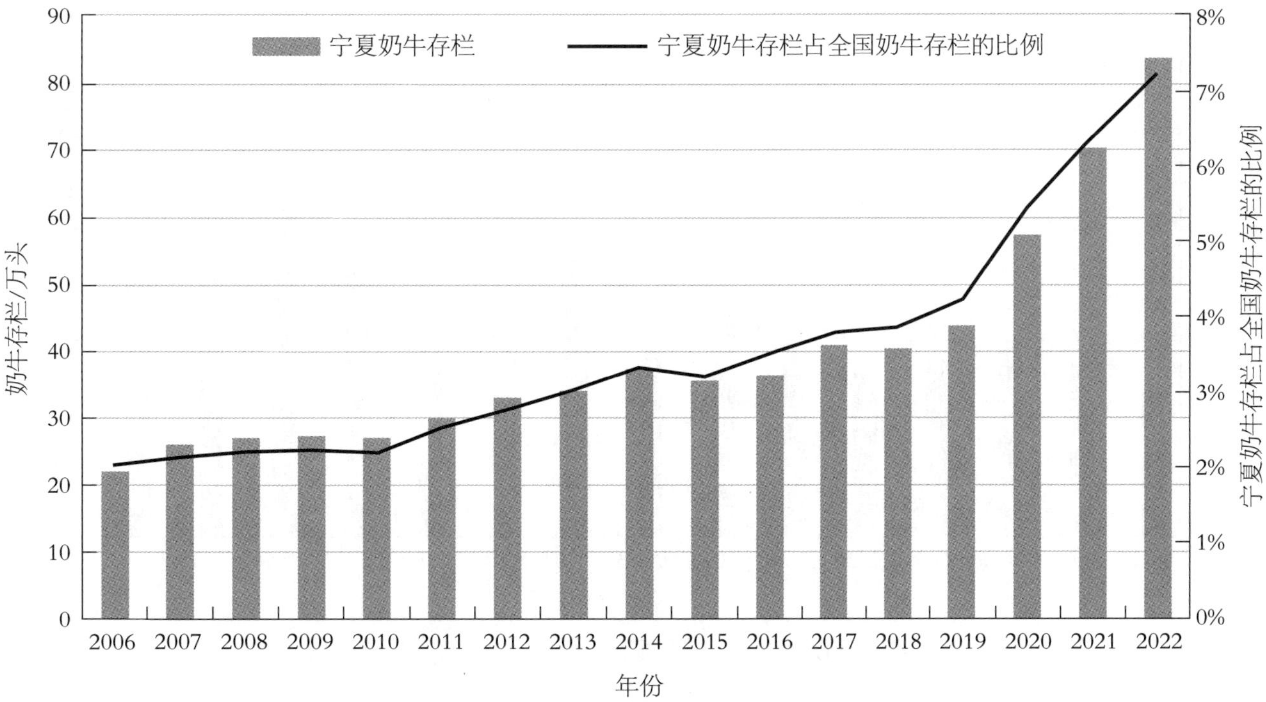

图 1-1　2006—2022 年宁夏奶牛存栏及其占全国奶牛存栏比例的变化

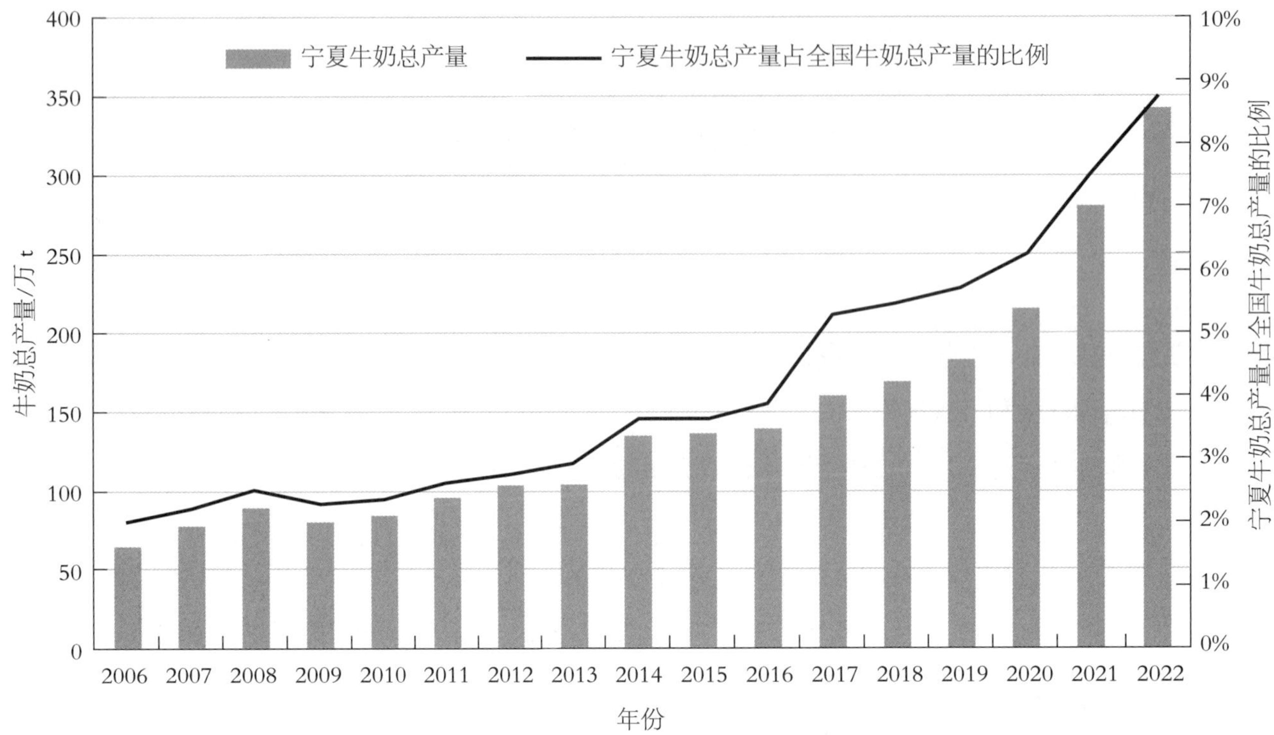

图 1-2 2006—2022 年宁夏牛奶总产量及其占全国牛奶总产量的比例变化

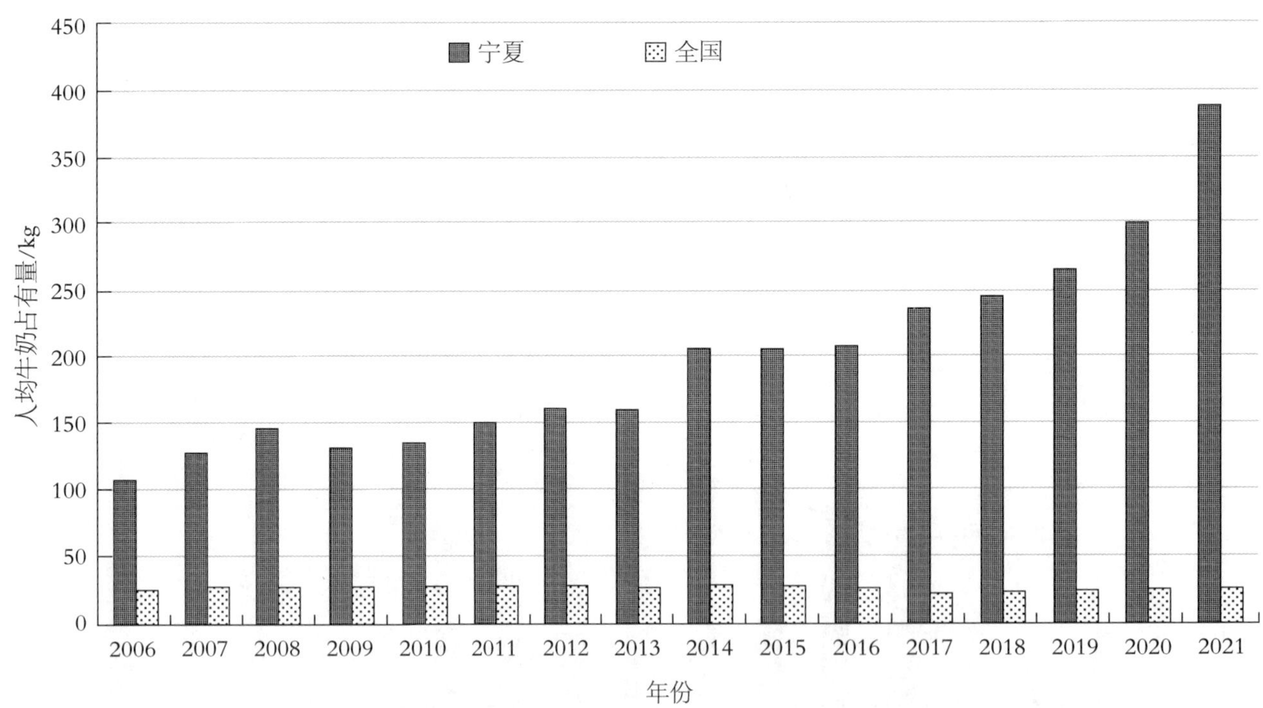

图 1-3 2006—2021 年宁夏及全国人均牛奶占有量变化

2 宁夏奶牛生产性能测定概况

2.1 参测牧场数及参测牛头数的年度变化

2011—2022 年宁夏 DHI 参测牧场数见图 2-1-1。宁夏 DHI 参测牧场数基本呈逐年递减的趋势，2022 年的参测牧场数较 2021 年有所增加。

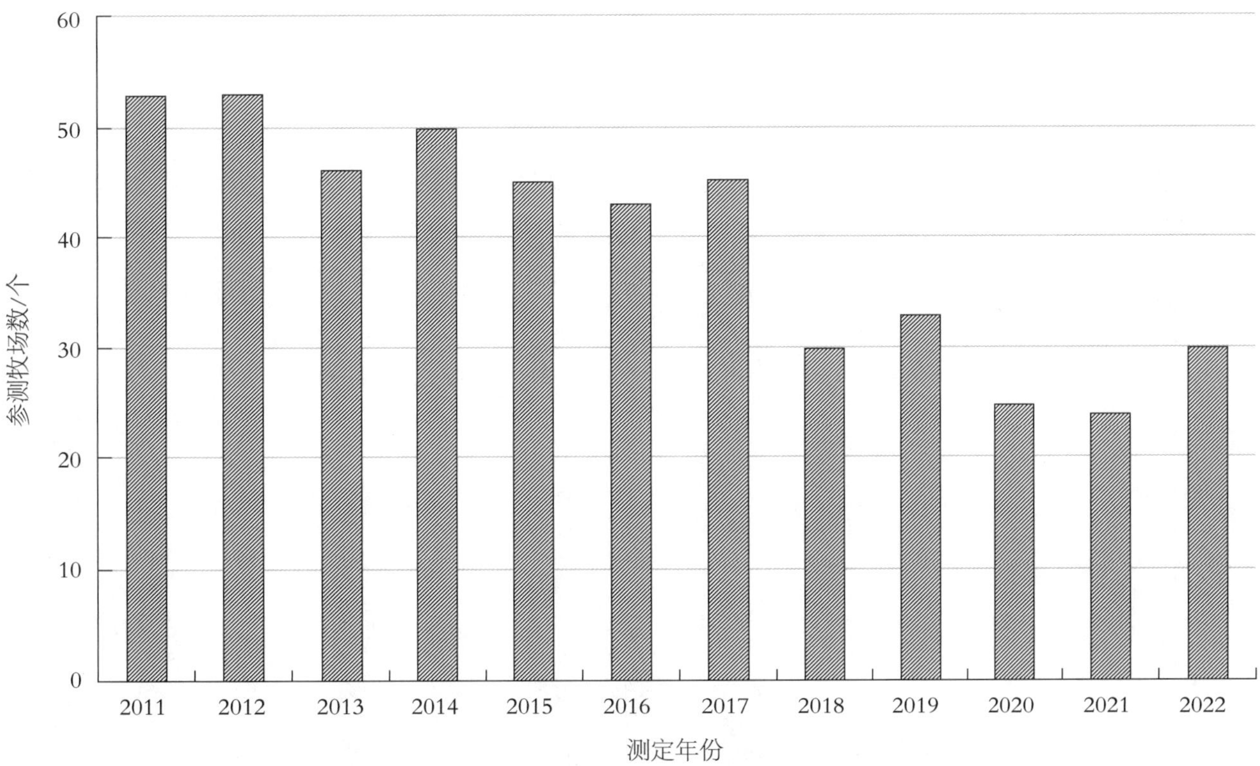

图 2-1-1 2011—2022 年宁夏 DHI 参测牧场数变化

2011—2022 年宁夏 DHI 记录数见图 2-1-2。2019 年以前，宁夏 DHI 记录数基本逐年递增，2019 年较 2011 年增加了一倍以上；此外，2022 年 DHI 记录数较 2021 年进一步增加。

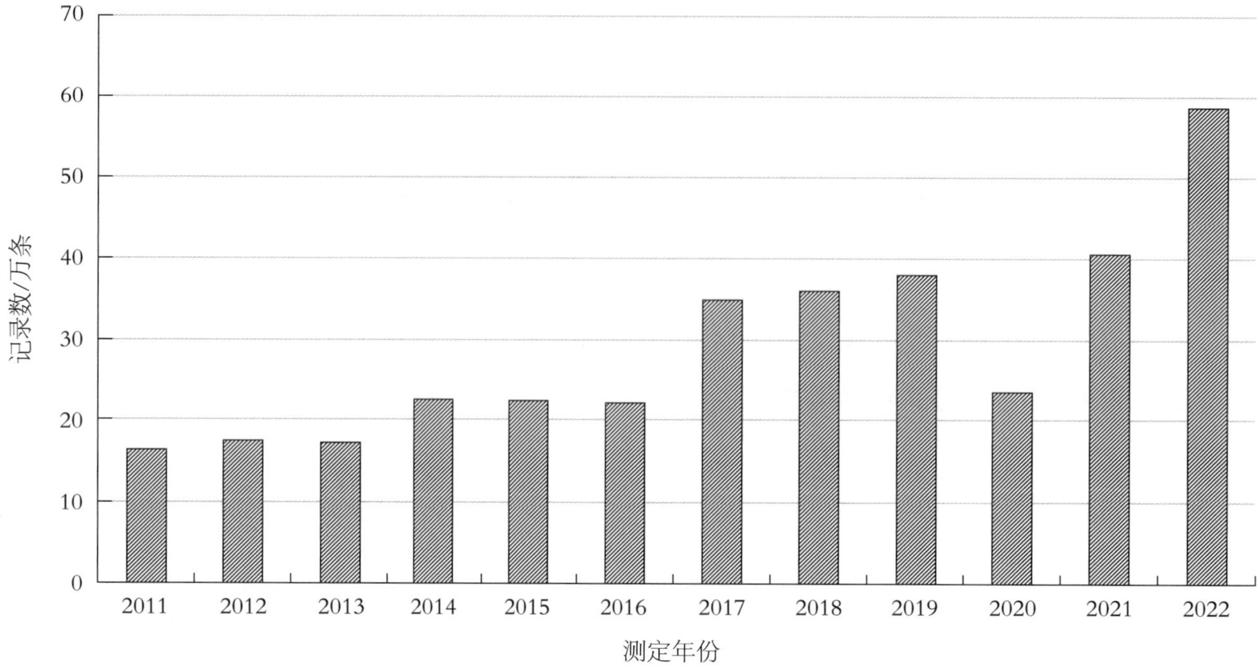

图 2-1-2　2011—2022 年宁夏 DHI 记录数变化

2011—2022 年宁夏 DHI 参测牛头数见图 2-1-3。宁夏 DHI 参测牛头数总体上呈逐年递增的趋势，2017—2020 年的参测牛头数在 5 万 ~ 6 万头波动，2022 年的参测牛头数突破 10 万头。

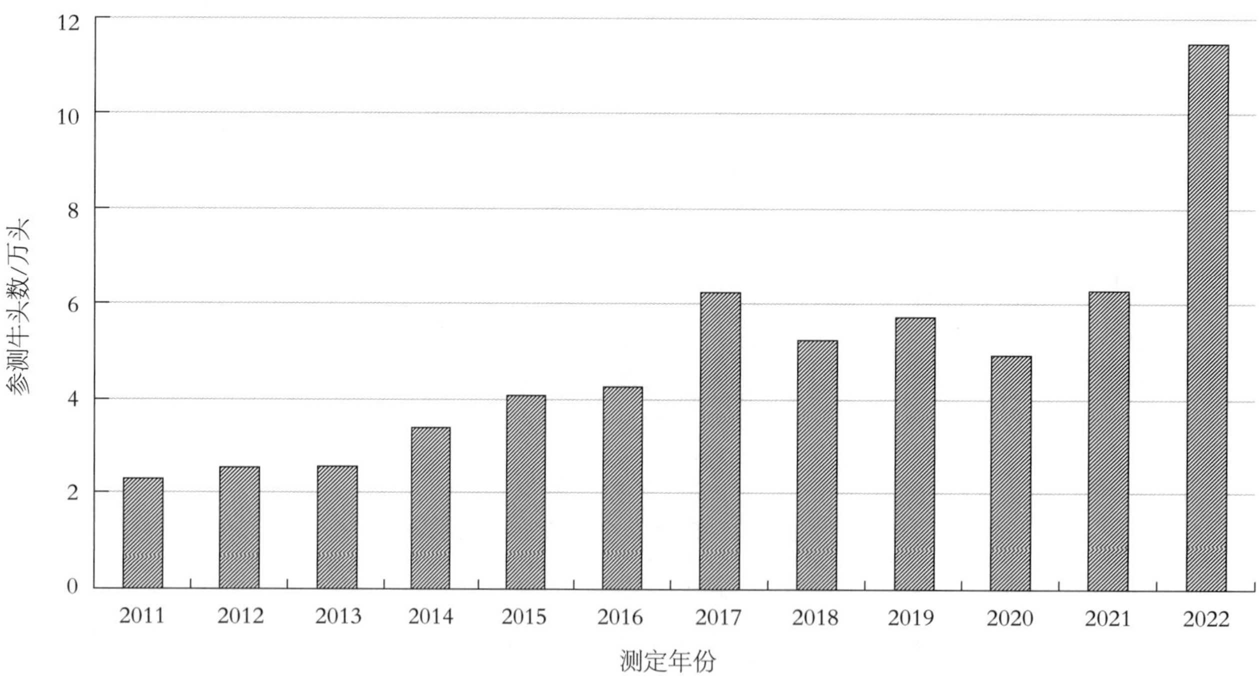

图 2-1-3　2011—2022 年宁夏 DHI 参测牛头数变化

2.2 主要产奶性能指标的年度变化

随测定年份的变化趋势：宁夏 DHI 非项目场和核心育种场奶牛的产奶量、乳脂率、乳蛋白率和体细胞数随测定年份的变化见图 2-2-1 至图 2-2-4。其中，产奶量基本呈逐年递增的趋势；乳脂率和乳蛋白率的变化趋于平缓；体细胞数总体上呈下降趋势，2016 年以后基本稳定在每毫升 10 万个以内。

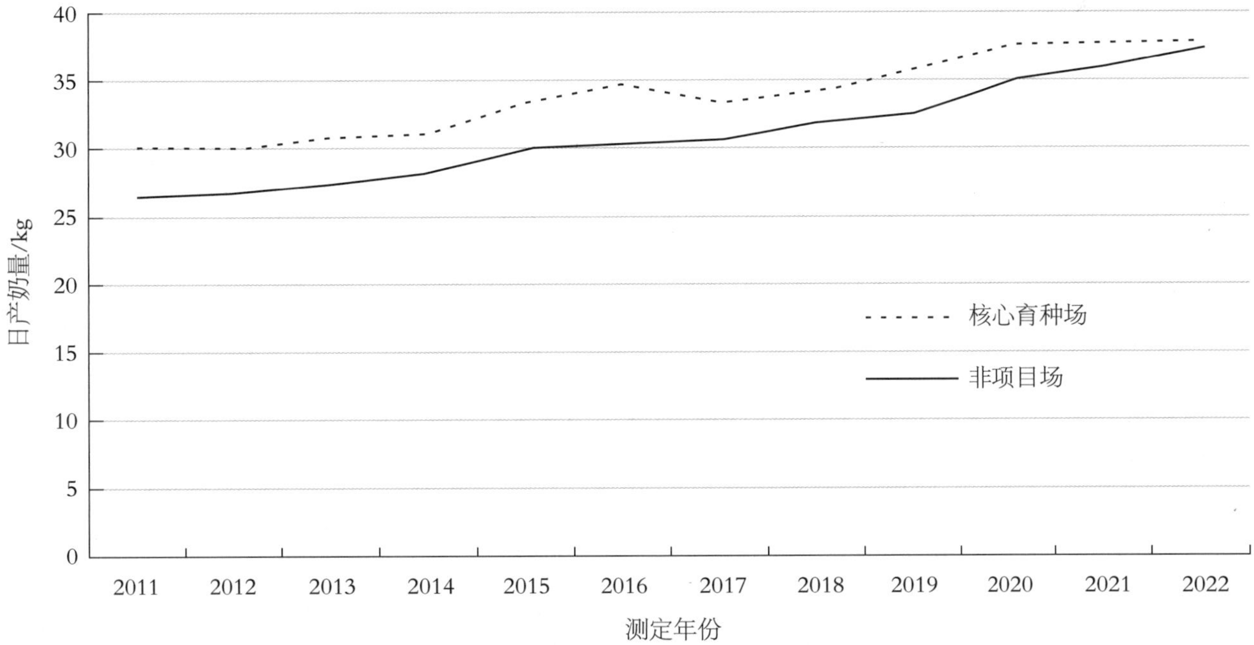

图 2-2-1　2011—2022 年宁夏 DHI 参测奶牛日产奶量变化

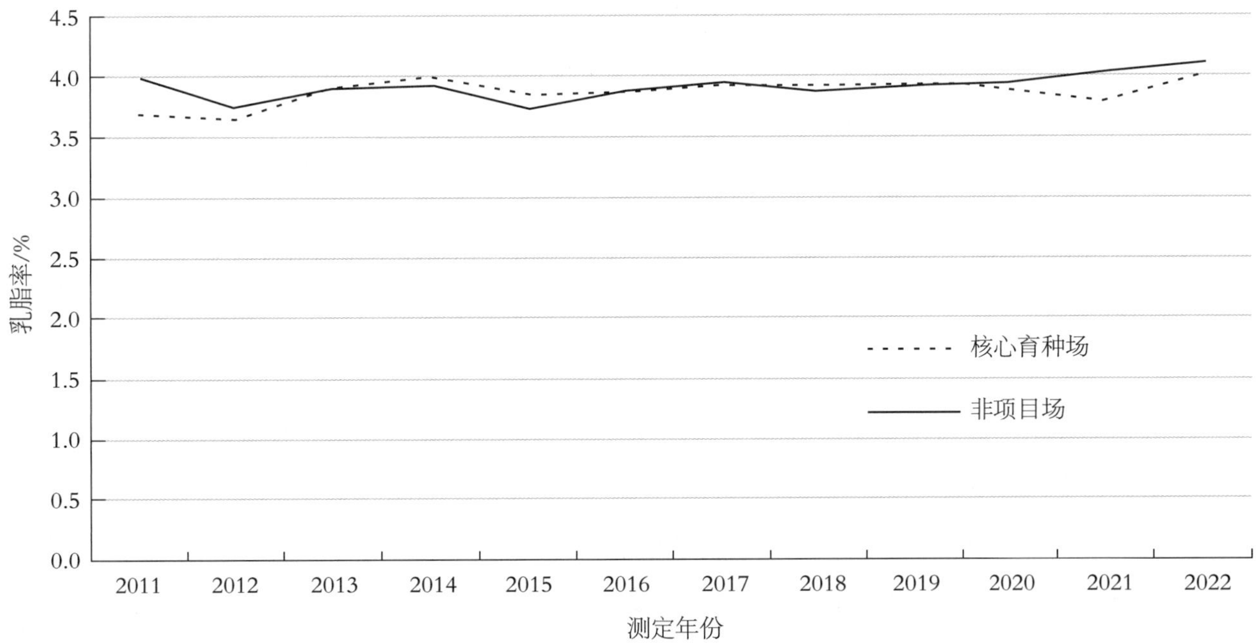

图 2-2-2　2011—2022 年宁夏 DHI 参测奶牛乳脂率变化

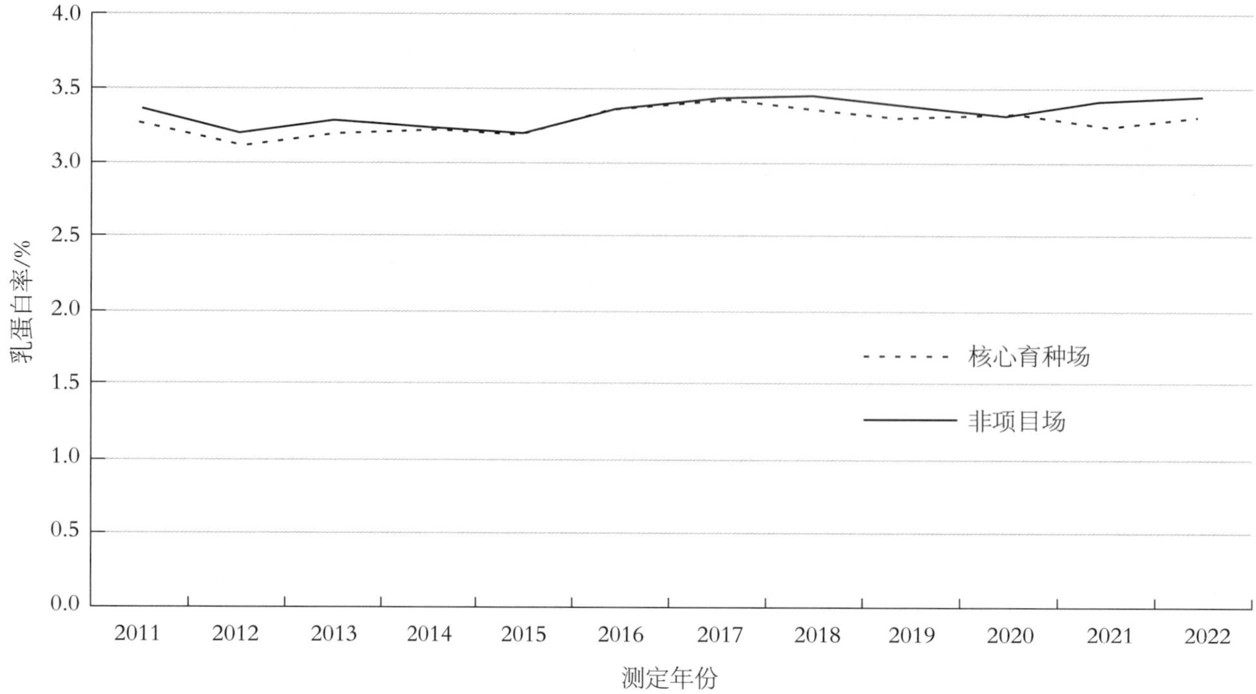

图 2-2-3　2011—2022 年宁夏 DHI 参测奶牛乳蛋白率变化

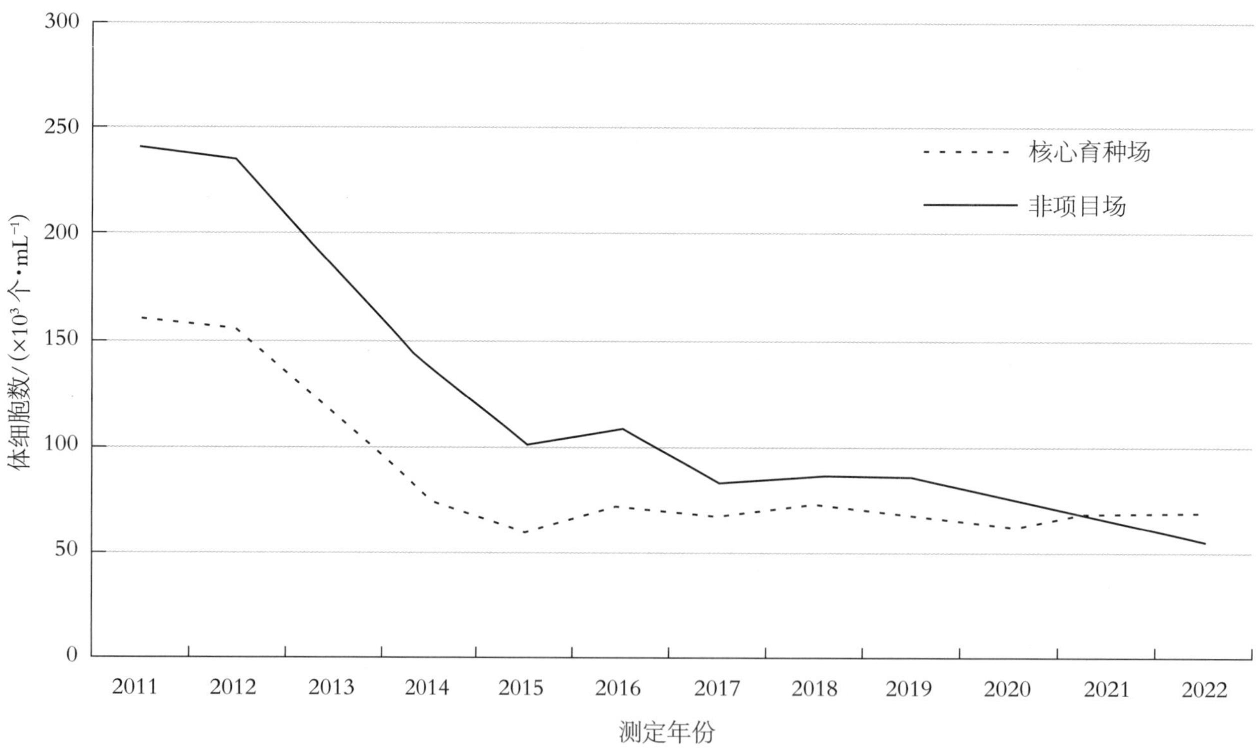

图 2-2-4　2011—2022 年宁夏 DHI 参测奶牛体细胞数变化

在产奶量和体细胞数方面，核心育种场奶牛的整体表现优于非项目场，但二者间的差距逐年缩小；在乳脂率和乳蛋白率方面，非项目场与核心育种场基本一致。计算宁夏奶牛体细胞数平均水平时，应将原始记录中的体细胞数转换为体细胞评分，获得体细胞评分均值后再转换为宁夏奶牛体细胞数平均值。

随奶牛出生年份的变化趋势：宁夏 DHI 非项目场和核心育种场奶牛的产奶量、乳脂率、乳蛋白率和体细胞数随奶牛出生年份的变化见图 2-2-5 至图 2-2-8。其中，截至 2018 年，产奶量基本呈逐年递增的趋势，2019—2020 年出生奶牛的产奶量略有降低；乳脂率和乳蛋白率的变化趋于平缓；体细胞

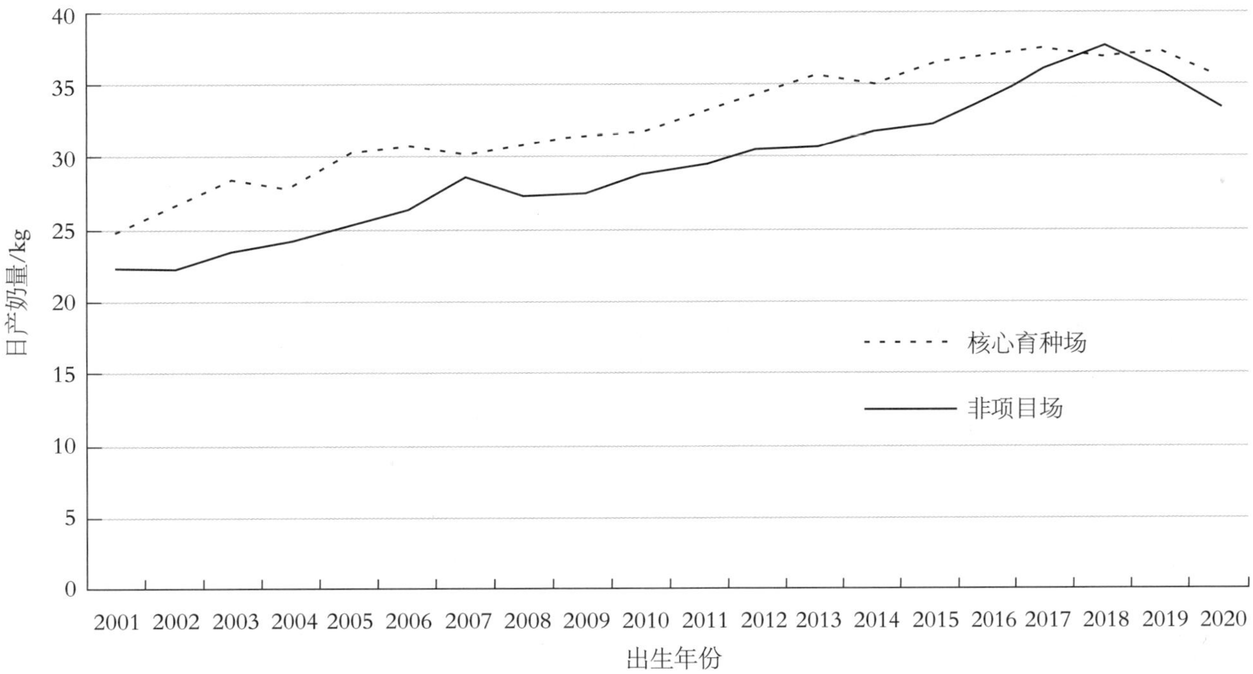

图 2-2-5　宁夏 2001—2020 年出生奶牛的日产奶量变化

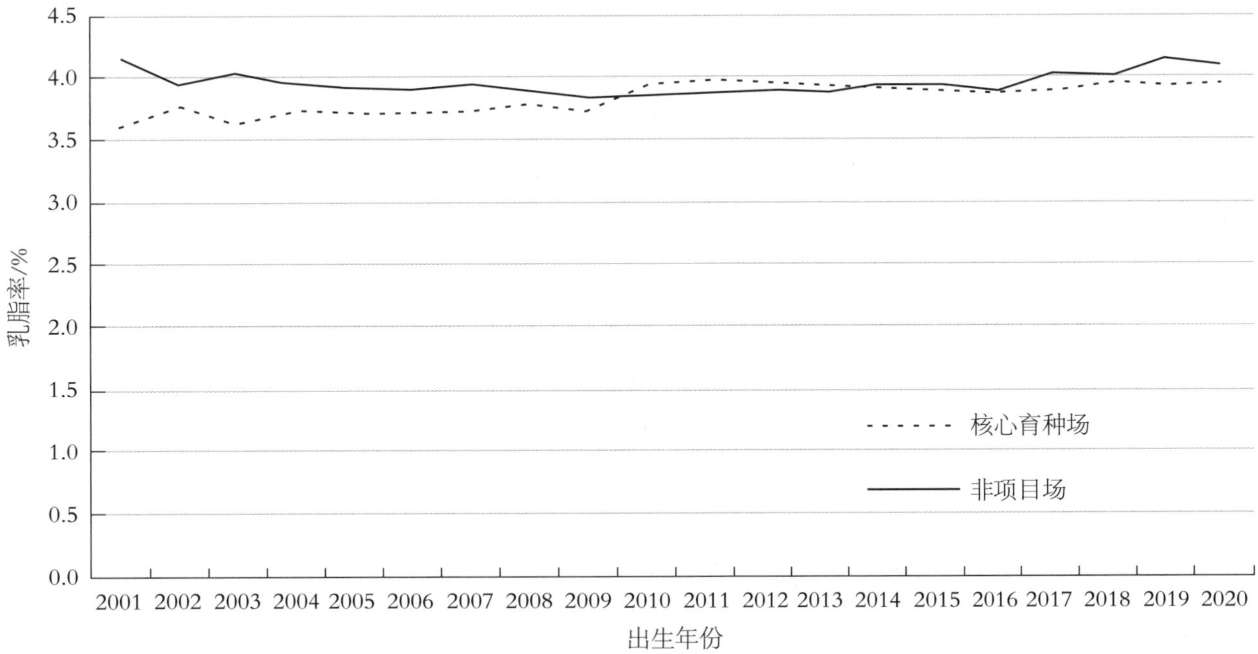

图 2-2-6　宁夏 2001—2020 年出生奶牛的乳脂率变化

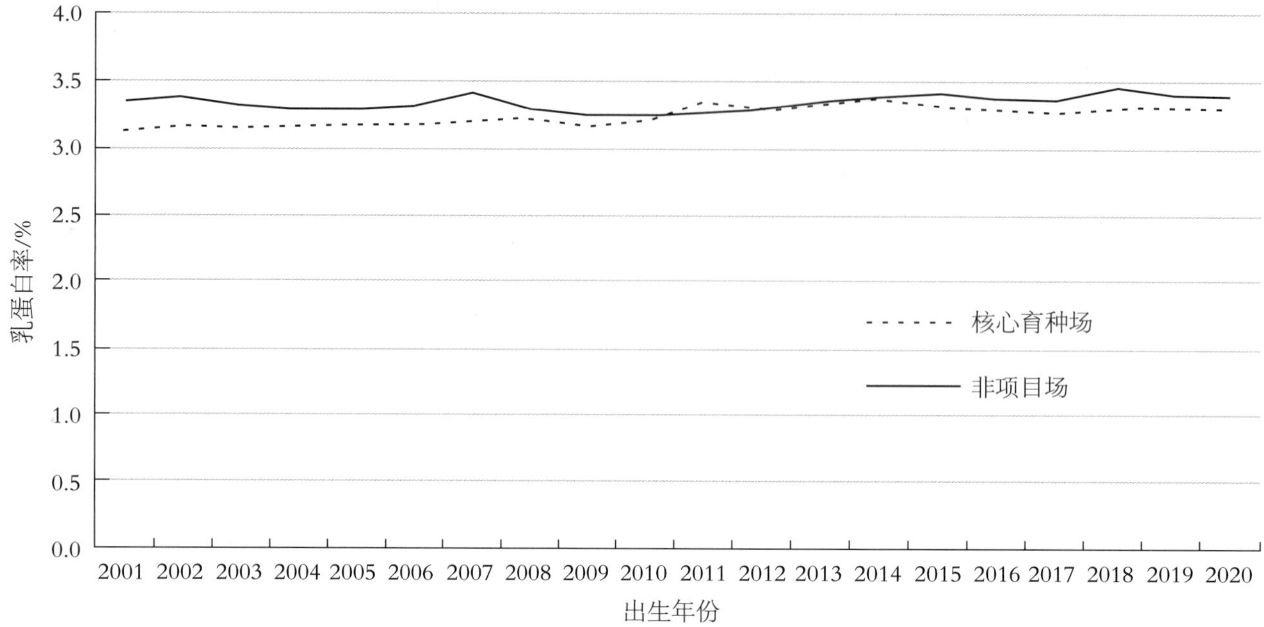

图 2-2-7 宁夏 2001—2020 年出生奶牛的乳蛋白率变化

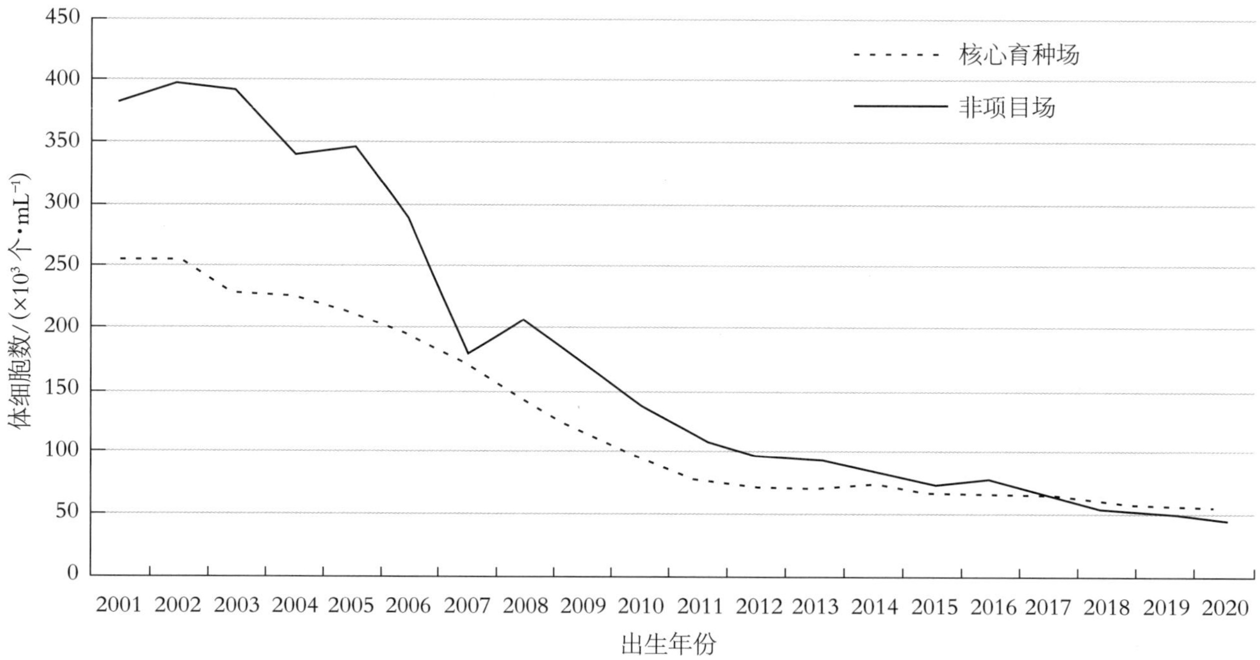

图 2-2-8 宁夏 2001—2020 年出生奶牛的体细胞数变化

数基本呈逐年降低的趋势，2011 年以后出生的测定牛只下降幅度趋缓。

在产奶量和体细胞数方面，截至 2018 年，核心育种场奶牛的表现总体上优于非项目场；在乳脂率和乳蛋白率方面，核心育种场和非项目场之间的差异较小。计算宁夏奶牛体细胞数平均水平时，应将原始记录中的体细胞数转换为体细胞评分，获得体细胞评分均值后再转换为宁夏奶牛体细胞数平均值。

2.3　参测规模的年度变化

宁夏非项目场和核心育种场 DHI 测定的数据规模和牛群规模随测定年份的变化见图 2-3-1 和图 2-3-2。宁夏 DHI 测定的数据规模和牛群规模总体上逐年递增，2016 年以后增长幅度较大。此外，核心育种场 DHI 测定的数据规模和牛群规模均大于非项目场。

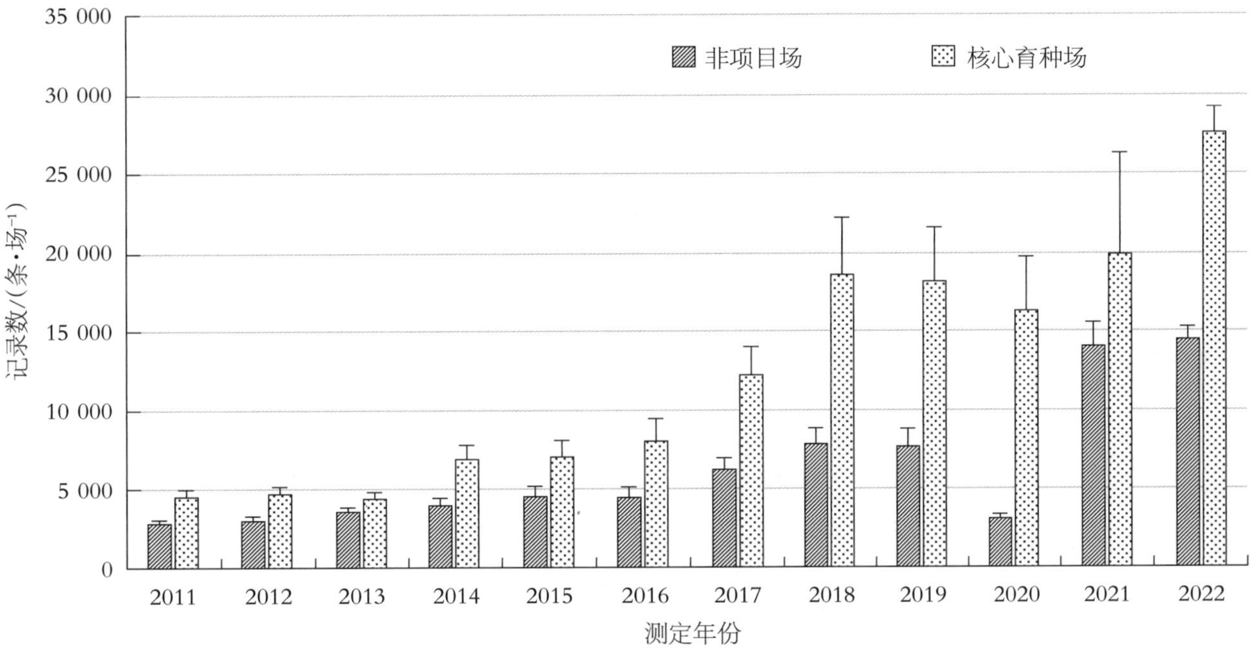

图 2-3-1　2011—2022 年宁夏 DHI 测定的数据规模变化

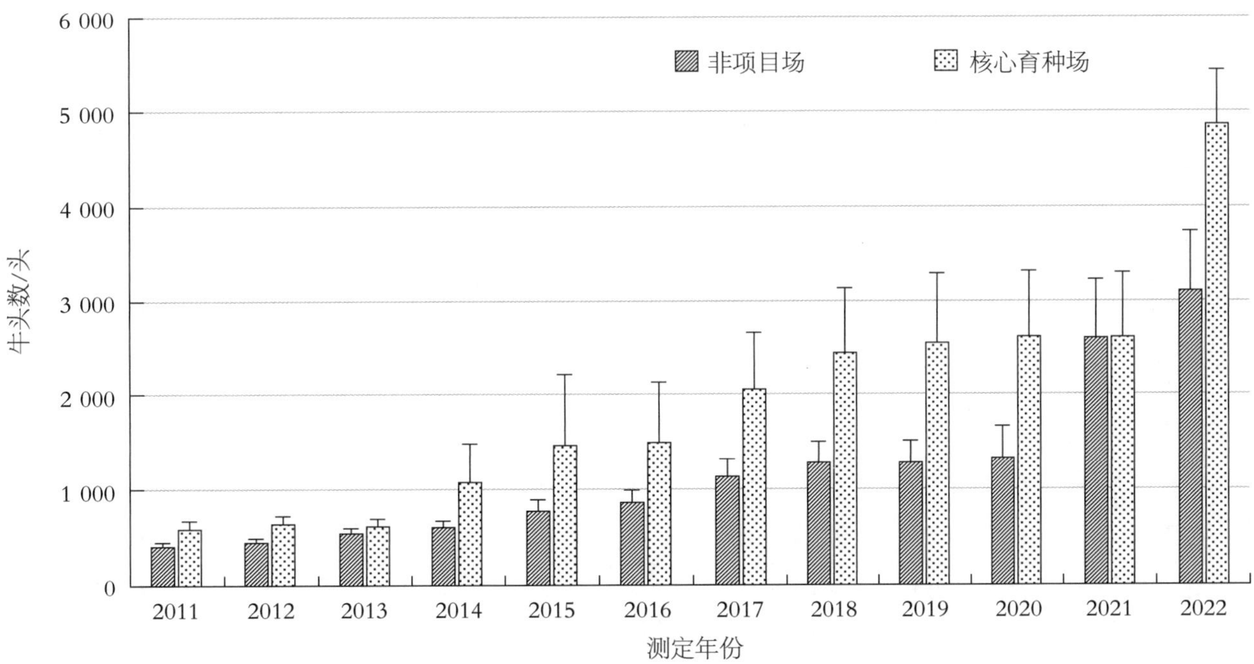

图 2-3-2　2011—2022 年宁夏 DHI 测定的牛群规模变化

2.4 测定数据有效比例的年度变化

对 2011—2022 年共计 82 个参测牧场 258 612 头奶牛的 3 503 708 条 DHI 记录进行数据质量控制（以下简称质控），质控标准及质控后的数据量见表 2-4-1。DHI 数据用于育种值估计时，质控后数据有效比例的变化见图 2-4-1 和图 2-4-2。宁夏 DHI 数据的有效比例基本逐年增加，质控标准 4 和质控标准 8 的数据损失量最大，牧场系谱收集整理等方面的工作有待加强，应严格按照《中国荷斯坦牛生产性能测定技术规范》执行。

表 2-4-1 DHI 数据用于遗传参数、育种值及产奶量育种值估计的质控标准和质控后数据量

分类		质控标准	质控后数据量		
			遗传参数估计[a]	育种值估计[b]	产奶量育种值估计[b]
原始数据		—[c]	2 458 393	3 503 078	3 503 078
1		信息记录完整[d]	2 437 241	3 501 873	3 501 873
2	2.1	日产奶量 5~100 kg	2 431 755	3 478 410	3 478 410
	2.2	乳脂率 2%~6.2%	2 414 275	3 366 643	—
	2.3	乳蛋白率 2%~5%	2 410 781	3 363 365	—
	2.4	体细胞数 1 万~600 万个/mL	2 389 566	3 262 167	—
3	3.1	1 胎产犊月龄 20~50 个月	2 367 590	3 237 976	3 452 577
	3.2	2 胎产犊月龄 32~66 个月	2 349 250	3 214 907	3 427 912
	3.3	3 胎产犊月龄 43~81 个 月	2 327 471	3 193 710	3 404 796
	3.4	4 胎产犊月龄 56~101 个月	2 314 181	3 172 232	3 381 949
	3.5	5 胎产犊月龄 60~120 个月	2 310 752	3 168 791	3 378 359
	3.6	6 胎产犊月龄 70~140 个月	2 310 100	3 167 249	3 376 782
	3.7	7 胎产犊月龄 80~150 个月	2 309 856	3 166 116	3 375 609
	3.8	8 胎产犊月龄 90~160 个月	2 309 683	3 165 788	3 375 264
	3.9	9 胎产犊月龄 100~180 个月	2 309 583	3 165 722	3 375 193
	3.10	10 胎产犊月龄 110~200 个月	2 309 550	3 165 692	3 375 162
	3.11	胎次 1~10 胎		3 165 301	3 374 755
4		泌乳天数 5~305 d	1 859 045	2 601 347	2 778 318
5		胎次内至少有一条泌乳天数 <90 d 时的记录	1 690 641	2 319 562	2 510 846

续表

分类		质控标准	质控后数据量		
			遗传参数估计[a]	育种值估计[b]	产奶量育种值估计[b]
6		胎次内测定次数 >3 次	1 569 933	2 168 061	2 363 614
7		场内参测牛头数>100 头	1 569 429	—	—
8		匹配到系谱记录（必须有父亲记录）	1 196 273	—	—
9	9.1	公牛后代女儿数>20 头	994 975	—	—
	9.2	公牛后代女儿分布场>3 个	644 549	—	—

注：a. 质控后数据用于估计产奶性状的遗传参数，质控标准较为严格；

b. 质控后数据用于估计个体育种值、产奶量育种值，质控标准较为宽松；

c. “—”表示该质控标准不适用；

d. 信息记录完整指 DHI 记录包含牛号、场号、胎次、出生日期、产犊日期、测定日期及各产奶性能指标测定值等信息。

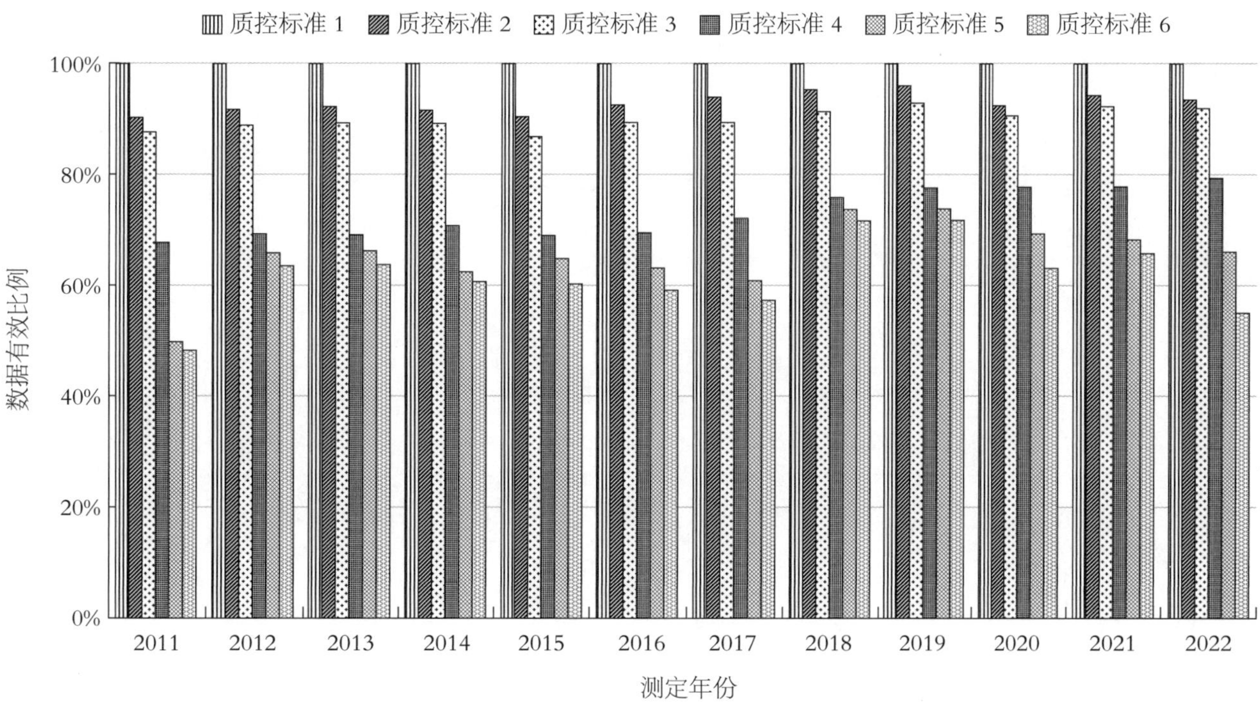

图 2-4-1　2011—2022 年宁夏 DHI 数据用于育种值估计时质控后数据有效比例变化

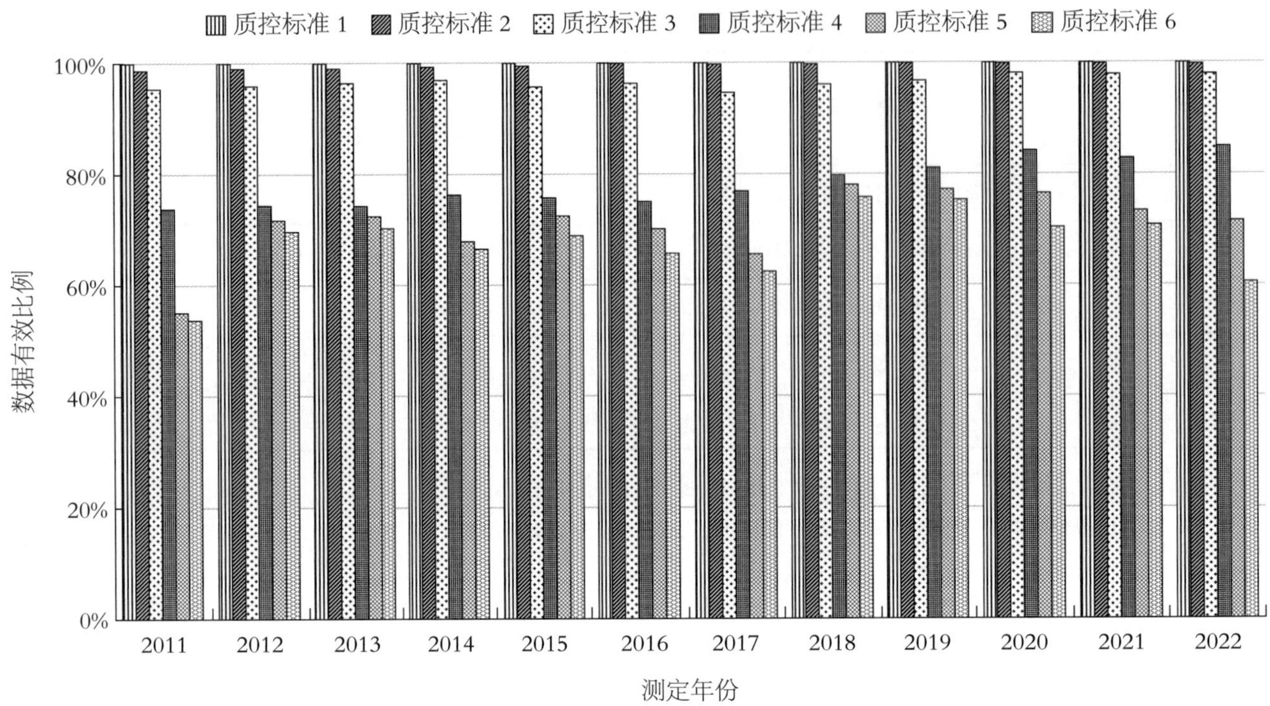

图 2-4-2 2011—2022 年宁夏 DHI 数据用于产奶量育种值估计时质控后数据有效比例变化

3 宁夏奶牛体型线性鉴定概况

3.1 参与体型鉴定牧场数和牛头数的变化

3.1.1 体型鉴定数据质控情况

对宁夏 35 个牧场 2012—2023 年鉴定的 60 414 头 1~10 胎母牛单次体型鉴定记录进行数据质控，质控标准和质控后数据量见表 3-1-1。其中，质控条件 5（泌乳天数 30~180 d）造成的数据损失量最大。

表 3-1-1 宁夏奶牛体型鉴定数据质控标准及质控后数据量

质控条件	质控标准	质控后数据量
原始数据	—	60 414
1	无胎次记录或胎次≥4 胎	58 033
2	泌乳天数 5~305 d	53 107
3	1 胎产犊月龄 22~41 个月 2 胎产犊月龄 34~54 个月 3 胎产犊月龄 46~65 个月	46 153
4	匹配到系谱记录	40 479
5	泌乳天数 30~180 d	32 497

2013—2023 年体型鉴定数据中，不同质控条件下的数据有效比例见图 3-1-1。总体上，数据有效比例随鉴定年份逐年上升。根据《中国荷斯坦牛体型鉴定技术规程》，鉴定奶牛应满足泌乳天数 30~180 d 的条件，不符合该基本条件的鉴定奶牛有 13 656 头，占比达 22.6%。

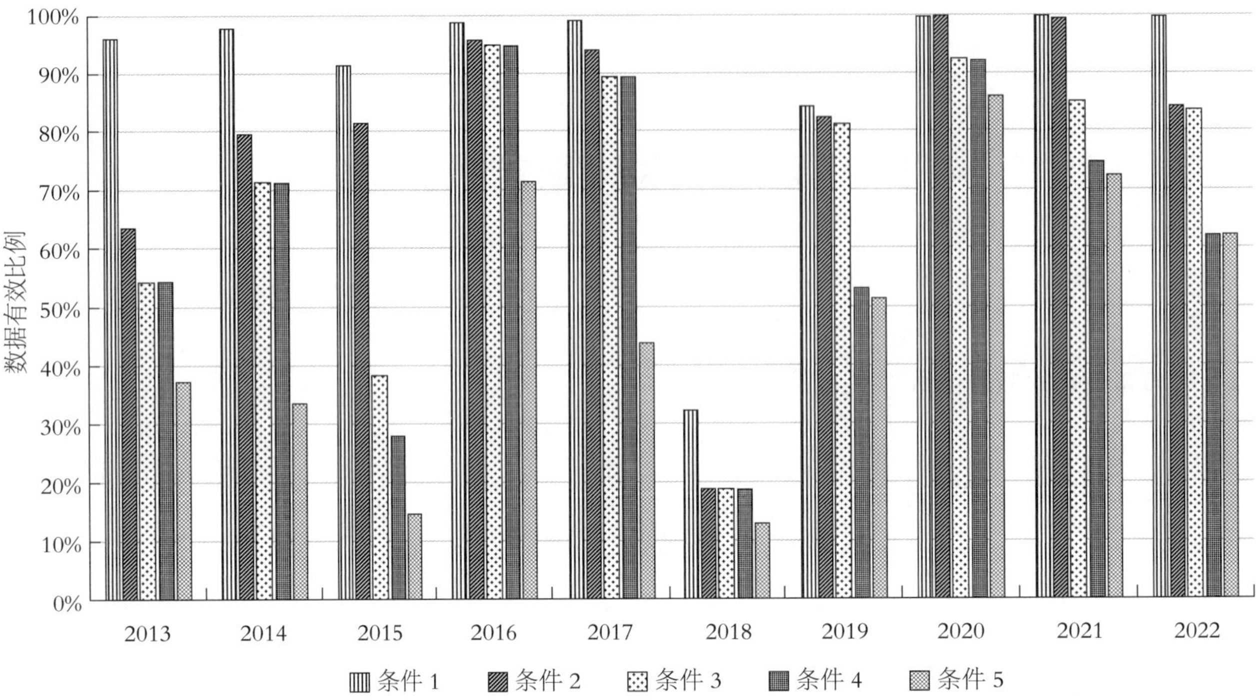

图 3-1-1　2013—2022 年宁夏奶牛体型鉴定数据在不同质控条件下的有效比例

3.1.2　胎次分布

2012—2023 年参与体型鉴定奶牛鉴定时的胎次分布见图 3-1-2。具有胎次记录且不超过 3 胎的 57 591 头鉴定母牛中，1 胎牛有 47 379 头，2 胎牛有 7 878 头，3 胎牛有 2 334 头；1 胎牛占比最大，达 82.3%。

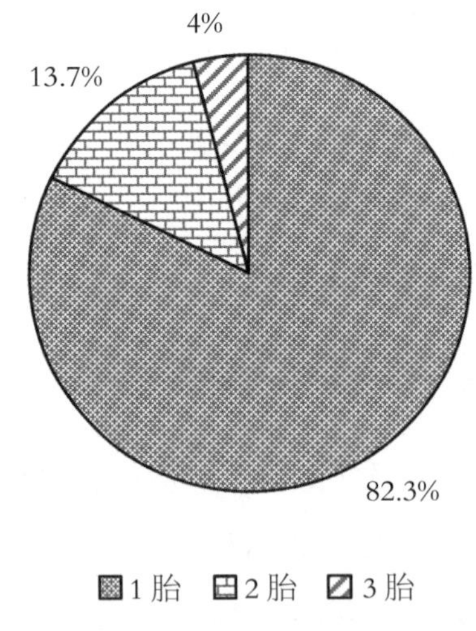

图 3-1-2　2012—2023 年宁夏奶牛体型鉴定时的胎次分布

3.1.3　体型鉴定数据量在各场的分布

宁夏参与体型鉴定的头胎牛在各场的分布情况见图 3-1-3。所有参与鉴定的牧场中，640190 号牧场参与鉴定的牛头数最多，占比达 21.63%；其他牧场中，数据量占比最大的牧场仅有 14.41%。此外，核心育种场数据量占全宁夏数据量的 73.05%。

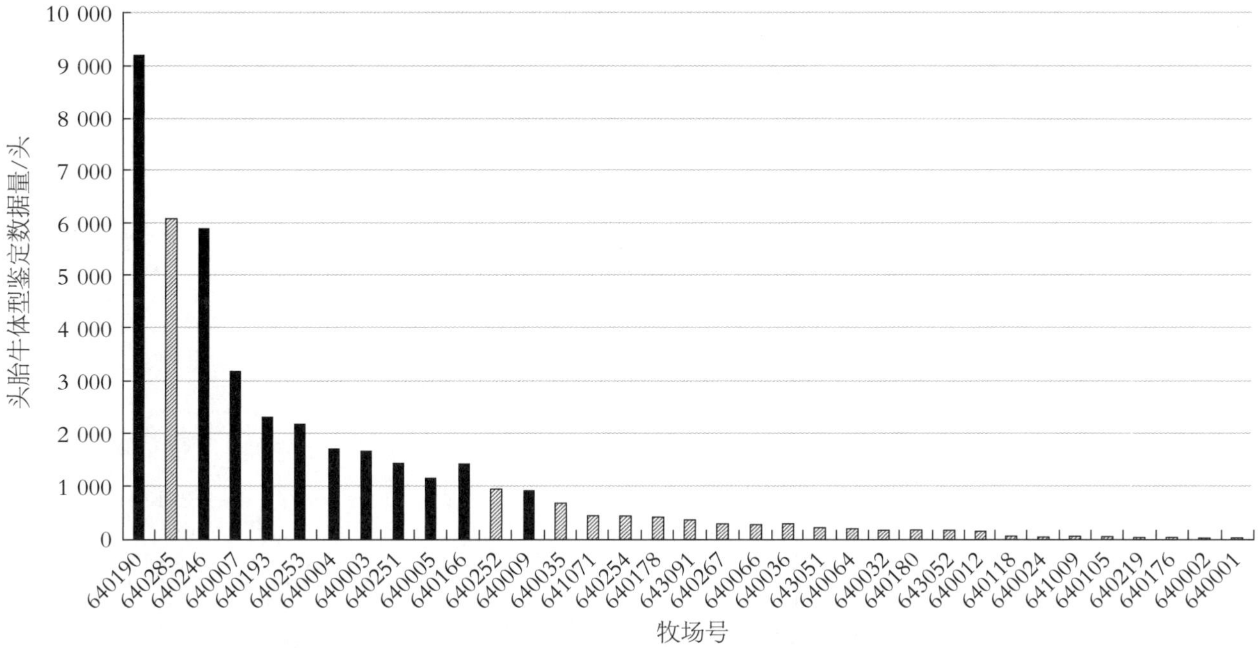

图 3-1-3　宁夏头胎牛体型鉴定数据量在各场的分布变化

注：黑色为核心育种场，灰色为非项目场。

宁夏 2010—2020 年出生的头胎牛参与体型鉴定的牛头数及牧场数的变化趋势见图 3-1-4。参加体型鉴定的头胎牛多出生于 2012—2013 年和 2017—2020 年，占比达 89.1%。

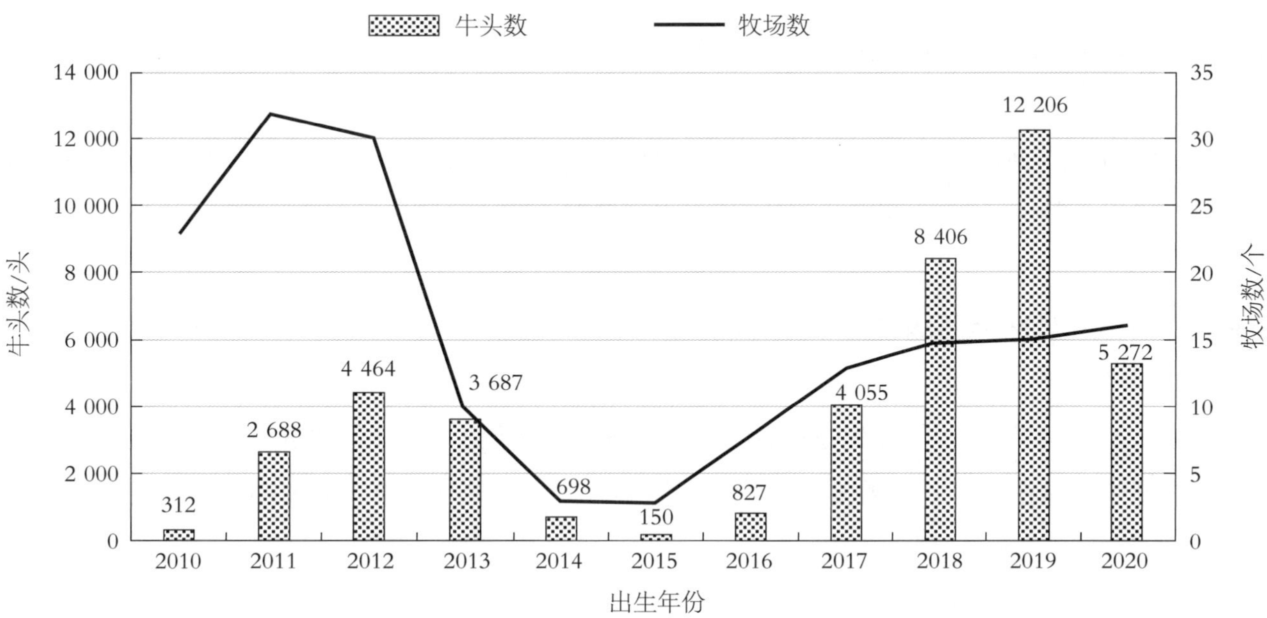

图 3-1-4　宁夏 2010—2020 年出生的头胎牛参与体型鉴定的牛头数及牧场数

3.2 参与体型鉴定的牧场鉴定规模变化

宁夏 2010—2020 年出生的奶牛中，参与体型鉴定的牧场平均鉴定牛头数见图 3-2-1（仅统计参与体型鉴定的头胎牛）。2012—2014 年和 2017—2020 年参与体型鉴定的牧场鉴定规模较大。

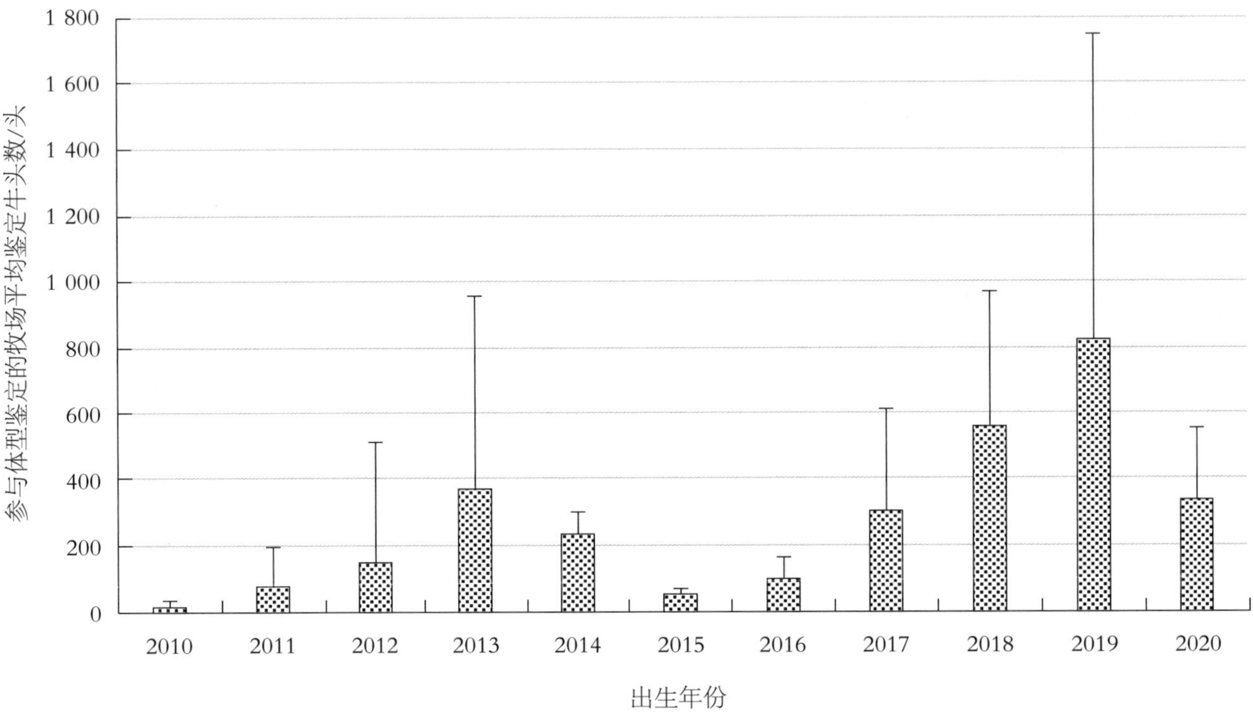

图 3-2-1　宁夏 2010—2020 年出生的头胎牛参与体型鉴定的牧场鉴定规模

3.3 体型鉴定各部位综合评分及体型总分的年度变化

根据《中国荷斯坦牛体型鉴定技术规程》，加权计算得到各部位的综合评分及体型总分。宁夏奶牛体型总分及各部位综合评分随出生年份的变化趋势见图 3-3-1 至图 3-3-6。

3.4 奶牛体型总分不同等级比例的年度变化

根据《中国荷斯坦牛体型鉴定技术规程》，对宁夏参与体型鉴定的头胎牛进行体型总分等级划分，不同等级的头胎牛占比见图 3-4-1。宁夏荷斯坦牛体型总分多处于好佳（good plus）及以上等级。

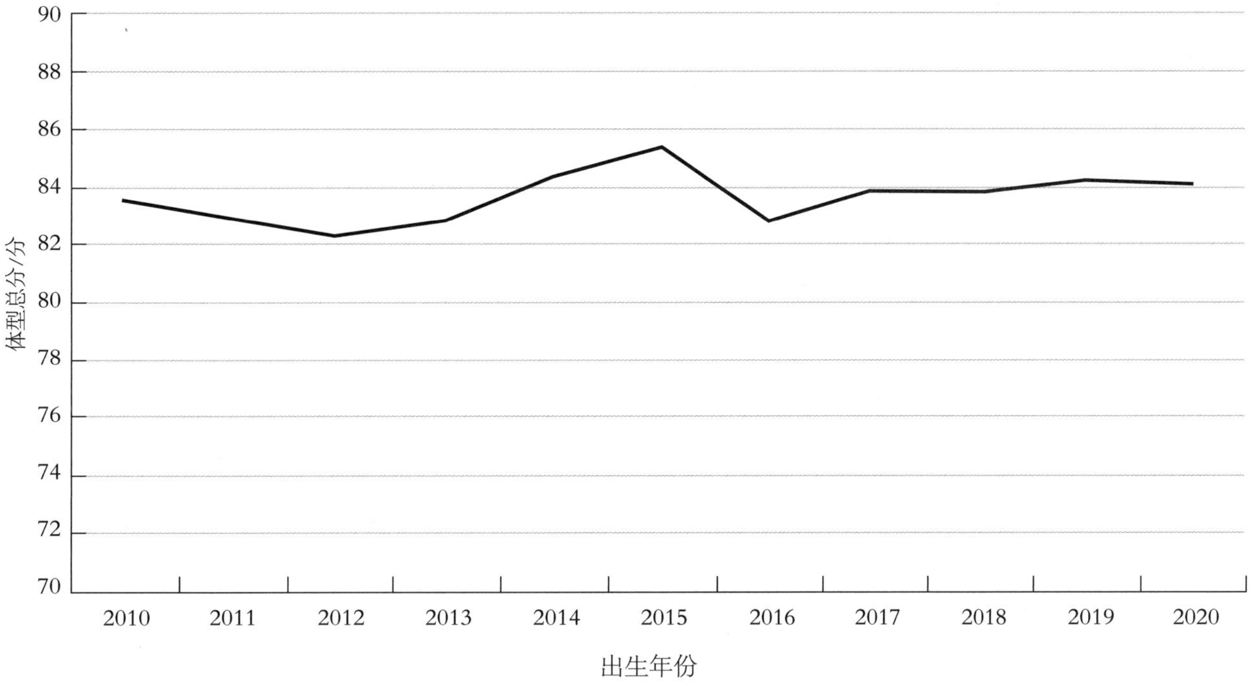

图 3-3-1 宁夏 2010—2020 年出生的头胎牛体型总分变化

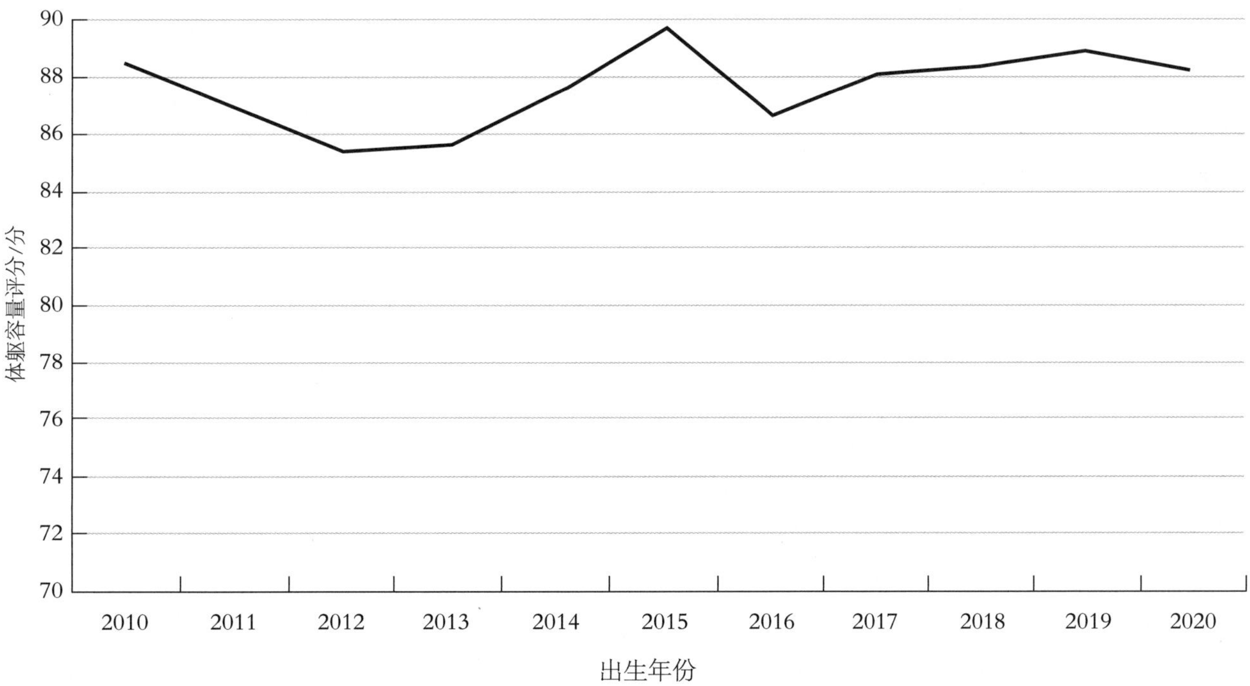

图 3-3-2 宁夏 2010—2020 年出生的头胎牛体躯容量评分变化

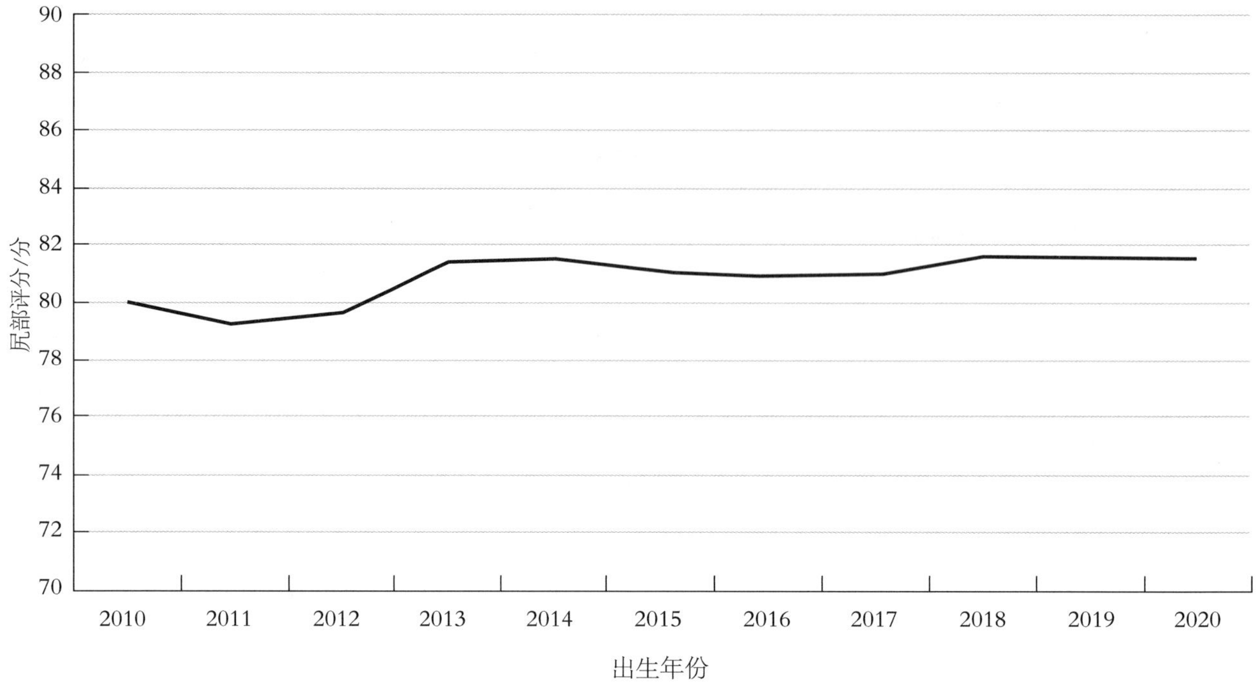

图 3-3-3　宁夏 2010—2020 年出生的头胎牛尻部评分变化

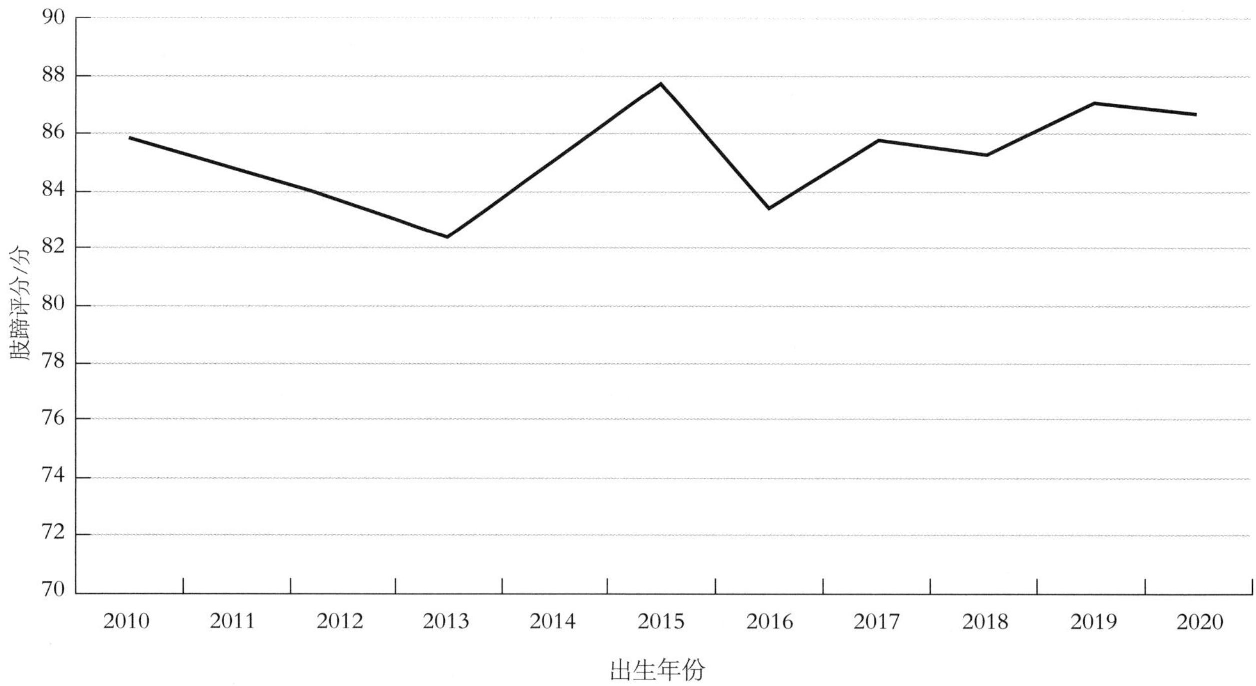

图 3-3-4　宁夏 2010—2020 年出生的头胎牛肢蹄评分变化

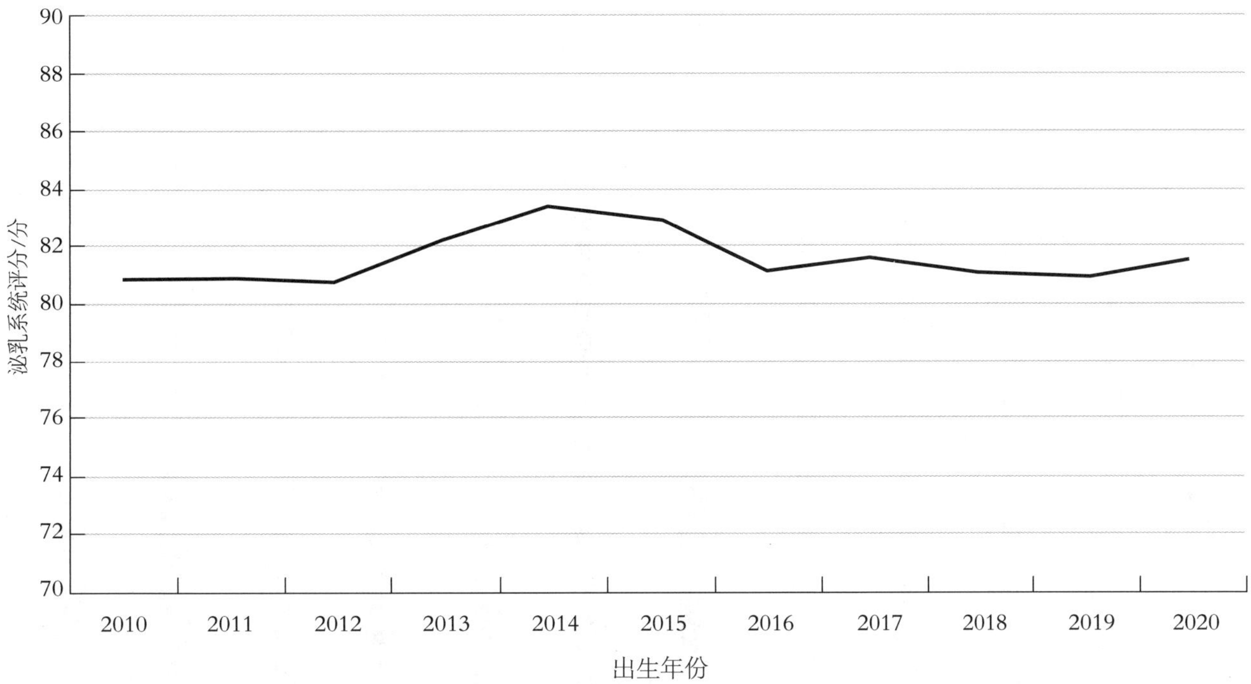

图 3-3-5 宁夏 2010—2020 年出生的头胎牛泌乳系统评分变化

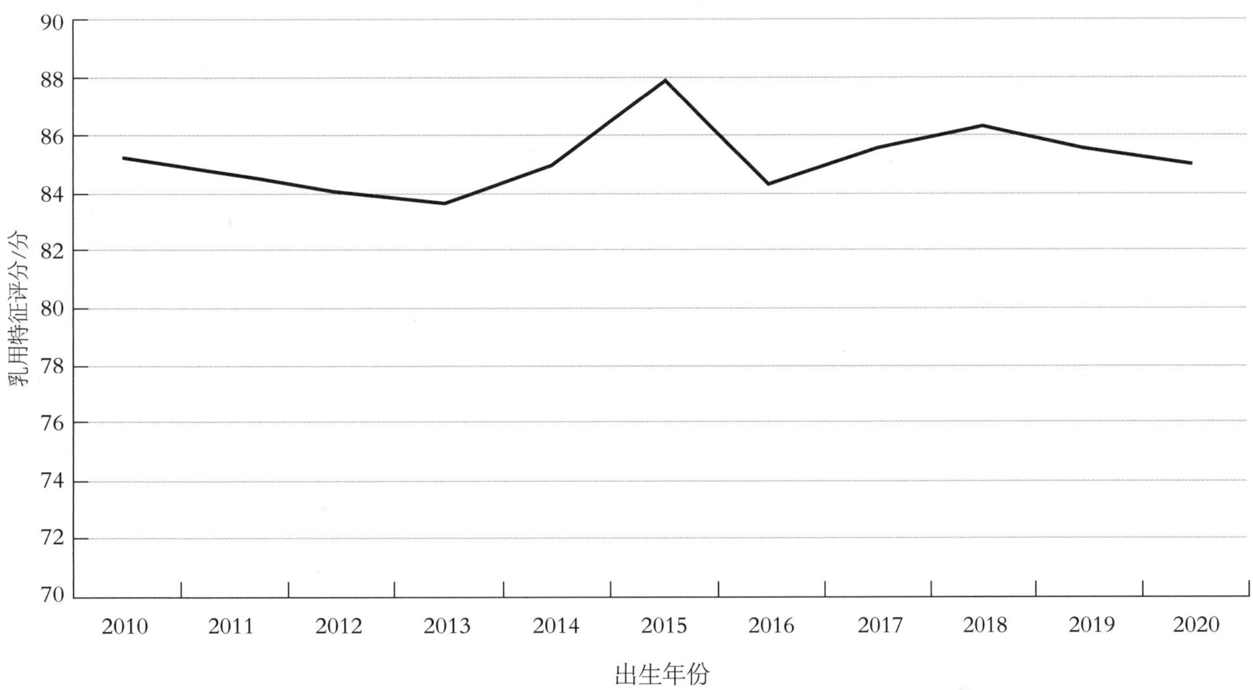

图 3-3-6 宁夏 2010—2020 年出生的头胎牛乳用特征评分变化

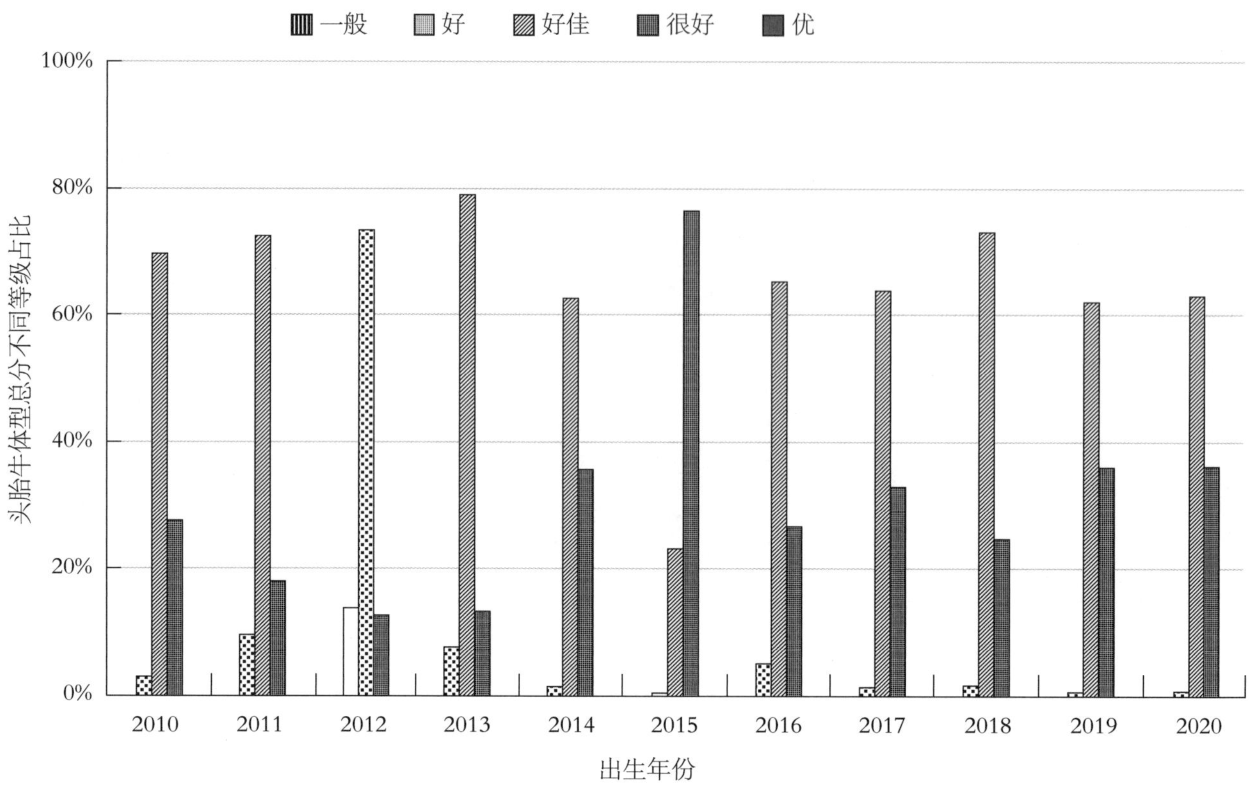

图 3-4-1 宁夏 2010—2020 年出生的头胎牛体型总分等级比例变化

4　宁夏奶牛管理性状概况

基于核心育种场记录的奶牛出生、配种、产犊、妊检、干奶和淘汰等生产事件，计算繁殖、产犊和长寿等管理性状的表型值，展示宁夏代表性牛群的管理性状。

4.1　繁殖性状

根据宁夏12个核心育种场130 095头荷斯坦牛的出生、配种、产犊和妊检记录，计算宁夏奶牛各繁殖性状的表型值。核心育种场奶牛首次配种日龄（AFS）、首次产犊日龄（AFC）、青年牛首末次配种间隔（IFL_H）、经产牛首末次配种间隔（IFL_C）和产犊至首次配种间隔（ICF）等性状随出生年份的变化趋势见图4-1-1至图4-1-5。

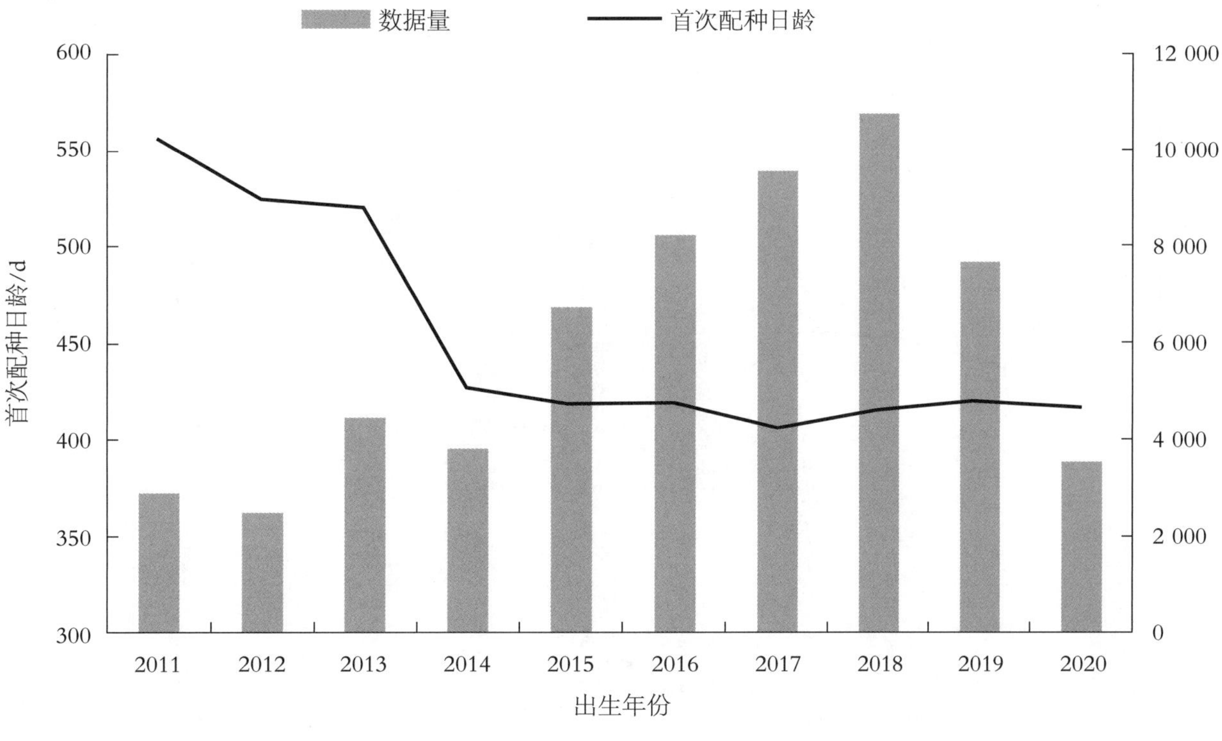

图4-1-1　宁夏2011—2020年出生的奶牛首次配种日龄变化

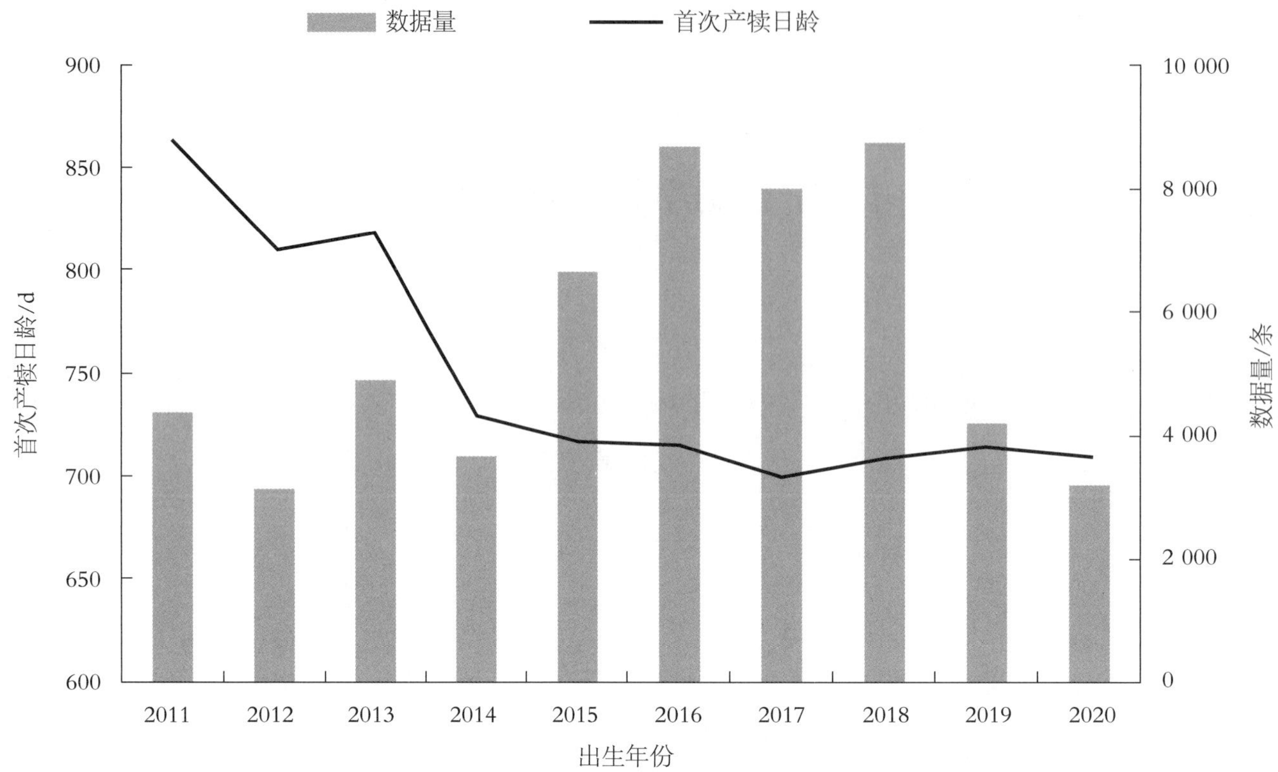

图 4-1-2 宁夏 2011—2020 年出生的奶牛首次产犊日龄变化

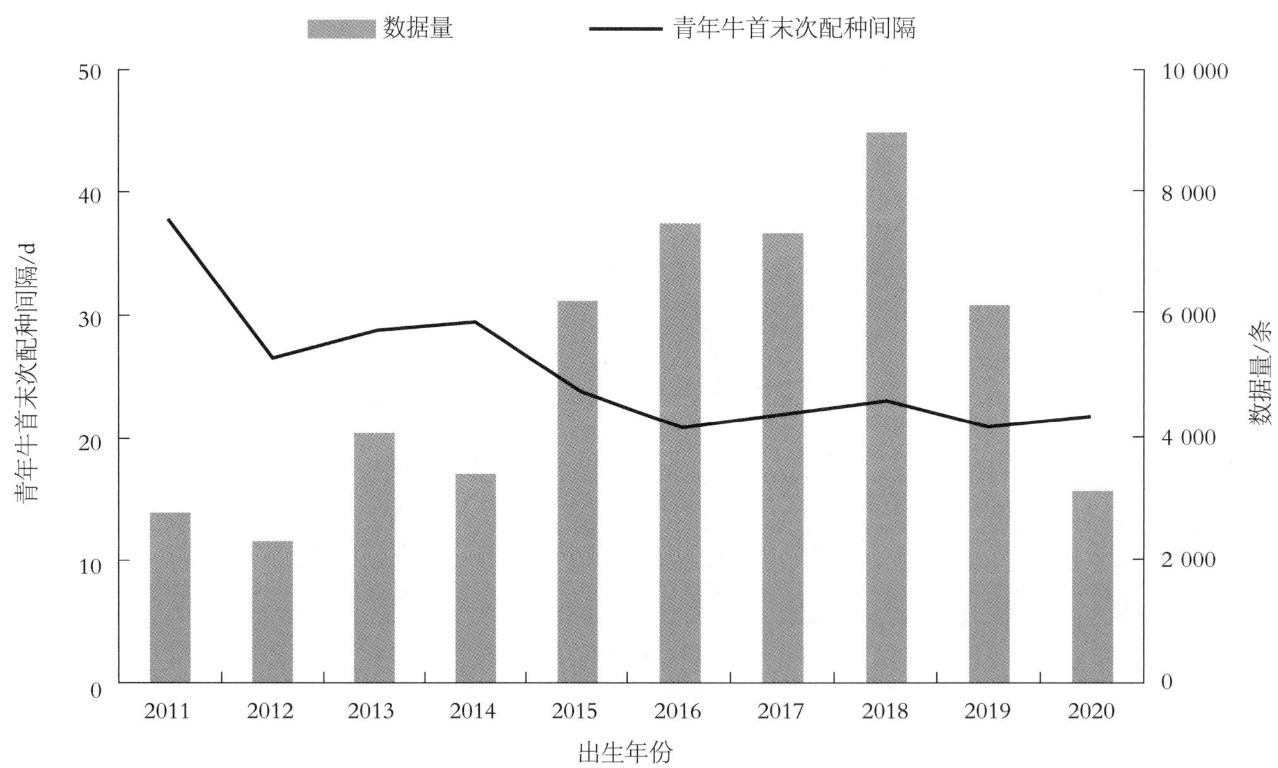

图 4-1-3 宁夏 2011—2020 年出生的青年牛首末次配种间隔变化

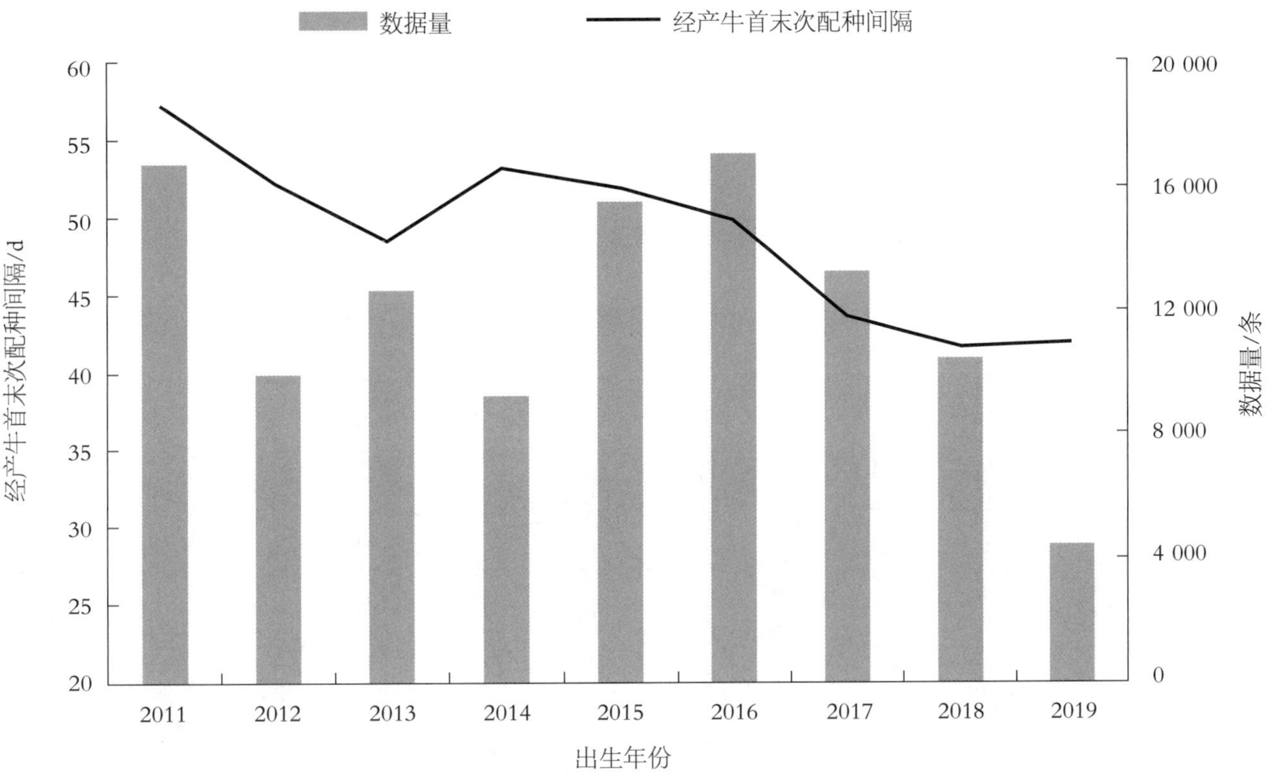

图 4-1-4 宁夏 2011—2019 年出生的经产牛首末次配种间隔变化

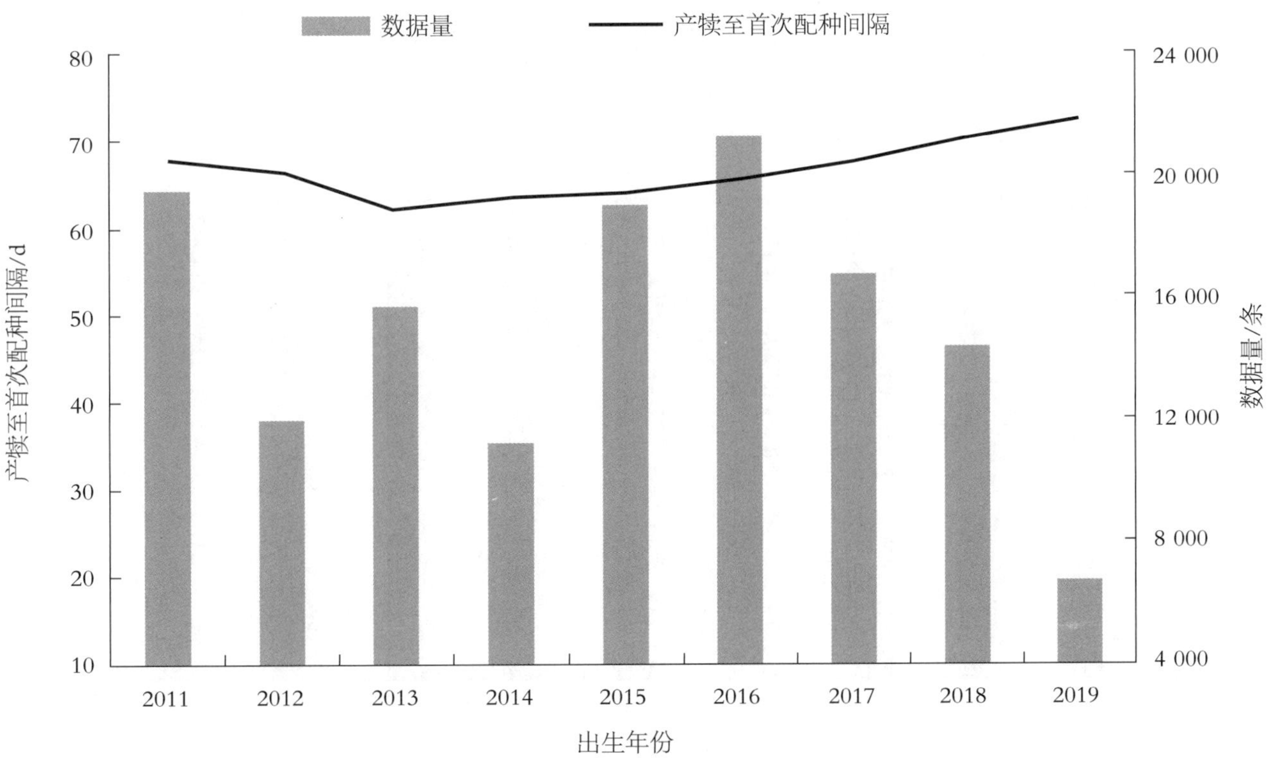

图 4-1-5 宁夏 2011—2019 年出生的奶牛产犊至首次配种间隔变化

4.2 产犊性状

根据宁夏12个核心育种场73 846头荷斯坦牛的产犊记录，计算宁夏奶牛各产犊性状的表型值。核心育种场奶牛青年牛产犊难易性（CE_H）、经产牛产犊难易性（CE_C）、青年牛死产率（SB_H）和经产牛死产率（SB_C）随出生年份的变化趋势见图4-2-1至图4-2-4。

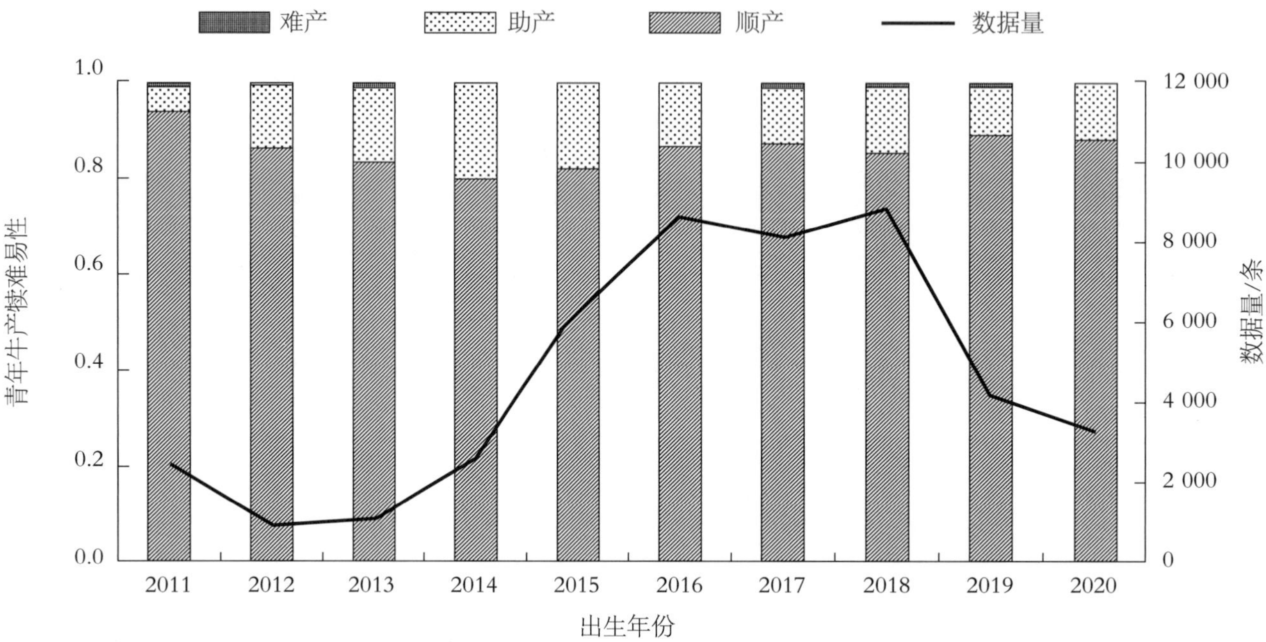

图4-2-1 宁夏2011—2020年出生的青年牛产犊难易性变化

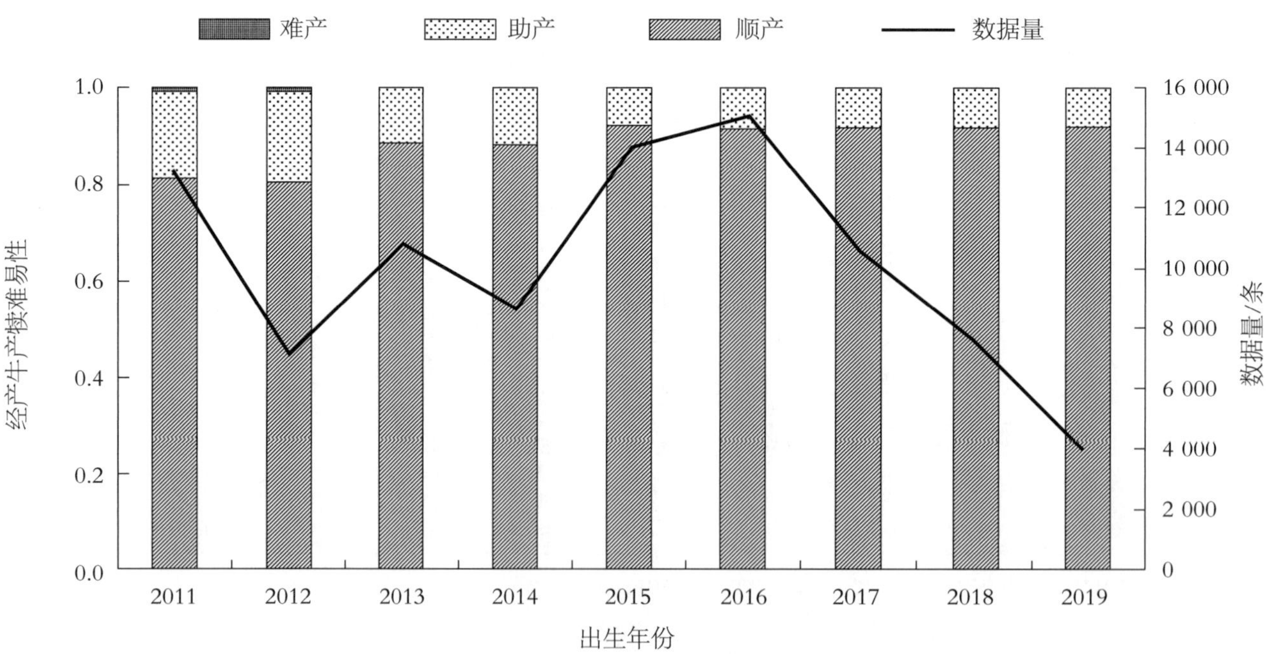

图4-2-2 宁夏2011—2019年出生的经产牛产犊难易性变化

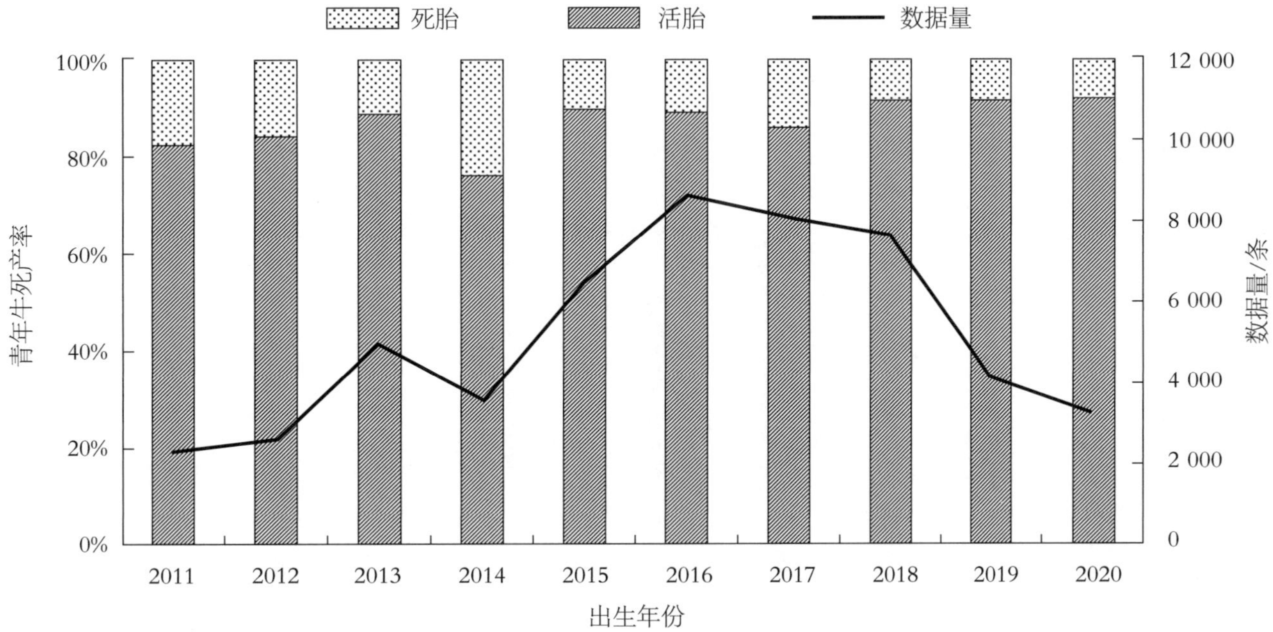

图 4-2-3 宁夏 2011—2020 年出生的青年牛死产率变化

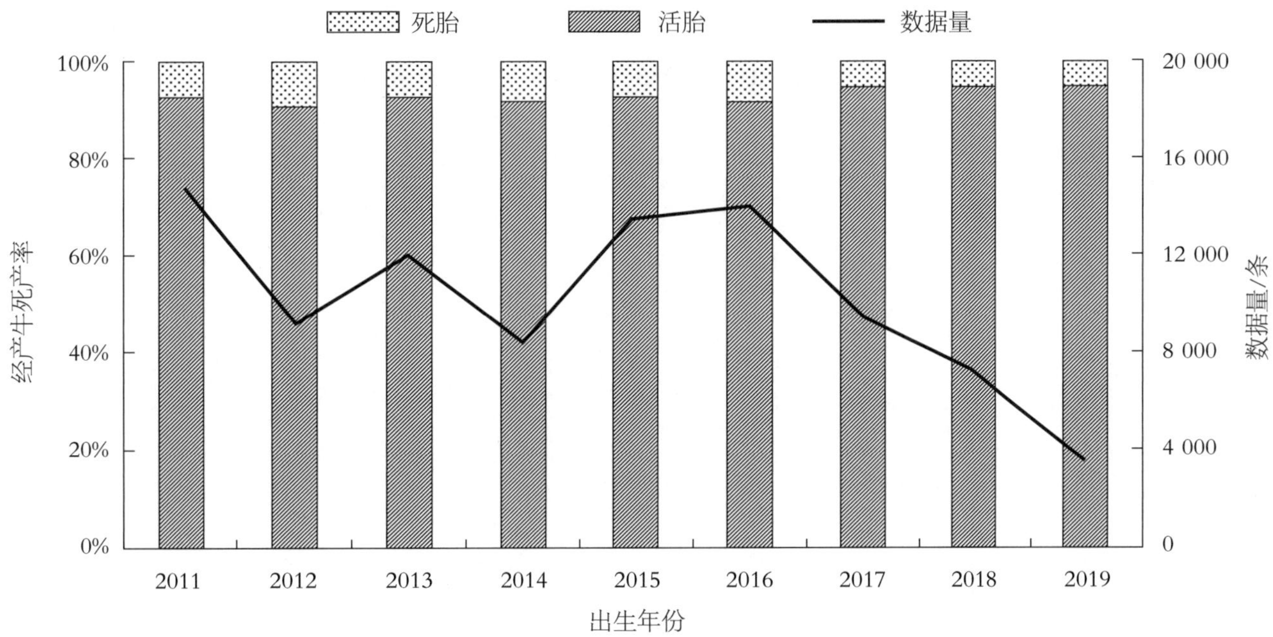

图 4-2-4 宁夏 2011—2019 年出生的经产牛死产率变化

4.3 长寿性状

根据宁夏 12 个核心育种场 33 407 头荷斯坦牛的出生、产犊和淘汰记录，计算宁夏奶牛生产寿命性状的表型值。核心育种场奶牛生产寿命性状随淘汰年份的变化趋势见图 4-3-1。

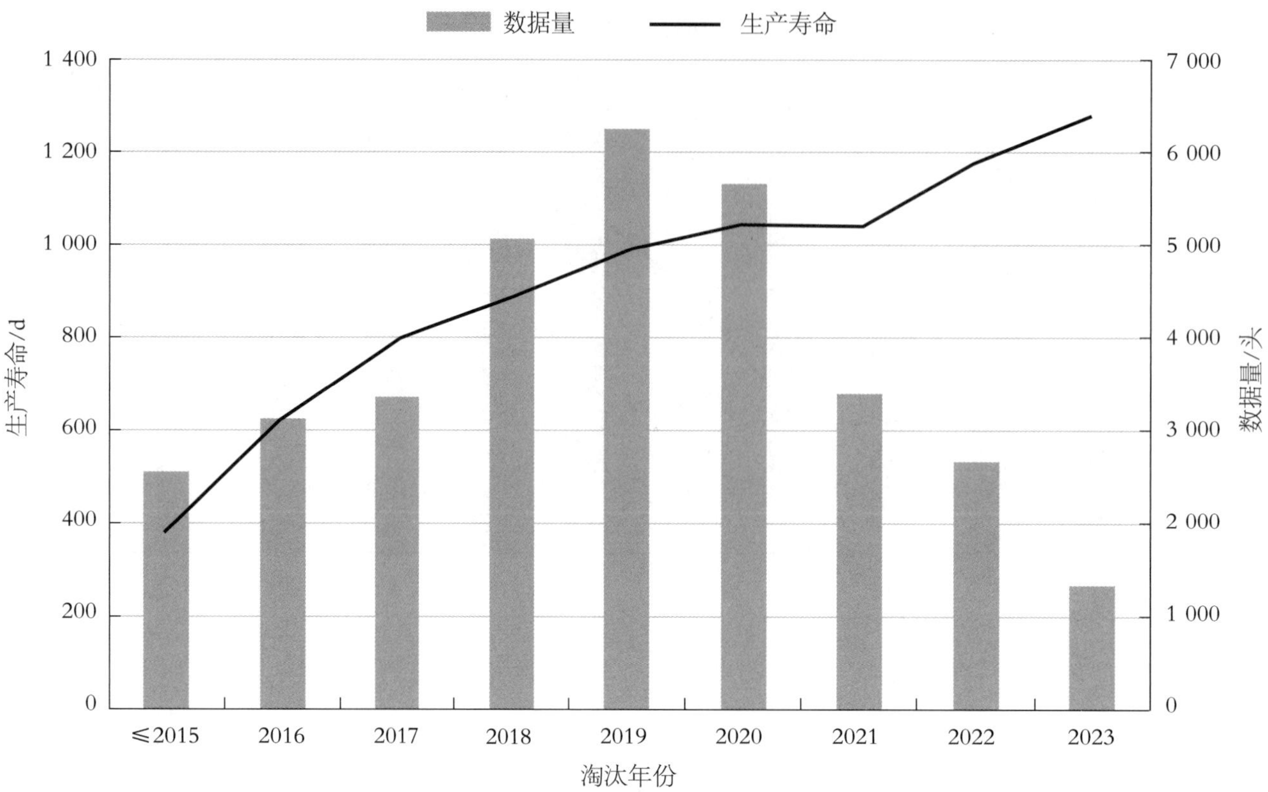

图 4-3-1 宁夏 2013—2023 年淘汰奶牛的生产寿命变化

5 宁夏奶牛遗传评估说明

遗传评估指评估奶牛某个或多个性状的遗传价值，是实现奶牛遗传改良最重要的育种措施。结合宁夏奶牛表型数据的实际情况，本章从数据来源、评估方法及模型、各性状的加性遗传标准差以及中国奶牛性能指数（China Performance Index，CPI）的计算方法等方面，对宁夏奶牛遗传评估技术体系进行介绍，为宁夏发布奶牛遗传评估结果、客观评价奶牛遗传品质提供技术保障。

5.1 数据来源

5.1.1 产奶性状表型

产奶性状原始表型数据来自2011—2022年宁夏82个牧场258 612头中国荷斯坦牛的3 503 078条DHI记录。评估性状包括产奶量（MY，kg）、乳脂率（MFP，%）、乳蛋白率（MPP，%）和体细胞评分（SCS）。其中，SCS通过DHI记录中的体细胞数（SCC，个/mL）转换得到，转换公式为：

$$SCS=\log_2\frac{SCC}{100\ 000}+3$$

5.1.2 体型性状表型

体型性状原始表型数据来自2010—2022年宁夏36个牧场的40 479头中国荷斯坦牛的单次体型鉴定记录。根据《中国荷斯坦牛体型鉴定技术规程》，按照9分制的评分方法对20个体型性状进行线性评定，得到各性状的线性分后，根据线性分和功能分转换标准将线性分转换为功能分，参照各性状功能分在部位综合评分（以下简称部位分）中的权重以及各部位分在体型总分中的权重，计算各部位分和体型总分。

5.1.3 繁殖性状表型

繁殖性状原始表型数据来自2007—2023年宁夏12个核心育种场的141 251条出生记录、602 187条配种记录、514 753条妊检记录和191 864条产犊记录。评估性状包括首次配种日龄、首次产犊日龄、青年牛首末次配种间隔、经产牛首末次配种间隔和产犊至首次配种间隔。

5.1.4 产犊性状表型

产犊性状原始表型数据来自2007—2023年宁夏12个核心育种场的141 251条出生记录和191 864条产犊记录。评估性状包括青年牛产犊难易性、经产牛产犊难易性、青年牛死产率和经产牛死产率。

5.1.5 长寿性状表型

长寿性状原始表型数据来自宁夏12个核心育种场的141 251条出生记录、191 864条产犊记录和95 445条淘汰记录。评估性状为生产寿命，即奶牛头胎产犊至淘汰的存活天数。

5.2 常规遗传评估

对于产奶性状，采用单性状随机回归测定日模型计算不同胎次（1胎、2胎、3胎及以上）的方差组分估计值和估计个体的育种值，子模型为4阶Legendre多项式拟合回归曲线；对于体型性状、繁殖性状、产犊性状和长寿性状，均采用单性状动物模型计算方差组分估计值和估计个体的育种值。

5.3 各性状的加性遗传标准差

宁夏奶牛遗传评估中，各性状的加性遗传标准差见表5-3-1。

表5-3-1 宁夏奶牛遗传评估性状加性遗传标准差

性状		加性遗传标准差
产奶性状	产奶量	483.83
	乳脂量	14.22
	乳蛋白量	16.31
	体细胞评分	0.20
体型性状	体型总分	0.52
	体躯容量评分	0.72
	尻部评分	1.10
	肢蹄评分	0.71
	泌乳系统评分	1.20
	乳用特征评分	0.69

续表

性状		加性遗传标准差
繁殖性状	首次配种日龄	21.50
	首次产犊日龄	12.57
	青年牛首末次配种间隔	10.69
	经产牛首末次配种间隔	8.01
	产犊至首次配种间隔	1.64
	青年牛产犊难易性	0.06
	经产牛产犊难易性	0.06
	青年牛死产率	0.03
	经产牛死产率	0.01
长寿性状	生产寿命	143.37

5.4 中国奶牛性能指数

利用最佳线性无偏差预测（Best Linear Unbiased Prediction，简称 BLUP）方法估计奶牛各性状的育种值，分别进行标准化后加权合并，计算得到 2021 年版的 $CPI1_{2020}$。计算公式如下：

$$CPI1_{2020}=20\times\left(25\times\frac{Fat}{24.6}+35\times\frac{Prot}{20.7}-10\times\frac{SCS-3}{0.16}+8\times\frac{Type}{5}+14\times\frac{MS}{5}+8\times\frac{F\&L}{5}\right)+1\ 800$$

其中，*Fat*、*Prot*、*SCS*、*Type*、*MS*、*F&L* 分别表示乳脂量、乳蛋白量、体细胞评分、体型总分、泌乳系统评分和肢蹄评分的估计育种值（Estimated Breeding Value，EBV），分母是相应性状的估计遗传标准差。

个体的乳脂率和乳蛋白率育种值根据个体的乳脂量、乳蛋白量和产奶量育种值以及牛群二胎的乳脂率、乳蛋白率和产奶量表型均值计算得到，计算公式如下：

$$Fatpct=\frac{Fat\times100-Milk\times Fat\%}{Milk+Mkg}$$

$$Propct=\frac{Prot\times100-Milk\times Pro\%}{Milk+Mkg}$$

其中，*Fat*、*Prot* 和 *Milk* 分别表示个体乳脂量、乳蛋白量和产奶量的估计育种值，*Mkg*表示二胎奶牛产奶量表型群体均值，*Fat%*表示二胎奶牛乳脂率表型群体均值，*Pro%*表示二胎奶牛乳蛋白率表型群体均值。

个体产奶性状的综合估计育种值为各胎次估计育种值的平均值。例如，某个体具有 1 胎、2 胎、3 胎及以上的产奶量记录，分别计算出各胎次的产奶量估计育种值 $Milk_1$、$Milk_2$ 和 $Milk_3$，该个体产奶量综合估计育种值的计算公式如下：

$$Milk=\frac{Milk_1+Milk_2+Milk_3}{3}$$

6 宁夏荷斯坦牛遗传评估结果展示

6.1 各核心育种场母牛产奶性状和体型性状估计育种值排名

2010 年 1 月 1 日至 2021 年 12 月 31 日出生且有表型记录的母牛中，产奶性状（产奶量、乳脂率、乳蛋白率和体细胞评分）和体型总分估计育种值排名前 500 名母牛的牛号、出生年份、估计育种值、估计育种值准确性及排名见附表 1 至附表 5，产奶性状排名仅涉及同时具有 3 个胎次测定记录的个体，体型性状排名仅涉及具有头胎体型鉴定记录的个体。

各核心育种场体型总分、部位分和体型性状估计育种值排名前 10 名母牛的牛号、出生年份、估计育种值、估计育种值准确性及排名见表 6-1-1 至表 6-1-26。其中，牛号采用《中国荷斯坦牛》规定的 12 位母牛编号方法进行编号，包含所在地区编号、牛场编号、出生年份以及场内顺序号等信息。

表 6-1-1 各核心育种场体型总分 EBV 排名前 10 名母牛

场号	场内排名	牛号	出生年份	体型总分 EBV/分	EBV 准确性
640003	1	640003214000	2021	1.249	0.41
	2	640003203632	2020	1.245	0.50
	3	640003203773	2020	1.244	0.49
	4	640003214037	2021	1.212	0.42
	5	640003203568	2020	1.202	0.51
	6	640003203979	2020	1.200	0.42
	7	640003203949	2020	1.162	0.41
	8	640003214034	2021	1.158	0.41
	9	640003214246	2021	1.155	0.43
	10	640003214156	2021	1.154	0.41

续表

场号	场内排名	牛号	出生年份	体型总分 EBV/分	EBV 准确性
640004	1	640004208504	2020	1.391	0.45
	2	640004208275	2020	1.355	0.44
	3	640004208295	2020	1.341	0.43
	4	640004208583	2020	1.339	0.44
	5	640004208525	2020	1.322	0.53
	6	640004208554	2020	1.321	0.52
	7	640004208290	2020	1.291	0.44
	8	640004208278	2020	1.285	0.45
	9	640004208280	2020	1.281	0.42
	10	640004208539	2020	1.273	0.43
640005	1	640005216540	2021	1.011	0.29
	2	640005216530	2021	1.004	0.29
	3	640005216537	2021	1.000	0.30
	4	640005216551	2021	0.972	0.28
	5	640005216527	2021	0.917	0.29
	6	640005206157	2020	0.888	0.30
	7	640005226835	2022	0.887	0.16
	8	640005206124	2020	0.885	0.32
	9	640005206119	2020	0.872	0.31
	10	640005216532	2021	0.866	0.28
640009	1	640009202117	2020	1.368	0.45
	2	640009212224	2021	1.367	0.45
	3	640009212555	2021	1.321	0.44
	4	640009202137	2020	1.309	0.44
	5	640009212573	2021	1.303	0.43
	6	640009212542	2021	1.292	0.43
	7	640009202220	2020	1.271	0.44
	8	640009202199	2020	1.261	0.42

续表

场号	场内排名	牛号	出生年份	体型总分 EBV/分	EBV 准确性
640009	8	640009202200	2020	1.261	0.42
	10	640009212479	2021	1.244	0.44
640035	1	640035201645	2020	1.040	0.43
	2	640035201695	2020	1.028	0.45
	2	640035201680	2020	1.028	0.43
	4	640035201723	2020	1.023	0.34
	5	640035201752	2020	0.973	0.34
	6	640035201735	2020	0.972	0.34
	7	640035201664	2020	0.967	0.46
	8	640035201667	2020	0.955	0.43
	9	640035201678	2020	0.954	0.35
	10	640035201713	2020	0.951	0.42
640166	1	640166203518	2020	1.148	0.43
	1	640166203511	2020	1.148	0.43
	3	640166203482	2020	1.135	0.43
	4	640166203548	2020	1.117	0.51
	5	640166203483	2020	1.106	0.43
	6	640166203564	2020	1.102	0.43
	7	640166193450	2019	1.048	0.44
	7	640166203485	2020	1.048	0.42
	9	640166203537	2020	1.028	0.44
	10	640166203523	2020	1.026	0.43
640007	1	640007217288	2021	1.242	0.40
	2	640007217143	2021	1.236	0.41
	3	640007217371	2021	1.228	0.40
	4	640007217426	2021	1.224	0.41
	5	640007217166	2021	1.223	0.43
	6	640007217234	2021	1.216	0.41

续表

场号	场内排名	牛号	出生年份	体型总分 EBV/分	EBV 准确性
640007	6	640007217366	2021	1.216	0.42
	8	640007217077	2021	1.205	0.42
	9	640007217134	2021	1.188	0.43
	9	640007217245	2021	1.188	0.39
640190	1	640190121599	2012	0.910	0.45
	2	640190201784	2020	0.877	0.64
	3	640190201894	2020	0.841	0.64
	4	640190202452	2020	0.832	0.64
	5	640190201033	2020	0.828	0.56
	6	640190134966	2013	0.827	0.34
	7	640190120977	2012	0.822	0.46
	8	640190201946	2020	0.817	0.64
	9	640190201990	2020	0.801	0.64
	10	640190201239	2020	0.790	0.53
640193	1	640193200864	2020	0.769	0.53
	2	640193201490	2020	0.768	0.53
	3	640193204494	2020	0.767	0.52
	4	640193201324	2020	0.760	0.53
	5	640193201454	2020	0.753	0.53
	6	640193205150	2020	0.740	0.54
	7	640193201548	2020	0.737	0.55
	8	640193201492	2020	0.727	0.54
	9	640193201196	2020	0.726	0.53
	10	640193201570	2020	0.724	0.52
640251	1	640251009057	2020	1.588	0.52
	2	640251009410	2020	1.485	0.52
	3	640251009813	2020	1.480	0.52
	4	640251009145	2020	1.451	0.53

续表

场号	场内排名	牛号	出生年份	体型总分 EBV/分	EBV 准确性
640251	5	640251009450	2020	1.437	0.53
	6	640251009294	2020	1.429	0.53
	7	640251008979	2020	1.428	0.52
	8	640251009076	2020	1.425	0.52
	9	640251009769	2020	1.399	0.52
	10	640251009254	2020	1.398	0.53
640253	1	640253205093	2020	1.277	0.50
	2	640253204945	2020	1.263	0.51
	3	640253204976	2020	1.212	0.51
	4	640253205949	2020	1.184	0.40
	5	640253216550	2021	1.182	0.41
	6	640253204922	2020	1.167	0.51
	7	640253216644	2021	1.166	0.43
	8	640253215987	2021	1.160	0.40
	9	640253216575	2021	1.159	0.43
	10	640253216009	2021	1.157	0.41

表 6–1–2 各核心育种场体躯容量评分 EBV 排名前 10 名母牛

场号	场内排名	牛号	出生年份	体躯容量评分 EBV/分	EBV 准确性
640003	1	640003214037	2021	0.852	0.33
	2	640003203979	2020	0.834	0.33
	3	640003214156	2021	0.813	0.33
	4	640003203670	2020	0.811	0.39
	5	640003214000	2021	0.805	0.32
	6	640003203949	2020	0.787	0.32
	7	640003214240	2021	0.783	0.35
	8	640003214246	2021	0.771	0.35

续表

场号	场内排名	牛号	出生年份	体躯容量评分 EBV/分	EBV 准确性
640003	9	640003214009	2021	0.767	0.33
	10	640003214026	2021	0.761	0.31
640004	1	640004187390	2018	0.912	0.51
	2	640004208583	2020	0.839	0.36
	3	640004208504	2020	0.838	0.38
	4	640004125986	2012	0.832	0.48
	5	640004125980	2012	0.821	0.48
	6	640004208535	2020	0.814	0.42
	7	640004125981	2012	0.809	0.47
	7	640004208278	2020	0.809	0.37
	9	640004208525	2020	0.803	0.43
	10	640004218903	2021	0.797	0.32
640005	1	640005123978	2005	1.029	0.47
	2	640005123970	2012	0.891	0.47
	3	640005123933	2012	0.885	0.46
	4	640005123925	2012	0.878	0.46
	5	640005123955	2012	0.850	0.46
	6	640005123958	2012	0.794	0.46
	7	640005144370	2014	0.783	0.32
	8	640005123959	2012	0.770	0.47
	9	640005123976	2012	0.769	0.46
	10	640005123945	2012	0.763	0.44
640009	1	640009212224	2021	0.918	0.38
	2	640009202117	2020	0.875	0.37
	3	640009202137	2020	0.868	0.37
	4	640009212542	2021	0.790	0.35
	5	640009212555	2021	0.779	0.36
	6	640009202199	2020	0.772	0.35

续表

场号	场内排名	牛号	出生年份	体躯容量评分 EBV/分	EBV 准确性
640009	6	640009202200	2020	0.772	0.35
	8	640009212573	2021	0.754	0.35
	9	640009202220	2020	0.744	0.37
	10	640009202193	2020	0.743	0.37
640035	1	640035201695	2020	0.665	0.32
	2	640035201723	2020	0.664	0.25
	3	640035201752	2020	0.650	0.25
	4	640035201735	2020	0.641	0.26
	5	640035201651	2020	0.628	0.31
	6	640035201663	2020	0.591	0.33
	7	640035201670	2020	0.590	0.26
	8	640035201691	2020	0.583	0.33
	9	640035201696	2020	0.582	0.30
	10	640035180980	2018	0.579	0.27
640166	1	640166120639	2012	0.844	0.46
	2	640166120676	2012	0.771	0.45
	3	640166172378	2017	0.757	0.36
	4	640166120654	2012	0.754	0.45
	5	640166120650	2012	0.716	0.47
	6	640166120441	2012	0.692	0.46
	7	640166120670	2012	0.687	0.49
	7	640166120445	2012	0.687	0.47
	9	640166120450	2012	0.682	0.48
	10	640166120643	2012	0.681	0.47
640007	1	640007217426	2021	0.871	0.31
	2	640007217366	2021	0.868	0.34
	3	640007217077	2021	0.864	0.33
	4	640007217167	2021	0.835	0.33

续表

场号	场内排名	牛号	出生年份	体躯容量评分 EBV/分	EBV 准确性
640007	5	640007217143	2021	0.825	0.32
	6	640007217288	2021	0.820	0.31
	7	640007216960	2021	0.805	0.32
	7	640007217092	2021	0.805	0.33
	9	640007217045	2021	0.802	0.33
	9	640007217113	2021	0.802	0.33
640190	1	640190205199	2020	0.687	0.41
	2	640190203947	2020	0.673	0.39
	2	640190202395	2020	0.673	0.45
	4	640190202228	2020	0.672	0.43
	5	640190142233	2014	0.668	0.31
	6	640190202260	2020	0.657	0.54
	7	640190205073	2020	0.648	0.38
	8	640190203805	2020	0.642	0.38
	9	640190204339	2020	0.639	0.38
	10	640190142235	2014	0.635	0.32
640193	1	640193203390	2020	0.919	0.45
	2	640193204682	2020	0.859	0.39
	3	640193204794	2020	0.851	0.39
	4	640193205242	2020	0.824	0.42
	5	640193204144	2020	0.809	0.43
	6	640193203832	2020	0.805	0.43
	7	640193203282	2020	0.798	0.40
	8	640193203186	2020	0.788	0.40
	9	640193204494	2020	0.780	0.43
	10	640193205324	2020	0.780	0.44
640251	1	640251008979	2020	0.951	0.42
	2	640251009735	2020	0.938	0.49

续表

场号	场内排名	牛号	出生年份	体躯容量评分 EBV/分	EBV 准确性
640251	3	640251009636	2020	0.914	0.41
	4	640251009565	2020	0.887	0.42
	5	640251009524	2020	0.872	0.42
	6	640251008963	2020	0.867	0.42
	7	640251009450	2020	0.866	0.43
	7	640251005793	2018	0.866	0.60
	9	640251009468	2020	0.858	0.37
	9	640251009541	2020	0.858	0.37
640253	1	640253216550	2021	0.826	0.33
	2	640253204945	2020	0.818	0.40
	3	640253216644	2021	0.814	0.34
	4	640253215987	2021	0.811	0.32
	5	640253216575	2021	0.804	0.34
	6	640253216573	2021	0.802	0.33
	6	640253204803	2020	0.802	0.42
	8	640253204784	2020	0.800	0.42
	9	640253216009	2021	0.792	0.33
	10	640253204922	2020	0.784	0.40

表 6-1-3 各核心育种场尻部评分 EBV 排名前 10 名母牛

场号	场内排名	牛号	出生年份	尻部评分 EBV/分	EBV 准确性
640003	1	640003090712	2009	1.426	0.39
	2	640003111123	2011	1.372	0.44
	3	640003121213	2008	1.233	0.47
	4	640003111142	2011	1.150	0.45
	5	640003111115	2011	1.065	0.47
	6	640003121254	2012	1.059	0.43

续表

场号	场内排名	牛号	出生年份	尻部评分 EBV/分	EBV 准确性
640003	7	640003120442	2012	1.054	0.53
	8	640003111160	2011	1.040	0.47
	9	640003110859	2011	1.022	0.50
	10	640003111134	2011	0.992	0.45
640004	1	640004115893	2011	1.551	0.53
	2	640004095558	2009	1.508	0.52
	3	640004095593	2009	1.484	0.50
	4	640004095576	2009	1.303	0.52
	5	640004115891	2011	1.290	0.53
	6	640004095466	2009	1.270	0.51
	7	640004105676	2010	1.268	0.52
	8	640004115890	2011	1.264	0.42
	9	640004109789	2010	1.263	0.53
	10	640004115897	2011	1.197	0.52
640005	1	640005093359	2009	1.638	0.44
	2	640005093362	2003	1.617	0.42
	3	640005113771	2011	1.602	0.52
	4	640005134201	2014	1.307	0.46
	5	640005123888	2012	1.299	0.48
	6	640005123907	2012	1.296	0.47
	7	640005103532	2010	1.132	0.45
	8	640005144324	2014	1.128	0.38
	9	640005175090	2017	1.109	0.32
	10	640005123927	2012	1.104	0.58
640009	1	640009120001	2012	1.006	0.44
	2	640009120140	2012	0.895	0.35
	3	640009120132	2012	0.893	0.45
	3	640009110045	2011	0.893	0.51

续表

场号	场内排名	牛号	出生年份	尻部评分 EBV/分	EBV 准确性
640009	5	640009120139	2012	0.868	0.39
	6	640009090052	2009	0.864	0.53
	7	640009110086	2011	0.839	0.40
	8	640009110059	2011	0.828	0.53
	9	640009120084	2012	0.810	0.51
	10	640009120137	2012	0.808	0.45
640035	1	640035097573	2018	1.645	0.52
	2	640035107722	2010	1.123	0.51
	3	640035097525	2003	1.110	0.54
	4	640035128193	2012	1.062	0.56
	5	640035097521	2020	1.057	0.53
	6	640035107582	2009	1.051	0.52
	7	640035117852	2011	1.050	0.44
	8	640035097538	2018	1.043	0.52
	9	640035201694	2020	1.041	0.47
	10	640035097516	2020	1.038	0.51
640166	1	640166099382	2009	1.443	0.52
	2	640166109751	2010	1.347	0.53
	3	640166130891	2013	1.295	0.47
	4	640166109755	2010	1.151	0.51
	5	640166110074	2011	1.128	0.51
	6	640166099388	2009	1.064	0.53
	7	640166141236	2014	1.055	0.44
	8	640166099251	2009	1.031	0.47
	9	640166130961	2013	1.013	0.49
	10	640166120377	2012	1.001	0.47
640007	1	640007100896	2010	1.234	0.48
	2	640007126070	2012	1.204	0.40

续表

场号	场内排名	牛号	出生年份	尻部评分 EBV/分	EBV 准确性
640007	3	640007206157	2020	1.112	0.53
	4	640007090550	2009	1.042	0.44
	5	640007126041	2012	0.899	0.37
	6	640007206149	2020	0.898	0.48
	7	640007126033	2012	0.878	0.37
	8	640007206136	2020	0.823	0.48
	9	640007100866	2010	0.786	0.48
	10	640007153613	2015	0.782	0.49
640190	1	640190130093	2013	2.227	0.50
	2	640190140013	2013	2.003	0.52
	3	640190130078	2013	1.856	0.55
	4	640190111157	2011	1.846	0.46
	5	640190110419	2011	1.805	0.46
	6	640190140335	2014	1.787	0.50
	7	640190130052	2013	1.768	0.50
	8	640190140074	2013	1.729	0.54
	9	640190141899	2014	1.725	0.50
	10	640190130054	2013	1.721	0.50
640193	1	640193142131	2014	1.369	0.44
	2	640193140141	2011	1.252	0.43
	3	640193130889	2013	1.229	0.43
	4	640193140336	2014	1.226	0.41
	5	640193230048	2013	1.224	0.39
	6	640193130206	2013	1.200	0.41
	7	640193141008	2014	1.184	0.38
	8	640193130048	2013	1.178	0.41
	9	640193130001	2013	1.170	0.41
	9	640193130038	2013	1.170	0.41

续表

场号	场内排名	牛号	出生年份	尻部评分 EBV/分	EBV 准确性
640251	1	640251009145	2020	1.033	0.53
	2	640251009015	2020	0.944	0.52
	3	640251008959	2020	0.929	0.51
	4	640251009326	2020	0.925	0.52
	5	640251008760	2020	0.911	0.50
	6	640251009162	2020	0.892	0.52
	6	640251009240	2020	0.892	0.51
	8	640251009174	2020	0.887	0.52
	9	640251009112	2020	0.859	0.51
	10	640251009081	2020	0.855	0.53
640253	1	640253204998	2020	1.131	0.49
	2	640253204976	2020	1.033	0.52
	3	640253204975	2020	1.018	0.52
	4	640253204909	2020	1.005	0.52
	5	640253204961	2020	0.884	0.51
	6	640253204984	2020	0.874	0.51
	7	640253204940	2020	0.865	0.53
	8	640253204913	2020	0.864	0.51
	9	640253204991	2020	0.850	0.51
	10	640253205054	2020	0.836	0.52

表 6-1-4 各核心育种场肢蹄评分 EBV 排名前 10 名母牛

场号	场内排名	牛号	出生年份	肢蹄评分 EBV/分	EBV 准确性
640003	1	640003214000	2021	2.915	0.44
	2	640003203773	2020	2.872	0.55
	3	640003203680	2020	2.816	0.56
	4	640003203949	2020	2.815	0.44

续表

场号	场内排名	牛号	出生年份	肢蹄评分 EBV/分	EBV 准确性
640003	5	640003203979	2020	2.800	0.45
	6	640003214037	2021	2.791	0.45
	7	640003203632	2020	2.773	0.56
	8	640003214066	2021	2.733	0.44
	9	640003214198	2021	2.704	0.47
	10	640003203972	2020	2.697	0.44
640004	1	640004208504	2020	3.058	0.48
	2	640004208275	2020	3.031	0.46
	3	640004208295	2020	2.997	0.46
	4	640004208576	2020	2.918	0.50
	5	640004208583	2020	2.907	0.46
	6	640004208523	2020	2.892	0.48
	7	640004208554	2020	2.891	0.57
	8	640004208280	2020	2.889	0.45
	9	640004208532	2020	2.870	0.58
	10	640004208286	2020	2.852	0.48
640005	1	640005206157	2020	2.572	0.33
	2	640005206069	2020	2.440	0.48
	3	640005206094	2020	2.424	0.48
	4	640005206064	2020	2.410	0.48
	5	640005206100	2020	2.385	0.48
	6	640005216540	2021	2.380	0.33
	7	640005206093	2020	2.376	0.48
	8	640005206166	2020	2.373	0.39
	9	640005206124	2020	2.370	0.35
	10	640005206072	2020	2.365	0.48
640009	1	640009202117	2020	2.956	0.48
	2	640009212573	2021	2.955	0.45

续表

场号	场内排名	牛号	出生年份	肢蹄评分 EBV/分	EBV 准确性
640009	3	640009202199	2020	2.878	0.45
	3	640009202200	2020	2.878	0.45
	5	640009212224	2021	2.868	0.48
	6	640009212446	2021	2.864	0.48
	7	640009212555	2021	2.830	0.46
	8	640009212428	2021	2.821	0.48
	9	640009212238	2021	2.814	0.47
	10	640009212419	2021	2.805	0.48
640035	1	640035201759	2020	2.956	0.50
	2	640035201645	2020	2.858	0.50
	3	640035201712	2020	2.803	0.52
	4	640035201695	2020	2.730	0.52
	5	640035201670	2020	2.691	0.39
	6	640035201715	2020	2.624	0.51
	7	640035201685	2020	2.623	0.36
	8	640035201691	2020	2.604	0.52
	9	640035201696	2020	2.588	0.51
	10	640035201666	2020	2.583	0.51
640166	1	640166203518	2020	3.041	0.46
	1	640166203511	2020	3.041	0.46
	3	640166203603	2020	2.980	0.51
	4	640166203482	2020	2.930	0.46
	5	640166203548	2020	2.929	0.57
	6	640166203633	2020	2.888	0.50
	7	640166203544	2020	2.843	0.45
	8	640166193450	2019	2.819	0.47
	9	640166203491	2020	2.816	0.46
	10	640166203516	2020	2.809	0.45

续表

场号	场内排名	牛号	出生年份	肢蹄评分 EBV/分	EBV 准确性
640007	1	640007217052	2021	2.922	0.47
	2	640007217020	2021	2.908	0.47
	3	640007217166	2021	2.874	0.46
	4	640007217184	2021	2.824	0.47
	5	640007217040	2021	2.818	0.47
	6	640007217288	2021	2.816	0.44
	7	640007206379	2020	2.814	0.47
	8	640007217234	2021	2.813	0.44
	9	640007217134	2021	2.794	0.46
	10	640007217029	2021	2.790	0.45
640190	1	640190201894	2020	2.495	0.68
	2	640190201337	2020	2.355	0.59
	3	640190201968	2020	2.349	0.68
	4	640190128280	2012	2.308	0.53
	5	640190201784	2020	2.297	0.68
	6	640190202452	2020	2.198	0.68
	7	640190202002	2020	2.191	0.68
	7	640190202102	2020	2.191	0.68
	7	640190202208	2020	2.191	0.68
	7	640190202288	2020	2.191	0.68
640193	1	640193204266	2020	2.379	0.60
	2	640193201548	2020	2.250	0.59
	3	640193201170	2020	2.223	0.58
	4	640193201138	2020	2.142	0.58
	5	640193204144	2020	2.120	0.57
	6	640193201140	2020	2.109	0.58
	7	640193201242	2020	2.105	0.58
	8	640193201490	2020	2.093	0.58

续表

场号	场内排名	牛号	出生年份	肢蹄评分 EBV/分	EBV 准确性
640193	9	640193202076	2020	2.027	0.46
	10	640193200746	2020	2.006	0.57
640251	1	640251009057	2020	3.535	0.57
	2	640251009288	2020	3.399	0.56
	3	640251009145	2020	3.324	0.58
	4	640251009419	2020	3.301	0.57
	5	640251009199	2020	3.289	0.57
	6	640251009713	2020	3.266	0.57
	7	640251009443	2020	3.257	0.57
	8	640251009465	2020	3.219	0.57
	9	640251009201	2020	3.211	0.58
	10	640251008828	2020	3.156	0.56
640253	1	640253205084	2020	3.356	0.56
	2	640253205093	2020	3.212	0.56
	3	640253205075	2020	3.061	0.56
	4	640253205269	2020	3.058	0.57
	5	640253204961	2020	3.045	0.56
	6	640253205054	2020	3.032	0.57
	7	640253204909	2020	3.026	0.57
	8	640253204984	2020	2.992	0.56
	9	640253204976	2020	2.990	0.57
	10	640253204998	2020	2.936	0.55

表 6-1-5 各核心育种场泌乳系统评分 EBV 排名前 10 名母牛

场号	场内排名	牛号	出生年份	泌乳系统评分 EBV/分	EBV 准确性
640003	1	640003121286	2012	1.885	0.59
	2	640003121257	2012	1.729	0.61

续表

场号	场内排名	牛号	出生年份	泌乳系统评分 EBV/分	EBV 准确性
640003	3	640003121289	2012	1.532	0.62
	4	640003121209	2012	1.496	0.62
	5	640003110875	2011	1.482	0.59
	6	640003121282	2012	1.446	0.61
	7	640003120482	2012	1.397	0.61
	8	640003110017	2011	1.394	0.61
	9	640003120497	2012	1.391	0.61
	10	640003111126	2011	1.390	0.56
640004	1	640004085172	2008	1.476	0.47
	2	640004208554	2020	1.442	0.59
	3	640004115819	2011	1.428	0.47
	4	640004105695	2010	1.426	0.61
	5	640004125988	2012	1.320	0.61
	6	640004208290	2020	1.225	0.48
	7	640004136317	2013	1.202	0.48
	8	640004208560	2020	1.192	0.50
	9	640004136274	2013	1.180	0.50
	10	640004208504	2020	1.174	0.49
640005	1	640005113749	2011	1.915	0.53
	2	640005134183	2013	1.830	0.61
	3	640005103634	2010	1.747	0.59
	4	640005040734	2004	1.659	0.50
	5	640005134199	2013	1.642	0.61
	6	640005123982	2012	1.638	0.58
	7	640005093469	2009	1.634	0.54
	8	640005134141	2013	1.629	0.62
	9	640005113765	2011	1.615	0.60
	10	640005134212	2013	1.490	0.54

续表

场号	场内排名	牛号	出生年份	泌乳系统评分 EBV/分	EBV 准确性
640009	1	640009120018	2018	1.582	0.57
	2	640009120015	2012	1.425	0.53
	3	640009000866	2000	1.350	0.39
	4	640009050064	2005	1.325	0.37
	5	640009120139	2012	1.241	0.48
	6	640009212555	2021	1.197	0.47
	7	640009212573	2021	1.167	0.46
	8	640009060051	2006	1.155	0.45
	9	640009202117	2020	1.129	0.48
	10	640009060052	2006	1.108	0.45
640035	1	640035128210	2012	2.023	0.60
	2	640035128244	2012	1.804	0.62
	3	640035128249	2012	1.726	0.61
	4	640035128224	2012	1.673	0.61
	5	640035128184	2012	1.663	0.63
	6	640035117836	2018	1.662	0.52
	7	640035117938	2011	1.578	0.60
	8	640035128212	2012	1.565	0.59
	9	640035128190	2013	1.558	0.61
	10	640035128181	2012	1.535	0.60
640166	1	640166110077	2011	2.200	0.63
	2	640166120590	2012	1.870	0.61
	3	640166120530	2012	1.750	0.61
	4	640166130796	2013	1.677	0.61
	5	640166077028	2007	1.655	0.52
	6	640166120597	2012	1.653	0.62
	7	640166120480	2012	1.628	0.62
	8	640166077029	2007	1.562	0.55

续表

场号	场内排名	牛号	出生年份	泌乳系统评分 EBV/分	EBV 准确性
640166	9	640166099338	2009	1.526	0.61
	10	640166110065	2011	1.460	0.59
640007	1	640007100864	2010	1.671	0.55
	2	640007100857	2010	1.465	0.55
	3	640007100866	2010	1.424	0.56
	4	640007100892	2010	1.210	0.55
	5	640007090735	2009	1.158	0.59
	6	640007152735	2015	1.116	0.28
	7	640007126108	2012	1.083	0.51
	8	640007217371	2021	1.050	0.45
	9	640007217234	2021	1.037	0.45
	10	640007217288	2021	1.028	0.45
640190	1	640190111218	2011	2.012	0.57
	2	640190131360	2013	1.906	0.46
	3	640190111625	2011	1.894	0.63
	4	640190127919	2012	1.865	0.44
	5	640190112520	2011	1.860	0.46
	6	640190111843	2011	1.806	0.57
	7	640190136504	2013	1.781	0.44
	8	640190111222	2011	1.749	0.45
	9	640190127537	2012	1.724	0.55
	10	640190110064	2011	1.687	0.54
640193	1	640193200864	2020	1.425	0.60
	2	640193192452	2019	1.242	0.45
	3	640193201324	2020	1.232	0.60
	4	640193172578	2017	1.204	0.41
	5	640193153979	2015	1.185	0.44
	6	640193153760	2015	1.178	0.44

续表

场号	场内排名	牛号	出生年份	泌乳系统评分 EBV/分	EBV 准确性
640193	7	640193192280	2019	1.177	0.45
	8	640193140691	2014	1.128	0.46
	8	640193153542	2015	1.128	0.46
	10	640193153615	2015	1.123	0.45
640251	1	640251009813	2020	1.749	0.59
	2	640251009410	2020	1.608	0.60
	3	640251009057	2020	1.589	0.59
	4	640251009390	2020	1.571	0.58
	5	640251009117	2020	1.560	0.59
	6	640251009769	2020	1.544	0.60
	6	640251009038	2020	1.544	0.59
	8	640251009450	2020	1.533	0.61
	9	640251009262	2020	1.528	0.60
	10	640251009495	2020	1.525	0.59
640253	1	640253193676	2019	1.307	0.49
	2	640253204553	2020	1.258	0.48
	3	640253204880	2020	1.145	0.54
	4	640253205169	2020	1.144	0.57
	5	640253204886	2020	1.133	0.54
	6	640253205095	2020	1.122	0.58
	7	640253204850	2020	1.115	0.60
	8	640253205416	2020	1.112	0.58
	9	640253205093	2020	1.111	0.58
	10	640253205155	2020	1.085	0.57

表 6–1–6　各核心育种场乳用特征评分 EBV 排名前 10 名母牛

场号	场内排名	牛号	出生年份	乳用特征评分 EBV/分	EBV 准确性
640003	1	640003214000	2021	0.543	0.22
	2	640003203949	2020	0.528	0.22
	3	640003100913	2010	0.526	0.36
	4	640003214114	2021	0.523	0.23
	5	640003203362	2020	0.516	0.31
	6	640003214034	2021	0.515	0.23
	7	640003214246	2021	0.514	0.26
	8	640003214037	2021	0.504	0.23
	8	640003203402	2020	0.504	0.30
	10	640003214241	2021	0.502	0.26
640004	1	640004208504	2020	0.730	0.29
	2	640004208583	2020	0.720	0.28
	3	640004208295	2020	0.718	0.25
	4	640004208525	2020	0.698	0.34
	5	640004208278	2020	0.694	0.28
	6	640004208275	2020	0.693	0.28
	7	640004208280	2020	0.686	0.26
	8	640004208290	2020	0.682	0.30
	8	640004208534	2020	0.682	0.29
	10	640004208539	2020	0.677	0.27
640005	1	640005205866	2020	0.500	0.35
	2	640005205935	2020	0.456	0.35
	3	640005205890	2020	0.452	0.34
	4	640005216551	2021	0.439	0.04
	4	640005206157	2020	0.439	0.10
	4	640005195821	2019	0.439	0.30
	7	640005099219	2009	0.435	0.25
	7	640005216537	2021	0.435	0.11

续表

场号	场内排名	牛号	出生年份	乳用特征评分 EBV/分	EBV 准确性
640005	9	640005205863	2019	0.433	0.33
	10	640005216540	2021	0.428	0.11
640009	1	640009212224	2021	0.774	0.29
	2	640009202117	2020	0.725	0.29
	3	640009212542	2021	0.706	0.27
	4	640009202137	2020	0.696	0.29
	5	640009212555	2021	0.695	0.28
	6	640009202199	2020	0.688	0.26
	6	640009202200	2020	0.688	0.26
	8	640009212233	2021	0.686	0.29
	9	640009212479	2021	0.678	0.29
	10	640009222609	2022	0.671	0.28
640035	1	640035158841	2014	0.406	0.18
	2	640035107692	2010	0.404	0.38
	3	640035201625	2020	0.399	0.20
	4	640035201726	2020	0.396	0.25
	5	640035107697	2010	0.393	0.38
	6	640035117890	2011	0.386	0.36
	7	640035128125	2012	0.384	0.33
	8	640035191506	2019	0.375	0.14
	9	640035191513	2019	0.374	0.15
	10	640035201778	2020	0.372	0.18
640166	1	640166120616	2012	0.569	0.32
	2	640166099311	2009	0.541	0.28
	3	640166099338	2009	0.507	0.30
	4	640166109625	2010	0.491	0.26
	5	640166203523	2020	0.486	0.27
	6	640166203483	2020	0.473	0.28

续表

场号	场内排名	牛号	出生年份	乳用特征评分 EBV/分	EBV 准确性
640166	7	640166203533	2020	0.468	0.27
	8	640166203564	2020	0.460	0.28
	9	640166203539	2020	0.455	0.26
	9	640166203553	2020	0.455	0.26
640007	1	640007206329	2020	0.571	0.24
	2	640007217366	2021	0.544	0.25
	3	640007217077	2021	0.534	0.24
	4	640007217143	2021	0.524	0.22
	5	640007217167	2021	0.520	0.25
	6	640007217245	2021	0.516	0.19
	6	640007216695	2021	0.516	0.23
	8	640007217288	2021	0.514	0.22
	9	640007217159	2021	0.511	0.20
	10	640007216960	2021	0.510	0.24
640190	1	640190123856	2012	0.734	0.32
	2	640190123950	2012	0.578	0.32
	3	640190123861	2012	0.573	0.32
	4	640190134519	2013	0.567	0.28
	5	640190113968	2011	0.489	0.22
	6	640190124034	2012	0.407	0.29
	7	640190123633	2012	0.405	0.33
	8	640190110298	2011	0.394	0.25
	8	640190123636	2012	0.394	0.18
	10	640190202163	2020	0.392	0.33
640193	1	640193205242	2020	0.426	0.35
	2	640193204146	2020	0.394	0.33
	3	640193200344	2020	0.389	0.36
	4	640193120298	2011	0.382	0.20

续表

场号	场内排名	牛号	出生年份	乳用特征评分 EBV/分	EBV 准确性
640193	4	640193194690	2019	0.382	0.36
	6	640193203942	2020	0.376	0.36
	6	640193194958	2019	0.376	0.36
	6	640193203318	2020	0.376	0.34
	9	640193204828	2020	0.374	0.36
	9	640193204840	2020	0.374	0.36
640251	1	640251009565	2020	0.806	0.32
	2	640251009410	2020	0.802	0.31
	3	640251009194	2020	0.790	0.30
	4	640251009524	2020	0.786	0.32
	5	640251008979	2020	0.783	0.32
	6	640251009636	2020	0.773	0.31
	7	640251009130	2020	0.765	0.33
	8	640251009468	2020	0.761	0.27
	8	640251009541	2020	0.761	0.27
	10	640251009150	2020	0.757	0.33
640253	1	640253216009	2021	0.564	0.24
	2	640253205432	2020	0.547	0.28
	3	640253204945	2020	0.537	0.31
	4	640253204785	2020	0.536	0.30
	5	640253204844	2020	0.535	0.30
	5	640253204808	2020	0.535	0.26
	7	640253215987	2021	0.533	0.23
	8	640253205363	2020	0.527	0.29
	9	640253204903	2020	0.526	0.32
	10	640253205406	2020	0.525	0.24

表 6-1-7 各核心育种场体高评分 EBV 排名前 10 名母牛

场号	场内排名	牛号	出生年份	体高评分 EBV/分	EBV 准确性
640003	1	640003007874	2012	4.117	0.68
	2	640003000073	2018	4.057	0.67
	3	640003000389	2018	4.021	0.67
	4	640003203653	2020	3.936	0.71
	5	640003110157	2011	3.875	0.70
	5	640003193069	2019	3.875	0.68
	7	640003182762	2018	3.752	0.75
	8	640003203596	2020	3.700	0.71
	9	640003000123	2018	3.697	0.66
	10	640003000921	2018	3.641	0.66
640004	1	640004187417	2018	3.987	0.70
	2	640004187429	2018	3.929	0.71
	3	640004208586	2020	3.919	0.70
	4	640004187409	2017	3.892	0.67
	5	640004115962	2011	3.867	0.71
	6	640004208581	2020	3.830	0.69
	7	640004187531	2018	3.782	0.74
	8	640004208544	2020	3.772	0.70
	9	640004208660	2020	3.740	0.70
	10	640004187419	2018	3.709	0.70
640005	1	640005185415	2018	4.098	0.74
	2	640005113767	2011	3.950	0.70
	3	640005113795	2011	3.826	0.71
	4	640005144410	2014	3.748	0.72
	5	640005144414	2014	3.742	0.76
	6	640005113755	2011	3.711	0.72
	7	640005195565	2019	3.705	0.67
	8	640005175125	2017	3.611	0.52

续表

场号	场内排名	牛号	出生年份	体高评分 EBV/分	EBV 准确性
640005	9	640005144397	2014	3.602	0.74
	10	640005134162	2013	3.531	0.76
640009	1	640009191602	2019	3.646	0.72
	2	640009100124	2010	3.415	0.73
	3	640009181472	2018	3.356	0.73
	4	640009181522	2018	3.323	0.72
	5	640009191622	2019	3.295	0.67
	6	640009181315	2018	3.232	0.72
	7	640009110012	2011	3.229	0.71
	8	640009110024	2011	3.221	0.69
	9	640009181320	2018	3.202	0.71
	10	640009100110	2010	3.169	0.74
640035	1	640035138494	2013	3.959	0.69
	2	640035117938	2011	3.464	0.75
	2	640035097441	2009	3.464	0.72
	4	640035128207	2012	3.417	0.75
	5	640035117968	2011	3.383	0.73
	6	640035097551	2011	3.380	0.70
	7	640035117991	2011	3.182	0.73
	8	640035170517	2018	3.153	0.60
	9	640035097546	2011	3.111	0.71
	10	640035107717	2010	3.089	0.73
640166	1	640166110150	2011	5.329	0.72
	2	640166110153	2011	5.193	0.71
	3	640166109755	2010	4.277	0.72
	4	640166110064	2011	4.240	0.73
	5	640166119968	2011	4.136	0.73
	6	640166099345	2009	4.125	0.73

续表

场号	场内排名	牛号	出生年份	体高评分 EBV/分	EBV 准确性
640166	7	640166099388	2009	4.028	0.73
	8	640166109681	2010	3.978	0.75
	9	640166099463	2009	3.938	0.72
	10	640166099347	2009	3.883	0.74
640007	1	640007090550	2009	3.482	0.70
	2	640007174539	2017	3.414	0.73
	3	640007174567	2017	3.340	0.72
	4	640007184929	2018	3.312	0.73
	5	640007174648	2017	3.305	0.72
	6	640007174522	2017	3.301	0.69
	7	640007174399	2017	3.289	0.72
	8	640007110037	2011	3.255	0.72
	9	640007185235	2018	3.235	0.72
	10	640007174384	2017	3.226	0.73
640190	1	640190142334	2014	4.116	0.69
	2	640190124066	2012	3.998	0.70
	3	640190131546	2013	3.915	0.70
	4	640190123660	2012	3.897	0.71
	5	640190142168	2014	3.861	0.69
	6	640190130170	2013	3.821	0.72
	7	640190130097	2013	3.788	0.72
	8	640190132133	2013	3.785	0.70
	9	640190140074	2013	3.769	0.75
	10	640190130047	2013	3.753	0.72
640193	1	640193203390	2020	2.963	0.74
	2	640193204446	2020	2.672	0.73
	3	640193142097	2014	2.636	0.56
	4	640193204654	2020	2.607	0.73

续表

场号	场内排名	牛号	出生年份	体高评分 EBV/分	EBV 准确性
640193	5	640193200504	2020	2.602	0.73
	6	640193204152	2020	2.584	0.73
	6	640193204324	2020	2.584	0.73
	8	640193203832	2020	2.578	0.73
	9	640193205150	2020	2.563	0.73
	10	640193204644	2020	2.560	0.73
640251	1	640251009139	2020	3.130	0.73
	2	640251008873	2020	3.126	0.70
	3	640251009104	2020	3.082	0.73
	4	640251009723	2020	3.079	0.73
	5	640251009162	2020	3.076	0.73
	6	640251004809	2017	3.067	0.44
	7	640251008959	2020	3.013	0.72
	8	640251185826	2018	3.006	0.73
	8	640251185867	2018	3.006	0.73
	10	640251009636	2020	2.991	0.73
640253	1	640253171386	2017	3.202	0.54
	2	640253204998	2020	3.189	0.72
	3	640253205196	2020	3.112	0.73
	4	640253171212	2017	3.096	0.53
	5	640253204975	2020	3.075	0.73
	6	640253204976	2020	3.032	0.73
	7	640253171353	2017	3.019	0.52
	8	640253193660	2019	3.018	0.73
	9	640253205435	2020	2.993	0.75
	10	640253205460	2020	2.965	0.73

表 6–1–8 各核心育种场体深评分 EBV 排名前 10 名母牛

场号	场内排名	牛号	出生年份	体深评分 EBV/分	EBV 准确性
640003	1	640003203765	2020	1.248	0.48
	2	640003203797	2020	1.220	0.47
	2	640003203848	2020	1.220	0.47
	4	640003203874	2020	1.199	0.48
	5	640003203756	2020	1.198	0.48
	6	640003203889	2020	1.197	0.48
	7	640003203781	2020	1.191	0.48
	7	640003203832	2020	1.191	0.47
	9	640003203845	2020	1.189	0.48
	10	640003203752	2020	1.186	0.48
640004	1	640004187362	2018	1.292	0.47
	2	640004208586	2020	1.286	0.33
	3	640004187463	2018	1.270	0.47
	4	640004187424	2018	1.257	0.50
	5	640004177343	2017	1.253	0.51
	6	640004208541	2020	1.234	0.34
	7	640004208544	2020	1.233	0.33
	8	640004208576	2020	1.231	0.35
	9	640004187467	2018	1.217	0.49
	10	640004208557	2020	1.208	0.33
640005	1	640005060128	2006	1.214	0.39
	2	640005205905	2020	1.119	0.43
	3	640005206151	2020	1.117	0.43
	4	640005103661	2010	1.102	0.47
	5	640005123912	2012	1.099	0.43
	6	640005206157	2020	1.086	0.24
	7	640005123923	2012	1.085	0.42
	8	640005216537	2021	1.082	0.25

续表

场号	场内排名	牛号	出生年份	体深评分 EBV/分	EBV 准确性
640005	9	640005206078	2020	1.081	0.43
	10	640005206042	2020	1.074	0.43
640009	1	640009222609	2022	1.125	0.40
	2	640009212238	2021	1.118	0.40
	3	640009202177	2020	1.107	0.40
	4	640009181441	2018	1.091	0.49
	5	640009212555	2021	1.081	0.40
	6	640009212479	2021	1.074	0.40
	7	640009212538	2021	1.056	0.39
	8	640009202179	2020	1.042	0.39
	9	640009212597	2021	1.040	0.40
	10	640009212224	2021	1.038	0.41
640035	1	640035128214	2012	1.073	0.48
	2	640035128206	2012	1.011	0.48
	3	640035128193	2012	0.988	0.49
	4	640035201695	2020	0.873	0.37
	5	640035128221	2012	0.871	0.47
	6	640035201715	2020	0.870	0.36
	7	640035201712	2020	0.869	0.37
	8	640035201790	2020	0.862	0.32
	9	640035201706	2020	0.854	0.30
	10	640035201714	2020	0.846	0.35
640166	1	640166203482	2020	1.151	0.39
	2	640166203518	2020	1.130	0.39
	2	640166203511	2020	1.130	0.39
	4	640166203533	2020	1.101	0.39
	5	640166193462	2019	1.093	0.39
	5	640166193461	2019	1.093	0.39

续表

场号	场内排名	牛号	出生年	体深评分 EBV/分	EBV 准确性
640166	5	640166203496	2020	1.093	0.39
	5	640166203474	2019	1.093	0.38
	9	640166203470	2019	1.089	0.39
	10	640166203544	2020	1.074	0.38
640007	1	640007208173	2020	1.112	0.43
	2	640007208175	2020	1.094	0.43
	3	640007208232	2020	1.072	0.43
	4	640007208228	2020	1.048	0.43
	5	640007185151	2018	1.033	0.48
	6	640007206280	2020	0.993	0.24
	7	640007208155	2020	0.988	0.45
	7	640007208074	2020	0.988	0.45
	7	640007208222	2020	0.988	0.45
	7	640007208229	2020	0.988	0.45
640190	1	640190202228	2020	1.669	0.47
	2	640190202521	2020	1.499	0.50
	3	640190204411	2020	1.484	0.41
	4	640190203947	2020	1.415	0.42
	5	640190204831	2020	1.410	0.44
	6	640190203805	2020	1.406	0.41
	7	640190204009	2020	1.389	0.45
	8	640190204701	2020	1.377	0.41
	9	640190203963	2020	1.376	0.40
	9	640190204255	2020	1.376	0.40
640193	1	640193205324	2020	1.797	0.46
	2	640193205178	2020	1.748	0.50
	3	640193204654	2020	1.742	0.48
	4	640193204144	2020	1.739	0.47

续表

场号	场内排名	牛号	出生年份	体深评分 EBV/分	EBV 准确性
640193	5	640193202590	2020	1.733	0.46
	6	640193203832	2020	1.730	0.47
	7	640193203870	2020	1.718	0.49
	8	640193204258	2020	1.687	0.47
	9	640193204770	2020	1.680	0.44
	10	640193205414	2020	1.673	0.46
640251	1	640251008789	2020	1.364	0.39
	2	640251009162	2020	1.331	0.44
	3	640251009636	2020	1.329	0.45
	4	640251008865	2020	1.299	0.45
	5	640251009081	2020	1.291	0.45
	6	640251009246	2020	1.289	0.45
	7	640251009133	2020	1.287	0.45
	8	640251009139	2020	1.286	0.45
	9	640251008678	2020	1.281	0.44
	10	640251008998	2020	1.240	0.45
640253	1	640253182060	2018	1.274	0.50
	2	640253205075	2020	1.259	0.43
	3	640253204724	2020	1.245	0.48
	4	640253181982	2018	1.244	0.51
	5	640253182039	2018	1.238	0.50
	6	640253204984	2020	1.233	0.43
	7	640253182090	2018	1.218	0.50
	8	640253182027	2018	1.209	0.50
	8	640253182087	2018	1.209	0.50
	10	640253205010	2020	1.205	0.43

表 6–1–9 各核心育种场腰强度评分 EBV 排名前 10 名母牛

场号	场内排名	牛号	出生年份	腰强度评分 EBV/分	EBV 准确性
640003	1	640003203797	2020	2.458	0.52
	2	640003141688	2011	2.267	0.35
	3	640003111133	2011	2.100	0.45
	4	640003111152	2011	2.033	0.44
	5	640003214198	2021	1.982	0.43
	6	640003111119	2011	1.978	0.45
	7	640003203753	2020	1.919	0.52
	8	640003121286	2012	1.905	0.51
	9	640003193134	2019	1.882	0.34
	10	640003111142	2011	1.843	0.42
640004	1	640004208554	2020	2.117	0.51
	2	640004208535	2020	1.976	0.51
	3	640004208278	2020	1.965	0.44
	4	640004208532	2020	1.934	0.52
	5	640004197943	2019	1.924	0.35
	6	640004198012	2019	1.872	0.35
	7	640004208541	2020	1.870	0.41
	8	640004208294	2020	1.856	0.47
	9	640004208504	2020	1.847	0.45
	10	640004208586	2020	1.834	0.40
640005	1	640005134186	2013	2.163	0.40
	2	640005123925	2012	2.128	0.54
	3	640005205959	2020	2.113	0.53
	4	640005206064	2020	1.953	0.46
	5	640005216545	2021	1.918	0.28
	6	640005216558	2021	1.911	0.28
	7	640005216548	2021	1.866	0.29
	8	640005216572	2021	1.847	0.29

续表

场号	场内排名	牛号	出生年份	腰强度评分 EBV/分	EBV 准确性
640005	9	640005216584	2021	1.843	0.27
	10	640005216537	2021	1.843	0.29
640009	1	640009212446	2021	2.242	0.44
	2	640009212420	2021	2.217	0.44
	3	640009212428	2021	2.185	0.44
	4	640009212419	2021	2.170	0.44
	5	640009212414	2021	2.062	0.44
	6	640009212440	2021	2.018	0.45
	7	640009212431	2021	1.919	0.42
	8	640009212447	2021	1.897	0.42
	9	640009191843	2019	1.877	0.33
	10	640009212452	2021	1.842	0.43
640035	1	640035201651	2020	2.368	0.42
	2	640035201680	2020	2.335	0.42
	3	640035201739	2020	2.225	0.41
	4	640035201679	2020	2.216	0.40
	5	640035201672	2020	2.170	0.42
	6	640035201526	2019	2.162	0.30
	7	640035201667	2020	2.161	0.41
	8	640035201645	2020	2.159	0.41
	9	640035201648	2020	2.140	0.42
	10	640035201696	2020	2.127	0.42
640166	1	640166120477	2012	2.425	0.53
	2	640166141100	2014	2.328	0.44
	3	640166120464	2012	2.223	0.51
	4	640166203544	2020	2.207	0.42
	5	640166109609	2010	2.107	0.45
	6	640166203557	2020	2.102	0.41

续表

场号	场内排名	牛号	出生年份	腰强度评分 EBV/分	EBV 准确性
640166	7	640166203534	2020	2.094	0.41
	8	640166203518	2020	2.089	0.42
	8	640166203511	2020	2.089	0.42
	10	640166203543	2020	2.056	0.41
640007	1	640007206368	2020	2.080	0.43
	2	640007206379	2020	2.046	0.44
	3	640007217484	2021	2.035	0.40
	4	640007206384	2020	1.934	0.44
	5	640007217052	2021	1.928	0.43
	6	640007195652	2019	1.922	0.44
	7	640007217184	2021	1.904	0.43
	8	640007217241	2021	1.892	0.40
	9	640007217087	2021	1.868	0.43
	10	640007206374	2020	1.860	0.41
640190	1	640190121590	2012	2.282	0.46
	2	640190121593	2012	2.226	0.44
	3	640190123856	2012	2.162	0.49
	4	640190111051	2011	1.996	0.46
	5	640190110389	2011	1.990	0.46
	5	640190110766	2011	1.990	0.46
	7	640190123762	2012	1.964	0.43
	8	640190123212	2012	1.961	0.43
	9	640190128227	2012	1.903	0.43
	10	640190121773	2012	1.837	0.44
640193	1	640193130053	2013	1.606	0.46
	1	640193140053	2013	1.606	0.46
	3	640193204632	2020	1.530	0.54
	4	640193205206	2020	1.506	0.48

续表

场号	场内排名	牛号	出生年份	腰强度评分 EBV/分	EBV 准确性
640193	5	640193204130	2020	1.454	0.53
	6	640193205242	2020	1.451	0.48
	7	640193202712	2020	1.450	0.49
	8	640193202226	2020	1.439	0.50
	9	640193203516	2020	1.406	0.46
	10	640193180546	2018	1.400	0.45
640251	1	640251003324	2015	2.882	0.63
	2	640251009524	2020	2.511	0.51
	3	640251008865	2020	2.498	0.50
	4	640251009104	2020	2.450	0.50
	5	640251006134	2018	2.442	0.58
	6	640251009168	2020	2.301	0.50
	7	640251009252	2020	2.227	0.54
	8	640251009081	2020	2.216	0.51
	9	640251009239	2020	2.192	0.54
	10	640251009426	2020	2.160	0.51
640253	1	640253204998	2020	2.372	0.47
	2	640253205363	2020	2.361	0.49
	3	640253205119	2020	2.336	0.50
	4	640253204975	2020	2.297	0.50
	5	640253204976	2020	2.293	0.50
	6	640253205054	2020	2.278	0.50
	7	640253205217	2020	2.182	0.49
	8	640253204952	2020	2.175	0.48
	9	640253205060	2020	2.152	0.44
	10	640253205050	2020	2.091	0.51

表 6-1-10　各核心育种场尻角度评分 EBV 排名前 10 名母牛

场号	场内排名	牛号	出生年份	尻角度评分 EBV/分	EBV 准确性
640003	1	640003197774	2019	1.750	0.44
	2	640003203418	2020	1.726	0.53
	3	640003197666	2019	1.673	0.44
	3	640003197673	2019	1.673	0.44
	5	640003197777	2019	1.670	0.42
	6	640003197629	2019	1.654	0.44
	7	640003197735	2019	1.651	0.45
	8	640003197689	2019	1.593	0.44
	9	640003193187	2020	1.560	0.42
	10	640003111124	2011	1.555	0.37
640004	1	640004198312	2019	2.232	0.44
	1	640004198324	2019	2.232	0.44
	1	640004198340	2019	2.232	0.44
	4	640004187620	2018	1.880	0.38
	5	640004187642	2018	1.866	0.39
	6	640004205876	2019	1.796	0.40
	7	640004195762	2019	1.771	0.46
	8	640004195702	2019	1.715	0.47
	9	640004187631	2018	1.687	0.38
	10	640004195766	2019	1.686	0.43
640005	1	640005164978	2016	1.551	0.37
	2	640005164927	2016	1.510	0.36
	3	640005164954	2016	1.477	0.38
	4	640005123907	2012	1.431	0.35
	5	640005195683	2011	1.420	0.40
	6	640005164931	2016	1.418	0.38
	7	640005195713	2012	1.406	0.40
	8	640005123927	2012	1.392	0.49

续表

场号	场内排名	牛号	出生年份	尻角度评分 EBV/分	EBV 准确性
640005	9	640005164974	2016	1.380	0.35
	10	640005164826	2016	1.371	0.35
640009	1	640009191770	2019	1.499	0.42
	2	640009191818	2019	1.487	0.44
	3	640009191786	2019	1.392	0.40
	4	640009191805	2019	1.306	0.42
	5	640009191791	2019	1.297	0.42
	6	640009191798	2019	1.294	0.43
	7	640009160911	2016	1.292	0.35
	8	640009160947	2016	1.274	0.34
	9	640009171214	2016	1.271	0.34
	10	640009160851	2016	1.263	0.33
640035	1	640035097573	2018	1.591	0.42
	2	640035097560	2018	1.449	0.41
	3	640035128280	2012	1.433	0.41
	4	640035107614	2010	1.346	0.41
	5	640035128286	2012	1.277	0.40
	6	640035097525	2003	1.273	0.43
	7	640035097405	2007	1.259	0.42
	8	640035107678	2010	1.252	0.43
	9	640035180949	2018	1.235	0.36
	9	640035138296	2012	1.235	0.41
640166	1	640166119966	2011	1.477	0.39
	2	640166193170	2019	1.407	0.41
	3	640166193199	2019	1.387	0.39
	4	640166193217	2019	1.377	0.31
	5	640166109714	2010	1.356	0.42
	6	640166120606	2012	1.330	0.47

续表

场号	场内排名	牛号	出生年份	尻角度评分 EBV/分	EBV 准确性
640166	7	640166120384	2012	1.321	0.32
	8	640166109731	2010	1.292	0.44
	9	640166151731	2015	1.284	0.27
	10	640166193196	2019	1.265	0.37
640007	1	640007163974	2016	2.094	0.46
	2	640007195671	2019	1.777	0.44
	3	640007162214	2016	1.771	0.46
	4	640007195702	2019	1.698	0.44
	4	640007164094	2016	1.698	0.46
	6	640007195729	2019	1.692	0.42
	7	640007195748	2019	1.690	0.42
	8	640007195766	2019	1.686	0.43
	9	640007206010	2020	1.678	0.38
	10	640007164183	2016	1.671	0.46
640190	1	640190140074	2013	2.157	0.42
	2	64019013A067	2013	2.103	0.42
	3	640190130054	2013	2.048	0.40
	4	640190140013	2013	2.046	0.41
	5	640190130060	2013	2.045	0.40
	6	640190130055	2013	2.037	0.40
	7	64019013A004	2013	2.002	0.40
	8	640190130047	2013	1.996	0.40
	9	640190140335	2014	1.990	0.40
	10	640190130097	2013	1.987	0.40
640193	1	640193140141	2011	1.658	0.36
	2	640193140336	2014	1.628	0.34
	2	640193130889	2013	1.628	0.36
	4	640193130206	2013	1.598	0.34

续表

场号	场内排名	牛号	出生年份	尻角度评分 EBV/分	EBV 准确性
640193	5	640193130048	2013	1.583	0.34
	6	640193142131	2014	1.567	0.36
	7	640193130001	2013	1.564	0.34
	7	640193130038	2013	1.564	0.34
	7	640193130044	2013	1.564	0.34
	7	640193130047	2013	1.564	0.34
640251	1	640251208732	2020	2.018	0.49
	2	640251208662	2020	1.972	0.49
	3	640251208664	2020	1.970	0.49
	4	640251208674	2020	1.831	0.50
	5	640251208862	2020	1.761	0.46
	6	640251007947	2019	1.753	0.43
	6	640251197947	2019	1.753	0.43
	8	640251007774	2019	1.750	0.44
	9	640251208837	2020	1.738	0.48
	10	640251007671	2019	1.683	0.43
640253	1	640253193466	2019	2.538	0.51
	2	640253193513	2019	2.523	0.51
	3	640253193429	2019	2.433	0.45
	4	640253193561	2017	2.403	0.50
	5	640253193432	2019	2.399	0.46
	6	640253193610	2017	2.371	0.45
	7	640253193472	2019	2.339	0.47
	8	640253193540	2019	2.300	0.45
	8	640253193593	2017	2.300	0.45
	8	640253193699	2019	2.300	0.45

表 6-1-11 各核心育种场尻宽评分 EBV 排名前 10 名母牛

场号	场内排名	牛号	出生年份	尻宽评分 EBV/分	EBV 准确性
640003	1	640003203418	2020	1.469	0.55
	2	640003203436	2020	1.404	0.53
	3	640003203472	2020	1.381	0.37
	4	640003203487	2020	1.229	0.37
	5	640003193087	2019	1.190	0.40
	6	640003203468	2020	1.187	0.38
	7	640003203500	2020	1.173	0.44
	8	640003203492	2020	1.168	0.39
	9	640003007441	2019	1.144	0.46
	9	640003203495	2020	1.144	0.44
640004	1	640004198312	2019	1.417	0.45
	1	640004198324	2019	1.417	0.45
	1	640004198340	2019	1.417	0.45
	4	640004187620	2018	1.369	0.41
	5	640004208869	2020	1.273	0.33
	6	640004099379	2009	1.228	0.43
	7	640004095466	2009	1.224	0.43
	8	640004095447	2009	1.197	0.44
	9	640004109789	2010	1.127	0.46
	10	640004197885	2019	1.119	0.45
640005	1	640005113771	2011	1.330	0.43
	2	640005113818	2011	1.185	0.43
	3	640005205959	2020	1.102	0.48
	4	640005144423	2014	1.044	0.35
	5	640005195827	2019	1.025	0.38
	6	640005103669	2010	0.983	0.46
	7	640005097459	2009	0.971	0.36
	8	640005093359	2009	0.969	0.35

续表

场号	场内排名	牛号	出生年份	尻宽评分 EBV/分	EBV 准确性
640005	9	640005113801	2011	0.953	0.39
	10	640005113815	2011	0.940	0.36
640009	1	640009110102	2011	0.893	0.46
	2	640009201965	2020	0.868	0.41
	3	640009201957	2020	0.790	0.37
	4	640009212573	2021	0.783	0.39
	5	640009201972	2020	0.751	0.39
	6	640009202177	2020	0.750	0.40
	7	640009202117	2020	0.745	0.40
	8	640009222609	2022	0.737	0.40
	9	640009120001	2012	0.736	0.27
	9	640009212538	2021	0.736	0.39
640035	1	640035097430	2009	1.263	0.40
	2	640035097516	2020	1.084	0.43
	3	640035097456	2006	1.077	0.38
	4	640035097551	2011	0.999	0.32
	5	640035107722	2010	0.997	0.43
	6	640035128190	2013	0.987	0.46
	7	640035097458	2006	0.943	0.38
	8	640035109754	2010	0.941	0.45
	9	640035170562	2017	0.940	0.34
	10	640035110069	2011	0.907	0.39
640166	1	640166099382	2009	1.542	0.44
	2	640166099388	2009	1.368	0.45
	3	640166109751	2010	1.294	0.45
	4	640166109755	2010	1.165	0.43
	5	640166110072	2011	1.098	0.45
	6	640166099355	2009	1.033	0.43

续表

场号	场内排名	牛号	出生年份	尻宽评分 EBV/分	EBV 准确性
640166	7	640166110030	2011	1.013	0.44
	8	640166110008	2011	0.998	0.38
	9	640166109722	2010	0.995	0.46
	10	640166099330	2009	0.985	0.38
640007	1	640007195652	2019	1.381	0.37
	2	640007206332	2020	1.342	0.40
	3	640007206426	2020	1.332	0.37
	4	640007206317	2020	1.315	0.37
	5	640007206301	2020	1.308	0.37
	6	640007206309	2020	1.306	0.43
	7	640007205869	2019	1.209	0.39
	8	640007205886	2020	1.194	0.39
	9	640007206337	2020	1.154	0.38
	10	640007206396	2020	1.134	0.38
640190	1	640190131062	2013	1.266	0.29
	2	640190110419	2011	1.246	0.37
	3	640190110202	2011	1.234	0.27
	4	640190130093	2013	1.201	0.42
	5	640190111157	2011	1.183	0.37
	6	640190110017	2011	1.167	0.26
	7	640190080196	2008	1.119	0.45
	7	640190080207	2008	1.119	0.45
	7	640190080212	2008	1.119	0.45
	7	640190080376	2008	1.119	0.45
640193	1	640193230048	2013	0.906	0.32
	2	640193141008	2014	0.888	0.32
	3	640193155632	2015	0.753	0.29
	4	640193200862	2020	0.730	0.44

续表

场号	场内排名	牛号	出生年份	尻宽评分 EBV/分	EBV 准确性
640193	5	640193191886	2019	0.724	0.26
	6	640193172512	2017	0.693	0.45
	7	640193110897	2011	0.671	0.33
	8	640193192148	2019	0.666	0.27
	9	640193130671	2013	0.662	0.29
	10	640193201712	2020	0.659	0.44
640251	1	640251208837	2020	1.324	0.49
	2	640251009104	2020	1.301	0.44
	3	640251197906	2019	1.273	0.47
	4	640251208913	2020	1.258	0.46
	4	640251197943	2019	1.258	0.47
	6	640251208875	2020	1.255	0.47
	7	640251208706	2020	1.244	0.49
	8	640251197916	2019	1.237	0.47
	9	640251208869	2020	1.224	0.47
	9	640251208862	2020	1.224	0.47
640253	1	640253193409	2019	1.621	0.48
	2	640253193412	2019	1.557	0.47
	2	640253193426	2019	1.557	0.47
	4	640253193432	2019	1.500	0.47
	5	640253193429	2019	1.447	0.46
	6	640253193472	2019	1.380	0.48
	7	640253193513	2019	1.319	0.52
	8	640253193466	2019	1.312	0.52
	9	640253193328	2011	1.208	0.46
	10	640253193427	2017	1.191	0.46

表 6–1–12　各核心育种场蹄角度评分 EBV 排名前 10 名母牛

场号	场内排名	牛号	出生年份	蹄角度评分 EBV/分	EBV 准确性
640003	1	640003203862	2020	2.028	0.42
	2	640003203903	2020	1.963	0.41
	3	640003214248	2021	1.946	0.43
	4	640003203892	2020	1.937	0.42
	5	640003203871	2020	1.933	0.41
	6	640003203742	2020	1.929	0.45
	7	640003214243	2021	1.920	0.41
	8	640003203882	2020	1.916	0.42
	9	640003203848	2020	1.882	0.45
	10	640003203832	2020	1.852	0.45
640004	1	640004208532	2020	2.143	0.46
	2	640004208503	2020	2.005	0.41
	3	640004208167	2020	2.003	0.41
	4	640004208506	2020	1.863	0.42
	5	640004208524	2020	1.847	0.41
	5	640004208832	2020	1.847	0.41
	7	640004208510	2020	1.833	0.41
	7	640004208575	2020	1.833	0.41
	9	640004208594	2020	1.830	0.45
	10	640004208294	2020	1.819	0.43
640005	1	640005205959	2020	2.053	0.46
	2	640005206094	2020	2.015	0.41
	3	640005206072	2020	2.009	0.41
	4	640005206069	2020	2.006	0.41
	4	640005206093	2020	2.006	0.41
	6	640005206084	2020	2.003	0.41
	7	640005206057	2020	1.997	0.41
	8	640005206065	2020	1.996	0.41

续表

场号	场内排名	牛号	出生年份	蹄角度评分 EBV/分	EBV 准确性
640005	9	640005206100	2020	1.992	0.41
	10	640005206056	2020	1.987	0.42
640009	1	640009120001	2012	1.754	0.19
	2	640009202117	2020	1.641	0.38
	3	640009212224	2021	1.623	0.39
	4	640009212238	2021	1.600	0.38
	5	640009202137	2020	1.590	0.38
	6	640009212573	2021	1.560	0.37
	7	640009212386	2021	1.555	0.25
	8	640009202199	2020	1.521	0.36
	8	640009202200	2020	1.521	0.36
	10	640009202177	2020	1.511	0.38
640035	1	640035180930	2018	1.507	0.27
	2	640035201695	2020	1.504	0.34
	3	640035181012	2018	1.502	0.29
	4	640035201723	2020	1.492	0.27
	5	640035180980	2018	1.491	0.28
	6	640035181067	2018	1.486	0.27
	7	640035180927	2018	1.472	0.26
	8	640035170817	2017	1.450	0.26
	8	640035180935	2018	1.450	0.25
	10	640035201735	2020	1.448	0.27
640166	1	640166203518	2020	1.714	0.37
	1	640166203511	2020	1.714	0.37
	3	640166203482	2020	1.642	0.37
	4	640166203539	2020	1.572	0.36
	4	640166203553	2020	1.572	0.36
	6	640166203516	2020	1.570	0.36

续表

场号	场内排名	牛号	出生年份	蹄角度评分 EBV/分	EBV 准确性
640166	7	640166182764	2018	1.506	0.27
	8	640166203626	2020	1.468	0.32
	9	640166182762	2018	1.463	0.27
	10	640166182756	2018	1.462	0.27
640007	1	640007217426	2021	1.844	0.33
	2	640007208228	2020	1.833	0.42
	3	640007208155	2020	1.819	0.43
	4	640007208175	2020	1.818	0.41
	5	640007208173	2020	1.816	0.42
	6	640007208232	2020	1.797	0.42
	7	640007217394	2021	1.790	0.36
	8	640007217052	2021	1.768	0.36
	9	640007217092	2021	1.761	0.34
	9	640007208041	2020	1.761	0.43
640190	1	640190130415	2013	1.499	0.44
	2	640190110683	2011	1.264	0.37
	3	640190110701	2011	1.260	0.37
	4	640190121260	2011	1.219	0.24
	5	640190110850	2011	1.152	0.34
	6	640190202452	2020	1.151	0.56
	7	640190123458	2012	1.142	0.25
	8	640190120864	2012	1.130	0.24
	9	640190090185	2009	1.126	0.40
	10	640190142181	2014	1.112	0.32
640193	1	640193203390	2020	1.241	0.46
	2	640193204266	2020	1.175	0.48
	3	640193205304	2020	1.157	0.43
	4	640193204828	2020	1.156	0.43

续表

场号	场内排名	牛号	出生年份	蹄角度评分 EBV/分	EBV 准确性
640193	4	640193204840	2020	1.156	0.43
	6	640193204194	2020	1.133	0.44
	7	640193203636	2020	1.101	0.42
	8	640193205108	2020	1.091	0.42
	8	640193205330	2020	1.091	0.42
	10	640193205112	2020	1.083	0.42
640251	1	640251009247	2020	2.140	0.47
	2	640251008825	2020	2.133	0.47
	3	640251009164	2020	2.104	0.46
	4	640251009224	2020	2.068	0.47
	5	640251009434	2020	2.066	0.46
	6	640251009462	2020	1.991	0.47
	7	640251009427	2020	1.972	0.47
	8	640251009431	2020	1.936	0.47
	9	640251009420	2020	1.932	0.42
	10	640251009236	2020	1.925	0.47
640253	1	640253204724	2020	2.167	0.46
	2	640253204888	2020	2.163	0.46
	3	640253204730	2020	2.148	0.46
	4	640253204692	2020	2.098	0.42
	5	640253204866	2020	2.085	0.46
	6	640253204817	2020	2.067	0.46
	7	640253204649	2020	2.057	0.43
	8	640253204667	2020	2.037	0.47
	9	640253204691	2020	2.036	0.42
	10	640253204740	2020	2.019	0.42

表 6-1-13 各核心育种场蹄踵深度评分 EBV 排名前 10 名母牛

场号	场内排名	牛号	出生年份	蹄锺深度评分 EBV/分	EBV 准确性
640003	1	640003203862	2020	2.028	0.42
	2	640003203903	2020	1.963	0.41
	3	640003214248	2021	1.946	0.43
	4	640003203892	2020	1.937	0.42
	5	640003203871	2020	1.933	0.41
	6	640003203742	2020	1.929	0.45
	7	640003214243	2021	1.920	0.41
	8	640003203882	2020	1.916	0.42
	9	640003203848	2020	1.882	0.45
	10	640003203832	2020	1.852	0.45
640004	1	640004208532	2020	2.143	0.46
	2	640004208503	2020	2.005	0.41
	3	640004208167	2020	2.003	0.41
	4	640004208506	2020	1.863	0.42
	5	640004208524	2020	1.847	0.41
	5	640004208832	2020	1.847	0.41
	7	640004208510	2020	1.833	0.41
	7	640004208575	2020	1.833	0.41
	9	640004208594	2020	1.830	0.45
	10	640004208294	2020	1.819	0.43
640005	1	640005205959	2020	2.053	0.46
	2	640005206094	2020	2.015	0.41
	3	640005206072	2020	2.009	0.41
	4	640005206069	2020	2.006	0.41
	4	640005206093	2020	2.006	0.41
	6	640005206084	2020	2.003	0.41
	7	640005206057	2020	1.997	0.41
	8	640005206065	2020	1.996	0.41

续表

场号	场内排名	牛号	出生年份	蹄锺深度评分 EBV/分	EBV 准确性
640005	9	640005206100	2020	1.992	0.41
	10	640005206056	2020	1.987	0.42
640009	1	640009120001	2012	1.754	0.19
	2	640009202117	2020	1.641	0.38
	3	640009212224	2021	1.623	0.39
	4	640009212238	2021	1.600	0.38
	5	640009202137	2020	1.590	0.38
	6	640009212573	2021	1.560	0.37
	7	640009212386	2021	1.555	0.25
	8	640009202199	2020	1.521	0.36
	8	640009202200	2020	1.521	0.36
	10	640009202177	2020	1.511	0.38
640035	1	640035180930	2018	1.507	0.27
	2	640035201695	2020	1.504	0.34
	3	640035181012	2018	1.502	0.29
	4	640035201723	2020	1.492	0.27
	5	640035180980	2018	1.491	0.28
	6	640035181067	2018	1.486	0.27
	7	640035180927	2018	1.472	0.26
	8	640035170817	2017	1.450	0.26
	8	640035180935	2018	1.450	0.25
	10	640035201735	2020	1.448	0.27
640166	1	640166203518	2020	1.714	0.37
	1	640166203511	2020	1.714	0.37
	3	640166203482	2020	1.642	0.37
	4	640166203539	2020	1.572	0.36
	4	640166203553	2020	1.572	0.36
	6	640166203516	2020	1.570	0.36

续表

场号	场内排名	牛号	出生年份	蹄锺深度评分 EBV/分	EBV 准确性
640166	7	640166182764	2018	1.506	0.27
	8	640166203626	2020	1.468	0.32
	9	640166182762	2018	1.463	0.27
	10	640166182756	2018	1.462	0.27
640007	1	640007217426	2021	1.844	0.33
	2	640007208228	2020	1.833	0.42
	3	640007208155	2020	1.819	0.43
	4	640007208175	2020	1.818	0.41
	5	640007208173	2020	1.816	0.42
	6	640007208232	2020	1.797	0.42
	7	640007217394	2021	1.790	0.36
	8	640007217052	2021	1.768	0.36
	9	640007217092	2021	1.761	0.34
	9	640007208041	2020	1.761	0.43
640190	1	640190130415	2013	1.499	0.44
	2	640190110683	2011	1.264	0.37
	3	640190110701	2011	1.260	0.37
	4	640190121260	2011	1.219	0.24
	5	640190110850	2011	1.152	0.34
	6	640190202452	2020	1.151	0.56
	7	640190123458	2012	1.142	0.25
	8	640190120864	2012	1.130	0.24
	9	640190090185	2009	1.126	0.40
	10	640190142181	2014	1.112	0.32
640193	1	640193203390	2020	1.241	0.46
	2	640193204266	2020	1.175	0.48
	3	640193205304	2020	1.157	0.43
	4	640193204828	2020	1.156	0.43

续表

场号	场内排名	牛号	出生年份	蹄锺深度评分 EBV/分	EBV 准确性
640193	4	640193204840	2020	1.156	0.43
	6	640193204194	2020	1.133	0.44
	7	640193203636	2020	1.101	0.42
	8	640193205108	2020	1.091	0.42
	8	640193205330	2020	1.091	0.42
	10	640193205112	2020	1.083	0.42
640251	1	640251009247	2020	2.140	0.47
	2	640251008825	2020	2.133	0.47
	3	640251009164	2020	2.104	0.46
	4	640251009224	2020	2.068	0.47
	5	640251009434	2020	2.066	0.46
	6	640251009462	2020	1.991	0.47
	7	640251009427	2020	1.972	0.47
	8	640251009431	2020	1.936	0.47
	9	640251009420	2020	1.932	0.42
	10	640251009236	2020	1.925	0.47
640253	1	640253204724	2020	2.167	0.46
	2	640253204888	2020	2.163	0.46
	3	640253204730	2020	2.148	0.46
	4	640253204692	2020	2.098	0.42
	5	640253204866	2020	2.085	0.46
	6	640253204817	2020	2.067	0.46
	7	640253204649	2020	2.057	0.43
	8	640253204667	2020	2.037	0.47
	9	640253204691	2020	2.036	0.42
	10	640253204740	2020	2.019	0.42

表 6–1–14　各核心育种场骨质地评分 EBV 排名前 10 名母牛

场号	场内排名	牛号	出生年份	骨质地评分 EBV/分	EBV 准确性
640003	1	640003203319	2019	1.871	0.54
	2	640003203544	2020	1.681	0.41
	3	640003214219	2019	1.677	0.59
	4	640003214279	2020	1.659	0.43
	5	640003214198	2020	1.638	0.42
	5	640003203324	2020	1.638	0.49
	7	640003203588	2020	1.633	0.40
	8	640003214162	2020	1.611	0.51
	9	640003214037	2022	1.582	0.33
	10	640003214022	2020	1.571	0.49
640004	1	640004208523	2020	1.742	0.45
	2	640004208583	2022	1.706	0.37
	3	640004208535	2020	1.665	0.46
	4	640004208286	2020	1.643	0.47
	5	640004208277	2019	1.640	0.55
	6	640004208528	2019	1.635	0.60
	6	640004208104	2020	1.635	0.41
	8	640004208554	2020	1.585	0.47
	9	640004197997	2020	1.524	0.64
	10	640004208516	2021	1.496	0.40
640005	1	640005205994	2021	1.789	0.38
	2	640005205863	2020	1.688	0.46
	3	640005205919	2020	1.679	0.46
	4	640005205864	2022	1.666	0.34
	5	640005205917	2020	1.603	0.43
	6	640005216427	2020	1.572	0.48
	7	640005134081	2020	1.558	0.42
	8	640005216374	2020	1.524	0.41

续表

场号	场内排名	牛号	出生年份	骨质地评分 EBV/分	EBV 准确性
640005	9	640005195861	2020	1.519	0.42
	10	640005206000	2019	1.513	0.64
640009	1	640009212419	2021	1.762	0.40
	2	640009212414	2020	1.762	0.45
	3	640009212420	2019	1.750	0.56
	4	640009212446	2020	1.733	0.49
	5	640009212440	2019	1.730	0.64
	6	640009212573	2019	1.674	0.59
	7	640009212224	2019	1.667	0.51
	8	640009202199	2020	1.639	0.47
	8	640009202200	2021	1.639	0.35
	10	640009212538	2020	1.632	0.47
640035	1	640035170807	2020	1.449	0.40
	2	640035180848	2021	1.348	0.27
	3	640035117968	2020	1.333	0.40
	4	640035201735	2020	1.324	0.39
	5	640035201723	2021	1.312	0.32
	6	640035201752	2019	1.296	0.51
	7	640035181012	2021	1.288	0.32
	8	640035191480	2020	1.268	0.44
	9	640035170647	2020	1.263	0.39
	10	640035180832	2021	1.260	0.26
640166	1	640166203518	2020	1.808	0.47
	2	640166203511	2019	1.807	0.50
	3	640166203482	2020	1.735	0.50
	4	640166203544	2020	1.611	0.51
	5	640166203530	2020	1.535	0.40
	6	640166203520	2020	1.524	0.41

续表

场号	场内排名	牛号	出生年份	骨质地评分 EBV/分	EBV 准确性
640166	7	640166109772	2022	1.485	0.33
	8	640166203539	2019	1.481	0.63
	9	640166203534	2021	1.471	0.35
	10	640166203557	2020	1.454	0.38
640007	1	640007206377	2020	1.683	0.47
	2	640007216889	2021	1.605	0.35
	3	640007217052	2020	1.597	0.47
	4	640007206306	2021	1.582	0.33
	5	640007217020	2020	1.581	0.43
	6	640007217426	2021	1.550	0.40
	6	640007217040	2020	1.550	0.41
	8	640007217396	2019	1.548	0.64
	9	640007217184	2021	1.547	0.31
	10	640007206397	2020	1.543	0.41
640190	1	640190123606	2022	1.414	0.31
	2	640190120924	2020	1.387	0.41
	3	640190194189	2020	1.370	0.40
	4	640190194163	2020	1.333	0.40
	5	640190201275	2020	1.326	0.42
	6	640190193905	2021	1.287	0.36
	7	640190194259	2019	1.228	0.32
	8	640190201773	2015	1.221	0.39
	9	640190201101	2019	1.205	0.32
	10	640190194181	2021	1.197	0.35
640193	1	640193201218	2019	1.288	0.38
	2	640193194138	2022	1.286	0.27
	3	640193200758	2020	1.229	0.33
	4	640193203578	2020	1.206	0.40

续表

场号	场内排名	牛号	出生年份	骨质地评分 EBV/分	EBV 准确性
640193	5	640193200382	2020	1.190	0.38
	6	640193200636	2021	1.162	0.39
	7	640193201654	2019	1.161	0.33
	8	640193194882	2020	1.160	0.41
	9	640193201016	2021	1.152	0.21
	10	640193200520	2019	1.139	0.48
640251	1	640251009550	2019	1.919	0.64
	2	640251009057	2022	1.893	0.26
	3	640251009007	2020	1.800	0.50
	4	640251009450	2019	1.772	0.53
	5	640251009051	2021	1.771	0.41
	6	640251009642	2019	1.763	0.53
	7	640251210686	2019	1.755	0.51
	8	640251009288	2022	1.754	0.32
	9	640251009099	2019	1.735	0.57
	10	640251009127	2020	1.728	0.46
640253	1	640253205054	2019	1.841	0.52
	2	640253205075	2019	1.755	0.53
	3	640253205122	2019	1.684	0.51
	4	640253193513	2019	1.682	0.51
	5	640253205098	2019	1.674	0.51
	5	640253193466	2019	1.674	0.51
	7	640253205092	2021	1.665	0.32
	7	640253217051	2020	1.665	0.46
	9	640253205093	2020	1.659	0.42
	10	640253205394	2020	1.656	0.47

表 6–1–15 各核心育种场后肢侧视评分 EBV 排名前 10 名母牛

场号	场内排名	牛号	出生年份	后肢侧视评分 EBV/分	EBV 准确性
640003	1	640003203903	2020	6.305	0.45
	2	640003203892	2020	6.177	0.45
	3	640003203862	2020	6.099	0.45
	4	640003203871	2020	6.080	0.45
	5	640003203848	2020	6.054	0.51
	6	640003203834	2020	6.048	0.45
	7	640003203882	2020	5.971	0.46
	8	640003214243	2021	5.929	0.45
	9	640003214248	2021	5.928	0.47
	10	640003214255	2021	5.891	0.46
640004	1	640004208523	2020	6.161	0.44
	2	640004208167	2020	6.152	0.45
	3	640004208286	2020	6.045	0.44
	4	640004208275	2020	6.030	0.42
	5	640004208716	2020	5.993	0.47
	5	640004208506	2020	5.993	0.46
	7	640004208505	2020	5.948	0.45
	8	640004208528	2020	5.902	0.42
	9	640004208503	2020	5.881	0.45
	10	640004208504	2020	5.880	0.44
640005	1	640005206069	2020	6.219	0.45
	2	640005206047	2020	6.199	0.45
	3	640005206065	2020	6.180	0.44
	4	640005206094	2020	6.164	0.45
	5	640005206042	2020	6.160	0.45
	5	640005206072	2020	6.160	0.45
	7	640005206068	2020	6.157	0.45
	8	640005206093	2020	6.140	0.45

续表

场号	场内排名	牛号	出生年份	后肢侧视评分 EBV/分	EBV 准确性
640005	9	640005206126	2020	6.114	0.45
	10	640005206151	2020	6.080	0.46
640009	1	640009212224	2021	5.870	0.44
	2	640009212542	2021	5.844	0.41
	3	640009202132	2020	5.799	0.40
	4	640009212563	2021	5.789	0.42
	5	640009212538	2021	5.767	0.41
	6	640009212555	2021	5.762	0.42
	7	640009212519	2021	5.760	0.40
	8	640009212238	2021	5.758	0.43
	9	640009222609	2022	5.716	0.43
	10	640009212505	2021	5.705	0.40
640035	1	640035201670	2020	5.883	0.33
	2	640035201699	2020	5.723	0.28
	3	640035201715	2020	5.696	0.41
	4	640035201663	2020	5.658	0.42
	5	640035201722	2020	5.631	0.29
	6	640035201669	2020	5.520	0.31
	7	640035201706	2020	5.519	0.33
	8	640035201703	2020	5.510	0.39
	9	640035201712	2020	5.505	0.42
	10	640035201790	2020	5.490	0.35
640166	1	640166203533	2020	5.458	0.42
	2	640166203518	2020	5.386	0.41
	2	640166203511	2020	5.386	0.41
	4	640166203520	2020	5.384	0.41
	5	640166203474	2019	5.349	0.41
	6	640166214116	2021	5.341	0.21

续表

场号	场内排名	牛号	出生年份	后肢侧视评分 EBV/分	EBV 准确性
640166	7	640166193078	2019	5.294	0.33
	8	640166203548	2020	5.293	0.49
	9	640166203535	2020	5.259	0.26
	10	640166203470	2019	5.212	0.42
640007	1	640007217396	2021	5.989	0.41
	2	640007217059	2021	5.883	0.40
	3	640007217197	2021	5.829	0.39
	4	640007217332	2021	5.757	0.41
	5	640007217096	2021	5.741	0.40
	6	640007217110	2021	5.730	0.39
	7	640007208173	2020	5.728	0.45
	8	640007217106	2021	5.722	0.39
	9	640007217361	2021	5.695	0.41
	10	640007217024	2021	5.672	0.42
640190	1	640190201620	2020	4.937	0.62
	1	640190201762	2020	4.937	0.62
	1	640190201768	2020	4.937	0.62
	1	640190201784	2020	4.937	0.62
	1	640190201788	2020	4.937	0.62
	6	640190201990	2020	4.933	0.62
	7	640190201946	2020	4.932	0.62
	8	640190202004	2020	4.924	0.62
	9	640190201776	2020	4.906	0.59
	9	640190201782	2020	4.906	0.59
640193	1	640193201630	2020	4.244	0.46
	2	640193201578	2020	3.609	0.51
	3	640193201252	2020	3.559	0.46
	4	640193201708	2020	3.536	0.45

续表

场号	场内排名	牛号	出生年份	后肢侧视评分 EBV/分	EBV 准确性
640193	5	640193201400	2020	3.495	0.52
	6	640193201142	2020	3.480	0.45
	7	640193201546	2020	3.469	0.48
	8	640193201826	2020	3.434	0.44
	9	640193201548	2020	3.419	0.52
	10	640193201616	2020	3.415	0.44
640251	1	640251009099	2020	6.267	0.51
	2	640251009546	2020	6.256	0.46
	2	640251008678	2020	6.256	0.47
	4	640251009247	2020	6.230	0.53
	5	640251009550	2020	6.166	0.52
	6	640251008979	2020	6.128	0.50
	7	640251009194	2020	6.123	0.50
	8	640251009252	2020	6.102	0.53
	9	640251009524	2020	6.084	0.50
	10	640251009228	2020	6.081	0.50
640253	1	640253204846	2020	6.082	0.53
	2	640253217165	2021	6.047	0.46
	3	640253204862	2020	6.011	0.52
	4	640253204730	2020	5.962	0.51
	5	640253204888	2020	5.956	0.51
	6	640253204649	2020	5.939	0.46
	7	640253217156	2021	5.902	0.46
	8	640253204692	2020	5.882	0.46
	9	640253205172	2020	5.851	0.51
	10	640253204788	2020	5.846	0.51

表 6–1–16　各核心育种场后肢后视评分 EBV 排名前 10 名母牛

场号	场内排名	牛号	出生年份	后肢后视评分 EBV/分	EBV 准确性
640003	1	640003121249	2012	1.640	0.44
	2	640003121196	2012	1.551	0.42
	3	640003182777	2018	1.389	0.45
	4	640003182765	2018	1.387	0.40
	5	640003182778	2018	1.361	0.42
	6	640003182774	2018	1.308	0.44
	7	640003182770	2018	1.298	0.43
	8	640003182768	2018	1.294	0.39
	9	640003182868	2018	1.286	0.43
	10	640003182764	2018	1.267	0.40
640004	1	640004205885	2020	2.011	0.53
	2	640004205900	2020	1.620	0.44
	3	640004205904	2020	1.563	0.44
	4	640004205921	2020	1.560	0.44
	5	640004177331	2017	1.519	0.43
	6	640004208163	2020	1.497	0.36
	7	640004187390	2018	1.473	0.51
	8	640004206076	2020	1.424	0.38
	9	640004187460	2018	1.396	0.49
	10	640004205878	2019	1.352	0.39
640005	1	640005123911	2012	1.533	0.41
	2	640005117966	2011	1.433	0.36
	3	640005103637	2010	1.291	0.33
	4	640005175236	2017	1.270	0.47
	5	640005206160	2020	1.226	0.38
	6	640005205908	2020	1.172	0.29
	7	640005177328	2017	1.157	0.42
	8	640005103575	2010	1.149	0.33

续表

场号	场内排名	牛号	出生年份	后肢后视评分 EBV/分	EBV 准确性
640005	9	640005175141	2017	1.144	0.39
	10	640005205909	2020	1.139	0.31
640009	1	640009181501	2018	1.400	0.42
	2	640009201946	2020	1.351	0.34
	3	640009201881	2020	1.311	0.29
	4	640009181448	2018	1.288	0.47
	5	640009090040	2009	1.262	0.42
	6	640009181581	2018	1.227	0.42
	7	640009171294	2017	1.207	0.40
	8	640009130147	2013	1.175	0.18
	9	640009090066	2009	1.162	0.42
	10	640009202008	2020	1.130	0.42
640035	1	640035128214	2012	1.240	0.44
	2	640035128221	2012	1.203	0.43
	3	640035128205	2012	1.165	0.45
	4	640035128203	2012	1.119	0.43
	5	640035128193	2012	1.112	0.45
	6	640035170818	2017	1.104	0.37
	7	640035118000	2011	1.096	0.39
	8	640035181010	2018	1.093	0.39
	9	640035180991	2018	1.088	0.40
	10	640035128211	2012	1.073	0.43
640166	1	640166120514	2012	1.348	0.45
	2	640166120573	2012	1.263	0.37
	3	640166120633	2012	1.230	0.45
	4	640166182757	2018	1.181	0.43
	5	640166120464	2012	1.179	0.42
	6	640166120494	2012	1.095	0.40

续表

场号	场内排名	牛号	出生年份	后肢后视评分 EBV/分	EBV 准确性
640166	7	640166120368	2012	1.094	0.39
	8	640166120654	2012	1.087	0.45
	9	640166120510	2012	1.072	0.43
	10	640166203639	2020	1.051	0.28
640007	1	640007205892	2020	2.133	0.52
	2	640007205895	2020	2.132	0.52
	3	640007195783	2019	2.009	0.52
	4	640007205955	2020	2.005	0.47
	5	640007195812	2019	2.004	0.52
	6	640007195855	2019	1.999	0.52
	7	640007205909	2020	1.875	0.47
	8	640007195839	2019	1.669	0.47
	9	640007205866	2019	1.667	0.47
	10	640007174264	2017	1.549	0.45
640190	1	640190110865	2011	1.525	0.37
	2	640190120977	2012	1.337	0.34
	3	640190183541	2018	1.327	0.42
	4	640190121599	2012	1.283	0.33
	5	640190120441	2012	1.280	0.37
	6	640190121773	2012	1.230	0.34
	7	640190186049	2018	1.220	0.42
	8	640190121597	2012	1.213	0.35
	9	640190120279	2012	1.199	0.37
	10	640190123211	2012	1.178	0.33
640193	1	640193185566	2018	1.166	0.38
	2	640193180866	2018	1.108	0.44
	3	640193172344	2017	1.080	0.43
	4	640193185616	2018	1.079	0.38

续表

场号	场内排名	牛号	出生年份	后肢后视评分 EBV/分	EBV 准确性
640193	4	640193171882	2017	1.079	0.42
	6	640193181392	2018	1.072	0.43
	7	640193185462	2018	1.066	0.37
	8	640193185640	2018	1.058	0.37
	9	640193185380	2018	1.055	0.37
	9	640193185464	2018	1.055	0.37
640251	1	640251008192	2019	2.040	0.48
	2	640251008210	2019	2.036	0.48
	3	640251008348	2019	2.033	0.48
	4	640251008351	2019	2.023	0.48
	4	640251008402	2019	2.023	0.48
	6	640251008232	2019	2.018	0.48
	7	640251008208	2019	1.888	0.48
	8	640251186022	2018	1.745	0.53
	9	640251185801	2018	1.648	0.53
	9	640251185840	2018	1.648	0.53
640253	1	640253204546	2020	1.577	0.39
	1	640253204437	2020	1.577	0.47
	3	640253204641	2020	1.556	0.39
	4	640253182038	2018	1.553	0.47
	5	640253181977	2018	1.519	0.46
	6	640253181983	2018	1.499	0.48
	7	640253182066	2018	1.474	0.47
	8	640253204593	2020	1.463	0.34
	9	640253182062	2018	1.446	0.47
	10	640253181961	2018	1.445	0.48

表 6-1-17 各核心育种场乳房深度评分 EBV 排名前 10 名母牛

场号	场内排名	牛号	出生年份	乳房深度评分 EBV/分	EBV 准确性
640003	1	640003120550	2012	4.715	0.56
	2	640003121305	2012	4.616	0.46
	3	640003121326	2012	4.374	0.46
	4	640003131363	2013	4.323	0.47
	5	640003121308	2012	4.260	0.45
	6	640003131374	2013	3.974	0.48
	7	640003131377	2013	3.857	0.48
	8	640003131378	2013	3.671	0.41
	9	640003131361	2013	3.401	0.49
	10	640003197702	2019	3.338	0.51
640004	1	640004136253	2013	4.663	0.46
	2	640004126150	2012	4.496	0.50
	2	640004126158	2012	4.496	0.50
	4	640004136276	2013	4.436	0.46
	5	640004136274	2013	4.411	0.46
	6	640004126174	2012	4.342	0.46
	7	640004136268	2013	4.327	0.45
	8	640004136261	2013	4.206	0.43
	9	640004126189	2012	4.160	0.49
	10	640004136249	2013	4.015	0.47
640005	1	640005123982	2012	4.954	0.52
	2	640005123980	2012	4.768	0.54
	3	640005123983	2012	4.673	0.54
	4	640005124012	2012	4.390	0.55
	5	640005123986	2012	4.257	0.55
	6	640005124040	2012	4.239	0.55
	7	640005123989	2012	4.153	0.53
	8	640005134080	2013	3.889	0.52

续表

场号	场内排名	牛号	出生年份	乳房深度评分 EBV/分	EBV 准确性
640005	9	640005124037	2012	3.876	0.43
	10	640005040734	2004	3.870	0.42
640009	1	640009000866	2000	3.272	0.32
	2	640009050034	2005	2.869	0.42
	3	640009090105	2009	2.658	0.54
	4	640009050047	2005	2.628	0.37
	5	640009060045	2006	2.555	0.38
	6	640009110003	2011	2.523	0.51
	7	640009060051	2006	2.510	0.39
	8	640009090063	2009	2.484	0.52
	9	640009060052	2006	2.458	0.40
	10	640009160905	2016	2.423	0.39
640035	1	640035128249	2012	5.521	0.54
	2	640035128247	2012	5.042	0.51
	3	640035128222	2012	4.965	0.55
	4	640035128244	2012	4.960	0.55
	5	640035128224	2012	4.891	0.54
	6	640035128238	2012	4.500	0.53
	7	640035128236	2012	4.473	0.53
	8	640035128228	2012	4.262	0.53
	9	640035128250	2012	3.849	0.44
	10	640035128235	2012	3.797	0.48
640166	1	640166130765	2013	5.102	0.56
	2	640166130771	2013	4.855	0.54
	3	640166141035	2014	4.580	0.55
	4	640166120574	2012	4.473	0.54
	5	640166130757	2013	4.432	0.56
	6	640166130772	2013	4.424	0.55

续表

场号	场内排名	牛号	出生年份	乳房深度评分 EBV/分	EBV 准确性
640166	7	640166130766	2013	4.372	0.49
	8	640166130795	2013	4.364	0.53
	9	640166120580	2012	4.301	0.53
	10	640166130743	2013	4.281	0.48
640007	1	640007174631	2017	3.702	0.49
	2	640007126140	2012	3.671	0.41
	2	640007126148	2012	3.671	0.41
	2	640007126184	2012	3.671	0.41
	5	640007174512	2017	3.465	0.44
	6	640007174616	2017	3.234	0.49
	7	640007174564	2017	3.197	0.49
	8	640007184840	2018	3.122	0.39
	8	640007174436	2017	3.122	0.39
	8	640007174442	2017	3.122	0.39
640190	1	640190142123	2014	5.110	0.55
	2	640190141728	2014	4.713	0.52
	3	640190141721	2014	4.622	0.48
	4	640190141672	2014	4.586	0.50
	5	640190170969	2017	4.477	0.47
	6	640190171035	2017	4.443	0.45
	7	640190142134	2014	4.431	0.53
	8	640190170895	2017	4.391	0.46
	9	640190171311	2017	4.289	0.47
	10	640190141848	2014	4.208	0.45
640193	1	640193172290	2017	5.009	0.45
	2	640193141530	2014	4.384	0.45
	3	640193141888	2014	4.256	0.43
	4	640193172320	2017	4.052	0.43

续表

场号	场内排名	牛号	出生年份	乳房深度评分 EBV/分	EBV 准确性
640193	5	640193141763	2014	3.960	0.44
	6	640193142108	2014	3.860	0.44
	7	640193141308	2014	3.811	0.42
	8	640193142130	2014	3.809	0.42
	9	640193141610	2014	3.803	0.42
	10	640193171132	2017	3.801	0.43
640251	1	640251208669	2020	3.722	0.52
	2	640251208550	2020	3.665	0.52
	3	640251208706	2020	3.638	0.52
	4	640251198512	2019	3.636	0.52
	5	640251208576	2020	3.635	0.52
	6	640251197732	2019	3.536	0.51
	7	640251208522	2019	3.468	0.51
	7	640251208749	2020	3.468	0.51
	9	640251197758	2019	3.407	0.51
	10	640251197874	2019	3.406	0.49
640253	1	640253193413	2019	3.664	0.50
	2	640253193381	2019	3.644	0.50
	3	640253194369	2015	3.611	0.52
	4	640253193342	2019	3.581	0.50
	5	640253170969	2017	3.547	0.44
	6	640253170924	2017	3.526	0.43
	7	640253170935	2017	3.515	0.43
	8	640253170837	2017	3.482	0.41
	8	640253170858	2017	3.482	0.41
	8	640253170936	2017	3.482	0.41

表 6-1-18 各核心育种场中央悬韧带评分 EBV 排名前 10 名母牛

场号	场内排名	牛号	出生年份	中央悬韧带评分 EBV/分	EBV 准确性
640003	1	640003203583	2020	2.582	0.39
	2	640003203428	2020	2.508	0.32
	3	640003203416	2020	2.497	0.32
	4	640003203553	2020	2.418	0.40
	5	640003203569	2020	2.378	0.40
	6	640003203531	2020	2.365	0.39
	7	640003203350	2020	2.364	0.32
	8	640003203360	2020	2.334	0.32
	9	640003203555	2020	2.332	0.46
	10	640003203513	2020	2.323	0.40
640004	1	640004208545	2020	2.474	0.47
	2	640004208554	2020	2.467	0.48
	3	640004219285	2021	2.466	0.39
	4	640004219410	2021	2.444	0.39
	4	640004219354	2021	2.444	0.39
	4	640004219358	2021	2.444	0.39
	4	640004219415	2021	2.444	0.39
	8	640004219357	2021	2.437	0.39
	9	640004208583	2020	2.389	0.41
	10	640004208528	2020	2.377	0.41
640005	1	640005103634	2010	2.570	0.44
	2	640005103639	2010	2.361	0.43
	3	640005103575	2010	2.355	0.38
	4	640005205959	2020	2.028	0.50
	5	640005206237	2020	2.001	0.37
	6	640005206072	2020	1.932	0.43
	7	640005206056	2020	1.924	0.44
	8	640005103637	2010	1.914	0.39

续表

场号	场内排名	牛号	出生年份	中央悬韧带评分 EBV/分	EBV 准确性
640005	9	640005206223	2020	1.912	0.39
	10	640005206100	2020	1.904	0.44
640009	1	640009212512	2021	2.437	0.40
	2	640009202071	2020	2.426	0.37
	3	640009202056	2020	2.382	0.38
	4	640009202132	2020	2.367	0.38
	5	640009202048	2020	2.366	0.37
	6	640009202046	2020	2.358	0.37
	6	640009202052	2020	2.358	0.37
	8	640009202063	2020	2.355	0.38
	9	640009202064	2020	2.346	0.38
	10	640009202121	2020	2.342	0.40
640035	1	640035128205	2012	2.390	0.50
	2	640035201683	2020	2.339	0.40
	3	640035201664	2020	2.322	0.41
	4	640035201723	2020	2.319	0.30
	5	640035201634	2020	2.256	0.28
	6	640035201752	2020	2.253	0.30
	7	640035201667	2020	2.206	0.37
	8	640035201735	2020	2.191	0.31
	9	640035201651	2020	2.173	0.38
	10	640035191511	2019	2.145	0.26
640166	1	640166110077	2011	2.547	0.49
	2	640166203593	2020	2.419	0.50
	3	640166109554	2010	2.272	0.50
	4	640166109618	2010	2.229	0.53
	5	640166203518	2020	2.216	0.40
	5	640166203511	2020	2.216	0.40

续表

场号	场内排名	牛号	出生年份	中央悬韧带评分 EBV/分	EBV 准确性
640166	7	640166203548	2020	2.200	0.46
	8	640166203516	2020	2.190	0.39
	9	640166203539	2020	2.185	0.39
	9	640166203553	2020	2.185	0.39
640007	1	640007217365	2021	2.666	0.41
	2	640007217059	2021	2.658	0.38
	3	640007217049	2021	2.653	0.38
	4	640007217396	2021	2.606	0.39
	5	640007217322	2021	2.603	0.41
	6	640007090735	2009	2.556	0.46
	7	640007217011	2021	2.551	0.39
	8	640007217261	2021	2.531	0.38
	9	640007217473	2021	2.530	0.38
	10	640007217024	2021	2.512	0.41
640190	1	640190202452	2020	2.901	0.60
	2	640190202260	2020	2.714	0.60
	3	640190202326	2020	2.712	0.60
	4	640190202202	2020	2.682	0.57
	4	640190202386	2020	2.682	0.57
	4	640190202514	2020	2.682	0.57
	4	640190202542	2020	2.682	0.57
	8	640190201632	2020	2.539	0.62
	9	640190121584	2012	2.497	0.40
	10	640190121590	2012	2.435	0.41
640193	1	640193204634	2020	2.459	0.43
	2	640193202770	2020	2.401	0.49
	3	640193203372	2020	2.386	0.49
	3	640193205048	2020	2.386	0.48

续表

场号	场内排名	牛号	出生年份	中央悬韧带评分 EBV/分	EBV 准确性
640193	5	640193203408	2020	2.382	0.45
	6	640193204352	2020	2.377	0.47
	7	640193204018	2020	2.368	0.43
	8	640193205026	2020	2.360	0.43
	9	640193204422	2020	2.349	0.48
	10	640193201130	2020	2.319	0.50
640251	1	640251009410	2020	2.615	0.48
	2	640251009038	2020	2.607	0.48
	3	640251009194	2020	2.500	0.47
	4	640251009461	2020	2.480	0.48
	5	640251009419	2020	2.439	0.47
	6	640251009763	2020	2.419	0.45
	7	640251009416	2020	2.413	0.46
	8	640251009769	2020	2.412	0.48
	9	640251009539	2020	2.410	0.47
	10	640251009255	2020	2.403	0.48
640253	1	640253205447	2020	2.701	0.44
	2	640253205425	2020	2.691	0.46
	3	640253205265	2020	2.684	0.44
	4	640253204938	2020	2.674	0.46
	5	640253205135	2020	2.659	0.45
	6	640253205245	2020	2.635	0.43
	7	640253205418	2020	2.629	0.47
	8	640253205455	2020	2.615	0.46
	9	640253205379	2020	2.611	0.46
	10	640253205411	2020	2.604	0.44

表 6-1-19 各核心育种场前乳房附着评分 EBV 排名前 10 名母牛

场号	场内排名	牛号	出生年份	前乳房附着评分 EBV/分	EBV 准确性
640003	1	640003203848	2020	2.304	0.46
	2	640003203832	2020	2.286	0.45
	3	640003203871	2020	2.276	0.41
	4	640003214198	2021	2.116	0.38
	5	640003203862	2020	2.078	0.42
	6	640003203807	2020	2.063	0.46
	7	640003214243	2021	2.062	0.41
	8	640003203797	2020	2.048	0.45
	9	640003203742	2020	2.047	0.46
	10	640003203903	2020	2.024	0.41
640004	1	640004208294	2020	2.330	0.44
	2	640004208532	2020	2.262	0.46
	3	640004208535	2020	2.188	0.44
	4	640004208167	2020	2.148	0.41
	5	640004208506	2020	2.104	0.43
	6	640004198000	2019	2.099	0.42
	7	640004208504	2020	2.086	0.39
	8	640004198009	2019	2.036	0.42
	9	640004208716	2020	2.035	0.43
	10	640004208505	2020	2.002	0.42
640005	1	640005206078	2020	2.289	0.42
	2	640005206042	2020	2.233	0.42
	3	640005206068	2020	2.210	0.42
	4	640005206093	2020	2.206	0.41
	5	640005206048	2020	2.196	0.42
	6	640005206057	2020	2.195	0.41
	7	640005206065	2020	2.174	0.41
	8	640005206039	2020	2.161	0.42

续表

场号	场内排名	牛号	出生年份	前乳房附着评分 EBV/分	EBV 准确性
640005	9	640005206084	2020	2.153	0.42
	10	640005206071	2020	2.152	0.42
640009	1	640009212428	2021	1.985	0.38
	2	640009212446	2021	1.972	0.38
	3	640009212420	2021	1.962	0.38
	4	640009212440	2021	1.957	0.38
	5	640009212414	2021	1.935	0.38
	6	640009212419	2021	1.918	0.38
	7	640009212386	2021	1.879	0.26
	8	640009212442	2021	1.856	0.36
	9	640009212433	2021	1.844	0.37
	10	640009212439	2021	1.828	0.36
640035	1	640035201664	2020	1.892	0.36
	2	640035201723	2020	1.831	0.27
	3	640035201790	2020	1.815	0.31
	4	640035191292	2019	1.812	0.22
	5	640035201645	2020	1.796	0.31
	6	640035201752	2020	1.767	0.26
	7	640035201713	2020	1.748	0.31
	8	640035201672	2020	1.744	0.32
	9	640035201796	2020	1.739	0.29
	10	640035222254	2022	1.736	0.09
640166	1	640166203626	2020	2.356	0.32
	2	640166203608	2020	2.216	0.32
	3	640166203610	2020	2.181	0.31
	4	640166203613	2020	2.162	0.33
	5	640166203622	2020	2.134	0.32
	6	640166203623	2020	2.123	0.33

续表

场号	场内排名	牛号	出生年份	前乳房附着评分 EBV/分	EBV 准确性
640166	7	640166203603	2020	2.098	0.33
	8	640166203545	2020	2.064	0.25
	9	640166203617	2020	2.047	0.34
	10	640166203616	2020	2.045	0.34
640007	1	640007208155	2020	2.330	0.44
	2	640007206384	2020	2.178	0.38
	3	640007208232	2020	2.128	0.42
	4	640007206379	2020	2.113	0.38
	5	640007208173	2020	2.047	0.42
	6	640007227755	2022	2.032	0.31
	7	640007208175	2020	2.020	0.41
	8	640007206277	2020	2.001	0.26
	9	640007217134	2021	1.966	0.36
	10	640007208041	2020	1.965	0.43
640190	1	640190123802	2012	1.572	0.43
	2	640190080199	2008	1.541	0.44
	2	640190080360	2008	1.541	0.44
	2	640190080363	2008	1.541	0.44
	2	640190080367	2008	1.541	0.44
	2	640190080416	2008	1.541	0.44
	2	640190080490	2008	1.541	0.44
	2	640190090049	2009	1.541	0.44
	2	640190090329	2009	1.541	0.44
	10	640190113280	2011	1.497	0.34
640193	1	640193193516	2019	1.468	0.44
	2	640193200542	2020	1.356	0.43
	3	640193201492	2020	1.355	0.47
	4	640193201140	2020	1.349	0.46

续表

场号	场内排名	牛号	出生年份	前乳房附着评分 EBV/分	EBV 准确性
640193	5	640193201014	2020	1.304	0.48
	6	640193202482	2020	1.303	0.44
	6	640193204862	2020	1.303	0.47
	8	640193120241	2011	1.293	0.37
	9	640193205176	2020	1.284	0.43
	10	640193204130	2020	1.283	0.46
640251	1	640251009252	2020	2.624	0.48
	2	640251009289	2020	2.547	0.48
	3	640251009224	2020	2.540	0.48
	4	640251009247	2020	2.532	0.48
	5	640251009389	2020	2.522	0.48
	6	640251009537	2020	2.493	0.46
	7	640251009007	2020	2.440	0.43
	8	640251009236	2020	2.408	0.47
	9	640251009239	2020	2.397	0.48
	10	640251009193	2020	2.391	0.39
640253	1	640253217193	2021	2.439	0.44
	2	640253204724	2020	2.384	0.47
	3	640253217238	2021	2.330	0.44
	4	640253205098	2020	2.281	0.43
	5	640253205119	2020	2.242	0.42
	6	640253204850	2020	2.239	0.47
	7	640253204692	2020	2.238	0.42
	8	640253204691	2020	2.237	0.43
	9	640253205060	2020	2.230	0.38
	10	640253205050	2020	2.208	0.43

表 6-1-20 各核心育种场前乳头位置评分 EBV 排名前 10 名母牛

场号	场内排名	牛号	出生年份	前乳头位置评分 EBV/分	EBV 准确性
640003	1	640003121329	2012	0.969	0.39
	2	640003121294	2012	0.872	0.40
	3	640003120482	2012	0.868	0.40
	4	640003121238	2012	0.864	0.38
	5	640003121225	2012	0.846	0.37
	6	640003121204	2012	0.845	0.37
	6	640003121224	2012	0.845	0.37
	8	640003120502	2012	0.841	0.37
	9	640003121233	2012	0.838	0.37
	10	640003121206	2012	0.837	0.40
640004	1	640004126002	2012	0.793	0.36
	2	640004125988	2012	0.772	0.40
	3	640004125995	2012	0.737	0.34
	4	640004198312	2019	0.733	0.41
	4	640004198324	2019	0.733	0.41
	4	640004198340	2019	0.733	0.41
	7	640004125997	2012	0.697	0.33
	7	640004126122	2006	0.697	0.33
	9	640004208275	2020	0.695	0.32
	10	640004125989	2012	0.686	0.33
640005	1	640005123973	2012	0.828	0.37
	2	640005123921	2012	0.819	0.38
	3	640005123913	2012	0.812	0.36
	4	640005123922	2012	0.810	0.40
	5	640005123915	2012	0.803	0.35
	6	640005123918	2012	0.795	0.37
	7	640005123889	2012	0.784	0.38
	8	640005185310	2018	0.776	0.31

续表

场号	场内排名	牛号	出生年份	前乳头位置评分 EBV/分	EBV 准确性
640005	9	640005205969	2020	0.752	0.25
	10	640005123966	2012	0.737	0.39
640009	1	640009171134	2017	0.689	0.31
	2	640009171251	2017	0.670	0.30
	3	640009160945	2016	0.566	0.28
	3	640009160944	2016	0.566	0.28
	5	640009160851	2016	0.559	0.27
	6	640009161025	2016	0.557	0.27
	7	640009171033	2017	0.545	0.27
	8	640009160947	2016	0.544	0.28
	9	640009161014	2016	0.529	0.27
	10	640009161019	2016	0.520	0.27
640035	1	640035201609	2020	0.988	0.32
	2	640035128214	2012	0.909	0.39
	3	640035128205	2012	0.902	0.40
	4	640035128212	2012	0.862	0.38
	5	640035128211	2012	0.835	0.37
	6	640035128204	2012	0.823	0.40
	7	640035128216	2012	0.816	0.41
	8	640035128223	2012	0.731	0.38
	9	640035201607	2020	0.716	0.28
	10	640035128206	2012	0.709	0.39
640166	1	640166120477	2012	0.887	0.38
	2	640166120474	2012	0.878	0.40
	3	640166120475	2012	0.865	0.41
	4	640166120485	2012	0.851	0.40
	5	640166120465	2012	0.842	0.39
	6	640166120525	2012	0.824	0.37

续表

场号	场内排名	牛号	出生年份	前乳头位置评分 EBV/分	EBV 准确性
640166	7	640166120484	2012	0.823	0.39
	7	640166120464	2012	0.823	0.37
	9	640166120511	2012	0.817	0.40
	10	640166120628	2012	0.797	0.40
640007	1	640007126108	2012	0.810	0.37
	2	640007110138	2011	0.765	0.33
	3	640007122099	2012	0.729	0.37
	4	640007126098	2012	0.697	0.33
	4	640007126102	2012	0.697	0.33
	4	640007126103	2012	0.697	0.33
	4	640007126109	2012	0.697	0.33
	4	640007126110	2012	0.697	0.33
	4	640007126111	2012	0.697	0.33
	4	640007126113	2012	0.697	0.33
640190	1	640190130176	2013	0.781	0.37
	2	640190130163	2013	0.774	0.36
	3	640190130257	2013	0.745	0.36
	4	640190130252	2013	0.729	0.36
	5	640190130229	2013	0.697	0.33
	6	640190130053	2013	0.696	0.33
	7	640190130164	2013	0.667	0.36
	8	640190130069	2013	0.662	0.36
	9	640190140111	2013	0.556	0.34
	10	640190080199	2008	0.543	0.41
640193	1	640193130053	2013	0.755	0.35
	1	640193140053	2013	0.755	0.35
	3	640193130069	2013	0.697	0.33
	3	640193130163	2013	0.697	0.33

续表

场号	场内排名	牛号	出生年份	前乳头位置评分 EBV/分	EBV 准确性
640193	3	640193130229	2013	0.697	0.33
	3	640193140069	2013	0.697	0.33
	3	640193140163	2013	0.697	0.33
	3	640193140164	2013	0.697	0.33
	3	640193140229	2013	0.697	0.33
	10	640193172378	2017	0.487	0.22
640251	1	640251006189	2018	0.998	0.66
	2	640251210838	2021	0.894	0.36
	3	640251001731	2014	0.861	0.76
	4	640251208646	2020	0.724	0.44
	5	640251208682	2020	0.719	0.44
	6	640251198364	2019	0.695	0.44
	7	640251210720	2021	0.682	0.67
	8	640251197914	2019	0.629	0.43
	9	640251198386	2019	0.619	0.43
	10	640251197732	2019	0.597	0.43
640253	1	640253193466	2019	0.817	0.46
	2	640253193513	2019	0.808	0.46
	3	640253193732	2019	0.801	0.43
	4	640253193790	2019	0.794	0.46
	5	640253193552	2017	0.782	0.42
	5	640253193717	2019	0.782	0.43
	7	640253193744	2019	0.779	0.43
	7	640253193760	2019	0.779	0.43
	7	640253193771	2019	0.779	0.43
	7	640253193774	2019	0.779	0.43

表 6–1–21 各核心育种场前乳头长度评分 EBV 排名前 10 名母牛

场号	场内排名	牛号	出生年份	前乳头长度评分 EBV/分	EBV 准确性
640003	1	640003090767	2009	1.432	0.31
	2	640003090776	2009	1.318	0.29
	3	640003121258	2012	1.313	0.43
	4	640003090769	2009	1.305	0.28
	5	640003090773	2009	1.300	0.35
	6	640003141674	2008	1.299	0.36
	7	640003090696	2009	1.287	0.28
	8	640003090758	2009	1.278	0.30
	9	640003121263	2012	1.271	0.43
	10	640003090771	2009	1.264	0.26
640004	1	640004136195	2013	1.460	0.37
	2	640004095497	2009	1.336	0.25
	3	640004095496	2009	1.314	0.28
	4	640004095539	2009	1.306	0.25
	5	640004095541	2009	1.234	0.27
	6	640004095516	2009	1.207	0.27
	7	640004095531	2009	1.155	0.27
	8	640004095515	2009	1.144	0.28
	9	640004095510	2009	1.140	0.24
	9	640004095520	2009	1.140	0.24
640005	1	640005124008	2012	1.888	0.43
	2	640005103609	2010	1.669	0.31
	3	640005103563	2010	1.643	0.35
	4	640005124022	2012	1.538	0.38
	5	640005103605	2010	1.503	0.34
	6	640005134073	2013	1.491	0.45
	7	640005103564	2010	1.463	0.36
	8	640005103604	2010	1.454	0.35

续表

场号	场内排名	牛号	出生年份	前乳头长度评分 EBV/分	EBV 准确性
640005	9	640005103593	2010	1.441	0.35
	10	640005103608	2010	1.438	0.35
640009	1	640009110026	2011	1.981	0.32
	2	640009100047	2010	1.695	0.43
	3	640009100143	2010	1.693	0.42
	4	640009100062	2010	1.628	0.43
	5	640009100094	2009	1.623	0.39
	6	640009090132	2009	1.561	0.42
	7	640009100065	2010	1.560	0.39
	8	640009090105	2009	1.550	0.43
	9	640009090129	2009	1.531	0.42
	10	640009100033	2010	1.521	0.42
640035	1	640035087330	2008	1.410	0.29
	2	640035107786	2014	1.389	0.39
	3	640035117816	2014	1.370	0.39
	4	640035201609	2020	1.329	0.38
	5	640035128279	2012	1.206	0.41
	6	640035128240	2012	1.200	0.41
	7	640035118034	2011	1.163	0.40
	8	640035118028	2011	1.125	0.40
	9	640035138338	2013	1.123	0.38
	10	640035128284	2012	1.121	0.41
640166	1	640166120604	2012	1.608	0.43
	2	640166120606	2012	1.339	0.45
	3	640166130796	2013	1.279	0.42
	4	640166089141	2008	1.257	0.27
	5	640166109777	2010	1.246	0.38
	6	640166120597	2012	1.225	0.44

续表

场号	场内排名	牛号	出生年份	前乳头长度评分 EBV/分	EBV 准确性
640166	7	640166089110	2008	1.197	0.25
	8	640166120593	2012	1.193	0.41
	9	640166120617	2012	1.163	0.45
	10	640166109624	2010	1.161	0.35
640007	1	640007100860	2010	1.592	0.42
	2	640007100930	2010	1.287	0.37
	2	640007101160	2010	1.287	0.37
	4	640007100931	2010	1.270	0.40
	5	640007100848	2010	1.078	0.39
	6	640007206175	2020	1.024	0.30
	7	640007195675	2019	0.923	0.26
	8	640007206218	2020	0.904	0.36
	9	640007206176	2020	0.898	0.36
	10	640007126154	2012	0.880	0.38
640190	1	640190141897	2014	1.482	0.37
	2	640190112101	2011	1.424	0.34
	2	640190121269	2011	1.424	0.34
	2	640190121925	2011	1.424	0.34
	2	640190122101	2011	1.424	0.34
	2	640190123025	2011	1.424	0.34
	7	640190142032	2014	1.408	0.37
	8	640190111615	2011	1.391	0.39
	9	640190112424	2011	1.353	0.33
	10	640190122701	2011	1.351	0.35
640193	1	640193154176	2015	1.300	0.33
	2	640193150720	2015	1.288	0.33
	2	640193153543	2015	1.288	0.33
	4	640193153979	2015	1.251	0.31

续表

场号	场内排名	牛号	出生年份	前乳头长度评分 EBV/分	EBV 准确性
640193	5	640193153760	2015	1.248	0.31
	6	640193154009	2015	1.240	0.31
	7	640193154231	2015	1.214	0.33
	8	640193150711	2015	1.200	0.31
	9	640193153618	2015	1.197	0.31
	10	640193153549	2015	1.194	0.31
640251	1	640251006599	2018	1.535	0.77
	2	640251009660	2020	0.979	0.45
	3	640251009248	2020	0.974	0.51
	4	640251009557	2020	0.970	0.44
	5	640251009793	2020	0.958	0.39
	6	640251009731	2020	0.955	0.44
	7	640251009124	2020	0.941	0.42
	8	640251009082	2020	0.931	0.41
	8	640251009042	2020	0.931	0.43
	10	640251005124	2017	0.924	0.74
640253	1	640253204963	2020	0.947	0.42
	2	640253204937	2020	0.852	0.42
	3	640253205028	2020	0.851	0.43
	4	640253205172	2020	0.841	0.43
	5	640253204915	2020	0.831	0.42
	6	640253194365	2015	0.800	0.30
	7	640253161703	2015	0.789	0.24
	8	640253204939	2020	0.782	0.43
	9	640253182739	2018	0.747	0.42
	10	640253217086	2021	0.704	0.38

表 6-1-22　各核心育种场后乳房附着高度评分 EBV 排名前 10 名母牛

场号	场内排名	牛号	出生年份	后乳房附着高度评分 EBV/分	EBV 准确性
640003	1	640003186247	2018	1.241	0.45
	2	640003214006	2021	1.108	0.38
	3	640003110017	2011	1.092	0.36
	4	640003203319	2020	0.996	0.40
	5	640003203541	2020	0.993	0.38
	6	640003203563	2020	0.945	0.37
	7	640003197767	2019	0.929	0.47
	8	640003203334	2020	0.926	0.37
	9	640003203860	2020	0.905	0.36
	10	640003120302	2012	0.903	0.36
640004	1	640004187360	2018	1.411	0.41
	2	640004187460	2018	1.396	0.46
	3	640004187458	2018	1.376	0.47
	4	640004187464	2018	1.305	0.41
	5	640004181997	2018	1.280	0.43
	6	640004182075	2018	1.265	0.43
	7	640004181988	2018	1.233	0.42
	8	640004182074	2018	1.231	0.42
	8	640004182085	2018	1.231	0.42
	8	640004187453	2018	1.221	0.40
640005	1	640005205890	2020	1.232	0.39
	2	640005205866	2020	1.228	0.40
	3	640005205867	2020	1.225	0.39
	4	640005205903	2020	1.181	0.40
	5	640005175236	2017	1.176	0.44
	6	640005205913	2020	1.067	0.40
	7	640005177328	2017	1.065	0.39
	8	640005195836	2019	1.046	0.29

续表

场号	场内排名	牛号	出生年份	后乳房附着高度评分 EBV/分	EBV 准确性
640005	9	640005187390	2018	1.044	0.39
	10	640005187424	2018	1.044	0.39
640009	1	640009110123	2011	0.825	0.31
	2	640009201978	2020	0.804	0.31
	3	640009181400	2018	0.773	0.34
	4	640009120061	2012	0.733	0.33
	5	640009120078	2012	0.693	0.32
	6	640009201979	2020	0.681	0.31
	7	640009130126	2013	0.644	0.26
	8	640009120066	2012	0.638	0.27
	9	640009201957	2020	0.634	0.29
	10	640009120076	2012	0.629	0.27
640035	1	640035117918	2019	0.939	0.34
	2	640035117920	2011	0.918	0.33
	3	640035117938	2011	0.885	0.36
	3	640035117901	2011	0.885	0.32
	5	640035128199	2012	0.879	0.31
	6	640035110069	2011	0.875	0.32
	7	640035117927	2011	0.869	0.33
	8	640035128206	2012	0.860	0.41
	9	640035170690	2017	0.854	0.29
	10	640035117942	2011	0.852	0.30
640166	1	640166110077	2011	1.070	0.38
	2	640166141140	2014	1.068	0.35
	3	640166110070	2011	1.056	0.35
	4	640166110035	2011	1.055	0.36
	5	640166110075	2011	1.002	0.34
	6	640166110064	2011	0.989	0.34

续表

场号	场内排名	牛号	出生年份	后乳房附着高度评分EBV/分	EBV 准确性
640166	7	640166110022	2011	0.986	0.34
	8	640166130796	2013	0.970	0.39
	9	640166110008	2011	0.964	0.32
	10	640166110040	2011	0.953	0.30
640007	1	640007184818	2018	1.041	0.39
	2	640007198475	2019	0.938	0.37
	3	640007208094	2020	0.929	0.37
	4	640007206194	2020	0.868	0.36
	5	640007206205	2020	0.866	0.33
	6	640007198412	2019	0.824	0.37
	7	640007206226	2020	0.749	0.33
	8	640007110753	2011	0.743	0.34
	9	640007198350	2019	0.734	0.33
	9	640007198352	2019	0.734	0.33
640190	1	640190120331	2012	1.091	0.32
	2	640190123386	2012	1.018	0.38
	3	640190121149	2012	1.004	0.31
	4	640190183427	2018	0.972	0.45
	5	640190121101	2012	0.968	0.31
	6	640190113280	2011	0.943	0.30
	7	640190182069	2018	0.924	0.31
	8	640190182109	2018	0.893	0.31
	9	640190190149	2019	0.886	0.34
	10	640190184269	2018	0.881	0.38
640193	1	640193183260	2018	0.851	0.34
	2	640193183862	2018	0.850	0.34
	3	640193183972	2018	0.849	0.34
	4	640193201312	2020	0.808	0.28

续表

场号	场内排名	牛号	出生年份	后乳房附着高度评分 EBV/分	EBV 准确性
640193	5	640193184174	2018	0.807	0.30
	6	640193201366	2020	0.761	0.28
	7	640193185140	2018	0.756	0.30
	8	640193120241	2011	0.743	0.34
	9	640193184501	2018	0.736	0.38
	10	640193184066	2018	0.732	0.30
640251	1	640251008047	2019	1.245	0.38
	2	640251185724	2018	1.234	0.43
	3	640251005696	2018	1.214	0.40
	4	640251005724	2018	1.212	0.40
	5	640251007873	2019	1.211	0.39
	6	640251185753	2018	1.197	0.43
	7	640251005754	2018	1.158	0.40
	8	640251005347	2017	1.146	0.41
	9	640251005707	2018	1.144	0.41
	10	640251005702	2018	1.143	0.40
640253	1	640253181983	2018	1.325	0.45
	2	640253182017	2018	1.267	0.42
	3	640253181970	2018	1.265	0.42
	4	640253182065	2018	1.260	0.42
	5	640253194379	2019	1.225	0.41
	6	640253171541	2017	1.221	0.41
	7	640253182050	2018	1.220	0.43
	8	640253182100	2018	1.216	0.44
	9	640253182068	2018	1.210	0.44
	10	640253182037	2018	1.208	0.45

表 6-1-23 各核心育种场后乳房附着宽度评分 EBV 排名前 10 名母牛

场号	场内排名	牛号	出生年份	后乳房附着宽度评分 EBV/分	EBV 准确性
640003	1	640003203472	2020	6.606	0.52
	2	640003203494	2020	6.055	0.55
	3	640003203500	2020	6.029	0.59
	4	640003203468	2020	6.018	0.52
	5	640003203522	2020	5.826	0.58
	6	640003203418	2020	5.639	0.65
	7	640003203532	2020	5.619	0.58
	7	640003203564	2020	5.619	0.58
	9	640003203487	2020	5.615	0.51
	10	640003203476	2020	5.317	0.57
640004	1	640004208586	2020	3.457	0.48
	2	640004208535	2020	3.355	0.57
	3	640004208544	2020	3.291	0.48
	4	640004208554	2020	3.167	0.57
	5	640004208568	2020	3.077	0.46
	6	640004208561	2020	2.986	0.47
	7	640004208581	2020	2.977	0.47
	8	640004208595	2020	2.973	0.46
	9	640004208563	2020	2.972	0.46
	10	640004208628	2020	2.933	0.47
640005	1	640005205918	2020	3.082	0.51
	2	640005185301	2018	3.035	0.55
	3	640005185291	2018	2.730	0.50
	4	640005185303	2018	2.620	0.53
	5	640005205924	2020	2.604	0.53
	6	640005185288	2018	2.602	0.51
	7	640005185326	2018	2.486	0.54
	8	640005206018	2020	2.477	0.34

续表

场号	场内排名	牛号	出生年份	后乳房附着宽度评分EBV/分	EBV 准确性
640005	9	640005113818	2011	2.442	0.57
	10	640005206003	2020	2.421	0.35
640009	1	640009202061	2020	5.306	0.49
	2	640009202046	2020	4.700	0.49
	3	640009202062	2020	4.059	0.49
	3	640009202064	2020	4.059	0.49
	3	640009202066	2020	4.059	0.49
	6	640009120066	2012	3.764	0.49
	7	640009202052	2020	3.418	0.49
	8	640009120082	2012	3.254	0.53
	9	640009120057	2012	3.035	0.53
	10	640009120049	2012	2.818	0.49
640035	1	640035097516	2020	2.813	0.55
	2	640035201664	2020	2.429	0.52
	3	640035201695	2020	2.191	0.51
	4	640035201532	2019	2.189	0.40
	5	640035128210	2012	2.162	0.57
	6	640035201752	2020	2.117	0.37
	7	640035128205	2012	2.114	0.59
	8	640035201645	2020	2.112	0.50
	9	640035201562	2020	2.101	0.49
	10	640035201568	2020	2.083	0.50
640166	1	640166203588	2020	4.597	0.58
	2	640166203590	2020	4.256	0.59
	3	640166203605	2020	3.701	0.63
	4	640166203560	2020	3.477	0.60
	5	640166172421	2017	2.844	0.40
	6	640166203602	2020	2.841	0.66

续表

场号	场内排名	牛号	出生年份	后乳房附着宽度评分 EBV/分	EBV 准确性
640166	7	640166203543	2020	2.663	0.50
	8	640166203500	2020	2.589	0.61
	9	640166203578	2020	2.488	0.60
	10	640166203574	2020	2.438	0.60
640007	1	640007206376	2020	3.854	0.51
	2	640007206317	2020	3.835	0.51
	3	640007206396	2020	3.686	0.51
	4	640007174400	2017	3.682	0.50
	5	640007206312	2020	3.500	0.51
	6	640007185033	2018	3.494	0.53
	7	640007206337	2020	3.476	0.52
	8	640007206336	2020	3.439	0.52
	9	640007206372	2020	3.248	0.51
	10	640007206120	2020	3.236	0.47
640190	1	640190123802	2012	3.748	0.55
	2	640190123517	2012	3.705	0.55
	3	640190123386	2012	3.668	0.55
	4	640190112969	2011	3.197	0.60
	5	640190110827	2011	3.099	0.44
	6	640190134374	2013	3.031	0.55
	7	640190123909	2012	2.977	0.40
	8	640190111602	2011	2.957	0.60
	9	640190112798	2011	2.898	0.62
	10	640190112740	2011	2.891	0.62
640193	1	640193120241	2011	3.099	0.44
	2	640193200882	2020	2.322	0.59
	3	640193201136	2020	2.210	0.57
	4	640193201878	2020	2.179	0.50

续表

场号	场内排名	牛号	出生年份	后乳房附着宽度评分 EBV/分	EBV 准确性
640193	5	640193201454	2020	2.138	0.57
	6	640193201546	2020	2.135	0.51
	7	640193200864	2020	2.048	0.58
	8	640193201386	2020	2.046	0.56
	9	640193201250	2020	2.034	0.56
	10	640193201570	2020	2.008	0.56
640251	1	640251197937	2019	3.487	0.52
	2	640251208664	2020	3.176	0.53
	3	640251007922	2019	3.154	0.69
	4	640251208732	2020	3.148	0.54
	5	640251208953	2020	3.141	0.52
	6	640251208862	2020	3.112	0.50
	7	640251008732	2020	3.101	0.69
	8	640251010757	2011	3.099	0.44
	8	640251010761	2011	3.099	0.44
	8	640251010764	2011	3.099	0.44
640253	1	640253204945	2020	3.085	0.56
	2	640253193472	2019	2.981	0.52
	3	640253193409	2019	2.939	0.52
	4	640253216573	2021	2.906	0.44
	5	640253193412	2019	2.842	0.51
	5	640253193426	2019	2.842	0.51
	7	640253216550	2021	2.804	0.44
	8	640253204785	2020	2.702	0.56
	9	640253216645	2021	2.641	0.44
	10	640253217022	2021	2.607	0.38

表 6-1-24 各核心育种场后乳头位置评分 EBV 排名前 10 名母牛

场号	场内排名	牛号	出生年份	后乳头位置评分 EBV/分	EBV 准确性
640003	1	640003203522	2020	1.439	0.33
	2	640003203561	2020	1.384	0.28
	3	640003203583	2020	1.368	0.28
	4	640003203528	2020	1.360	0.28
	5	640003203532	2020	1.328	0.33
	5	640003203564	2020	1.328	0.33
	7	640003203517	2020	1.253	0.34
	8	640003203472	2020	1.134	0.29
	9	640003203500	2020	1.048	0.36
	10	640003203559	2020	1.046	0.33
640004	1	640004208632	2020	1.093	0.29
	2	640004208869	2020	1.008	0.27
	3	640004208551	2020	0.981	0.26
	3	640004105695	2010	0.981	0.42
	5	640004218876	2021	0.980	0.24
	6	640004105749	2010	0.978	0.42
	7	640004218875	2021	0.935	0.23
	7	640004218891	2021	0.935	0.23
	9	640004105748	2010	0.926	0.41
	10	640004218873	2021	0.913	0.30
640005	1	640005206243	2020	0.965	0.29
	2	640005107749	2010	0.882	0.36
	3	640005123977	2012	0.880	0.44
	4	640005206255	2020	0.866	0.25
	5	640005206262	2020	0.830	0.24
	6	640005107700	2010	0.807	0.37
	7	640005107710	2010	0.802	0.36
	8	640005206166	2020	0.798	0.33

续表

场号	场内排名	牛号	出生年份	后乳头位置评分 EBV/分	EBV 准确性
640005	9	640005216620	2021	0.796	0.08
	10	640005107709	2010	0.791	0.36
640009	1	640009202061	2020	1.315	0.28
	2	640009202046	2020	1.167	0.28
	2	640009202064	2020	1.167	0.28
	4	640009202052	2020	1.022	0.28
	4	640009202066	2020	1.022	0.28
	6	640009201945	2020	0.929	0.32
	7	640009201972	2020	0.926	0.31
	8	640009202009	2020	0.901	0.45
	9	640009202062	2020	0.877	0.28
	10	640009201966	2020	0.851	0.31
640035	1	640035117857	2011	0.956	0.41
	2	640035117856	2011	0.942	0.42
	3	640035107787	2010	0.940	0.40
	4	640035107694	2010	0.939	0.40
	5	640035107756	2019	0.923	0.41
	6	640035117882	2011	0.919	0.41
	7	640035117849	2011	0.910	0.40
	8	640035107784	2010	0.905	0.40
	9	640035107777	2010	0.891	0.39
	10	640035117860	2011	0.888	0.41
640166	1	640166120670	2012	1.048	0.46
	2	640166109817	2010	0.996	0.42
	3	640166109661	2010	0.985	0.43
	4	640166120450	2012	0.975	0.45
	5	640166109862	2010	0.945	0.40
	6	640166109658	2010	0.911	0.42

续表

场号	场内排名	牛号	出生年份	后乳头位置评分 EBV/分	EBV 准确性
640166	7	640166120646	2012	0.899	0.45
	7	640166109850	2010	0.899	0.42
	9	640166120458	2012	0.895	0.42
	10	640166120634	2012	0.891	0.45
640007	1	640007110753	2011	1.005	0.34
	2	640007206134	2020	0.908	0.43
	2	640007206147	2020	0.908	0.43
	4	640007206146	2020	0.903	0.43
	5	640007206255	2020	0.893	0.43
	6	640007206117	2020	0.849	0.40
	7	640007206112	2020	0.822	0.43
	8	640007206301	2020	0.785	0.30
	9	640007206379	2020	0.774	0.30
	9	640007206426	2020	0.774	0.30
640190	1	640190123386	2012	1.117	0.38
	2	640190123306	2012	1.113	0.38
	3	640190110827	2011	1.005	0.34
	4	640190123517	2012	0.980	0.38
	5	640190110241	2011	0.961	0.38
	5	640190123802	2012	0.961	0.38
	7	640190110454	2011	0.938	0.40
	8	640190202260	2020	0.916	0.51
	9	640190202452	2020	0.910	0.51
	10	640190124095	2012	0.893	0.43
640193	1	640193120241	2011	1.005	0.34
	2	640193205068	2020	0.727	0.40
	2	640193203494	2020	0.727	0.39
	4	640193203562	2020	0.724	0.39

续表

场号	场内排名	牛号	出生年份	后乳头位置评分 EBV/分	EBV 准确性
640193	4	640193203690	2020	0.724	0.39
	4	640193204700	2020	0.724	0.39
	4	640193205040	2020	0.724	0.39
	4	640193205094	2020	0.724	0.39
	4	640193205200	2020	0.724	0.39
	10	640193203376	2020	0.717	0.37
640251	1	640251010757	2011	1.005	0.34
	1	640251010761	2011	1.005	0.34
	1	640251010764	2011	1.005	0.34
	1	640251010766	2011	1.005	0.34
	1	640251012212	2011	1.005	0.34
	1	640251013076	2011	1.005	0.34
	1	640251017297	2011	1.005	0.34
	1	640251017347	2011	1.005	0.34
	9	640251016068	2019	0.968	0.35
	10	640251006189	2018	0.959	0.70
640253	1	640253205172	2020	0.751	0.39
	2	640253205039	2020	0.748	0.40
	3	640253204937	2020	0.739	0.39
	4	640253204945	2020	0.731	0.36
	5	640253205028	2020	0.729	0.40
	6	640253205018	2020	0.721	0.41
	7	640253205223	2020	0.720	0.36
	7	640253205215	2020	0.720	0.36
	7	640253205004	2020	0.720	0.40
	10	640253194421	2019	0.714	0.33

表 6-1-25 各核心育种场棱角性评分 EBV 排名前 10 名母牛

场号	场内排名	牛号	出生年份	棱角性评分 EBV/分	EBV 准确性
640003	1	640003203377	2020	1.073	0.34
	2	640003203376	2020	1.022	0.37
	3	640003203939	2020	0.986	0.34
	4	640003203425	2020	0.977	0.35
	5	640003203429	2020	0.961	0.35
	6	640003203472	2020	0.939	0.32
	7	640003203978	2020	0.909	0.31
	7	640003214005	2021	0.909	0.31
	9	640003203935	2020	0.905	0.31
	9	640003203840	2020	0.905	0.31
640004	1	640004198497	2019	0.914	0.35
	1	640004198498	2019	0.914	0.35
	3	640004198312	2019	0.882	0.44
	3	640004198324	2019	0.882	0.44
	3	640004198340	2019	0.882	0.44
	6	640004198323	2019	0.846	0.47
	7	640004208871	2020	0.763	0.33
	8	640004208869	2020	0.748	0.29
	9	640004099249	2009	0.740	0.30
	10	640004115940	2003	0.730	0.28
640005	1	640005099219	2009	0.777	0.33
	2	640005205908	2020	0.755	0.28
	3	640005206258	2020	0.735	0.27
	4	640005144387	2014	0.729	0.31
	5	640005205891	2020	0.709	0.34
	6	640005205866	2020	0.680	0.43
	7	640005164933	2016	0.672	0.25
	8	640005206256	2020	0.654	0.30

续表

场号	场内排名	牛号	出生年份	棱角性评分 EBV/分	EBV 准确性
640005	9	640005195861	2019	0.646	0.43
	10	640005206245	2020	0.640	0.25
640009	1	640009202053	2020	1.012	0.40
	2	640009202008	2020	0.944	0.41
	3	640009202004	2020	0.870	0.37
	4	640009202012	2020	0.848	0.39
	5	640009202093	2020	0.831	0.37
	6	640009202019	2020	0.829	0.40
	7	640009202049	2020	0.824	0.37
	8	640009202084	2020	0.819	0.40
	9	640009202088	2020	0.799	0.40
	10	640009202005	2020	0.768	0.39
640035	1	640035099219	2009	0.665	0.28
	2	6400351−8011	2011	0.655	0.27
	3	640035117937	2011	0.610	0.38
	4	640035097569	2011	0.569	0.34
	5	640035170571	2017	0.546	0.30
	6	640035170515	2016	0.529	0.31
	7	640035109613	2010	0.515	0.34
	8	640035128125	2012	0.500	0.41
	9	640035117849	2011	0.499	0.42
	10	640035107697	2010	0.498	0.45
640166	1	640166120616	2012	1.026	0.40
	2	640166099311	2009	1.016	0.36
	3	640166099338	2009	0.940	0.38
	4	640166110100	2011	0.816	0.42
	5	640166110153	2011	0.793	0.30
	6	640166109625	2010	0.779	0.34

续表

场号	场内排名	牛号	出生年份	棱角性评分 EBV/分	EBV 准确性
640166	7	640166109611	2010	0.777	0.35
	8	640166110074	2011	0.772	0.38
	9	640166099215	2009	0.768	0.32
	10	640166099324	2009	0.749	0.34
640007	1	640007206617	2020	0.898	0.31
	1	640007216686	2021	0.898	0.31
	3	640007184898	2018	0.791	0.37
	4	640007113233	2011	0.779	0.30
	5	640007206591	2020	0.685	0.29
	6	640007195627	2019	0.672	0.40
	7	640007105585	2010	0.653	0.36
	8	640007100924	2010	0.652	0.37
	9	640007172288	2017	0.649	0.44
	10	640007206552	2020	0.630	0.30
640190	1	640190123633	2012	1.125	0.41
	2	640190123856	2012	1.079	0.39
	3	640190134374	2013	0.868	0.41
	4	640190123606	2012	0.826	0.41
	5	640190113243	2011	0.814	0.25
	6	640190123910	2012	0.789	0.36
	7	640190123865	2012	0.777	0.35
	8	640190123450	2012	0.770	0.30
	9	640190123830	2012	0.769	0.36
	10	640190113444	2011	0.761	0.28
640193	1	640193203712	2020	0.554	0.42
	2	640193202888	2020	0.546	0.39
	3	640193201912	2020	0.544	0.40
	4	640193202230	2020	0.525	0.40

续表

场号	场内排名	牛号	出生年份	棱角性评分 EBV/分	EBV 准确性
640193	5	640193202226	2020	0.522	0.40
	6	640193204246	2020	0.521	0.45
	7	640193203468	2020	0.507	0.43
	8	640193204146	2020	0.506	0.38
	9	640193202712	2020	0.499	0.39
	10	640193204226	2020	0.495	0.44
640251	1	640251007922	2019	1.012	0.57
	2	640251008732	2020	1.010	0.57
	3	640251016495	2011	0.952	0.41
	4	640251011986	2012	0.921	0.40
	4	640251014102	2012	0.921	0.40
	4	640251014135	2011	0.921	0.40
	4	640251016162	2011	0.921	0.40
	4	640251016714	2011	0.921	0.40
	9	640251008551	2020	0.912	0.30
	10	640251008638	2020	0.896	0.30
640253	1	640253193409	2019	0.961	0.46
	2	640253193412	2019	0.924	0.45
	2	640253193426	2019	0.924	0.45
	4	640253193543	2019	0.909	0.46
	5	640253193513	2019	0.900	0.49
	6	640253193536	2019	0.871	0.44
	7	640253193472	2019	0.853	0.46
	8	640253193542	2019	0.849	0.44
	8	640253193557	2017	0.849	0.44
	10	640253193790	2019	0.845	0.49

表 6-1-26 各核心育种场胸宽评分 EBV 排名前 10 名母牛

场号	场内排名	牛号	出生年份	胸宽评分 EBV/分	EBV 准确性
640003	1	640003203500	2020	0.952	0.34
	2	640003120432	2012	0.950	0.41
	3	640003203550	2020	0.921	0.30
	4	640003203532	2020	0.913	0.30
	5	640003203472	2020	0.844	0.26
	6	640003182762	2018	0.761	0.39
	7	640003100915	2010	0.753	0.36
	7	640003110819	2011	0.753	0.37
	9	640003100909	2010	0.734	0.35
	10	640003110822	2011	0.730	0.37
640004	1	640004198312	2019	1.156	0.41
	1	640004198324	2019	1.156	0.41
	1	640004198340	2019	1.156	0.41
	4	640004125980	2012	0.959	0.42
	5	640004105752	2010	0.918	0.38
	6	640004115973	2011	0.875	0.42
	7	640004125981	2012	0.867	0.41
	8	640004187526	2018	0.859	0.37
	9	640004125986	2012	0.826	0.42
	10	640004187521	2018	0.808	0.34
640005	1	640005123978	2005	1.106	0.41
	2	640005123970	2012	0.969	0.42
	3	640005107749	2010	0.937	0.33
	4	640005123955	2012	0.893	0.41
	5	640005175034	2018	0.884	0.36
	6	640005123925	2012	0.882	0.41
	7	640005117889	2011	0.880	0.38
	8	640005144370	2014	0.868	0.27

续表

场号	场内排名	牛号	出生年份	胸宽评分 EBV/分	EBV 准确性
640005	9	640005123958	2012	0.862	0.41
	10	640005107789	2010	0.858	0.35
640009	1	640009201889	2020	0.818	0.29
	2	640009202061	2020	0.749	0.25
	3	640009201934	2020	0.733	0.28
	4	640009181427	2018	0.723	0.38
	5	640009181448	2018	0.700	0.42
	6	640009181378	2018	0.693	0.41
	7	640009181317	2018	0.666	0.31
	8	640009181435	2018	0.659	0.41
	9	640009201926	2020	0.658	0.28
	10	640009181442	2018	0.644	0.41
640035	1	640035170580	2017	1.077	0.36
	2	640035107784	2010	1.011	0.37
	3	640035201544	2019	0.984	0.27
	4	640035170587	2017	0.977	0.34
	5	640035117890	2011	0.957	0.38
	6	640035170655	2017	0.941	0.34
	7	640035170705	2017	0.902	0.36
	8	640035128244	2012	0.896	0.38
	9	640035107749	2010	0.894	0.32
	10	640035180977	2018	0.873	0.37
640166	1	640166120676	2012	0.954	0.40
	2	640166120441	2012	0.922	0.41
	3	640166120450	2012	0.915	0.42
	4	640166120670	2012	0.901	0.43
	5	640166109654	2010	0.847	0.37
	6	640166120458	2012	0.826	0.40

续表

场号	场内排名	牛号	出生年份	胸宽评分 EBV/分	EBV 准确性
640166	7	640166109655	2010	0.825	0.38
	8	640166120629	2012	0.817	0.38
	9	640166172378	2017	0.813	0.30
	10	640166120634	2012	0.804	0.43
640007	1	640007174416	2017	0.835	0.34
	2	640007184880	2018	0.831	0.33
	3	640007174384	2017	0.805	0.35
	4	640007174387	2017	0.799	0.34
	5	640007195854	2019	0.770	0.36
	5	640007205903	2020	0.770	0.36
	7	640007110037	2011	0.765	0.39
	8	640007153687	2015	0.764	0.38
	9	640007205869	2019	0.726	0.28
	10	640007205886	2020	0.718	0.28
640190	1	640190111360	2011	0.774	0.37
	2	640190141005	2014	0.739	0.30
	3	640190142233	2014	0.735	0.25
	4	640190142289	2014	0.703	0.25
	5	640190142146	2014	0.701	0.27
	6	640190131405	2013	0.696	0.18
	7	640190127799	2012	0.672	0.33
	8	640190111311	2011	0.669	0.28
	9	640190142203	2014	0.667	0.26
	10	640190142292	2014	0.653	0.24
640193	1	640193180298	2018	0.672	0.32
	2	640193180364	2018	0.642	0.30
	3	640193180388	2018	0.629	0.32
	4	640193181114	2018	0.610	0.31

续表

场号	场内排名	牛号	出生年份	胸宽评分 EBV/分	EBV 准确性
640193	5	640193202968	2020	0.604	0.32
	6	640193201956	2020	0.584	0.37
	7	640193185278	2018	0.580	0.34
	8	640193185146	2018	0.566	0.33
	9	640193185616	2018	0.555	0.33
	10	640193203162	2020	0.551	0.32
640251	1	640251007413	2019	0.731	0.35
	2	640251007389	2019	0.710	0.34
	3	640251007313	2019	0.708	0.35
	4	640251186231	2018	0.707	0.41
	4	640251007327	2019	0.707	0.35
	6	640251007309	2019	0.704	0.34
	6	640251005681	2013	0.704	0.31
	8	640251007414	2019	0.703	0.34
	9	640251007394	2019	0.688	0.34
	10	640251007428	2019	0.686	0.34
640253	1	640253193429	2019	1.163	0.42
	2	640253193432	2019	1.124	0.42
	3	640253193472	2019	1.119	0.43
	4	640253193466	2019	1.052	0.45
	5	640253193513	2019	1.045	0.45
	6	640253193409	2019	1.024	0.43
	7	640253193412	2019	0.995	0.42
	7	640253193426	2019	0.995	0.42
	9	640253182220	2018	0.818	0.40
	10	640253193953	2015	0.806	0.41

6.2 各核心育种场母牛管理性状估计育种值排名

2010 年 1 月 1 日至 2020 年 12 月 31 日出生且有表型记录的母牛中，繁殖性状、产犊性状和长寿性状估计育种值排名前 500 名母牛的牛号、出生年份、估计育种值、估计育种值准确性和排名见附表 6 至附表 15，各核心育种场繁殖性状、产犊性状和长寿性状估计育种值排名前 10 名母牛的牛号、出生年、估计育种值、估计育种值准确性和排名见表 6-2-1 至表 6-2-10。

表 6-2-1 各核心育种场首次配种日龄 EBV 排名前 10 名母牛

场号	场内排名	牛号	出生年份	首次配种日龄 EBV/d	EBV 准确性
640003	1	640003111071	2011	−98.3	0.80
	2	640003111077	2011	−87.8	0.80
	3	640003111075	2011	−83.5	0.80
	4	640003131393	2013	−80.8	0.82
	5	640003111076	2011	−80.4	0.78
	6	640003111083	2011	−77.9	0.79
	7	640003111057	2011	−73.5	0.76
	8	640003182853	2018	−70.9	0.82
	9	640003111081	2011	−70.6	0.81
	10	640003110007	2011	−69.1	0.80
640004	1	640004126191	2012	−90.8	0.79
	2	640004126182	2012	−84.7	0.77
	3	640004126163	2014	−78.8	0.77
	4	640004136282	2013	−77.9	0.80
	5	640004136285	2013	−77.6	0.80
	6	640004136312	2013	−70.0	0.81
	7	640004136297	2013	−68.0	0.82
	8	640004146510	2014	−67.2	0.82
	9	640004136344	2013	−66.9	0.81
	10	640004136287	2013	−65.5	0.81

续表

场号	场内排名	牛号	出生年份	首次配种日龄 EBV/d	EBV 准确性
640005	1	640005113754	2011	−135.9	0.79
	2	640005113750	2011	−130.1	0.79
	3	640005113779	2011	−98.6	0.79
	4	640005113755	2011	−98.2	0.78
	5	640005117899	2011	−97.6	0.77
	6	640005113804	2011	−95.9	0.80
	7	640005113791	2011	−94.0	0.78
	8	640005113745	2011	−87.4	0.79
	9	640005124038	2012	−85.3	0.80
	10	640005113834	2011	−77.7	0.77
640007	1	640007195609	2019	−54.9	0.63
	2	640007195749	2019	−40.8	0.63
	3	640007195703	2019	−40.1	0.63
	4	640007195350	2019	−38.9	0.62
	5	640007195734	2019	−38.6	0.63
	6	640007195541	2019	−37.4	0.63
	7	640007195744	2019	−36.5	0.63
	8	640007185278	2018	−36.4	0.62
	9	640007195690	2019	−36.3	0.64
	10	640007195472	2019	−36.2	0.63
640009	1	640009140348	2014	−72.8	0.77
	2	640009140361	2014	−64.2	0.81
	3	640009150711	2015	−57.7	0.81
	4	640009150698	2015	−51.8	0.79
	5	640009150710	2015	−49.6	0.80
	6	640009150702	2015	−47.7	0.82
	7	640009150706	2015	−46.9	0.79
	8	640009150598	2015	−46.1	0.80

续表

场号	场内排名	牛号	出生年份	首次配种日龄 EBV/d	EBV 准确性
640009	9	640009150687	2015	−45.4	0.81
	10	640009150580	2015	−44.8	0.81
640035	1	640035117902	2011	−72.4	0.83
	2	640035117887	2011	−64.6	0.83
	3	640035117927	2011	−61.3	0.80
	4	640035117925	2011	−59.5	0.81
	5	640035117911	2011	−56.9	0.81
	6	640035138317	2013	−56.2	0.80
	7	640035128267	2012	−55.0	0.80
	8	640035138318	2013	−54.5	0.81
	9	640035138308	2013	−54.4	0.83
	10	640035138310	2015	−53.0	0.82
640166	1	640166203492	2020	−77.7	0.82
	2	640166203490	2020	−75.0	0.82
	3	640166120679	2012	−72.3	0.76
	4	640166203491	2020	−71.4	0.82
	5	640166203488	2020	−68.5	0.81
	6	640166130833	2013	−62.0	0.80
	7	640166130839	2013	−58.2	0.78
	8	640166130830	2013	−53.7	0.85
	9	640166203524	2020	−53.5	0.81
	10	640166130891	2013	−50.1	0.81
640190	1	640190129083	2013	−167.6	0.76
	2	640190125420	2013	−150.8	0.78
	3	640190128718	2013	−146.6	0.76
	4	640190128389	2013	−138.9	0.78
	5	640190140063	2013	−124.2	0.76
	6	640190140040	2013	−116.6	0.76

续表

场号	场内排名	牛号	出生年份	首次配种日龄 EBV/d	EBV 准确性
640190	7	640190140220	2012	−114.4	0.76
	8	640190120564	2012	−112.0	0.77
	9	640190140201	2012	−110.4	0.76
	10	640190123752	2012	−107.5	0.79
640193	1	640193124519	2013	−167.0	0.76
	2	640193126872	2013	−123.9	0.78
	3	640193126403	2013	−118.4	0.76
	4	640193124976	2013	−117.3	0.76
	5	640193123758	2012	−114.3	0.75
	6	640193126225	2013	−105.6	0.79
	7	640193124912	2013	−104.4	0.76
	8	640193126739	2013	−98.5	0.76
	9	640193124411	2013	−98.3	0.78
	10	640193125496	2013	−96.3	0.76
640251	1	640251007000	2019	−52.5	0.82
	2	640251006970	2019	−52.1	0.82
	3	640251150397	2015	−52.0	0.78
	4	640251006998	2019	−51.9	0.82
	5	640251007649	2019	−51.5	0.82
	5	640251007684	2019	−51.5	0.82
	7	640251007025	2019	−51.1	0.82
	8	640251006990	2019	−50.7	0.82
	8	640251006987	2019	−50.7	0.82
	10	640251007039	2019	−50.6	0.82
640253	1	640253193314	2019	−57.1	0.82
	2	640253193298	2019	−56.4	0.82
	3	640253193326	2019	−52.1	0.82
	4	640253193412	2019	−50.3	0.82

续表

场号	场内排名	牛号	出生年份	首次配种日龄 EBV/d	EBV 准确性
640253	5	640253193413	2019	−48.6	0.82
	6	640253193513	2019	−48.3	0.82
	7	640253193342	2019	−47.9	0.82
	8	640253193699	2019	−47.7	0.82
	9	640253193084	2019	−47.4	0.81
	10	640253193732	2019	−47.3	0.82
640351	1	640351000671	2019	−106.5	0.79
	2	640351000961	2016	−82.1	0.79
	3	640351000965	2016	−81.6	0.79
	4	640351000911	2016	−81.1	0.78
	5	640351000874	2016	−79.6	0.80
	6	640351000877	2016	−78.3	0.80
	7	640351000958	2016	−74.7	0.80
	7	640351000876	2016	−74.7	0.79
	9	640351000969	2016	−74.6	0.79
	10	640351000963	2016	−74.5	0.80

表 6-2-2　各核心育种场首次产犊日龄 EBV 排名前 10 名母牛

场号	场内排名	牛号	出生年份	首次产犊日龄 EBV/d	EBV 准确性
640003	1	640003203418	2020	−65.3	0.65
	2	640003182845	2018	−61.0	0.67
	3	640003182858	2018	−59.4	0.67
	4	640003203436	2020	−56.7	0.63
	5	640003131395	2013	−55.5	0.67
	6	640003007356	2019	−52.4	0.63
	7	640003006313	2018	−52.1	0.63
	8	640003182853	2018	−52.0	0.65

续表

场号	场内排名	牛号	出生年份	首次产犊日龄 EBV/d	EBV 准确性
640003	9	640003006583	2018	−51.9	0.62
	9	640003110002	2011	−51.9	0.59
640004	1	640004197885	2019	−81.6	0.65
	2	640004198431	2019	−76.0	0.61
	3	640004198312	2019	−68.8	0.63
	4	640004198320	2019	−68.1	0.63
	5	640004198319	2019	−67.1	0.63
	6	640004198317	2019	−66.7	0.63
	7	640004198304	2019	−66.5	0.63
	8	640004198340	2019	−65.1	0.63
	9	640004198316	2019	−64.6	0.63
	10	640004198318	2019	−64.3	0.63
640005	1	640005113754	2011	−58.8	0.58
	2	640005113755	2011	−57.0	0.57
	3	640005113750	2011	−55.8	0.57
	4	640005113791	2011	−54.4	0.56
	5	640005117899	2011	−51.1	0.55
	6	640005124057	2012	−50.1	0.63
	7	640005134070	2013	−49.6	0.64
	8	640005113804	2011	−49.0	0.62
	9	640005134060	2013	−48.1	0.64
	10	640005124026	2012	−46.4	0.65
640007	1	640007195619	2019	−55.8	0.53
	2	640007195608	2019	−51.8	0.48
	3	640007195627	2019	−51.3	0.51
	4	640007195614	2019	−50.2	0.48
	5	640007195613	2019	−45.9	0.52
	6	640007195609	2019	−40.6	0.55

续表

场号	场内排名	牛号	出生年份	首次产犊日龄 EBV/d	EBV 准确性
640007	7	640007195692	2019	−39.2	0.58
	8	640007195703	2019	−35.9	0.57
	9	640007195455	2019	−35.7	0.57
	10	640007195856	2015	−34.4	0.60
640009	1	640009160996	2016	−60.5	0.57
	2	640009160993	2016	−53.0	0.60
	3	640009181471	2018	−40.1	0.65
	4	640009201924	2020	−37.8	0.59
	5	640009181496	2018	−37.7	0.66
	6	640009191706	2019	−37.6	0.66
	7	640009161007	2016	−37.5	0.61
	8	640009160968	2016	−36.3	0.58
	9	640009191616	2019	−36.0	0.61
	10	640009171130	2017	−35.1	0.66
640035	1	640035128261	2012	−55.2	0.55
	2	640035128268	2012	−54.3	0.69
	3	640035117902	2011	−52.9	0.65
	4	640035128294	2015	−48.9	0.66
	5	640035148750	2014	−48.7	0.56
	6	640035117907	2019	−48.6	0.68
	7	640035117925	2011	−47.8	0.63
	8	640035117924	2011	−46.8	0.58
	9	640035160472	2016	−44.9	0.64
	10	640035138386	2013	−44.3	0.63
640166	1	640166203491	2020	−55.0	0.67
	2	640166130840	2013	−44.8	0.65
	3	640166203492	2020	−44.6	0.67
	4	640166203524	2020	−41.2	0.65

续表

场号	场内排名	牛号	出生年份	首次产犊日龄 EBV/d	EBV 准确性
640166	5	640166130839	2013	−39.8	0.58
	6	640166130884	2013	−39.6	0.66
	7	640166193164	2019	−39.2	0.67
	8	640166130836	2013	−37.2	0.62
	8	640166193101	2019	−37.2	0.66
	10	640166203490	2020	−36.9	0.67
640190	1	640190140152	2012	−71.2	0.60
	2	640190140109	2013	−65.9	0.52
	3	640190121591	2012	−63.0	0.57
	4	640190121769	2012	−62.4	0.57
	5	640190121756	2012	−62.2	0.60
	6	640190123209	2012	−61.8	0.57
	7	640190140158	2012	−61.7	0.51
	8	640190121592	2012	−61.2	0.60
	9	640190121759	2012	−59.9	0.60
	10	640190123212	2012	−58.9	0.57
640193	1	640193124519	2013	−89.6	0.51
	2	640193126225	2013	−63.9	0.54
	3	640193124411	2013	−57.8	0.51
	4	640193125496	2013	−55.0	0.51
	5	640193125011	2013	−50.8	0.51
	6	640193124267	2013	−48.3	0.51
	7	640193124369	2013	−47.8	0.51
	8	640193121768	2012	−47.1	0.48
	9	640193126739	2013	−46.8	0.51
	10	640193123774	2012	−46.0	0.49
640251	1	640251007684	2019	−68.8	0.68
	2	640251007649	2019	−67.6	0.68

续表

场号	场内排名	牛号	出生年份	首次产犊日龄 EBV/d	EBV 准确性
640251	3	640251008820	2020	−55.7	0.73
	4	640251008869	2020	−55.6	0.73
	5	640251008836	2020	−55.0	0.73
	6	640251008795	2020	−54.9	0.73
	7	640251008840	2020	−54.4	0.73
	8	640251008804	2020	−54.1	0.73
	9	640251008714	2020	−54.0	0.73
	9	640251008732	2020	−54.0	0.73
640253	1	640253193314	2019	−79.6	0.68
	2	640253193787	2019	−72.9	0.68
	3	640253193849	2019	−71.1	0.68
	4	640253193814	2019	−70.5	0.68
	5	640253193866	2019	−70.2	0.68
	6	640253193836	2019	−69.5	0.68
	6	640253193778	2019	−69.5	0.68
	8	640253193807	2019	−68.2	0.68
	9	640253193798	2019	−67.5	0.68
	9	640253193824	2019	−67.5	0.68
640351	1	640351000838	2019	−47.8	0.57
	2	640351000837	2019	−46.3	0.58
	3	640351033343	2018	−42.9	0.56
	4	640351033028	2017	−42.6	0.55
	5	640351033353	2018	−40.4	0.53
	6	640351033342	2018	−40.2	0.57
	7	640351033565	2019	−38.1	0.63
	8	640351033416	2018	−34.6	0.63
	9	640351033445	2020	−33.4	0.64
	10	640351033039	2017	−33.3	0.57

表 6-2-3　各核心育种场青年牛首末次配种间隔 EBV 排名前 10 名母牛

场号	场内排名	牛号	出生年份	青年牛首末次配种间隔 EBV/d	EBV 准确性
640003	1	640003110237	2011	−13.5	0.45
	2	640003110192	2013	−12.7	0.43
	3	640003110167	2013	−12.6	0.43
	3	640003111175	2011	−12.6	0.48
	5	640003110257	2011	−12.5	0.45
	6	640003110182	2013	−12.3	0.46
	6	640003121187	2013	−12.3	0.44
	8	640003110187	2013	−12.2	0.45
	9	640003111173	2013	−12.0	0.47
	10	640003111178	2011	−11.8	0.47
640004	1	640004136437	2013	−13.2	0.39
	2	640004136353	2011	−11.8	0.46
	2	640004177282	2017	−11.8	0.45
	4	640004136357	2011	−10.7	0.46
	5	640004136298	2011	−10.5	0.44
	6	640004172649	2017	−10.3	0.46
	6	640004208105	2020	−10.3	0.47
	8	640004136327	2011	−10.1	0.48
	8	640004136319	2011	−10.1	0.46
	10	640004136354	2011	−9.8	0.45
640005	1	640005113868	2011	−13.2	0.46
	2	640005113857	2011	−12.7	0.45
	3	640005113856	2011	−12.1	0.45
	4	640005113850	2011	−11.7	0.47
	5	640005113845	2011	−11.3	0.45
	6	640005113847	2011	−11.0	0.45
	7	640005134170	2013	−10.9	0.48
	7	640005113842	2011	−10.9	0.46

续表

场号	场内排名	牛号	出生年份	青年牛首末次配种间隔 EBV/d	EBV 准确性
640005	9	640005134138	2013	−10.7	0.50
	10	640005134132	2012	−10.4	0.46
640007	1	640007206556	2020	−9.1	0.47
	2	640007206639	2020	−8.9	0.46
	3	640007206653	2020	−8.7	0.45
	4	640007206586	2020	−8.5	0.45
	5	640007206577	2020	−8.2	0.44
	6	640007206600	2020	−7.9	0.45
	7	640007206568	2020	−7.6	0.44
	8	640007206582	2020	−7.0	0.42
	9	640007206604	2020	−6.9	0.42
	10	640007172384	2017	−6.7	0.41
640009	1	640009160996	2016	−11.1	0.30
	2	640009181496	2018	−10.8	0.45
	3	640009181516	2018	−10.5	0.45
	4	640009201973	2020	−10.4	0.37
	5	640009160993	2016	−10.3	0.35
	6	640009181534	2018	−10.1	0.47
	7	640009181481	2018	−9.9	0.48
	7	640009181467	2018	−9.9	0.45
	9	640009181459	2018	−9.8	0.42
	10	640009181559	2018	−9.7	0.46
640035	1	640035138433	2013	−11.5	0.47
	2	640035138394	2013	−11.4	0.48
	3	640035180958	2018	−11.1	0.39
	3	640035138391	2013	−11.1	0.48
	3	640035181028	2018	−11.1	0.44
	6	640035138498	2013	−10.9	0.45

续表

场号	场内排名	牛号	出生年份	青年牛首末次配种间隔 EBV/d	EBV 准确性
640035	7	640035138485	2013	−10.7	0.45
	8	640035138397	2013	−10.6	0.49
	9	640035138431	2013	−10.5	0.48
	10	640035138426	2013	−10.4	0.44
640166	1	640166182892	2018	−12.8	0.51
	2	640166141109	2011	−12.0	0.46
	3	640166183016	2018	−11.4	0.51
	4	640166193423	2019	−11.3	0.53
	5	640166183018	2018	−11.0	0.54
	6	640166151668	2015	−10.9	0.45
	7	640166182879	2018	−10.8	0.52
	8	640166193365	2019	−10.7	0.50
	8	640166193369	2019	−10.7	0.50
	10	640166183029	2018	−10.5	0.54
640190	1	640190182771	2018	−13.0	0.49
	2	640190183811	2018	−11.5	0.49
	2	640190182807	2018	−11.5	0.53
	4	640190182353	2018	−11.3	0.49
	4	640190184143	2018	−11.3	0.49
	6	640190183951	2018	−11.1	0.49
	6	640190181877	2018	−11.1	0.52
	8	640190182329	2018	−11.0	0.50
	9	640190184557	2018	−10.8	0.52
	10	640190183191	2018	−10.6	0.49
640193	1	640193182324	2018	−12.3	0.48
	2	640193190138	2019	−12.0	0.52
	3	640193185418	2018	−11.9	0.52
	3	640193190014	2019	−11.9	0.52

续表

场号	场内排名	牛号	出生年份	青年牛首末次配种间隔 EBV/d	EBV 准确性
640193	3	640193185798	2019	−11.9	0.52
	6	640193184362	2018	−11.7	0.51
	6	640193190298	2019	−11.7	0.51
	8	640193183338	2018	−11.3	0.52
	9	640193183118	2018	−11.2	0.52
	10	640193182714	2018	−11.1	0.51
640251	1	640251170726	2017	−10.9	0.49
	2	640251004619	2017	−9.7	0.45
	3	640251006874	2018	−9.2	0.39
	3	640251004629	2017	−9.2	0.46
	5	640251170769	2017	−9.0	0.44
	6	640251004609	2017	−8.7	0.43
	7	640251004630	2017	−8.6	0.44
	8	640251004171	2016	−8.5	0.51
	8	640251170779	2017	−8.5	0.43
	10	640251160382	2016	−8.4	0.46
640253	1	640253193787	2019	−12.0	0.53
	2	640253193836	2019	−11.8	0.52
	3	640253193866	2019	−11.7	0.52
	3	640253193849	2019	−11.7	0.52
	3	640253193814	2019	−11.7	0.52
	6	640253193778	2019	−11.4	0.53
	7	640253193829	2019	−11.1	0.53
	8	640253193807	2019	−10.9	0.53
	8	640253193860	2019	−10.9	0.52
	10	640253171482	2017	−9.4	0.49
640351	1	640351022568	2016	−7.6	0.40
	2	640351022567	2016	−7.5	0.40

续表

场号	场内排名	牛号	出生年份	青年牛首末次配种间隔 EBV/d	EBV 准确性
640351	2	640351022546	2016	−7.5	0.39
	4	640351022579	2016	−7.4	0.39
	5	640351022583	2016	−7.2	0.38
	5	640351022539	2016	−7.2	0.39
	7	640351022580	2016	−7.1	0.40
	7	640351022542	2016	−7.1	0.39
	7	640351022581	2016	−7.1	0.40
	10	640351022563	2016	−7.0	0.38

表 6–2–4 各核心育种场经产牛首末次配种间隔 EBV 排名前 10 名母牛

场号	场内排名	牛号	出生年份	经产牛首末次配种间隔 EBV/d	EBV 准确性
640003	1	640003141711	2013	−10.4	0.34
	1	640003151897	2015	−10.4	0.38
	3	640003141723	2019	−9.8	0.32
	4	640003151994	2015	−8.3	0.46
	5	640003141726	2013	−8.1	0.35
	6	640003151911	2015	−8.0	0.37
	7	640003121186	2012	−7.5	0.36
	8	640003152022	2015	−7.4	0.37
	8	640003172542	2018	−7.4	0.30
	10	640003151981	2015	−7.1	0.50
640004	1	640004162276	2016	−11.4	0.43
	1	640004162309	2016	−11.4	0.43
	3	640004146493	2014	−8.1	0.49
	4	640004156801	2015	−7.8	0.40
	5	640004156795	2015	−7.6	0.39
	5	640004172458	2017	−7.6	0.44

续表

场号	场内排名	牛号	出生年份	经产牛首末次配种间隔 EBV/d	EBV 准确性
640004	5	640004187496	2018	−7.6	0.41
	8	640004162399	2016	−7.3	0.41
	9	640004184447	2017	−7.0	0.41
	10	640004156818	2015	−6.9	0.38
640005	1	640005123904	2012	−9.9	0.34
	2	640005144454	2014	−8.7	0.49
	3	640005123899	2012	−8.2	0.33
	4	640005123894	2012	−7.9	0.37
	5	640005118006	2012	−7.7	0.33
	6	640005156827	2015	−7.5	0.38
	6	640005134153	2012	−7.5	0.36
	8	640005164902	2016	−7.1	0.38
	9	640005195810	2019	−6.7	0.40
	10	640005136400	2015	−6.5	0.46
640007	1	640007162214	2016	−7.1	0.36
	2	640007163860	2016	−6.9	0.46
	3	640007185003	2018	−6.5	0.39
	4	640007172337	2017	−6.4	0.36
	5	640007195612	2019	−6.3	0.33
	5	640007195652	2019	−6.3	0.33
	7	640007195617	2019	−5.9	0.37
	8	640007184998	2018	−5.8	0.39
	8	640007143192	2014	−5.8	0.40
	10	640007163863	2016	−5.7	0.46
640009	1	640009191762	2019	−6.9	0.37
	1	640009191847	2019	−6.9	0.36
	3	640009150529	2015	−6.7	0.45
	4	640009150514	2015	−6.3	0.40

续表

场号	场内排名	牛号	出生年份	经产牛首末次配种间隔 EBV/d	EBV 准确性
640009	4	640009160846	2016	−6.3	0.36
	6	640009181570	2018	−6.0	0.40
	7	640009171057	2017	−5.7	0.35
	7	640009150545	2015	−5.7	0.42
	7	640009150537	2015	−5.7	0.44
	10	640009191813	2019	−5.5	0.38
640035	1	640035128087	2012	−10.0	0.35
	2	640035160375	2016	−9.7	0.35
	3	640035150054	2015	−9.6	0.45
	4	640035158937	2015	−8.9	0.50
	4	640035138368	2013	−8.9	0.38
	4	640035158878	2015	−8.9	0.47
	7	640035148826	2014	−8.8	0.30
	8	640035160297	2016	−8.7	0.50
	9	640035138329	2013	−8.6	0.47
	10	640035128081	2012	−8.3	0.45
640166	1	640166151667	2015	−8.9	0.50
	2	640166161870	2016	−8.8	0.45
	3	640166151448	2015	−8.2	0.50
	4	640166151465	2015	−8.1	0.42
	5	640166141380	2014	−8.0	0.52
	6	640166161810	2015	−7.9	0.36
	6	640166172492	2017	−7.9	0.42
	8	640166151436	2015	−7.8	0.43
	9	640166151518	2015	−7.7	0.50
	9	640166151386	2015	−7.7	0.49
640190	1	640190170962	2017	−11.5	0.44
	2	640190170984	2017	−11.4	0.43

续表

场号	场内排名	牛号	出生年份	经产牛首末次配种间隔 EBV/d	EBV 准确性
640190	3	640190170816	2017	−11.1	0.45
	3	640190170808	2017	−11.1	0.43
	5	640190170854	2017	−10.8	0.44
	6	640190170728	2017	−10.7	0.44
	7	640190170406	2017	−10.2	0.43
	7	640190170662	2017	−10.2	0.43
	9	640190142991	2014	−8.2	0.43
	10	640190142950	2014	−7.9	0.45
640193	1	640193170356	2017	−11.8	0.45
	2	640193170424	2017	−11.7	0.44
	2	640193170316	2017	−11.7	0.44
	4	640193170368	2017	−11.6	0.44
	4	640193170414	2017	−11.6	0.44
	6	640193170358	2017	−11.2	0.43
	6	640193170512	2017	−11.2	0.45
	8	640193170046	2017	−11.1	0.43
	9	640193170184	2017	−11.0	0.43
	10	640193170412	2017	−10.2	0.45
640251	1	640251160382	2016	−15.9	0.40
	2	640251004095	2016	−13.9	0.51
	3	640251005989	2016	−13.6	0.47
	4	640251004254	2017	−13.5	0.49
	5	640251004227	2016	−13.4	0.47
	5	640251004251	2017	−13.4	0.47
	5	640251004256	2017	−13.4	0.48
	8	640251004108	2016	−13.3	0.49
	8	640251004109	2016	−13.3	0.49
	10	640251004142	2016	−13.2	0.49

续表

场号	场内排名	牛号	出生年份	经产牛首末次配种间隔 EBV/d	EBV 准确性
640253	1	640253160454	2016	−12.9	0.45
	2	640253194374	2016	−11.1	0.43
	2	640253194350	2015	−11.1	0.43
	4	640253161967	2016	−11.0	0.42
	5	640253161999	2014	−10.9	0.41
	6	640253161965	2016	−10.7	0.41
	7	640253160537	2016	−9.8	0.45
	8	640253162301	2015	−9.7	0.42
	9	640253160324	2016	−9.3	0.46
	9	640253160424	2016	−9.3	0.45
640351	1	640351033639	2019	−3.8	0.43
	2	640351033426	2018	−3.6	0.31
	3	640351000881	2016	−3.5	0.38
	4	640351033622	2019	−3.4	0.43
	5	640351033032	2017	−3.3	0.38
	5	640351033583	2019	−3.3	0.40
	7	640351033624	2019	−3.2	0.43
	7	640351033580	2019	−3.2	0.42
	9	640351033365	2018	−3.1	0.34
	10	640351033084	2018	−3.0	0.36

表 6-2-5　各核心育种场产犊至首次配种间隔 EBV 排名前 10 名母牛

场号	场内排名	牛号	出生年份	产犊至首次配种间隔 EBV/d	EBV 准确性
640003	1	640003110042	2019	−3.5	0.45
	2	640003110032	2011	−3.3	0.42
	3	640003110062	2019	−2.3	0.44
	3	640003151989	2015	−2.3	0.52

续表

场号	场内排名	牛号	出生年份	产犊至首次配种间隔 EBV/d	EBV 准确性
640003	5	640003110007	2011	−2.2	0.45
	6	640003151988	2015	−2.0	0.50
	7	640003152036	2015	−1.9	0.53
	7	640003121258	2012	−1.9	0.50
	9	640003121260	2012	−1.8	0.51
	9	640003151867	2015	−1.8	0.51
640004	1	640004136317	2013	−2.6	0.51
	2	640004115883	2011	−2.5	0.41
	3	640004187465	2018	−2.2	0.46
	3	640004136195	2013	−2.2	0.47
	3	640004136310	2013	−2.2	0.52
	6	640004115916	2011	−2.1	0.37
	7	640004177247	2017	−2.0	0.47
	7	640004136307	2013	−2.0	0.51
	7	640004156744	2015	−2.0	0.31
	10	640004197704	2019	−1.9	0.36
640005	1	640005113813	2011	−3.2	0.46
	2	640005113816	2011	−2.5	0.42
	2	640005134063	2013	−2.5	0.44
	2	640005113807	2011	−2.5	0.40
	5	640005113743	2019	−2.4	0.39
	6	640005113745	2011	−2.3	0.38
	6	640005113801	2011	−2.3	0.39
	6	640005134062	2013	−2.3	0.43
	9	640005113875	2011	−2.2	0.43
	9	640005124019	2014	−2.2	0.41
640007	1	640007195769	2019	−1.3	0.50
	1	640007185169	2018	−1.3	0.51

续表

场号	场内排名	牛号	出生年份	产犊至首次配种间隔 EBV/d	EBV 准确性
640007	1	640007185165	2018	−1.3	0.50
	1	640007184745	2018	−1.3	0.47
	5	640007195541	2019	−1.2	0.51
	5	640007174642	2017	−1.2	0.46
	5	640007162070	2016	−1.2	0.43
	5	640007174615	2017	−1.2	0.43
	9	640007184746	2018	−1.1	0.47
	9	640007162121	2016	−1.1	0.44
640009	1	640009160864	2016	−1.4	0.47
	1	640009160859	2016	−1.4	0.38
	1	640009181525	2018	−1.4	0.51
	1	640009171249	2017	−1.4	0.39
	5	640009160908	2016	−1.3	0.41
	5	640009171257	2017	−1.3	0.45
	5	640009140228	2014	−1.3	0.48
	5	640009160802	2016	−1.3	0.53
	5	640009140215	2014	−1.3	0.50
	10	640009181529	2018	−1.2	0.51
640035	1	640035117925	2011	−3.4	0.45
	2	640035117920	2011	−3.0	0.41
	3	640035117942	2011	−2.8	0.42
	3	640035117921	2019	−2.8	0.49
	5	640035107792	2014	−2.4	0.39
	6	640035117935	2011	−2.3	0.44
	6	640035117918	2019	−2.3	0.48
	6	640035117907	2019	−2.3	0.50
	9	640035117911	2011	−2.2	0.44
	9	640035117938	2011	−2.2	0.50

续表

场号	场内排名	牛号	出生年份	产犊至首次配种间隔 EBV/d	EBV 准确性
640166	1	640166110070	2011	−2.5	0.41
	1	640166110064	2011	−2.5	0.37
	3	640166110066	2011	−2.4	0.36
	4	640166110038	2011	−2.3	0.38
	4	640166110075	2011	−2.3	0.38
	6	640166151569	2015	−2.1	0.44
	6	640166110022	2011	−2.1	0.38
	6	640166110040	2011	−2.1	0.38
	9	640166110068	2011	−2.0	0.37
	9	640166110020	2011	−2.0	0.39
640190	1	640190156324	2015	−1.7	0.54
	2	640190120156	2012	−1.6	0.49
	2	640190155269	2015	−1.6	0.53
	4	640190155318	2015	−1.5	0.52
	4	640190155339	2015	−1.5	0.50
	6	640190128033	2012	−1.4	0.38
	6	640190127582	2012	−1.4	0.39
	8	640190155292	2015	−1.3	0.49
	8	640190132235	2013	−1.3	0.44
	8	640190141233	2014	−1.3	0.55
640193	1	640193141741	2014	−1.7	0.55
	2	640193130798	2013	−1.6	0.49
	2	640193130661	2013	−1.6	0.55
	4	640193260099	2016	−1.5	0.53
	4	640193141087	2014	−1.5	0.52
	6	640193250087	2015	−1.4	0.48
	6	640193170358	2017	−1.4	0.50
	6	640193140942	2014	−1.4	0.52

续表

场号	场内排名	牛号	出生年份	产犊至首次配种间隔 EBV/d	EBV 准确性
640193	6	640193129039	2013	−1.4	0.44
	6	640193156460	2015	−1.4	0.49
640251	1	640251011067	2019	−2.4	0.47
	1	640251006312	2018	−2.4	0.52
	1	640251013194	2011	−2.4	0.42
	1	640251005898	2018	−2.4	0.52
	1	640251003581	2016	−2.4	0.55
	6	640251006301	2018	−2.3	0.48
	6	640251150504	2015	−2.3	0.57
	8	640251003656	2016	−2.2	0.56
	8	640251006326	2018	−2.2	0.49
	8	640251012852	2019	−2.2	0.38
640253	1	640253169433	2016	−2.2	0.56
	1	640253169503	2015	−2.2	0.50
	3	640253182465	2018	−1.9	0.51
	3	640253169733	2016	−1.9	0.47
	3	640253169389	2016	−1.9	0.54
	3	640253169363	2016	−1.9	0.54
	7	640253194375	2019	−1.8	0.51
	7	640253135804	2013	−1.8	0.57
	9	640253170697	2017	−1.7	0.48
	9	640253181716	2018	−1.7	0.41
640351	1	640351033322	2018	−1.2	0.39
	2	640351033662	2019	−1.1	0.47
	2	640351011147	2017	−1.1	0.33
	4	640351033795	2019	−1.0	0.38
	4	640351011084	2017	−1.0	0.31
	4	640351011024	2017	−1.0	0.36

续表

场号	场内排名	牛号	出生年份	产犊至首次配种间隔 EBV/d	EBV 准确性
640351	7	640351011126	2017	−0.9	0.32
	7	640351011143	2017	−0.9	0.30
	7	640351011148	2017	−0.9	0.35
	10	640351000846	2016	−0.8	0.46

表 6-2-6　各核心育种场青年牛产犊难易性 EBV 排名前 10 名母牛

场号	场内排名	牛号	出生年份	青年牛产犊难易性 EBV	EBV 准确性
640003	1	640003172454	2016	−0.055 3	0.42
	2	640003162403	2016	−0.054 0	0.42
	3	640003162449	2016	−0.051 4	0.40
	4	640003162393	2016	−0.051 3	0.42
	5	640003162411	2016	−0.049 7	0.43
	6	640003162311	2016	−0.048 1	0.40
	7	640003162286	2016	−0.047 6	0.40
	8	640003006527	2018	−0.047 4	0.47
	8	640003162217	2016	−0.047 4	0.40
	10	640003167052	2016	−0.047 3	0.39
640004	1	640004177201	2017	−0.051 8	0.39
	2	640004177184	2017	−0.051 1	0.39
	3	640004184328	2019	−0.050 1	0.48
	4	640004187392	2018	−0.047 0	0.49
	5	640004184323	2018	−0.046 5	0.47
	6	640004187404	2018	−0.046 1	0.49
	6	640004184295	2018	−0.046 1	0.47
	8	640004187609	2018	−0.045 7	0.49
	9	640004184318	2018	−0.045 2	0.47
	10	640004208118	2020	−0.044 7	0.33

续表

场号	场内排名	牛号	出生年份	青年牛产犊难易性 EBV	EBV 准确性
640005	1	640005164940	2016	−0.042 7	0.38
	2	640005164920	2016	−0.041 2	0.36
	3	640005164844	2016	−0.040 5	0.38
	4	640005164970	2016	−0.038 5	0.39
	5	640005174988	2017	−0.037 9	0.38
	6	640005164915	2016	−0.037 8	0.39
	7	640005166981	2016	−0.037 0	0.36
	8	640005164797	2016	−0.036 3	0.44
	9	640005164943	2016	−0.035 4	0.45
	10	640005154463	2015	−0.034 8	0.27
640007	1	640007174491	2017	−0.060 2	0.50
	2	640007174259	2017	−0.053 6	0.47
	3	640007174265	2017	−0.051 7	0.47
	4	640007174574	2017	−0.051 3	0.46
	5	640007174575	2017	−0.051 1	0.48
	6	640007174347	2017	−0.050 7	0.47
	7	640007174545	2017	−0.050 5	0.48
	8	640007174278	2017	−0.050 4	0.47
	9	640007174477	2017	−0.050 3	0.47
	10	640007174556	2017	−0.050 2	0.48
640009	1	640009160949	2016	−0.043 3	0.37
	2	640009160958	2016	−0.041 7	0.37
	3	640009160907	2016	−0.034 8	0.37
	4	640009181398	2018	−0.033 0	0.40
	5	640009191807	2019	−0.032 7	0.41
	6	640009181356	2018	−0.031 9	0.40
	7	640009181324	2018	−0.031 4	0.38
	8	640009181520	2018	−0.031 0	0.43

续表

场号	场内排名	牛号	出生年份	青年牛产犊难易性 EBV	EBV 准确性
640009	9	640009181343	2018	−0.030 3	0.41
	10	640009191753	2019	−0.029 8	0.41
640035	1	640035160401	2016	−0.039 6	0.46
	2	640035160334	2016	−0.036 3	0.42
	3	640035160338	2016	−0.036 2	0.44
	4	640035160368	2016	−0.034 8	0.46
	5	640035201614	2020	−0.034 4	0.37
	6	640035160441	2016	−0.034 0	0.46
	7	640035201756	2020	−0.033 8	0.37
	8	640035160418	2016	−0.033 6	0.44
	9	640035160323	2016	−0.033 5	0.44
	10	640035160283	2016	−0.033 1	0.40
640166	1	640166182956	2018	−0.063 8	0.52
	2	640166182860	2018	−0.063 5	0.51
	3	640166182967	2018	−0.062 9	0.50
	4	640166182862	2018	−0.053 8	0.52
	5	640166182971	2018	−0.052 9	0.49
	6	640166182949	2018	−0.052 0	0.47
	7	640166182865	2018	−0.050 5	0.50
	8	640166172250	2016	−0.049 5	0.48
	9	640166172324	2017	−0.049 4	0.48
	9	640166203815	2020	−0.049 4	0.29
640190	1	640190180303	2018	−0.056 1	0.49
	2	640190180299	2018	−0.053 9	0.49
	3	640190185164	2018	−0.052 6	0.36
	4	640190180479	2018	−0.052 3	0.50
	5	640190180911	2018	−0.051 9	0.51
	6	640190180309	2018	−0.050 4	0.47

续表

场号	场内排名	牛号	出生年份	青年牛产犊难易性 EBV	EBV 准确性
640190	7	640190185623	2018	−0.049 7	0.38
	8	640190180909	2018	−0.049 6	0.47
	9	640190177009	2017	−0.049 4	0.47
	10	640190171668	2017	−0.049 2	0.47
640193	1	640193180960	2018	−0.058 3	0.50
	2	640193181136	2018	−0.056 4	0.50
	3	640193190782	2019	−0.055 0	0.37
	4	640193180470	2018	−0.054 9	0.51
	5	640193171242	2017	−0.054 8	0.51
	6	640193172668	2017	−0.054 3	0.50
	7	640193180954	2018	−0.054 0	0.50
	8	640193171818	2017	−0.053 8	0.50
	9	640193173604	2017	−0.053 4	0.50
	10	640193180794	2018	−0.053 2	0.40
640251	1	640251006509	2018	−0.059 6	0.50
	2	640251006536	2018	−0.052 3	0.51
	3	640251006515	2018	−0.051 9	0.51
	4	640251008355	2019	−0.050 1	0.44
	5	640251160168	2016	−0.049 6	0.35
	6	640251006506	2018	−0.048 5	0.50
	7	640251170652	2017	−0.048 0	0.47
	8	640251006539	2018	−0.046 3	0.49
	9	640251006486	2018	−0.044 8	0.48
	10	640251170582	2017	−0.044 1	0.47
640253	1	640253204468	2020	−0.044 4	0.37
	2	640253204745	2020	−0.044 0	0.37
	3	640253170589	2017	−0.043 9	0.47
	4	640253170648	2017	−0.043 8	0.47

续表

场号	场内排名	牛号	出生年份	青年牛产犊难易性 EBV	EBV 准确性
640253	5	640253160563	2016	−0.043 6	0.47
	6	640253181952	2018	−0.043 4	0.47
	7	640253181975	2018	−0.043 3	0.47
	8	640253204455	2020	−0.043 2	0.37
	8	640253204782	2020	−0.043 2	0.37
	8	640253181744	2018	−0.043 2	0.49
640351	1	640351033092	2018	−0.071 8	0.23
	2	640351033183	2018	−0.065 7	0.24
	3	640351033219	2018	−0.064 8	0.23
	4	640351033233	2018	−0.064 3	0.23
	5	640351033197	2018	−0.064 1	0.23
	6	640351033209	2018	−0.063 8	0.23
	7	640351033246	2018	−0.063 1	0.23
	8	640351033171	2018	−0.062 3	0.23
	9	640351033230	2018	−0.061 5	0.23
	10	640351033112	2018	−0.054 7	0.23

表 6-2-7　各核心育种场经产牛产犊难易性 EBV 排名前 10 名母牛

场号	场内排名	牛号	出生年份	经产牛产犊难易性 EBV	EBV 准确性
640003	1	640003141821	2014	−0.053 6	0.49
	2	640003151864	2015	−0.052 7	0.46
	3	640003151839	2014	−0.051 8	0.43
	4	640003182894	2018	−0.050 8	0.46
	5	640003151868	2015	−0.050 5	0.43
	6	640003151859	2011	−0.048 2	0.48
	7	640003182933	2018	−0.047 9	0.43
	8	640003182896	2018	−0.047 7	0.45

续表

场号	场内排名	牛号	出生年份	经产牛产犊难易性 EBV	EBV 准确性
640003	9	640003151855	2015	−0.045 8	0.49
	10	640003151893	2015	−0.045 5	0.52
640004	1	640004136369	2011	−0.057 3	0.38
	2	640004136376	2011	−0.057 0	0.39
	3	640004172771	2017	−0.049 8	0.39
	4	640004136373	2013	−0.048 2	0.41
	5	640004172708	2017	−0.047 1	0.36
	6	640004136368	2011	−0.046 8	0.41
	7	640004172762	2017	−0.045 6	0.37
	8	640004136383	2013	−0.045 5	0.35
	9	640004172763	2017	−0.045 3	0.36
	10	640004136380	2013	−0.045 0	0.30
640005	1	640005154522	2015	−0.047 2	0.51
	2	640005175088	2017	−0.042 3	0.54
	3	640005154578	2015	−0.041 8	0.49
	4	640005154478	2015	−0.041 1	0.54
	5	640005154603	2015	−0.038 7	0.50
	6	640005154513	2015	−0.037 7	0.50
	7	640005154514	2015	−0.037 6	0.54
	8	640005154462	2015	−0.037 3	0.53
	9	640005175077	2017	−0.036 1	0.53
	10	640005154591	2015	−0.036 0	0.50
640007	1	640007174462	2017	−0.062 7	0.47
	2	640007152950	2015	−0.053 1	0.51
	3	640007184890	2018	−0.053 0	0.40
	4	640007152892	2015	−0.052 9	0.52
	5	640007152946	2015	−0.051 8	0.52
	6	640007152967	2015	−0.051 1	0.51

续表

场号	场内排名	牛号	出生年份	经产牛产犊难易性 EBV	EBV 准确性
640007	7	640007184781	2018	−0.050 7	0.45
	8	640007195317	2019	−0.050 6	0.41
	9	640007153554	2015	−0.050 2	0.51
	10	640007174290	2017	−0.049 9	0.44
640009	1	640009181455	2018	−0.059 9	0.43
	2	640009171286	2017	−0.057 9	0.43
	3	640009171255	2017	−0.056 5	0.48
	4	640009181353	2018	−0.055 2	0.40
	5	640009181437	2018	−0.054 8	0.44
	6	640009181428	2018	−0.054 6	0.43
	7	640009171256	2017	−0.052 7	0.46
	8	640009181320	2018	−0.052 5	0.47
	9	640009181406	2018	−0.052 0	0.41
	10	640009181390	2018	−0.050 7	0.40
640035	1	640035181078	2018	−0.035 5	0.41
	2	640035181075	2018	−0.031 5	0.42
	2	640035181072	2018	−0.031 5	0.40
	4	640035181097	2018	−0.031 2	0.45
	5	640035181104	2018	−0.031 1	0.45
	6	640035181045	2018	−0.030 6	0.43
	7	640035181048	2018	−0.030 4	0.39
	8	640035181079	2018	−0.030 3	0.37
	9	640035170812	2017	−0.029 8	0.45
	10	640035170779	2017	−0.029 3	0.47
640166	1	640166172627	2017	−0.037 8	0.46
	2	640166172606	2017	−0.037 2	0.54
	3	640166182754	2018	−0.034 5	0.51
	3	640166182711	2018	−0.034 5	0.52

续表

场号	场内排名	牛号	出生年份	经产牛产犊难易性 EBV	EBV 准确性
640166	5	640166182730	2018	−0.034 2	0.49
	6	640166119987	2011	−0.034 1	0.28
	7	640166182639	2017	−0.034 0	0.52
	8	640166120388	2012	−0.033 6	0.33
	9	640166172609	2017	−0.032 5	0.51
	10	640166182735	2018	−0.032 4	0.51
640190	1	640190142964	2014	−0.050 6	0.53
	2	640190143380	2014	−0.048 9	0.49
	3	640190143370	2014	−0.048 6	0.51
	4	640190142822	2014	−0.047 6	0.50
	4	640190143289	2014	−0.047 6	0.51
	6	640190143299	2014	−0.047 0	0.53
	7	640190131211	2014	−0.046 7	0.49
	8	640190142840	2014	−0.046 5	0.49
	9	640190142867	2014	−0.046 1	0.49
	9	640190143449	2014	−0.046 1	0.47
640193	1	640193142866	2014	−0.041 0	0.47
	2	640193143462	2014	−0.040 4	0.48
	3	640193143016	2014	−0.039 7	0.47
	4	640193143001	2014	−0.039 3	0.47
	5	640193154154	2015	−0.039 2	0.47
	6	640193142816	2014	−0.039 1	0.48
	7	640193142820	2014	−0.038 7	0.43
	8	640193142897	2014	−0.038 6	0.47
	9	640193143063	2014	−0.038 5	0.47
	10	640193143316	2014	−0.038 1	0.45
640251	1	640251005534	2017	−0.062 2	0.45
	2	640251198321	2019	−0.054 8	0.37

续表

场号	场内排名	牛号	出生年份	经产牛产犊难易性 EBV	EBV 准确性
640251	3	640251005659	2017	−0.052 8	0.42
	4	640251005609	2018	−0.052 5	0.43
	5	640251005520	2017	−0.051 7	0.41
	6	640251005605	2018	−0.051 5	0.46
	7	640251005613	2018	−0.051 3	0.41
	8	640251004646	2017	−0.050 9	0.35
	9	640251007347	2019	−0.050 8	0.42
	10	640251005578	2018	−0.050 6	0.43
640253	1	640253171594	2017	−0.043 4	0.43
	2	640253171598	2017	−0.043 0	0.42
	3	640253193685	2019	−0.042 7	0.43
	4	640253193692	2019	−0.042 2	0.39
	5	640253181747	2018	−0.042 1	0.39
	6	640253181707	2018	−0.042 0	0.42
	7	640253171608	2017	−0.041 6	0.42
	8	640253171677	2017	−0.041 4	0.39
	9	640253171622	2017	−0.041 0	0.39
	10	640253182880	2018	−0.040 9	0.42
640351	1	640351000470	2019	−0.040 2	0.25
	2	640351000430	2019	−0.039 2	0.24
	3	640351033645	2019	−0.039 0	0.37
	4	640351033564	2019	−0.037 2	0.44
	5	640351000434	2019	−0.036 9	0.30
	6	640351000499	2018	−0.035 7	0.29
	7	640351000465	2019	−0.035 4	0.25
	8	640351033658	2019	−0.033 0	0.40
	9	640351033606	2018	−0.032 8	0.40
	10	640351033637	2019	−0.031 6	0.27

表 6-2-8　各核心育种场青年牛死产率 EBV 排名前 10 名母牛

场号	场内排名	牛号	出生年份	青年牛死产率 EBV	EBV 准确性
640003	1	640003006527	2018	−0.024 1	0.42
	2	640003006493	2018	−0.023 7	0.42
	3	640003006523	2018	−0.023 6	0.42
	4	640003006517	2018	−0.023 3	0.42
	5	640003006537	2018	−0.022 7	0.42
	5	640003006557	2018	−0.022 7	0.42
	7	640003006477	2018	−0.022 6	0.42
	7	640003006513	2018	−0.022 6	0.42
	9	640003141757	2014	−0.019 5	0.22
	10	640003203922	2020	−0.017 3	0.28
640004	1	640004187395	2018	−0.027 9	0.46
	2	640004187601	2018	−0.024 9	0.44
	3	640004187404	2018	−0.024 8	0.44
	4	640004187393	2018	−0.024 6	0.44
	5	640004187392	2018	−0.024 5	0.44
	6	640004184264	2018	−0.024 4	0.42
	7	640004187609	2018	−0.024 3	0.43
	7	640004187399	2018	−0.024 3	0.44
	9	640004184328	2019	−0.024 1	0.43
	10	640004184295	2018	−0.024 0	0.42
640005	1	640005164934	2016	−0.027 8	0.39
	2	640005144432	2014	−0.024 4	0.26
	3	640005144450	2014	−0.024 3	0.23
	4	640005164797	2016	−0.022 8	0.37
	5	640005144437	2014	−0.021 6	0.23
	6	640005164938	2016	−0.021 5	0.39
	7	640005164943	2016	−0.021 0	0.38
	8	640005164928	2016	−0.020 8	0.38

续表

场号	场内排名	牛号	出生年份	青年牛死产率 EBV	EBV 准确性
640005	9	640005124058	2012	−0.020 7	0.28
	10	640005175009	2017	−0.020 5	0.36
640007	1	640007174543	2017	−0.024 2	0.43
	1	640007174347	2017	−0.024 2	0.42
	1	640007174533	2017	−0.024 2	0.42
	4	640007174259	2017	−0.024 0	0.42
	4	640007174575	2017	−0.024 0	0.43
	4	640007174477	2017	−0.024 0	0.42
	7	640007174532	2017	−0.023 9	0.43
	8	640007174652	2017	−0.023 8	0.42
	8	640007174574	2017	−0.023 8	0.41
	10	640007174561	2017	−0.023 7	0.43
640009	1	640009202008	2020	−0.017 1	0.30
	2	640009202081	2020	−0.016 9	0.32
	3	640009202208	2020	−0.016 5	0.30
	3	640009202002	2020	−0.016 5	0.29
	5	640009201986	2020	−0.016 3	0.30
	6	640009191828	2019	−0.015 5	0.33
	6	640009191752	2019	−0.015 5	0.31
	8	640009191818	2019	−0.015 1	0.30
	9	640009181399	2018	−0.014 9	0.38
	10	640009191806	2019	−0.014 4	0.30
640035	1	640035160316	2016	−0.025 7	0.40
	2	640035160441	2016	−0.022 9	0.38
	3	640035170767	2017	−0.022 6	0.33
	4	640035160368	2016	−0.022 1	0.39
	5	640035170743	2017	−0.021 6	0.31
	6	640035160334	2016	−0.021 4	0.36

续表

场号	场内排名	牛号	出生年份	青年牛死产率 EBV	EBV 准确性
640035	7	640035160319	2016	−0.021 2	0.38
	8	640035160340	2016	−0.020 8	0.37
	9	640035160335	2016	−0.020 7	0.37
	10	640035170761	2017	−0.020 5	0.33
640166	1	640166182860	2018	−0.032 1	0.46
	2	640166182967	2018	−0.031 1	0.45
	3	640166182956	2018	−0.029 1	0.46
	4	640166182968	2018	−0.026 4	0.45
	5	640166162048	2016	−0.026 1	0.40
	5	640166162124	2016	−0.026 1	0.41
	5	640166182939	2018	−0.026 1	0.42
	8	640166161927	2016	−0.026 0	0.39
	9	640166162050	2016	−0.025 9	0.40
	10	640166182854	2018	−0.025 5	0.43
640190	1	640190181957	2018	−0.027 3	0.31
	1	640190180479	2018	−0.027 3	0.46
	1	640190180978	2018	−0.027 3	0.42
	4	640190181903	2018	−0.027 1	0.32
	5	640190181811	2018	−0.026 8	0.31
	6	640190181853	2018	−0.026 7	0.31
	7	640190182039	2018	−0.026 6	0.32
	7	640190181823	2018	−0.026 6	0.31
	9	640190182059	2018	−0.026 5	0.31
	9	640190182025	2018	−0.026 5	0.31
640193	1	640193172680	2017	−0.029 0	0.44
	2	640193172668	2017	−0.028 9	0.44
	3	640193180954	2018	−0.028 4	0.46
	4	640193180470	2018	−0.028 2	0.46

续表

场号	场内排名	牛号	出生年份	青年牛死产率 EBV	EBV 准确性
640193	5	640193171818	2017	−0.028 1	0.46
	6	640193171242	2017	−0.028 0	0.46
	6	640193173604	2017	−0.028 0	0.46
	8	640193171374	2017	−0.027 8	0.46
	9	640193181136	2018	−0.027 6	0.46
	10	640193180918	2018	−0.027 2	0.43
640251	1	640251006525	2018	−0.029 5	0.46
	2	640251006538	2018	−0.026 5	0.45
	3	640251006519	2018	−0.024 7	0.42
	4	640251006541	2018	−0.024 4	0.45
	5	640251170652	2017	−0.023 7	0.42
	6	640251006511	2018	−0.023 6	0.45
	6	640251006485	2018	−0.023 6	0.42
	6	640251006539	2018	−0.023 6	0.43
	9	640251006500	2018	−0.023 5	0.42
	9	640251170636	2017	−0.023 5	0.42
640253	1	640253171034	2017	−0.031 1	0.46
	2	640253171020	2017	−0.030 6	0.46
	3	640253171053	2017	−0.030 5	0.46
	4	640253171048	2017	−0.030 1	0.46
	5	640253181933	2018	−0.028 1	0.46
	6	640253171033	2017	−0.027 6	0.43
	7	640253171049	2017	−0.027 2	0.42
	8	640253170626	2017	−0.025 2	0.43
	9	640253181766	2018	−0.024 9	0.43
	10	640253170648	2017	−0.024 7	0.42
640351	1	640351033513	2018	−0.018 5	0.24
	2	640351033431	2020	−0.017 5	0.38

续表

场号	场内排名	牛号	出生年份	青年牛死产率 EBV	EBV 准确性
640351	3	640351033444	2020	−0.016 2	0.36
	4	640351033495	2018	−0.015 6	0.26
	4	640351033378	2018	−0.015 6	0.26
	6	640351033481	2018	−0.014 9	0.17
	7	64035100A001	2017	−0.014 4	0.24
	7	640351000924	2016	−0.014 4	0.25
	7	640351033488	2018	−0.014 4	0.22
	10	640351033460	2019	−0.014 3	0.36

表 6-2-9 各核心育种场经产牛死产率 EBV 排名前 10 名母牛

场号	场内排名	牛号	出生年份	经产牛死产率 EBV	EBV 准确性
640003	1	640003182896	2018	−0.004 1	0.22
	2	640003182930	2018	−0.003 6	0.21
	2	640003182920	2018	−0.003 6	0.22
	4	640003182914	2018	−0.003 5	0.23
	4	640003141817	2014	−0.003 5	0.23
	6	640003193306	2019	−0.003 4	0.25
	6	640003006513	2018	−0.003 4	0.34
	6	640003006537	2018	−0.003 4	0.34
	9	640003006477	2018	−0.003 3	0.34
	9	640003006557	2018	−0.003 3	0.34
640004	1	640004187392	2018	−0.004 0	0.35
	2	640004187394	2018	−0.003 9	0.37
	2	640004187400	2018	−0.003 9	0.37
	2	640004187403	2018	−0.003 9	0.37
	5	640004187393	2018	−0.003 8	0.36
	6	640004187601	2018	−0.003 7	0.35

续表

场号	场内排名	牛号	出生年份	经产牛死产率 EBV	EBV 准确性
640004	7	640004187604	2018	−0.003 5	0.34
	8	640004184264	2018	−0.003 4	0.34
	8	640004184341	2018	−0.003 4	0.34
	8	640004187611	2018	−0.003 4	0.35
640005	1	640005185391	2018	−0.003 3	0.19
	2	640005185468	2018	−0.003 0	0.19
	3	640005185404	2018	−0.002 9	0.18
	3	640005185475	2018	−0.002 9	0.18
	3	640005144339	2014	−0.002 9	0.13
	3	640005185433	2018	−0.002 9	0.18
	3	640005185442	2018	−0.002 9	0.18
	3	640005185513	2018	−0.002 9	0.20
	3	640005175113	2015	−0.002 9	0.26
	10	640005185438	2018	−0.002 8	0.19
640007	1	640007195494	2019	−0.004 5	0.26
	2	640007195357	2019	−0.004 3	0.26
	3	640007174540	2017	−0.003 5	0.35
	3	640007174349	2017	−0.003 5	0.34
	3	640007174563	2017	−0.003 5	0.34
	3	640007174537	2017	−0.003 5	0.34
	3	640007174556	2017	−0.003 5	0.34
	3	640007174561	2017	−0.003 5	0.34
	9	640007174551	2017	−0.003 4	0.34
	9	640007174347	2017	−0.003 4	0.34
640009	1	640009191711	2019	−0.003 5	0.22
	2	640009181564	2018	−0.003 4	0.22
	3	640009191696	2019	−0.003 0	0.20
	4	640009191700	2019	−0.002 8	0.22

续表

场号	场内排名	牛号	出生年份	经产牛死产率 EBV	EBV 准确性
640009	5	640009191705	2019	−0.002 7	0.20
	5	640009181531	2018	−0.002 7	0.20
	5	640009191708	2019	−0.002 7	0.20
	8	640009181580	2018	−0.002 6	0.20
	8	640009191682	2019	−0.002 6	0.21
	10	640009171229	2017	−0.002 4	0.19
640035	1	640035191522	2019	−0.003 1	0.30
	2	640035117816	2014	−0.003 0	0.14
	2	640035117802	2014	−0.003 0	0.14
	4	640035150143	2015	−0.002 8	0.15
	4	640035148616	2014	−0.002 8	0.29
	6	640035107786	2014	−0.002 7	0.12
	6	640035107753	2014	−0.002 7	0.13
	6	640035107763	2014	−0.002 7	0.12
	9	640035160289	2016	−0.002 6	0.22
	9	640035148796	2014	−0.002 6	0.19
640166	1	640166182967	2018	−0.004 6	0.36
	2	640166182956	2018	−0.004 3	0.36
	3	640166182862	2018	−0.004 1	0.36
	4	640166182974	2018	−0.004 0	0.35
	4	640166182860	2018	−0.004 0	0.36
	6	640166182941	2018	−0.003 9	0.36
	6	640166182971	2018	−0.003 9	0.36
	8	640166182958	2018	−0.003 7	0.35
	9	640166182955	2018	−0.003 6	0.34
	10	640166182945	2018	−0.003 5	0.34
640190	1	640190180303	2018	−0.004 3	0.35
	2	640190180309	2018	−0.003 5	0.34

续表

场号	场内排名	牛号	出生年份	经产牛死产率 EBV	EBV 准确性
640190	2	640190171206	2017	−0.003 5	0.34
	4	640190171652	2017	−0.003 4	0.34
	4	640190171668	2017	−0.003 4	0.34
	4	640190175971	2017	−0.003 4	0.34
	4	640190171352	2017	−0.003 4	0.34
	4	640190171442	2017	−0.003 4	0.34
	4	640190174729	2017	−0.003 4	0.34
	4	640190176587	2017	−0.003 4	0.34
640193	1	640193171720	2017	−0.003 9	0.37
	1	640193171638	2017	−0.003 9	0.37
	1	640193171634	2017	−0.003 9	0.36
	1	640193171242	2017	−0.003 9	0.37
	5	640193171704	2017	−0.003 5	0.35
	5	640193172490	2017	−0.003 5	0.35
	7	640193172308	2017	−0.003 4	0.35
	7	640193171402	2017	−0.003 4	0.34
	7	640193171320	2017	−0.003 4	0.34
	7	640193171334	2017	−0.003 4	0.34
640251	1	640251006539	2018	−0.003 8	0.34
	1	640251006538	2018	−0.003 8	0.36
	1	640251006500	2018	−0.003 8	0.35
	4	640251186538	2018	−0.003 7	0.36
	4	640251006561	2018	−0.003 7	0.20
	4	640251006525	2018	−0.003 7	0.36
	7	640251006521	2018	−0.003 5	0.34
	7	640251006468	2018	−0.003 5	0.35
	7	640251006530	2018	−0.003 5	0.34
	7	640251186468	2018	−0.003 5	0.35

续表

场号	场内排名	牛号	出生年份	经产牛死产率 EBV	EBV 准确性
640253	1	640253194126	2019	−0.004 0	0.27
	1	640253194168	2019	−0.004 0	0.28
	1	640253194080	2019	−0.004 0	0.28
	4	640253181785	2018	−0.003 9	0.37
	5	640253171044	2017	−0.003 7	0.35
	6	640253171020	2017	−0.003 6	0.36
	6	640253181783	2018	−0.003 6	0.35
	6	640253171048	2017	−0.003 6	0.36
	9	640253181744	2018	−0.003 5	0.35
	9	640253181782	2018	−0.003 5	0.35
640351	1	640351033337	2019	−0.003 2	0.12
	1	640351044082	2019	−0.003 2	0.12
	3	640351033467	2019	−0.003 1	0.11
	3	640351044089	2019	−0.003 1	0.12
	5	640351033286	2019	−0.003 0	0.12
	5	640351033414	2019	−0.003 0	0.12
	5	640351033326	2019	−0.003 0	0.12
	5	640351033338	2019	−0.003 0	0.12
	5	640351033401	2019	−0.003 0	0.14
	5	640351044034	2019	−0.003 0	0.12

表 6-2-10　各核心育种场生产寿命 EBV 排名前 10 名母牛

场号	场内排名	牛号	出生年份	生产寿命 EBV/d	EBV 准确性
640003	1	640003120292	2012	377.3	0.47
	2	640003120337	2012	356.5	0.47
	3	640003120347	2012	344.8	0.48
	4	640003128076	2012	333.1	0.44

续表

场号	场内排名	牛号	出生年份	生产寿命 EBV/d	EBV 准确性
640003	5	640003110287	2011	328.7	0.47
	6	640003120307	2012	327.6	0.45
	7	640003131383	2013	323.2	0.53
	8	640003131348	2013	322.3	0.47
	9	640003120362	2012	320.5	0.48
	10	640003120302	2012	309.0	0.47
640004	1	640004136282	2013	293.7	0.47
	2	640004136267	2013	291.6	0.50
	3	640004136315	2013	281.9	0.51
	4	640004136255	2013	272.9	0.51
	5	640004136312	2013	272.3	0.50
	6	640004136239	2013	267.2	0.46
	7	640004136245	2013	264.2	0.50
	8	640004136279	2013	261.5	0.49
	9	640004136232	2013	259.7	0.52
	10	640004136320	2013	256.5	0.49
640005	1	640005134208	2013	344.2	0.49
	2	640005117946	2011	314.7	0.48
	3	640005123980	2012	312.7	0.53
	4	640005124029	2012	309.9	0.48
	5	640005124042	2012	307.5	0.49
	6	640005124016	2012	307.2	0.52
	7	640005134078	2013	300.8	0.51
	8	640005124032	2012	298.4	0.50
	9	640005134212	2013	297.5	0.53
	10	640005134073	2013	292.1	0.50
640009	1	640009150532	2015	165.2	0.47
	2	640009150525	2015	154.4	0.44

续表

场号	场内排名	牛号	出生年份	生产寿命 EBV/d	EBV 准确性
640009	3	640009150474	2020	152.0	0.47
	4	640009150529	2015	149.1	0.49
	5	640009150537	2015	148.0	0.44
	6	640009150652	2015	138.1	0.44
	7	640009150488	2020	137.2	0.47
	8	640009150545	2015	129.6	0.48
	9	640009150602	2015	125.5	0.46
	10	640009140260	2014	117.8	0.49
640035	1	640035138504	2013	365.2	0.49
	2	640035117965	2011	354.8	0.48
	3	640035128081	2012	342.5	0.48
	4	640035118002	2011	334.1	0.45
	5	640035117995	2011	333.0	0.47
	6	640035118018	2011	329.2	0.46
	7	640035128078	2012	327.5	0.46
	8	640035118030	2011	323.9	0.48
	9	640035118007	2011	322.1	0.48
	10	640035128283	2012	311.0	0.48
640166	1	640166120348	2012	350.1	0.45
	2	640166120619	2012	337.8	0.51
	3	640166130763	2013	336.9	0.53
	4	640166130807	2013	333.4	0.47
	5	640166120288	2012	330.3	0.47
	6	640166120554	2012	318.9	0.46
	7	640166120568	2012	315.7	0.47
	8	640166130771	2013	308.1	0.52
	9	640166130766	2013	306.2	0.52
	10	640166120597	2012	300.5	0.49

续表

场号	场内排名	牛号	出生年份	生产寿命 EBV/d	EBV 准确性
640173	1	640173153687	2015	106.6	0.48
	2	640173164200	2016	105.1	0.50
	3	640173153718	2015	102.7	0.50
	4	640173153553	2015	89.6	0.46
	5	640173164182	2016	89.4	0.51
	6	640173164191	2016	77.1	0.52
	7	640173162127	2016	64.8	0.46
	8	640173152969	2015	64.1	0.43
	9	640173152939	2015	63.9	0.44
	10	640173153618	2015	61.9	0.44
640190	1	640190130893	2013	296.0	0.52
	2	640190141822	2014	265.3	0.50
	3	640190141254	2014	265.1	0.48
	4	640190141327	2014	255.8	0.52
	5	640190141331	2014	254.6	0.50
	6	640190141623	2014	253.7	0.51
	7	640190141263	2014	251.5	0.50
	8	640190141422	2014	245.1	0.49
	9	640190141617	2014	235.2	0.48
	10	640190141180	2014	235.1	0.50
640193	1	640193141844	2014	303.9	0.52
	2	640193142114	2014	251.4	0.48
	3	640193141367	2014	250.8	0.50
	4	640193141229	2014	246.1	0.48
	5	640193141674	2014	244.3	0.49
	6	640193141739	2014	244.1	0.48
	7	640193141391	2014	241.8	0.49
	8	640193141836	2014	241.5	0.48

续表

场号	场内排名	牛号	出生年份	生产寿命 EBV/d	EBV 准确性
640193	9	640193142124	2014	241.0	0.48
	10	640193141269	2014	240.7	0.48
640251	1	640251003874	2016	132.3	0.50
	2	640251010948	2012	123.9	0.37
	3	640251010211	2012	119.9	0.42
	4	640251013060	2011	118.9	0.42
	5	640251159124	2015	117.8	0.45
	6	640251015004	2012	116.0	0.35
	7	640251003919	2016	115.5	0.49
	8	640251013500	2011	114.0	0.40
	9	640251015485	2011	113.3	0.44
	10	640251003938	2016	112.4	0.50
640253	1	640253000146	2011	116.4	0.27
	2	640253003438	2011	112.0	0.27
	3	640253003714	2011	109.6	0.27
	4	640253000815	2011	109.1	0.30
	5	640253169675	2016	97.2	0.48
	6	640253004405	2011	93.9	0.27
	7	640253169718	2016	93.1	0.46
	8	640253169724	2016	92.5	0.46
	9	640253169697	2016	91.8	0.47
	10	640253169587	2016	90.7	0.46

6.3 $CPI1_{2020}$ 指数变化趋势及排名

6.3.1 种公牛后裔女儿分布情况

参与产奶性状和/或体型性状遗传评估的有表型记录的母牛共计 161 814 头，为 5 597 头种公牛的后裔。有表型记录的母牛中，30 443 头母牛有体型性状表型记录（2 930 头种公牛后裔），149 150 头母牛有产奶性状表型记录（4 968 头种公牛后裔）。宁夏种公牛有表型记录女儿的分布情况如表 6-3-1 所示。随着女儿数量增加，公牛头数有减少的趋势。

表 6-3-1 宁夏种公牛有表型记录女儿的分布情况

女儿数量分组	种公牛头数	
	有产奶性状表型记录	有体型性状表型记录
1~10 头	3 721	1 278
11~20 头	379	321
21~30 头	173	191
31~50 头	203	207
51~100 头	220	209
101~300 头	221	366
301~500 头	35	138
501~1 000 头	16	140
1 000 头以上	0	80

6.3.2 种公牛及母牛 $CPI1_{2020}$ 指数年度变化

2010 年 1 月 1 日至 2018 年 12 月 31 日出生，有产奶性状及体型性状表型记录的 63 147 头母牛及其父亲（2007 年 1 月 1 日至 2017 年 12 月 31 日出生，共 133 头）的 $CPI1_{2020}$ 指数年度变化趋势见图 6-3-1 和图6-3-2。

6.3.3 $CPI1_{2020}$ 指数排名前 500 名的母牛及各核心育种场排名前 10 名的母牛

同时具有 3 胎产奶性状和体型性状表型记录的 17 228 头母牛中，$CPI1_{2020}$ 指数排名前 500 名母牛的牛号、出生年份和指数值见附表 16，各核心育种场 $CPI1_{2020}$ 指数排名前 10 名母牛的牛号、出生年份和指数值见表 6-3-2。

6.3.4 $CPI1_{2020}$ 指数排名前 300 名和前 1 000 名母牛在各场的分布

同时具有产奶性状和体型性状估计育种值的 17 691 头有表型记录的母牛中，$CPI1_{2020}$ 指数排名前 300 名及前 1 000 名的母牛来源场见图 6-3-3 和图 6-3-4。优秀母牛中，640193 号牧场和 640190 号牧场占比最大。

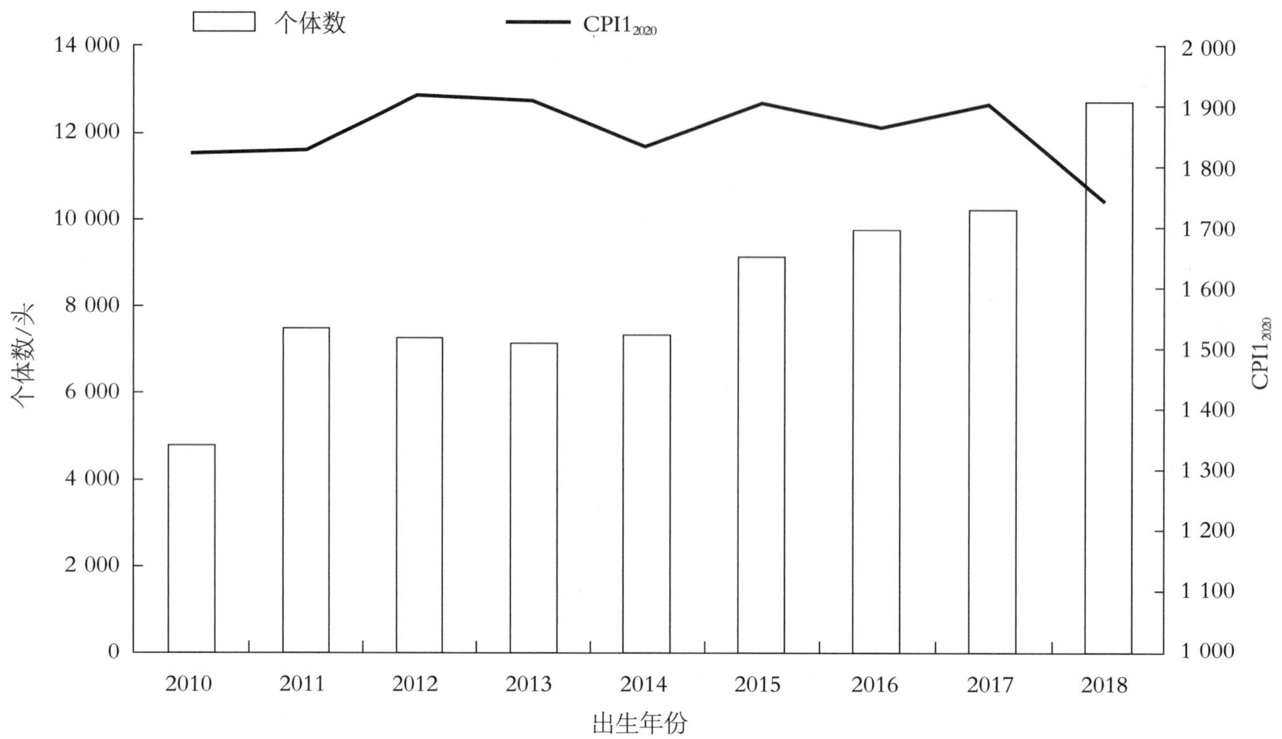

图 6-3-1　宁夏有表型记录的母牛 $CPI1_{2020}$ 指数年度变化

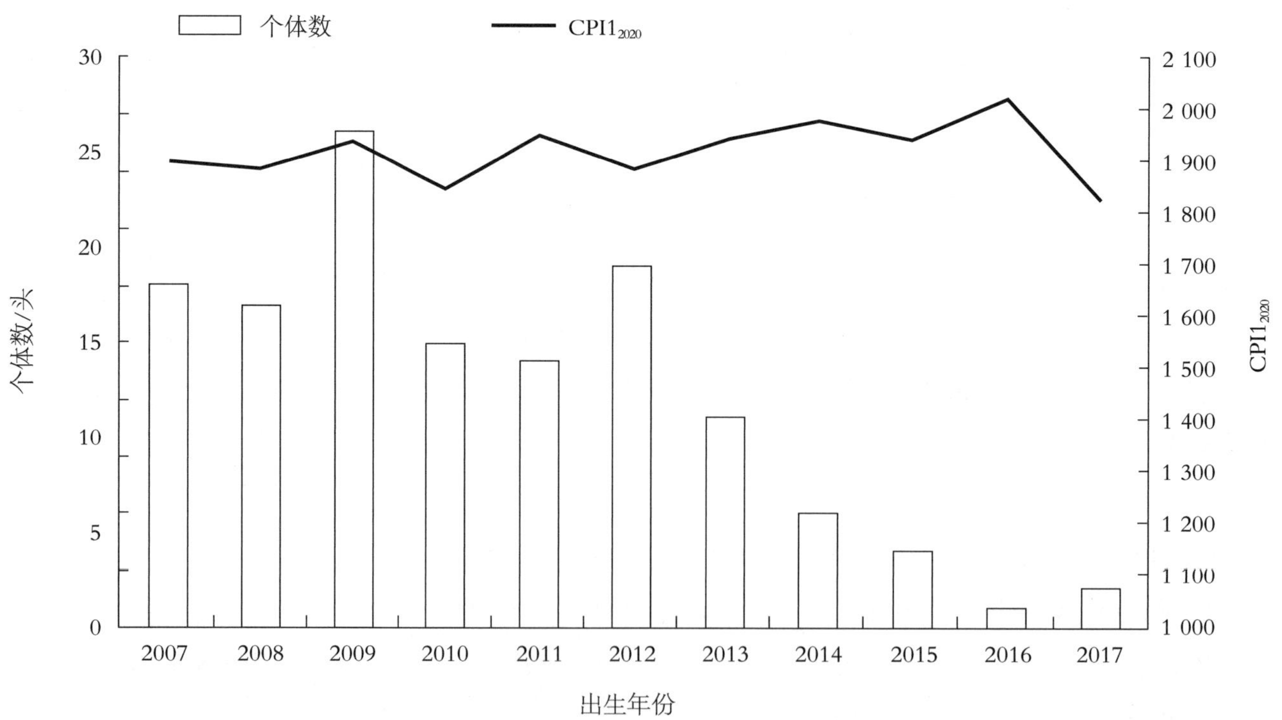

图 6-3-2　宁夏母牛群曾使用公牛 $CPI1_{2020}$ 指数年度变化

表 6-3-2 各核心育种场 $CPI1_{2020}$ 排名前 10 名的母牛

场号	排名	牛号	出生年份	$CPI1_{2020}$
640003	1	640003162427	2016	2 758.6
	2	640003162234	2016	2 737.2
	3	640003120302	2012	2 713.8
	4	640003111119	2011	2 708.1
	5	640003131345	2013	2 699.9
	6	640003121294	2012	2 675.9
	7	640003162404	2016	2 675.2
	8	640003162311	2016	2 673.3
	9	640003172517	2017	2 671.3
	10	640003172492	2017	2 662.2
640004	1	640004125988	2012	2 715.0
	2	640004174156	2017	2 669.8
	3	640004156810	2015	2 667.0
	4	640004115946	2011	2 663.6
	5	640004136452	2013	2 655.9
	6	640004177249	2017	2 653.6
	7	640004125986	2012	2 651.8
	8	640004136322	2013	2 651.5
	9	640004146461	2014	2 646.9
	10	640004177351	2017	2 644.6
640005	1	640005123949	2012	2 709.3
	2	640005124008	2012	2 696.3
	3	640005123952	2012	2 685.4
	4	640005113832	2011	2 682.1
	5	640005175092	2017	2 677.4
	6	640005144360	2014	2 669.3
	7	640005175088	2017	2 667.4
	8	640005124027	2012	2 654.6

续表

场号	排名	牛号	出生年份	$CPI1_{2020}$
640005	9	640005134196	2013	2 653.0
	10	640005144382	2014	2 647.9
640009	1	640009130014	2013	2 686.6
	2	640009160907	2016	2 681.8
	3	640009150703	2015	2 679.1
	4	640009171093	2017	2 667.3
	5	640009130158	2013	2 666.4
	6	640009090040	2009	2 660.8
	7	640009110070	2011	2 658.0
	8	640009160765	2016	2 655.4
	9	640009160973	2016	2 654.8
	10	640009100082	2010	2 651.8
640035	1	640035160198	2016	2 773.9
	2	640035160447	2016	2 739.7
	3	640035170689	2017	2 724.5
	4	640035128243	2012	2 705.2
	5	640035148768	2014	2 701.9
	6	640035170658	2017	2 701.2
	7	640035160365	2016	2 694.7
	8	640035160358	2016	2 690.8
	9	640035141157	2014	2 683.3
	10	640035170636	2017	2 679.9
640166	1	640166099311	2009	2 735.9
	2	640166162131	2016	2 731.7
	3	640166120638	2012	2 724.9
	4	640166120671	2012	2 719.1
	5	640166120525	2012	2 708.3
	6	640166120644	2012	2 705.7

续表

场号	排名	牛号	出生年份	$CPI1_{2020}$
640166	7	640166120480	2012	2 697.7
	8	640166182738	2018	2 693.6
	9	640166172505	2017	2 693.2
	10	640166099311	2016	2 691.4
640007	1	640007110037	2011	2 613.9
	2	640007100895	2010	2 579.1
	3	640007110043	2011	2 575.1
	4	640007090665	2009	2 521.5
	5	640007100866	2010	2 518.3
	6	640007100926	2010	2 518.0
	6	640007090993	2009	2 518.0
	8	640007080523	2008	2 516.3
	9	640007100915	2010	2 513.9
	10	640007110028	2011	2 511.0
640190	1	640190130217	2013	2 660.7
	2	640190113916	2011	2 653.8
	3	640190124352	2012	2 647.5
	4	640190123976	2012	2 647.1
	5	640190123485	2012	2 645.9
	6	640190160409	2016	2 645.3
	7	640190123813	2012	2 644.8
	8	640190160760	2016	2 643.0
	9	640190123201	2012	2 642.3
	10	640190131141	2013	2 640.1

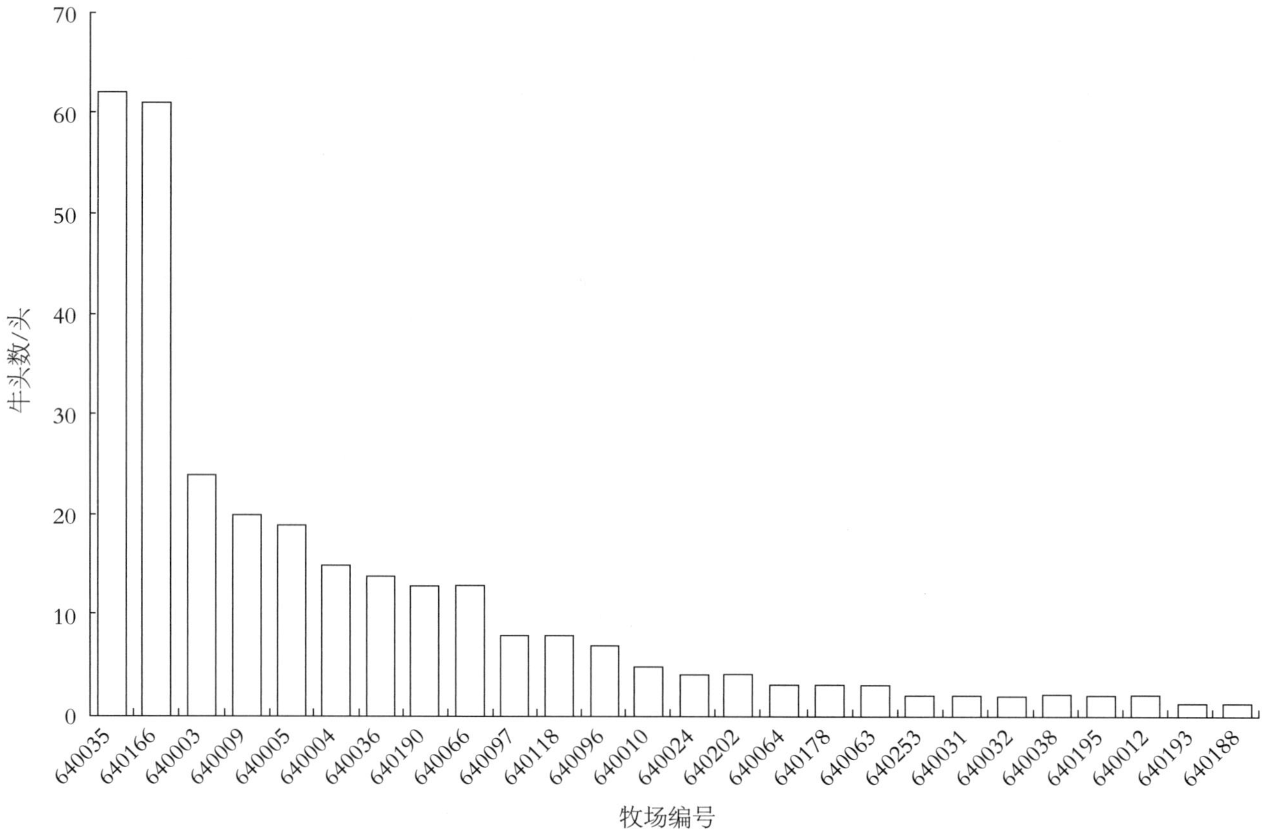

图 6-3-3　宁夏 $CPI1_{2020}$ 指数排名前 300 名母牛来源场分布

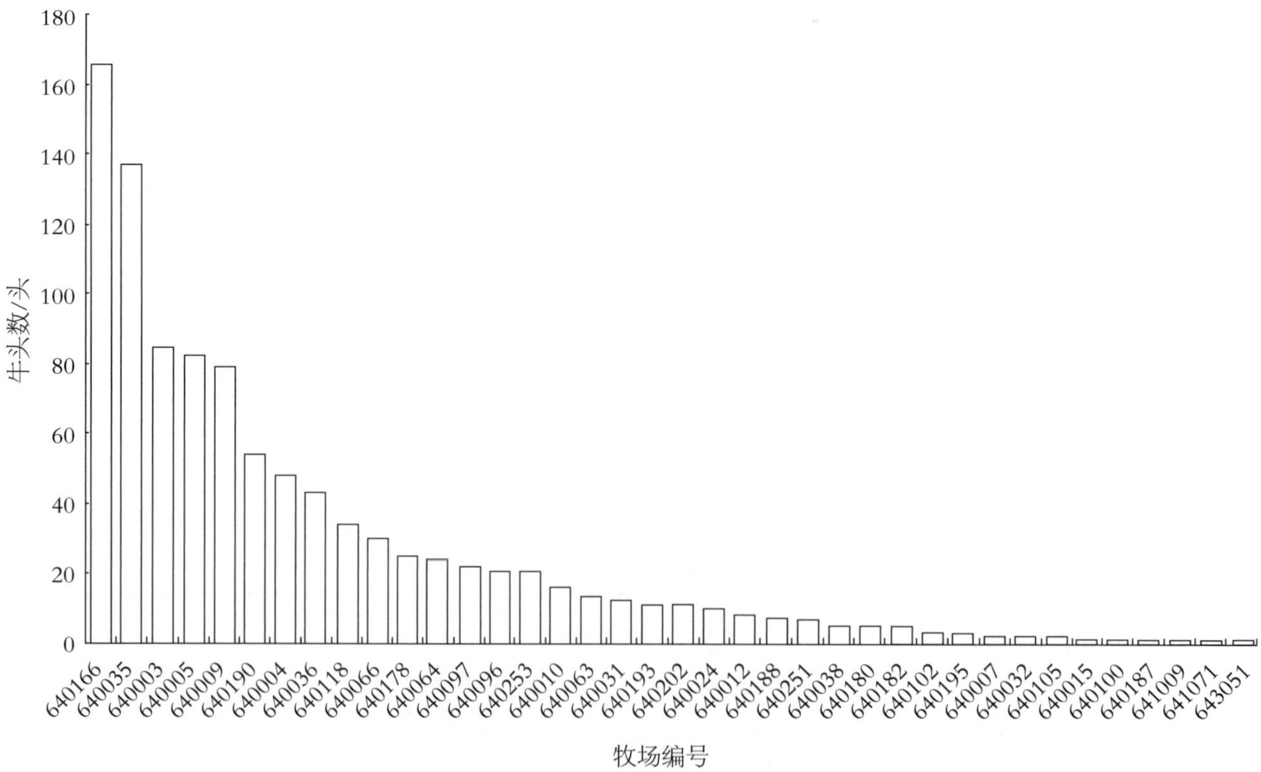

图 6-3-4　宁夏 $CPI1_{2020}$ 指数排名前 1 000 名母牛来源场分布

6.4　各性状遗传进展趋势

6.4.1　母牛产奶性状

宁夏荷斯坦牛产奶性状估计育种值年度变化趋势见图 6-4-1 至图 6-4-6。产奶性状估计育种值来源于有表型记录、出生于 2010 年 1 月 1 日至 2018 年 12 月 31 日的 21 922 头母牛。

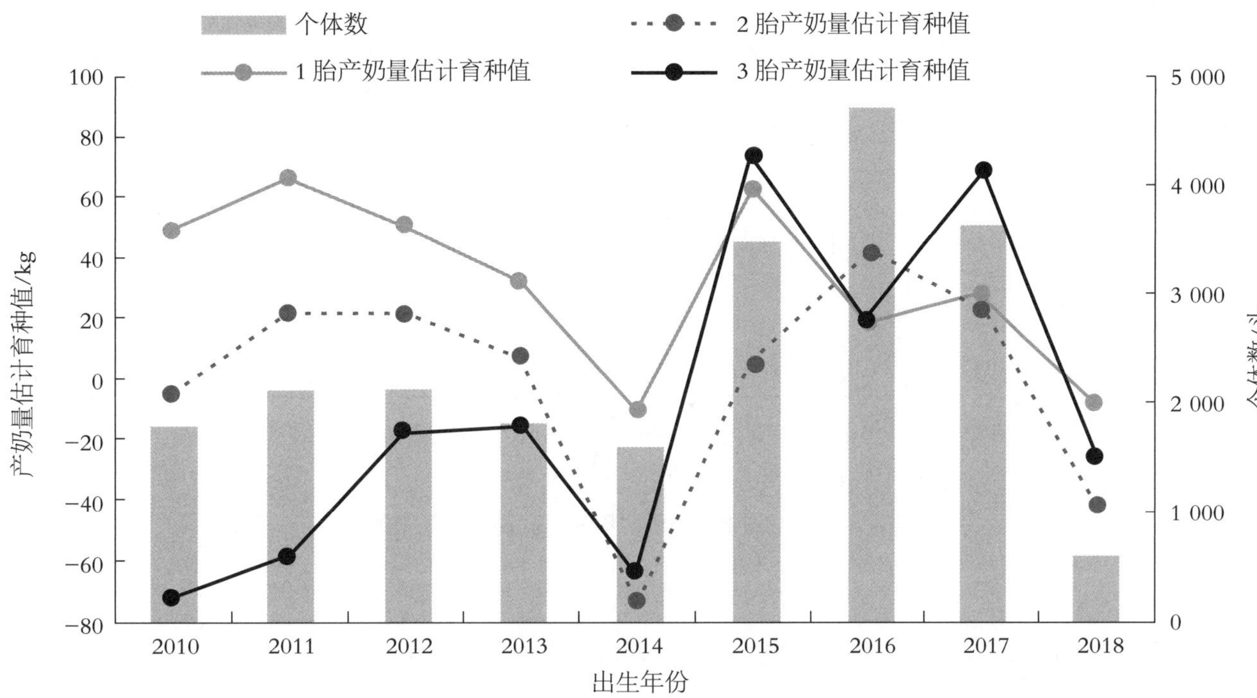

图 6-4-1　宁夏母牛产奶量估计育种值年度变化

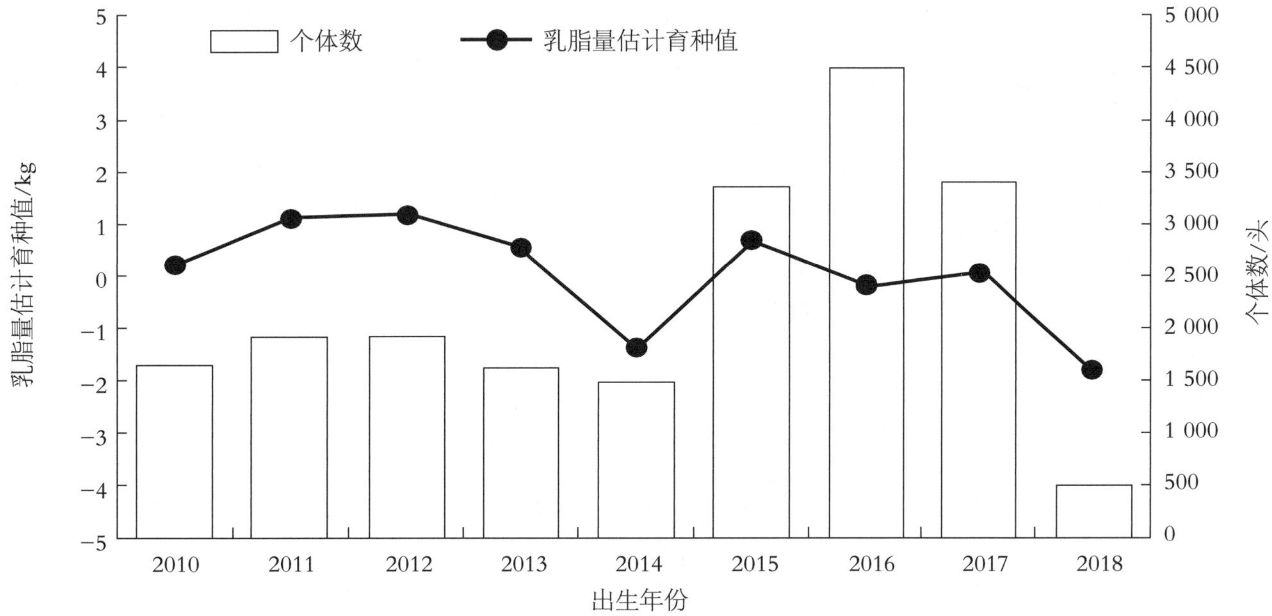

图 6-4-2　宁夏母牛乳脂量估计育种值年度变化

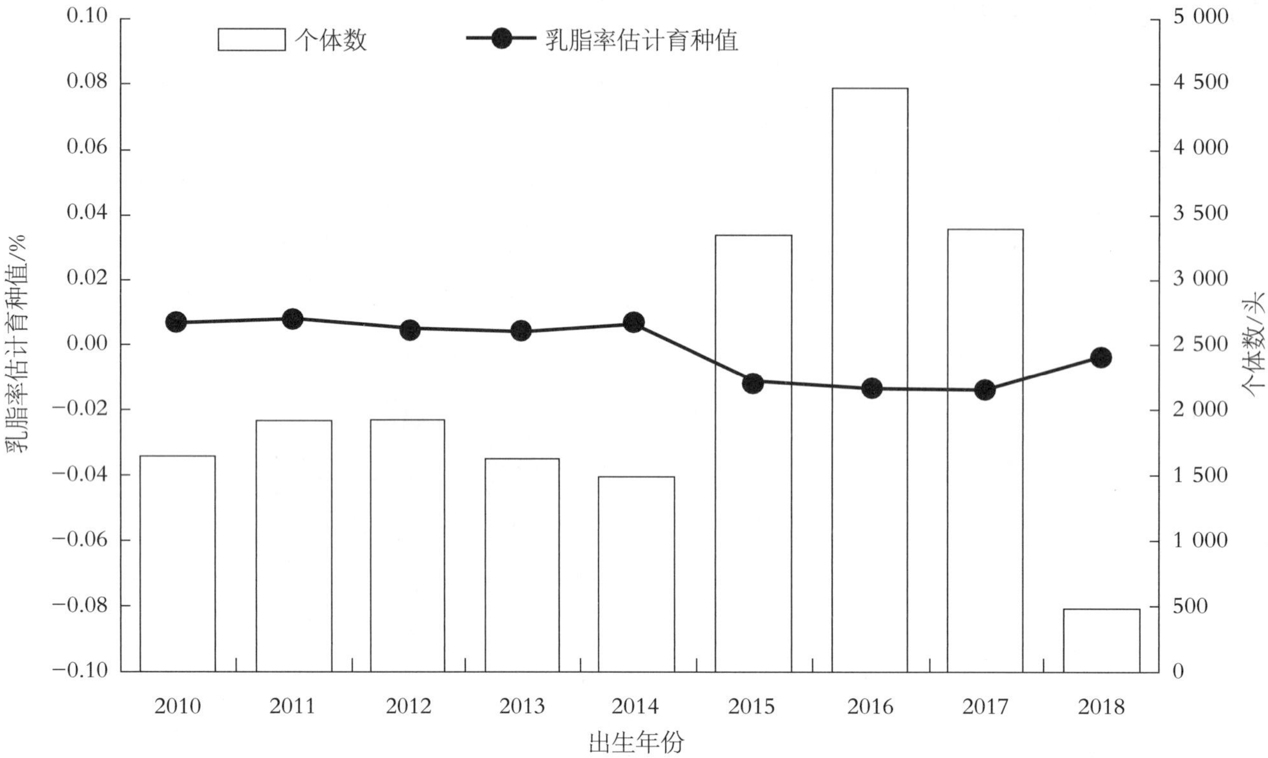

图 6-4-3　宁夏母牛乳脂率估计育种值年度变化

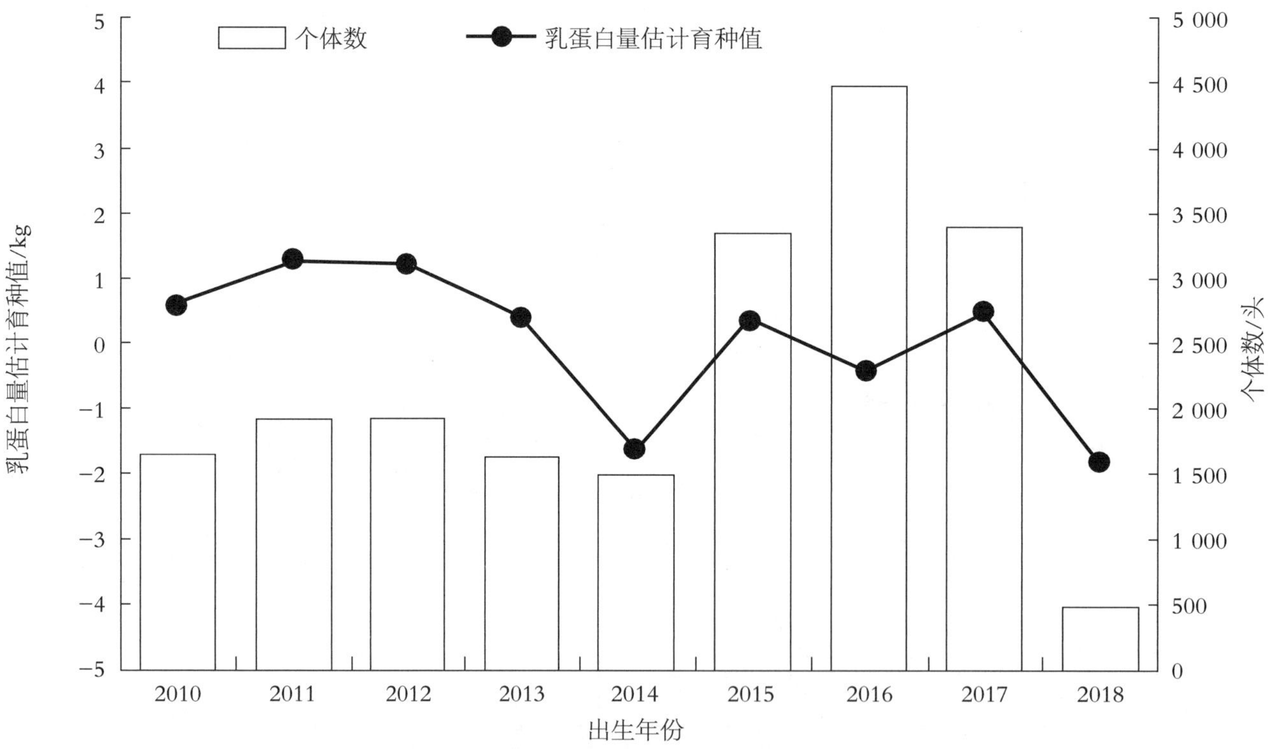

图 6-4-4　宁夏母牛乳蛋白量估计育种值年度变化

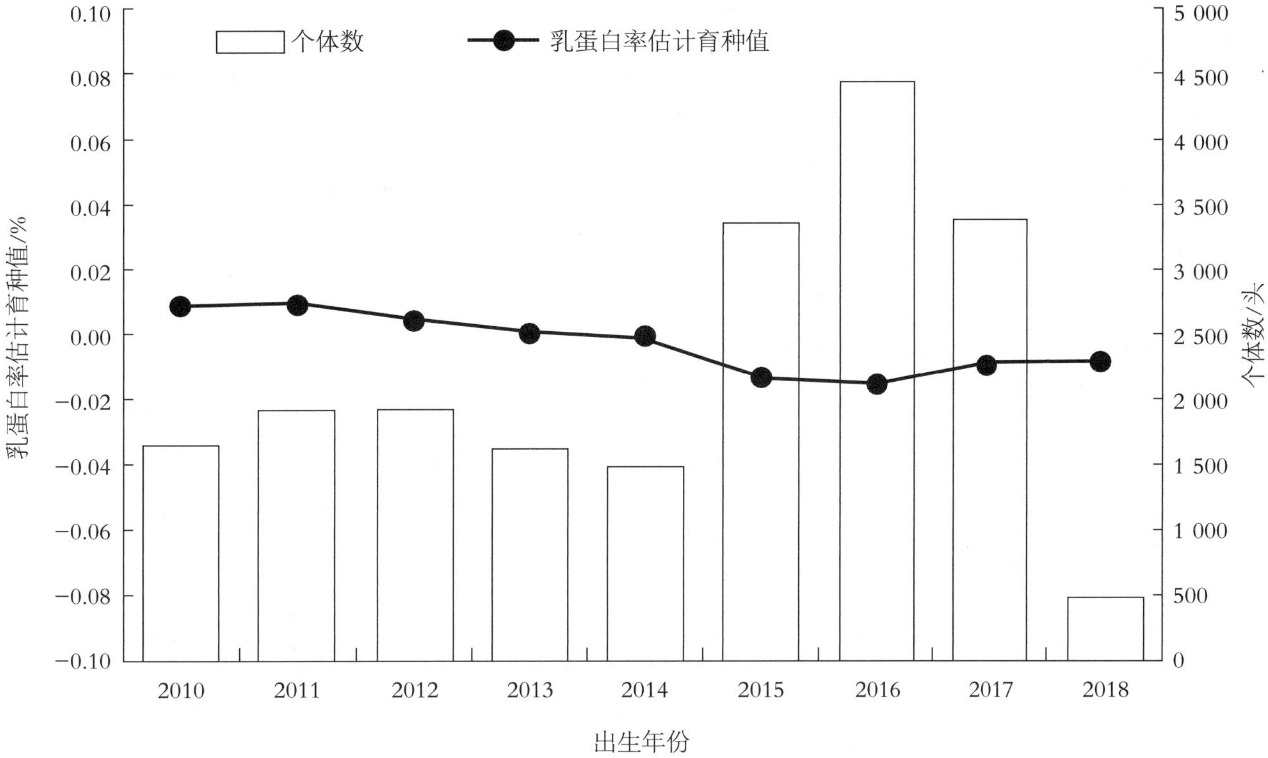

图 6-4-5　宁夏母牛乳蛋白率估计育种值年度变化

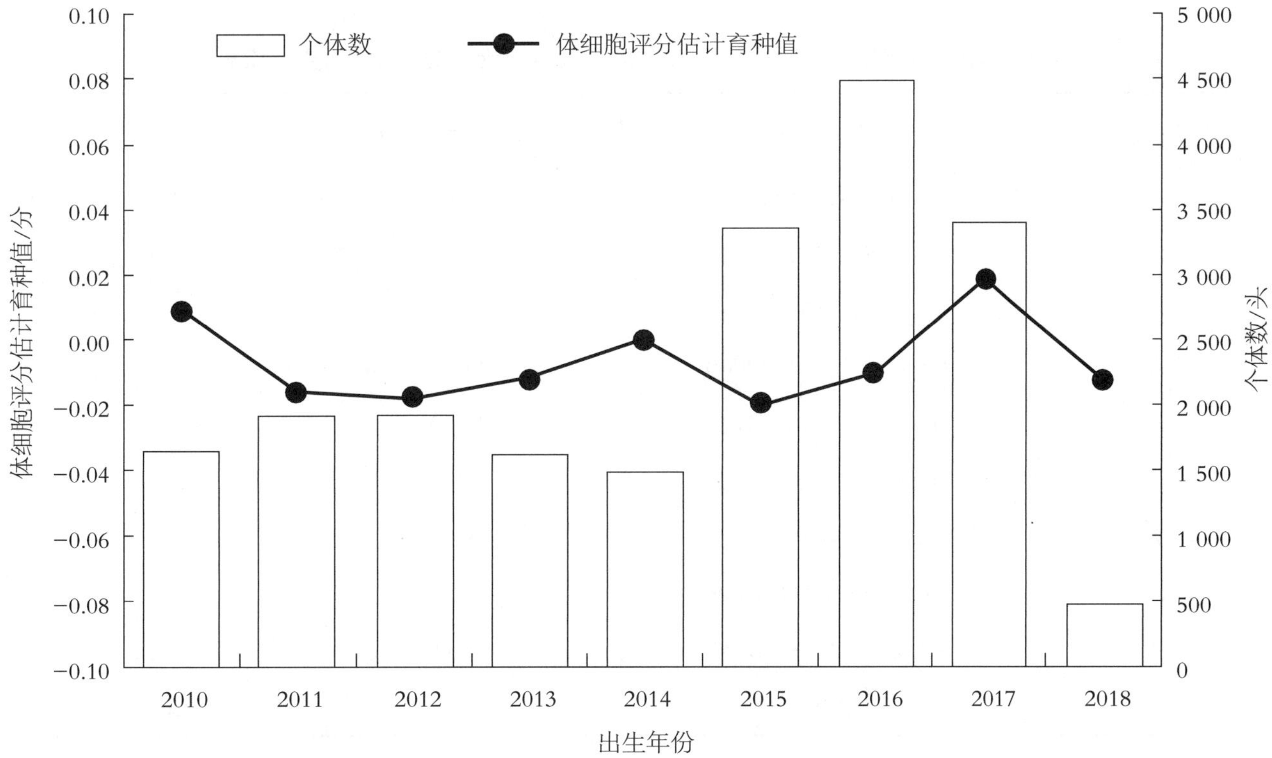

图 6-4-6　宁夏母牛体细胞评分估计育种值年度变化

6.4.2 产奶性状估计育种值排名前 10 名种公牛

女儿数大于 20 头且各性状估计育种值排名前 10 名的种公牛信息见表 6-4-1 至表 6-4-4。

表 6-4-1 产奶量 EBV 排名前 10 名的种公牛（女儿数大于 20 头）信息

排名	公牛注册号	产奶量 EBV/kg	出生年份
1	HO840M3008897582	875.20	2016
2	HOCANM11857459	853.15	2013
3	HOUSAM72372685	487.35	2013
4	HOCANM7611374	455.35	2006
5	HOUSAM70135881	424.41	2008
6	HOUSAM69017605	414.74	2009
7	HO840M3129037786	353.58	2015
8	HO840M3008608889	353.10	2011
9	HO840M3010353210	333.72	2014
10	HO840M3128557668	328.35	2015

表 6-4-2 乳脂量 EBV 排名前 10 名的种公牛（女儿数大于 20 头）信息

排名	公牛注册号	乳脂量 EBV/kg	出生年份
1	HOCANM7611374	16.08	2006
2	HOUSAM70541411	12.80	2011
3	HOUSAM136525132	12.39	2004
4	HOCANM101432000	11.20	2003
5	HOUSAM70135881	10.53	2008
6	HOUSAM63031811	9.74	2008
7	HOUSAM69791634	9.09	2012
8	HOCHNM11102912	9.04	2002
9	HOUSAM135650545	9.02	2004
10	HOUSAM63132229	8.91	2006

表 6-4-3 乳蛋白量 EBV 排名前 10 名的种公牛（女儿数大于 20 头）信息

排名	公牛注册号	乳蛋白量 EBV/kg	出生年份
1	HOCANM11857459	31.68	2013
2	HOCANM7611374	14.85	2006
3	HOUSAM72372685	14.06	2013
4	HO840M3008608889	13.87	2011
5	HOCHNM31104493	12.47	2004
6	HOUSAM70135881	11.79	2008
7	HOUSAM63031811	11.04	2008
8	HO840M3132117134	10.50	2016
9	HOCANM101432000	10.48	2003
10	HO840M3128557668	10.36	2015

表 6-4-4 体细胞评分 EBV 排名前 10 名的种公牛（女儿数大于 20 头）信息

排名	公牛注册号	体细胞评分 EBV/分	出生年份
1	HOUSAM70541411	−0.24	2011
2	HOUSAM129800008	−0.12	2007
3	HOUSAM70715474	−0.10	2011
4	HOCHNM64102305	−0.09	2002
5	HOUSAM69791634	−0.08	2012
6	HOUSAM55483032	−0.07	2009
7	HO840M3010979794	−0.06	2012
7	HO840M3008328673	−0.06	2015
7	HOCANM104854291	−0.06	2015
10	HOUSAM138090025	−0.05	2006

6.4.3 母牛体型性状

宁夏荷斯坦母牛的体型总分和部位分估计育种值年度变化趋势见图 6-4-7 至图 6-4-12。

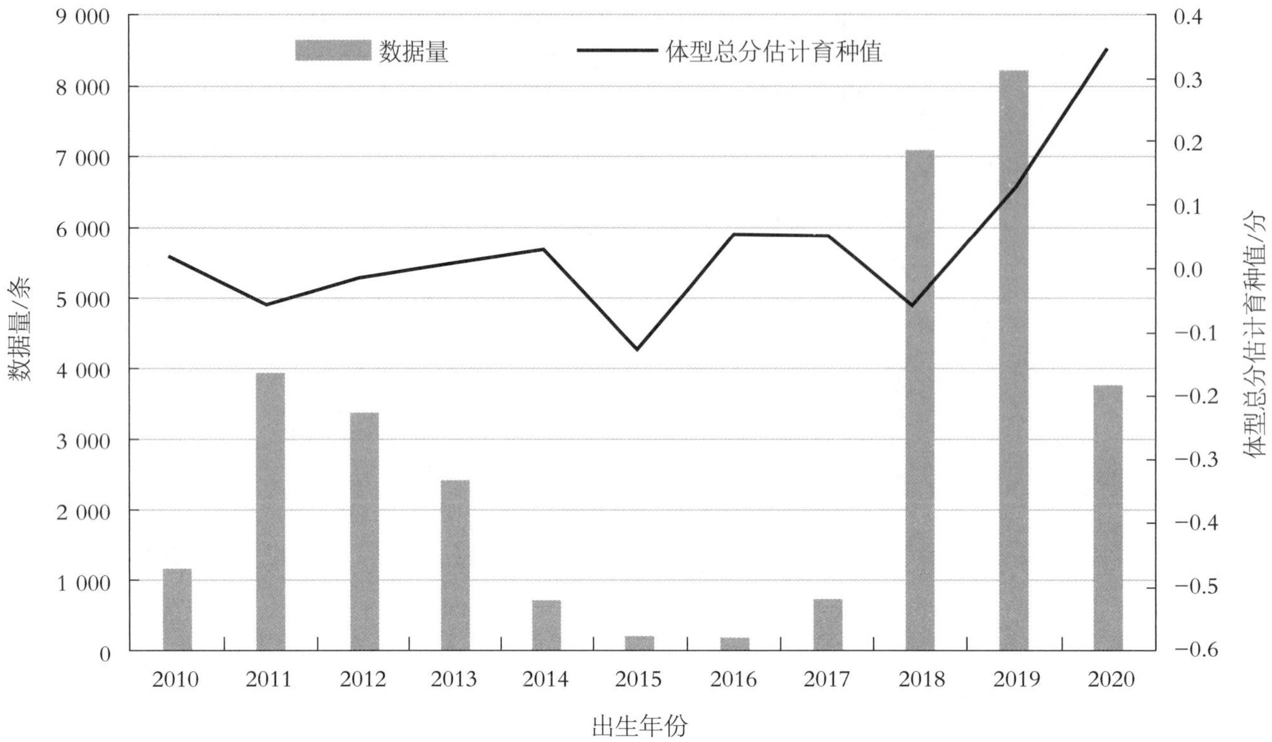

图 6-4-7 宁夏母牛体型总分估计育种值年度变化

图 6-4-8 宁夏母牛乳用特征评分估计育种值年度变化

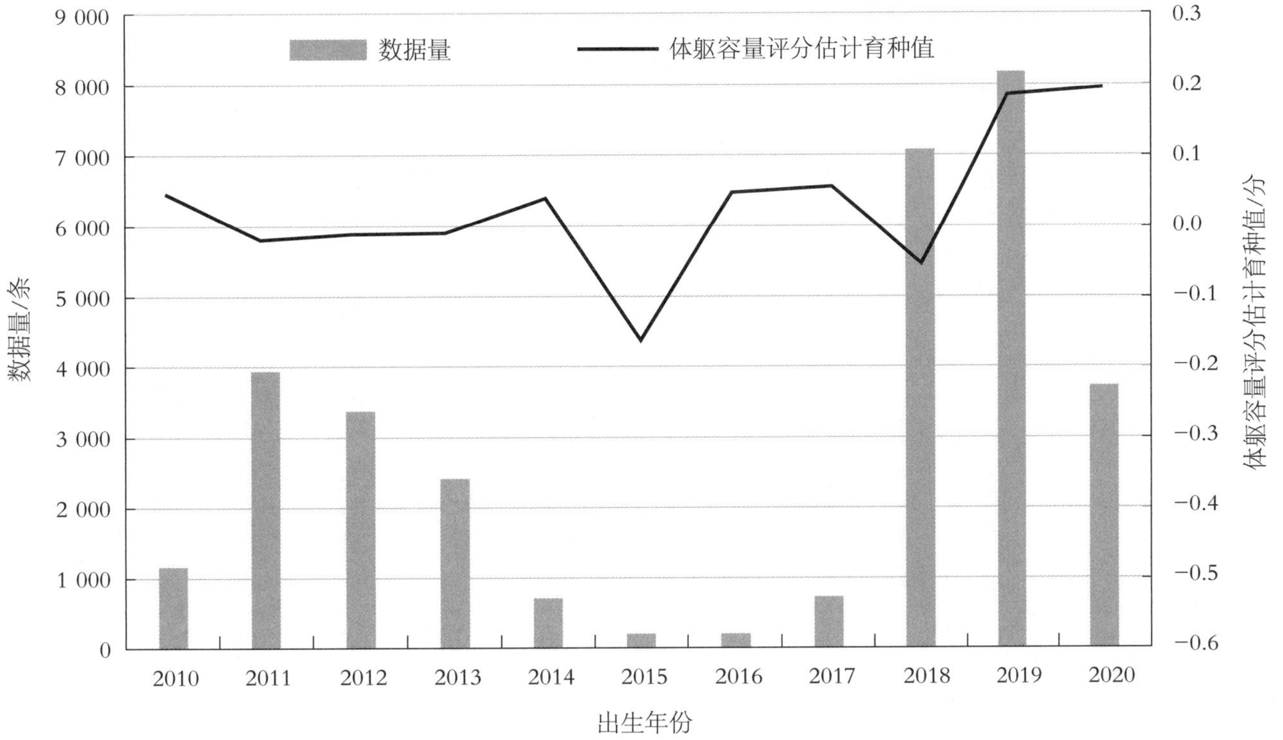

图 6-4-9 宁夏母牛体躯容量评分估计育种值年度变化

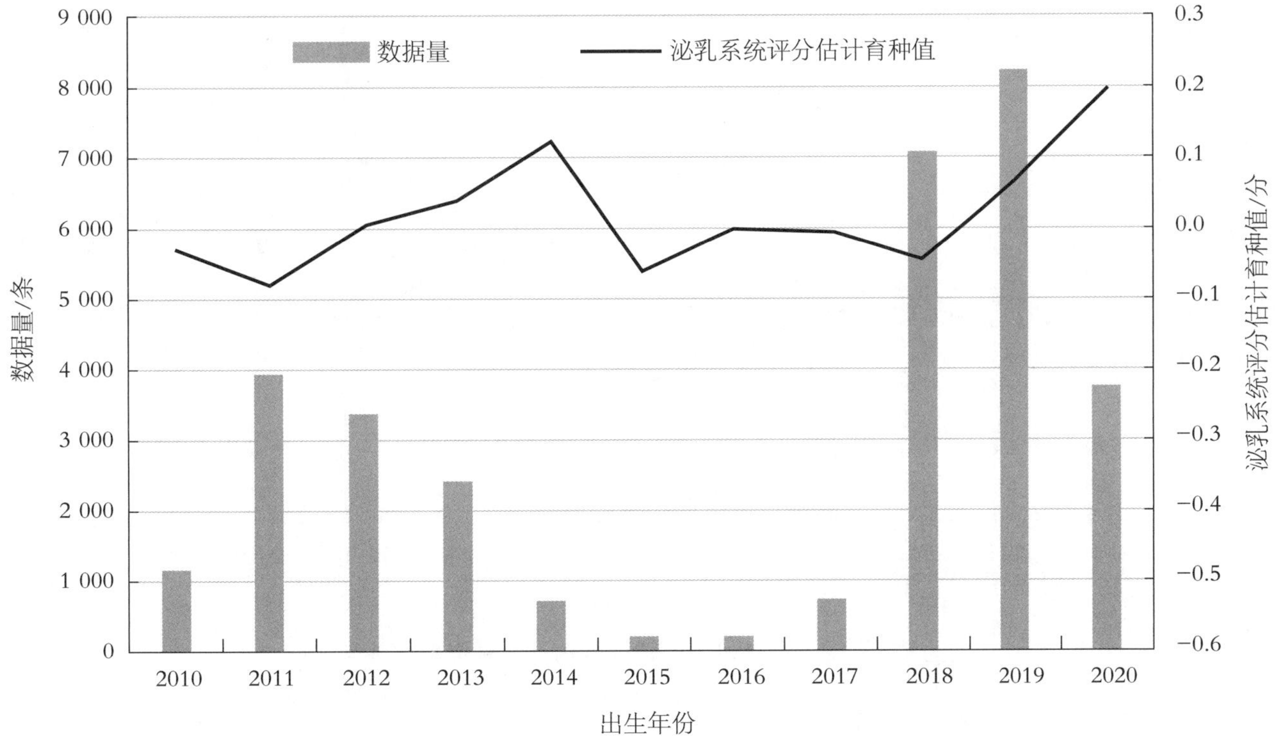

图 6-4-10 宁夏母牛泌乳系统评分估计育种值年度变化

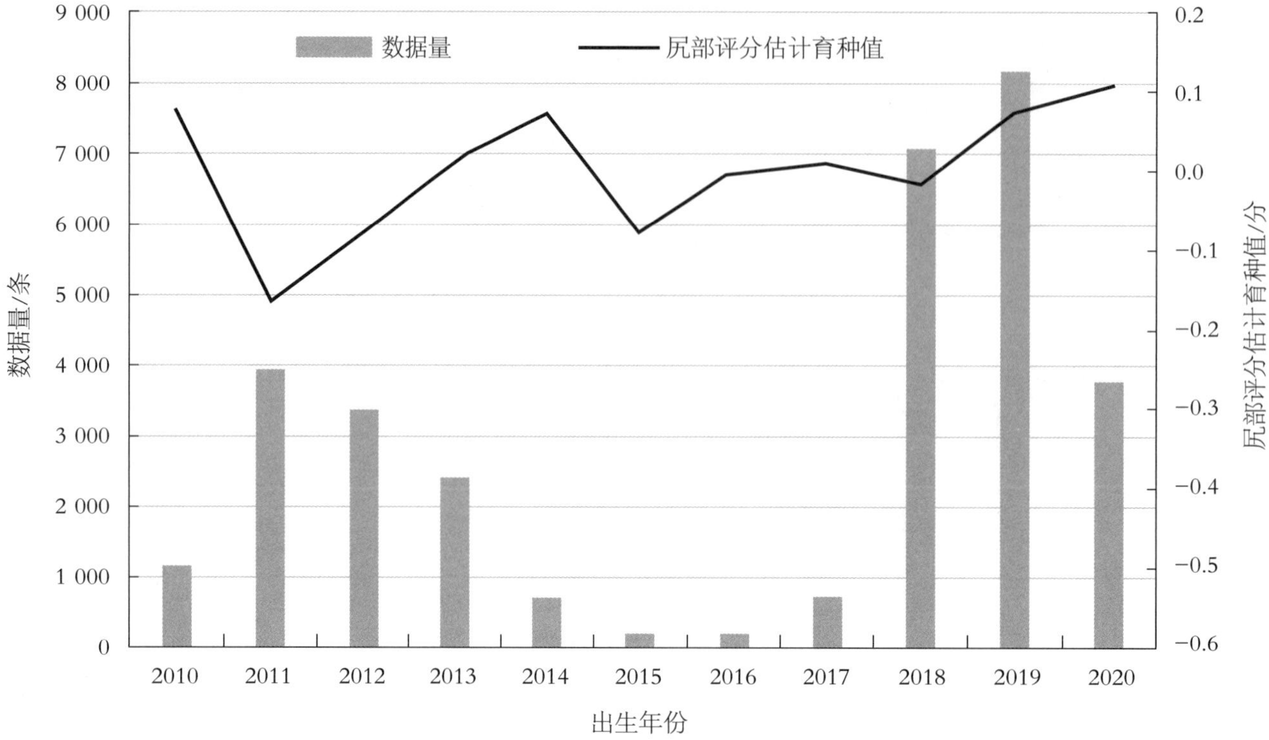

图 6-4-11 宁夏母牛尻部评分估计育种值年度变化

图 6-4-12 宁夏母牛肢蹄评分估计育种值年度变化

6.4.4 体型总分估计育种值排名前 10 名种公牛

女儿数大于 20 头且体型总分估计育种值排名前 10 名的种公牛信息见表 6-4-5。

表 6-4-5 体型总分 EBV 排名前 10 名的种公牛（女儿数大于 20 头）信息

排名	公牛注册号	体型总分 EBV/分	出生年份
1	HO840M3132352602	2.11	2017
2	HO840M3012574967	1.74	2013
3	HO840M3128461509	1.63	2014
4	HOUSAM144378191	1.49	2017
5	HOUSAM144378203	1.38	2017
6	HOITAM17990915143	1.37	2010
7	HO840M3123600817	1.36	2014
8	HOUSAM71451828	1.28	2012
9	HO840M3141494563	1.26	2017
10	HOGBRM598172	1.25	1999

6.4.5 母牛繁殖性状

宁夏荷斯坦母牛繁殖性状估计育种值年度变化趋势见图 6-4-13 至图 6-4-17。青年牛繁殖性状估计育种值来源于有表型记录、出生于 2011 年 1 月 1 日至 2020 年 12 月 31 日的 70 955 头母牛，经产牛繁殖性状估计育种值来源于有表型记录、出生于 2011 年 1 月 1 日至 2020 年 12 月 31 日的 62 859 头母牛。

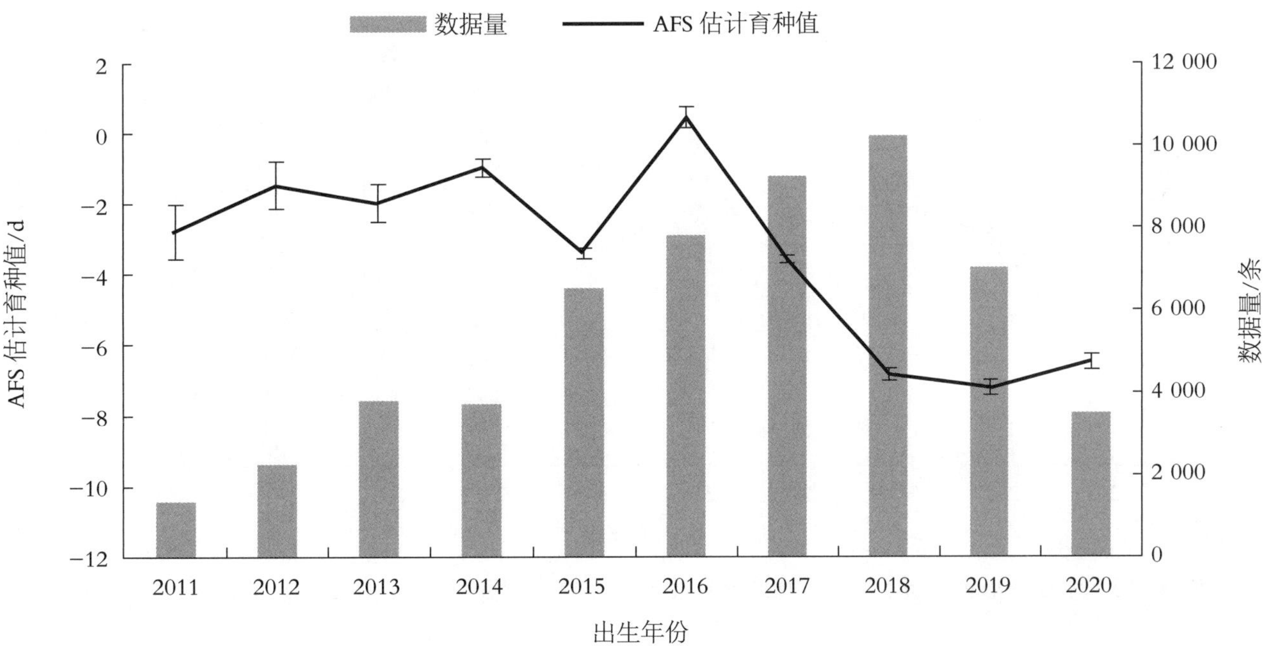

图 6-4-13 宁夏核心育种场 2011—2020 年出生母牛首次配种日龄（AFS）估计育种值年度变化

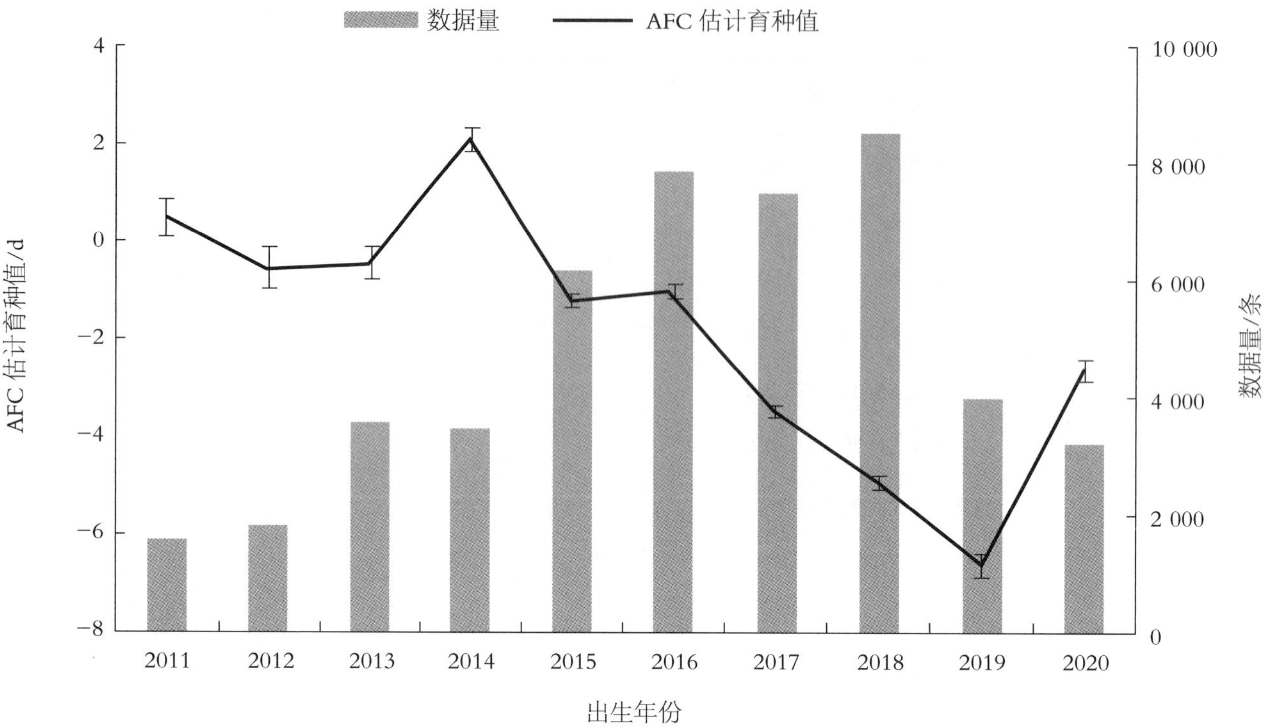

图 6-4-14　宁夏核心育种场 2011—2020 年出生母牛首次产犊日龄（AFC）估计育种值年度变化

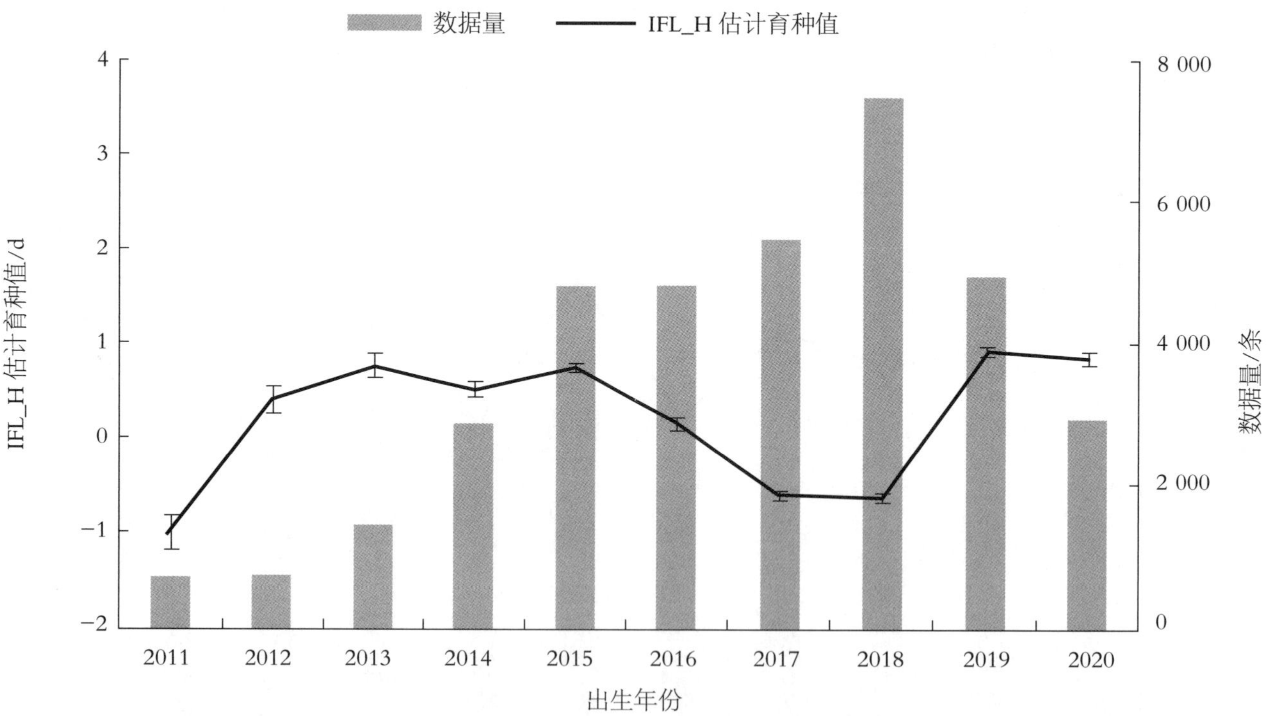

图 6-4-15　宁夏核心育种场 2011—2020 年出生青年牛首末次配种间隔（IFL_H）估计育种值年度变化

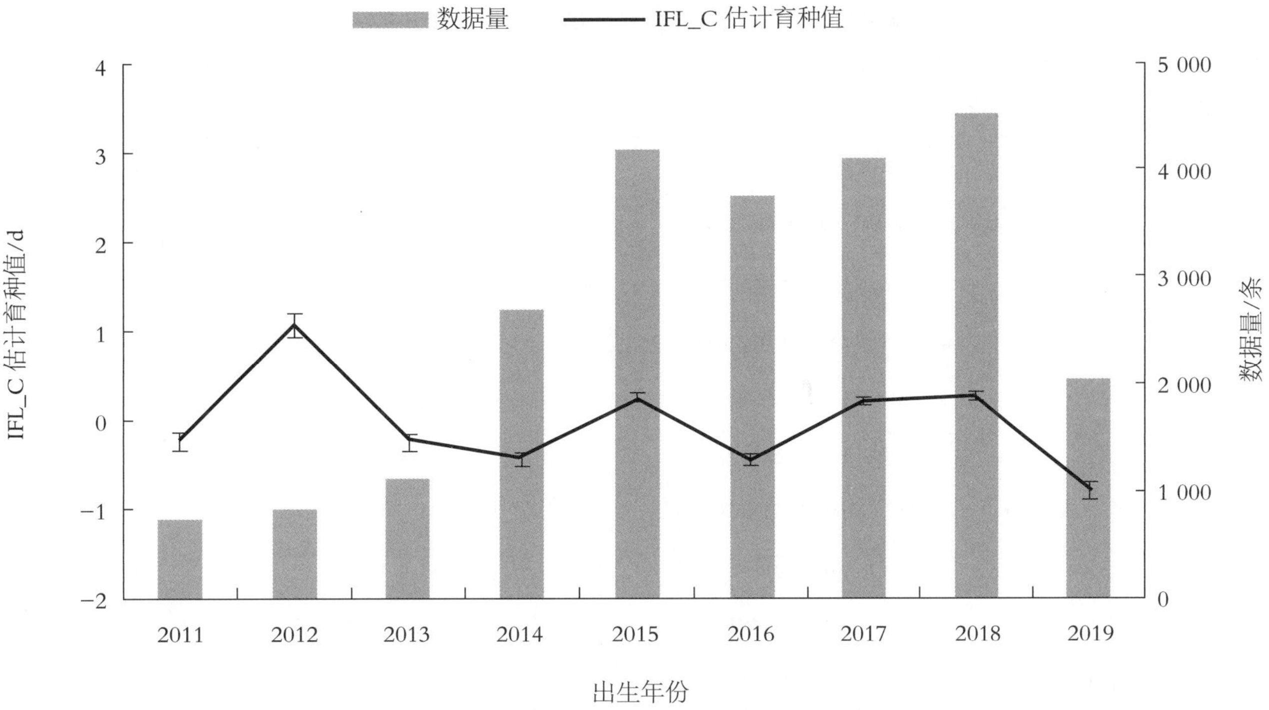

图 6-4-16　宁夏核心育种场 2011—2019 年出生经产牛首末次配种间隔（IFL_C）估计育种值年度变化

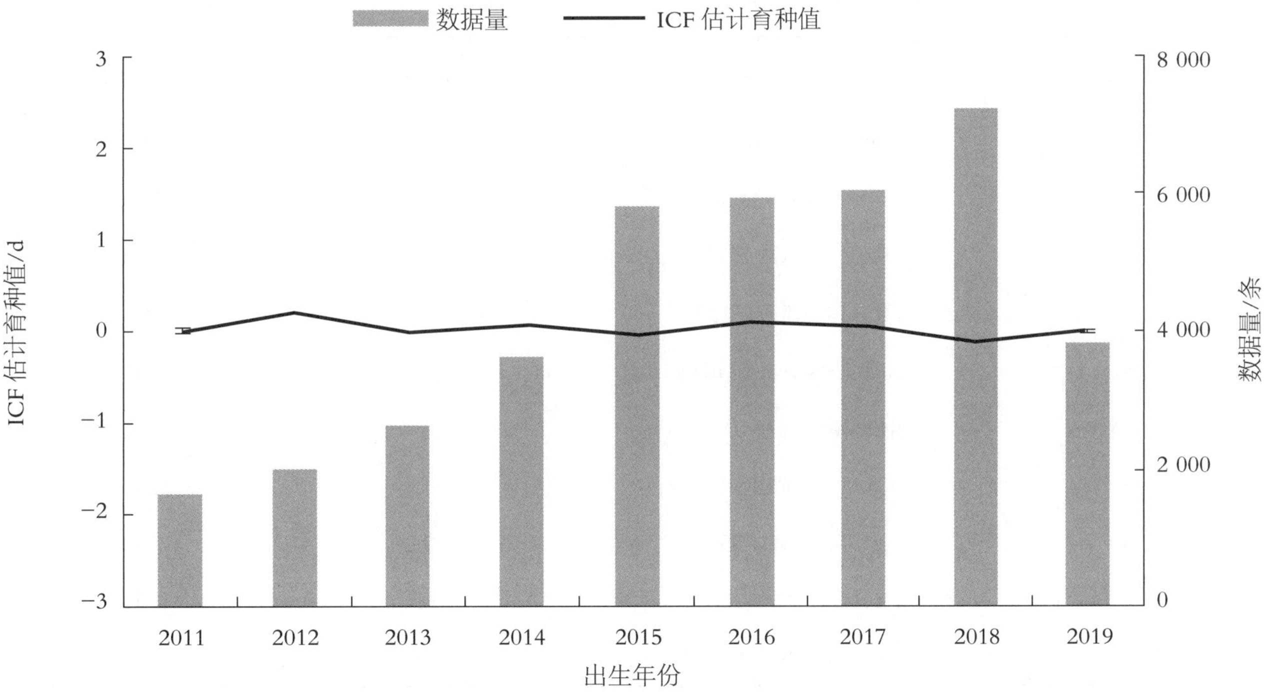

图 6-4-17　宁夏核心育种场 2011—2019 年出生母牛产犊至首次配种间隔（ICF）估计育种值年度变化

6.4.6　繁殖性状估计育种值排名前 10 名种公牛

女儿数大于 20 头且各繁殖性状估计育种值排名前 10 名的种公牛信息见表 6-4-6 至表 6-4-10。

表 6-4-6　首次配种日龄 EBV 排名前 10 名的种公牛（女儿数大于 20 头）信息

排名	公牛注册号	首次配种日龄 EBV/d	出生年份
1	HOCANM11104016	−32.2	2012
2	HOUSAM70626023	−25.8	2014
3	HO840M3132350030	−24.7	2016
4	HOUSAM66451345	−19.8	2011
5	HO840M3128461509	−18.8	2017
6	HO840M3008897582	−15.1	2016
7	HOUSAM3010660326	−11.4	2012
7	HO840M3008328673	−11.4	2015
9	HOCANM104854291	−10.5	2015
10	HO840M3128463273	−10.4	2017

表 6-4-7　首次产犊日龄 EBV 排名前 10 名的种公牛（女儿数大于 20 头）信息

排名	公牛注册号	首次产犊日龄 EBV/d	出生年份
1	HOCANM104854291	−27.0	2015
2	HO840M3132350030	−23.3	2016
3	HONZLM108237	−21.0	2007
4	HOUSAM66451345	−20.5	2011
5	HOCANM11104016	−17.9	2012
6	HO840M3128461509	−17.7	2017
7	HOUSAM3006988872	−5.3	2010
8	HONZLM103505	−2.2	2007
9	HOUSAM70626023	0.0	2014
10	HOUSAM69169951	0.3	2014

表 6-4-8 青年牛首末次配种间隔 EBV 排名前 10 名的种公牛（女儿数大于 20 头）信息

排名	公牛注册号	青年牛首末次配种间隔 EBV/d	出生年份
1	HOAUSM1620990	−12.0	2010
2	HOCANM104854291	−10.7	2015
3	HOAUSM859718	−9.2	1996
4	HOAUSM1377914	−8.6	2005
5	HO840M3132350030	−6.7	2016
6	HOAUSM1383442	−6.3	2005
7	HONZLM108237	−5.7	2007
7	HOGBRM598172	−5.7	1999
9	HOUSAM66451345	−5.5	2011
10	HOAUSM1352464	−4.6	2005

表 6-4-9 经产牛首末次配种间隔 EBV 排名前 10 名的种公牛（女儿数大于 20 头）信息

排名	公牛注册号	经产牛首末次配种间隔 EBV/d	出生年份
1	HOUSAM66451345	−7.3	2011
2	HONZLM104015	−6.0	2010
3	HONZLM103180	−5.2	2002
3	HOAUSM1422003	−5.2	2006
5	HO840M3008328673	−4.6	2015
6	HOUSAM70626023	−4.5	2014
7	HOAUSM1142619	−3.3	2001
7	HOGBRM598172	−3.3	1999
9	HOUSAM3006988872	−2.9	2010
9	HO840M3132350030	−2.9	2016

表 6-4-10 产犊至首次配种间隔 EBV 排名前 10 名的种公牛（女儿数大于 20 头）信息

排名	公牛注册号	产犊至首次配种间隔 EBV/d	出生年份
1	HOUSAM66451345	−2.5	2011
2	HOCANM11104016	−2.4	2012
3	HOUSAM132135971	−2.1	2008
4	HONZLM108237	−1.2	2007
5	HO840M3008897582	−0.9	2016
5	HOUSAM138090025	−0.9	2006
7	HOUSAM1902193	−0.8	1982
8	HONZLM105193	−0.7	2004
9	HONZLM104625	−0.6	2003
9	HOAUSM1620990	−0.6	2010

6.4.7 母牛产犊性状

宁夏荷斯坦母牛产犊性状估计育种值年度变化趋势见图 6-4-18 至图 6-4-21。青年牛产犊性状估计育种值来源于有表型记录、出生于 2011 年 1 月 1 日至 2020 年 12 月 31 日的 62 813 头母牛，经产牛产犊性状估计育种值来源于有表型记录、出生于 2011 年 1 月 1 日至 2019 年 12 月 31 日的 50 260头母牛。

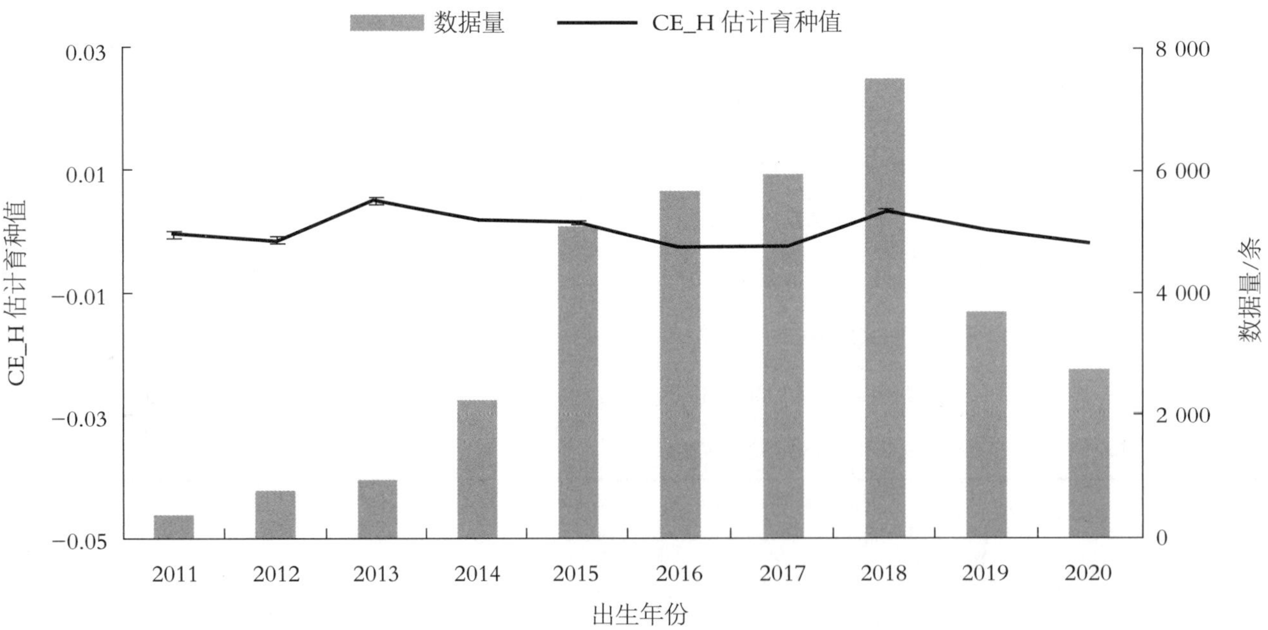

图 6-4-18 宁夏核心育种场 2011—2020 年出生青年牛产犊难易性（CE_H）估计育种值年度变化

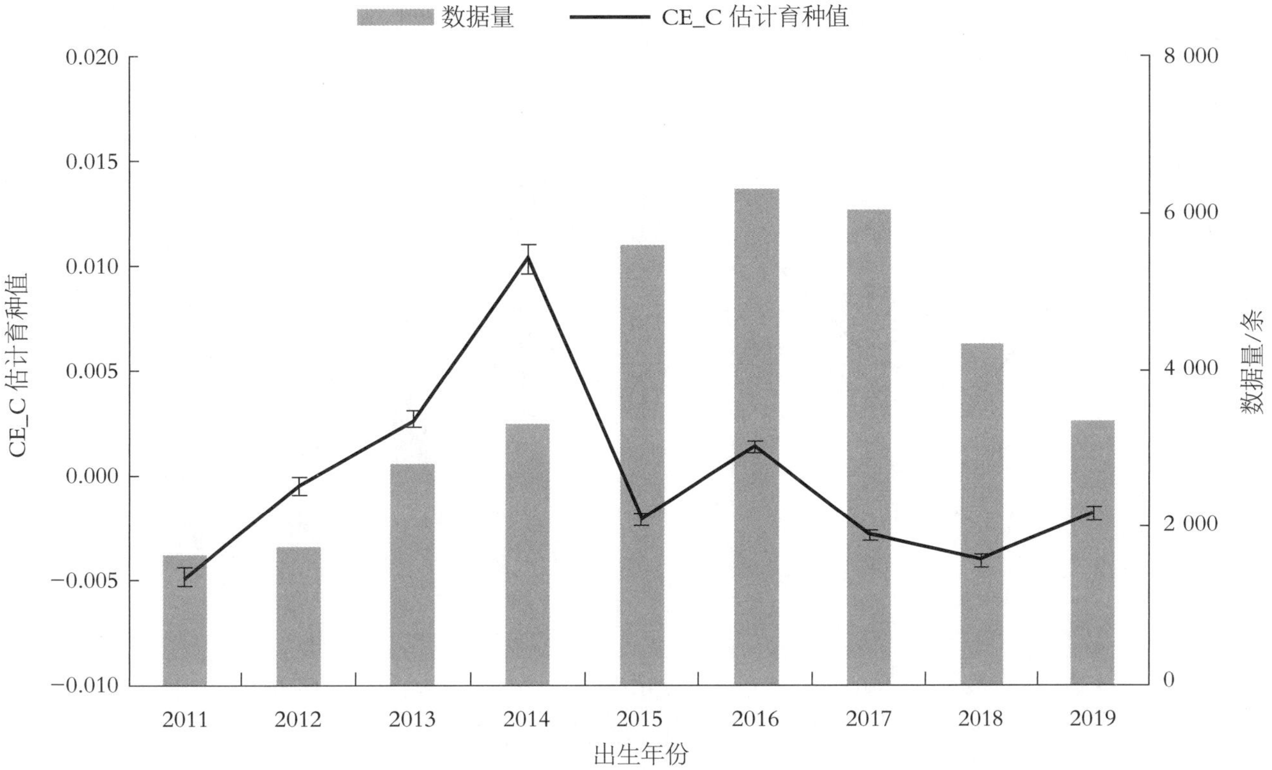

图 6-4-19　宁夏核心育种场 2011—2019 年出生经产牛产犊难易性（CE_C）估计育种值年度变化

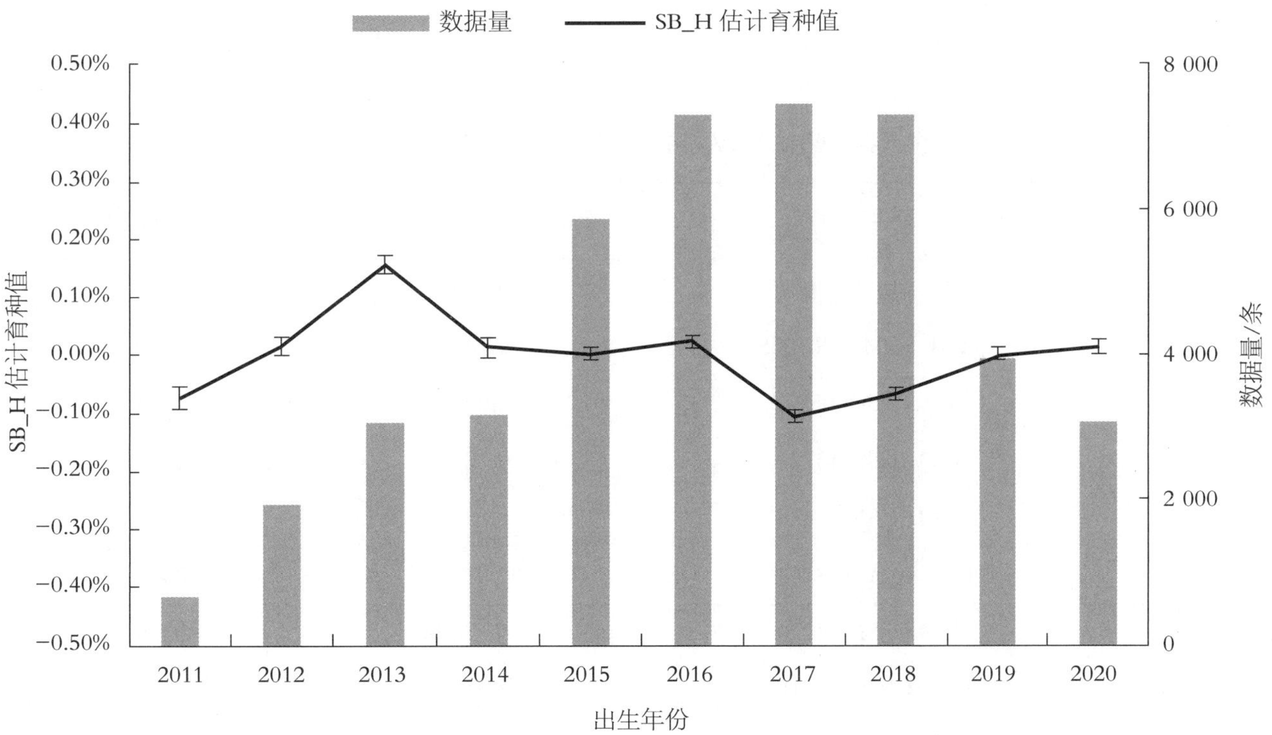

图 6-4-20　宁夏核心育种场 2011—2020 年出生青年牛死产率（SB_H）估计育种值年度变化

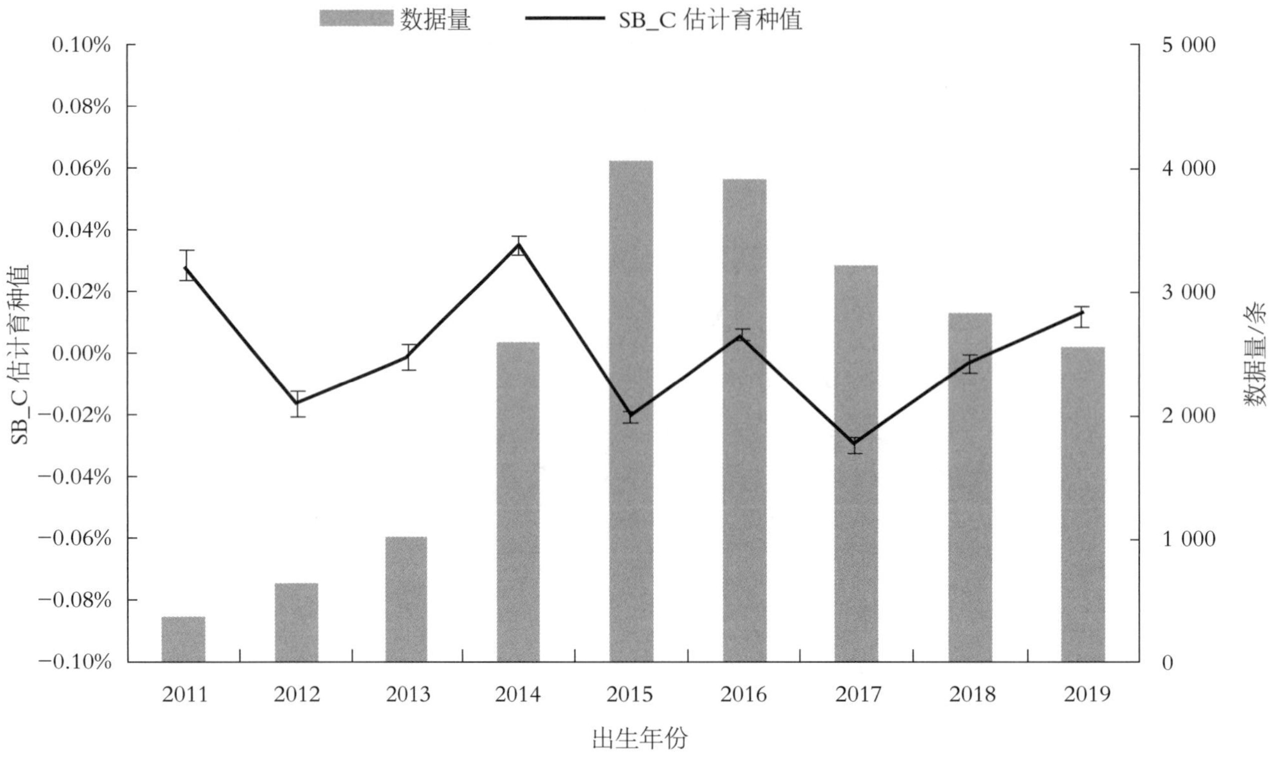

图 6-4-21 宁夏核心育种场 2011—2019 年出生经产牛死产率（SB_C）估计育种值年度变化

6.4.8 产犊性状估计育种值排名前 10 名种公牛

女儿数大于 20 头且各产犊性状估计育种值排名前 10 名的种公牛信息见表 6-4-11 至表 6-4-14。

表 6-4-11 青年牛产犊难易性 EBV 排名前 10 名的种公牛（女儿数大于 20 头）信息

排名	公牛注册号	青年牛产犊难易性 EBV	出生年份
1	HO840M3129037786	−0.064 4	2015
2	HOUSAM3006988872	−0.044 0	2010
3	HOUSAM60597003	−0.025 8	2003
4	HOAUSM1377914	−0.025 0	2005
5	HOAUSM1142619	−0.020 3	2001
6	HO840M3128463273	−0.018 6	2017
7	HOAUSM1422003	−0.016 9	2006
8	HOGBRM598172	−0.015 8	1999
9	HO840M3128461509	−0.013 8	2017
10	HOAUSM1620990	−0.012 6	2010

表 6-4-12 经产牛产犊难易性 EBV 排名前 10 名的种公牛（女儿数大于 20 头）信息

排名	公牛注册号	经产牛产犊难易性 EBV	出生年份
1	HOGBRM598172	−0.070 5	1999
2	HOUSAM137633111	−0.052 3	2006
3	HOUSAM60597003	−0.045 3	2003
4	HOAUSM1317385	−0.044 5	2004
5	HOAUSM1478971	−0.033 3	2007
6	HOUSAM3006988872	−0.032 9	2010
7	HOAUSM1620990	−0.031 6	2010
8	HOAUSM859718	−0.031 1	1996
9	HONZLM113938	−0.029 5	2009
10	HOAUSM1549182	−0.028 6	2008

表 6-4-13 青年牛死产率 EBV 排名前 10 名的种公牛（女儿数大于 20 头）信息

排名	公牛注册号	青年牛死产率 EBV	出生年份
1	HOAUSM1317385	−0.014 1	2004
2	HO840M3128463273	−0.013 9	2017
3	HOUSAM132135971	−0.013 8	2008
4	HONZLM104015	−0.011 3	2010
5	HO840M3129037786	−0.010 3	2015
6	HONZLM108237	−0.009 7	2007
7	HOCANM104854291	−0.008 2	2015
8	HOAUSM1422003	−0.005 4	2006
9	HOUSAM70626023	−0.003 8	2014
10	HO840M3128461509	−0.003 7	2017

表 6-4-14　经产牛死产率 EBV 排名前 10 名的种公牛（女儿数大于 20 头）信息

排名	公牛注册号	经产牛死产率 EBV	出生年份
1	HOCANM11104016	−0.004 1	2012
2	HO840M3128463273	−0.002 6	2017
3	HOAUSM1317385	−0.001 6	2004
4	HOUSAM129800008	−0.000 9	2007
5	HOUSAM66451345	−0.000 3	2011
6	HONZLM103505	0.000 1	2007
7	HOUSAM132135971	0.000 2	2008
8	HOUSAM69169951	0.000 3	2014
9	HONZLM108237	0.000 4	2007
9	HOUSAM1902193	0.000 4	1982

6.4.9　母牛长寿性状

宁夏荷斯坦母牛生产寿命估计育种值年度变化趋势见图 6-4-22。生产寿命估计育种值来源于有表型记录、出生于 2010 年 1 月 1 日至 2020 年 12 月 31 日的 30 301 头母牛。

图 6-4-22　宁夏核心育种场 2010—2020 年出生母牛生产寿命估计育种值年度变化

6.4.10　长寿性状估计育种值排名前 10 名种公牛

女儿数大于 20 头且生产寿命估计育种值排名前 10 名的种公牛信息见表 6-4-15。

表 6-4-15　生产寿命 EBV 排名前 10 名的种公牛（女儿数大于 20 头）信息

排名	公牛注册号	出生年份	生产寿命 EBV/d	EBV 准确性
1	HOUSAM62294281	2005	527.68	0.67
2	HOUSAM62037518	2005	448.93	0.82
3	HOUSA132135971	2001	429.31	0.63
4	HOUSAM134625573	2003	388.06	0.66
5	HOUSAM131606786	2001	334.09	0.60
6	HOUSAM137375664	2003	279.33	0.66
7	HOUSAM51557959	2001	234.49	0.66
8	HOUSAM132135971	2001	232.56	0.72
9	HOUSAM62030790	2004	229.71	0.78
10	HOCAN000103439288	2005	168.54	0.52

6.5　各核心育种场母牛管理性状遗传变异度变化趋势

各核心育种场 2011 年 1 月 1 日至 2020 年 12 月 31 日出生的母牛中，繁殖性状、产犊性状和长寿性状估计育种值排名前 25%及排名后 25%的母牛遗传水平随出生年份变化的趋势见图 6-5-1 至图 6-5-10。遗传水平较高的母牛与遗传水平较低的母牛相比，首次配种日龄相差 21~ 60 d，首次产犊日龄相差 27~40 d，青年牛首末次配种间隔相差 9~13 d，经产牛首末次配种间隔相差 6~10 d，产犊至首次配种间隔相差 1~2 d，生产寿命相差 70~186 d。

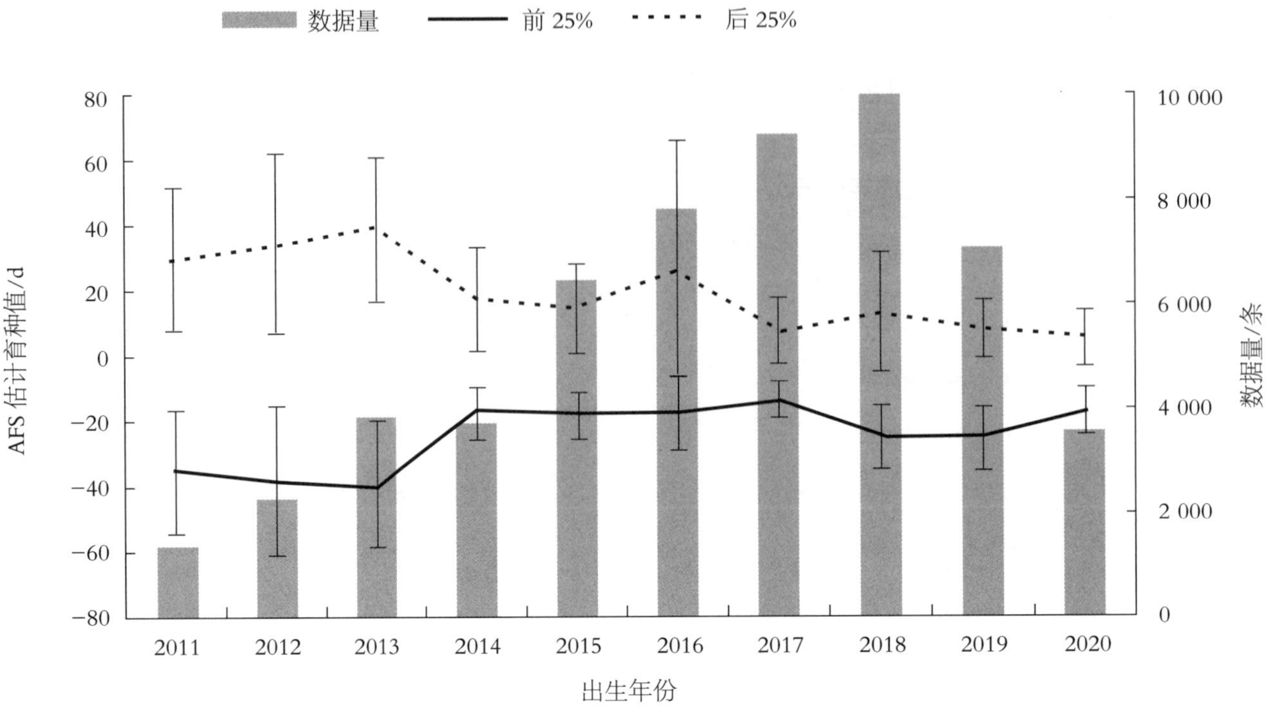

图 6-5-1 宁夏核心育种场 2011—2020 年出生的母牛首次配种日龄（AFS）估计育种值年度变化

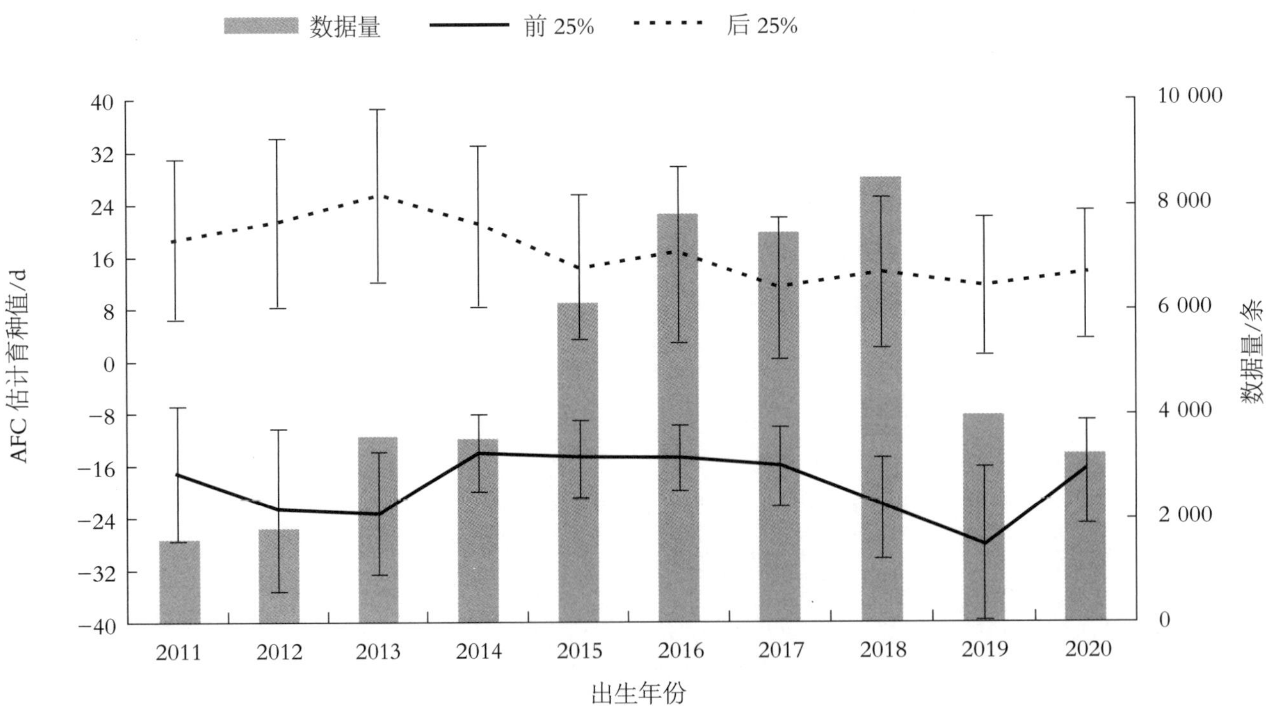

图 6-5-2 宁夏核心育种场 2011—2020 年出生的母牛首次产犊日龄（AFC）估计育种值年度变化

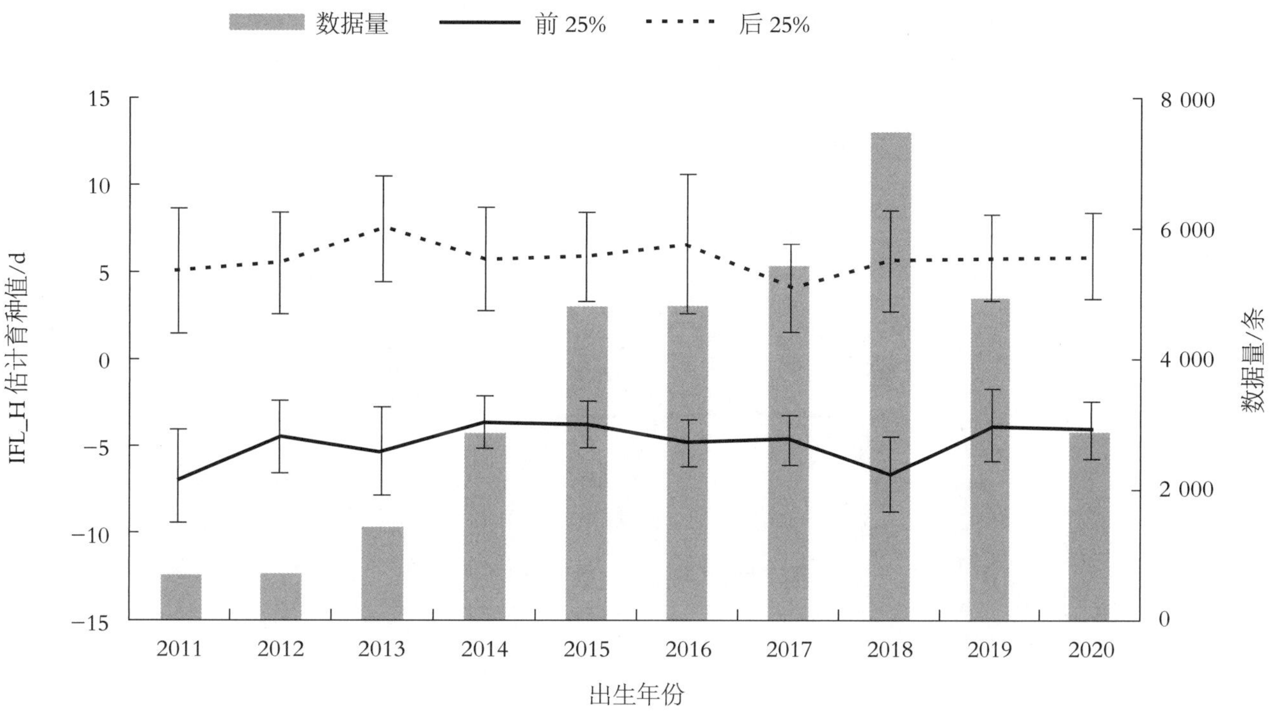

图 6-5-3 宁夏核心育种场 2011—2020 年出生的青年牛首末次配种间隔（IFL_H）估计育种值年度变化

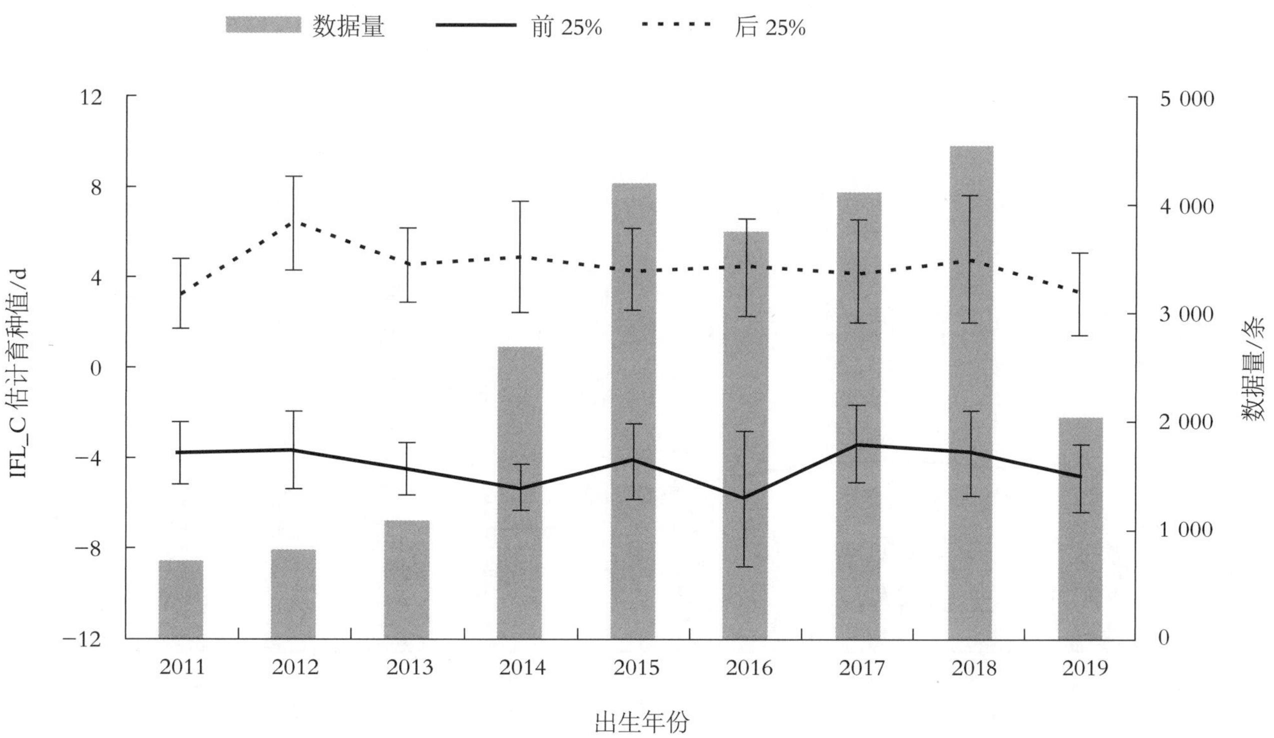

图 6-5-4 宁夏核心育种场 2011—2019 年出生的经产牛首末次配种间隔（IFL_C）估计育种值年度变化

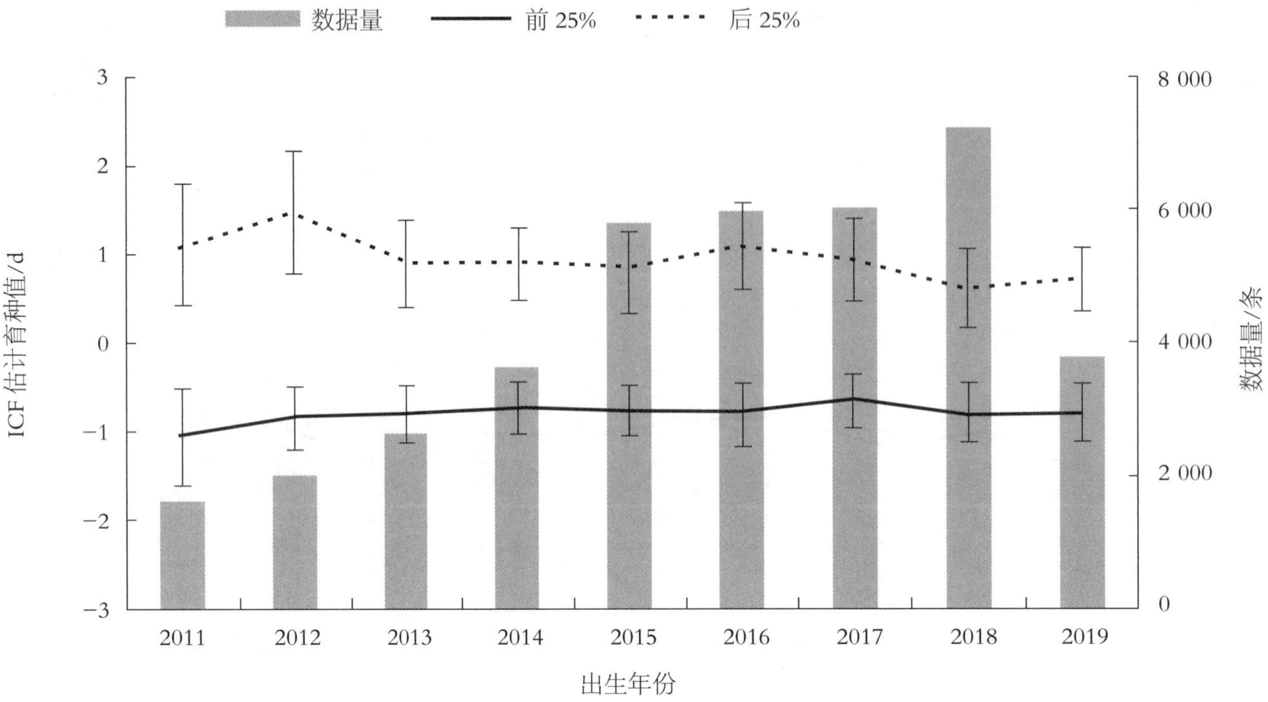

图 6-5-5 宁夏核心育种场 2011—2019 年出生的母牛产犊至首次配种间隔（ICF）估计育种值年度变化

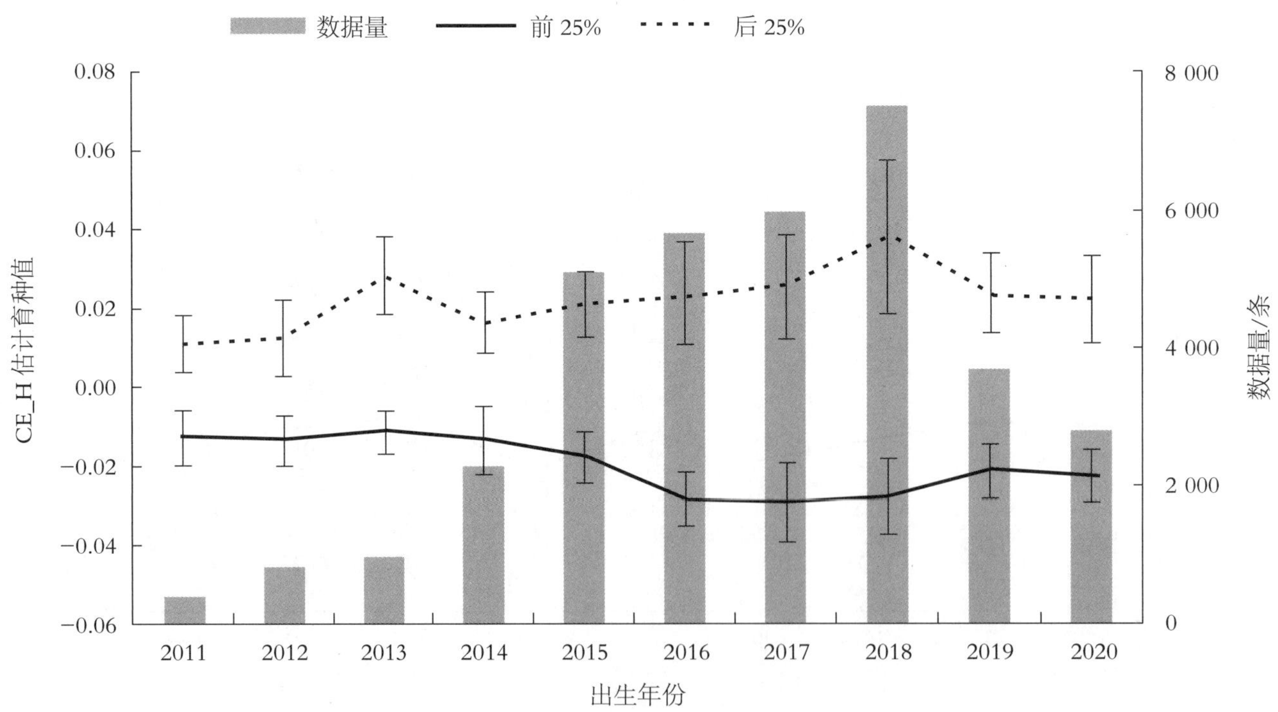

图 6-5-6 宁夏核心育种场 2011—2020 年出生青年牛产犊难易性（CE_H）估计育种值年度变化

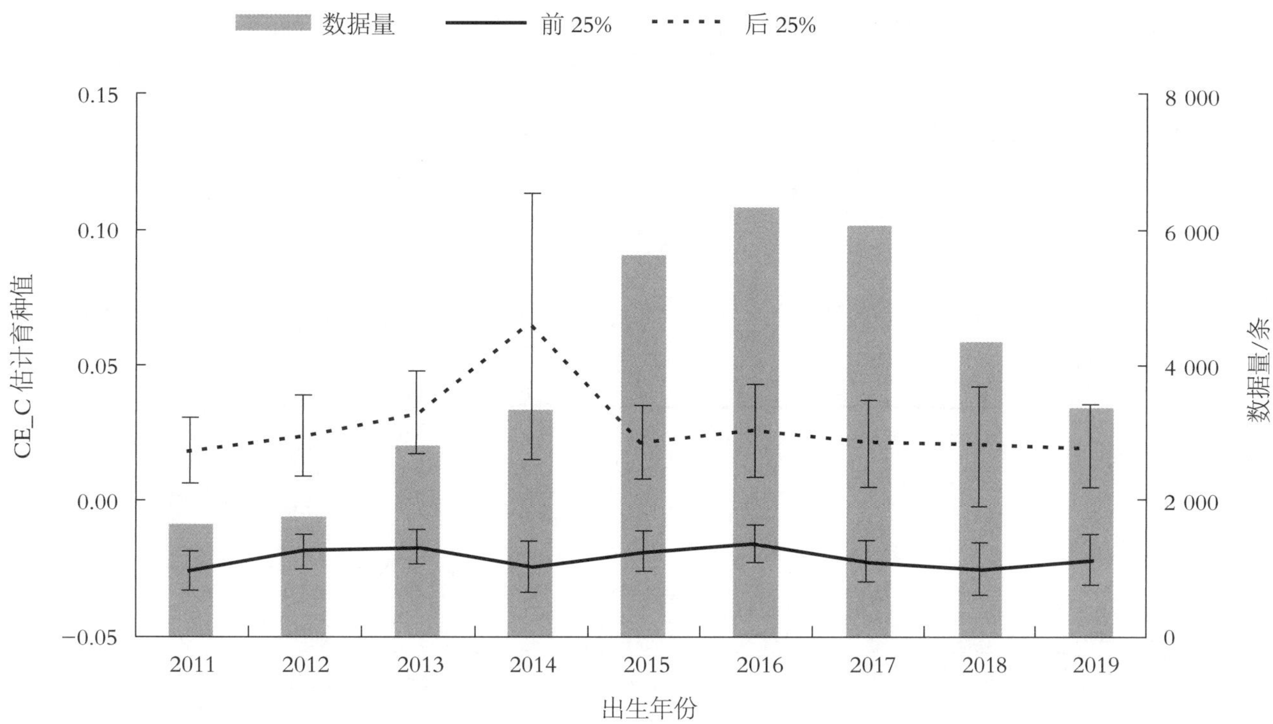

图 6-5-7 宁夏核心育种场 2011—2019 年出生经产牛产犊难易性（CE_C）估计育种值年度变化

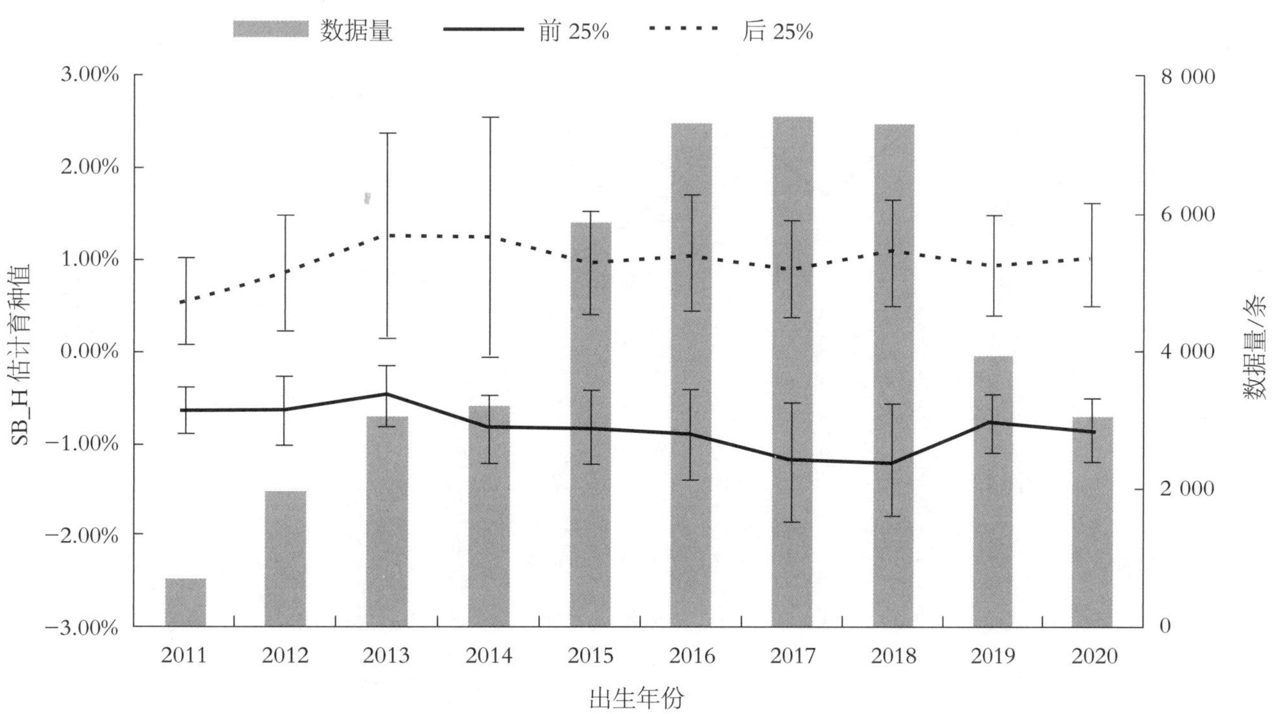

图 6-5-8 宁夏核心育种场 2011—2020 年出生青年牛死产率（SB_H）估计育种值年度变化

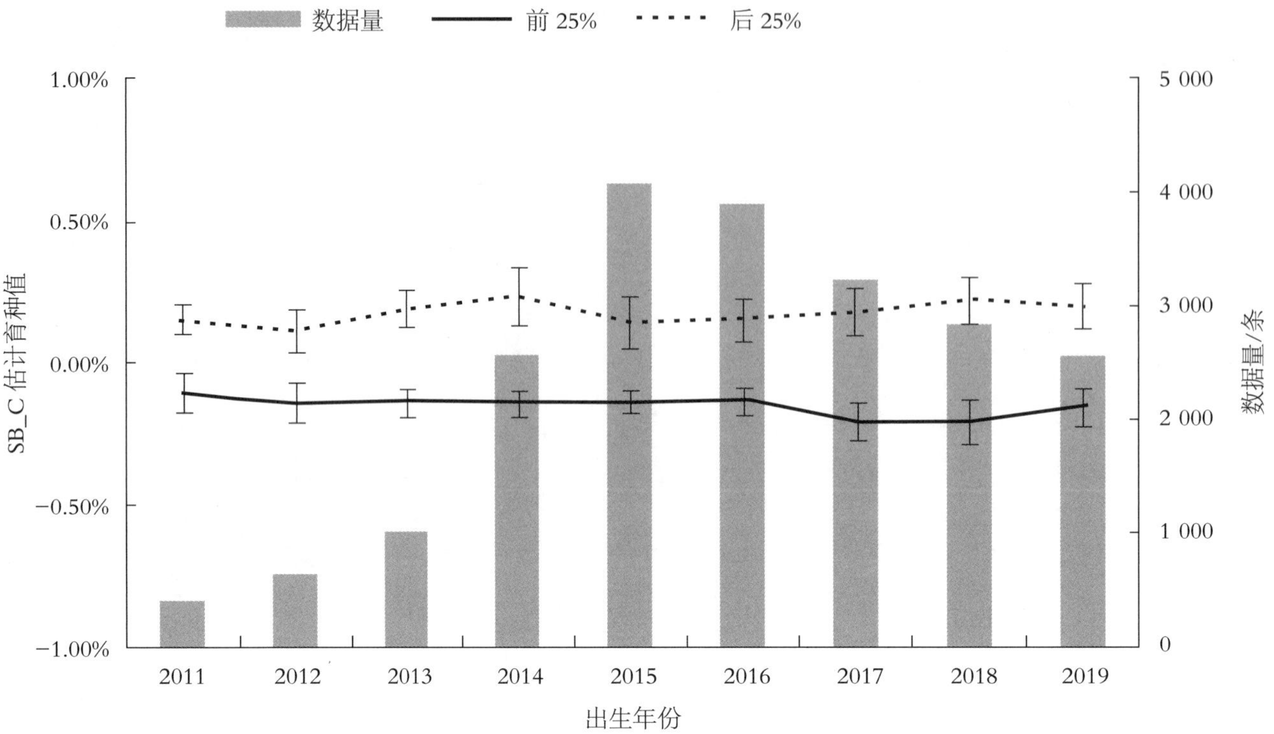

图 6-5-9 宁夏核心育种场 2011—2019 年出生经产牛死产率（SB_C）估计育种值年度变化

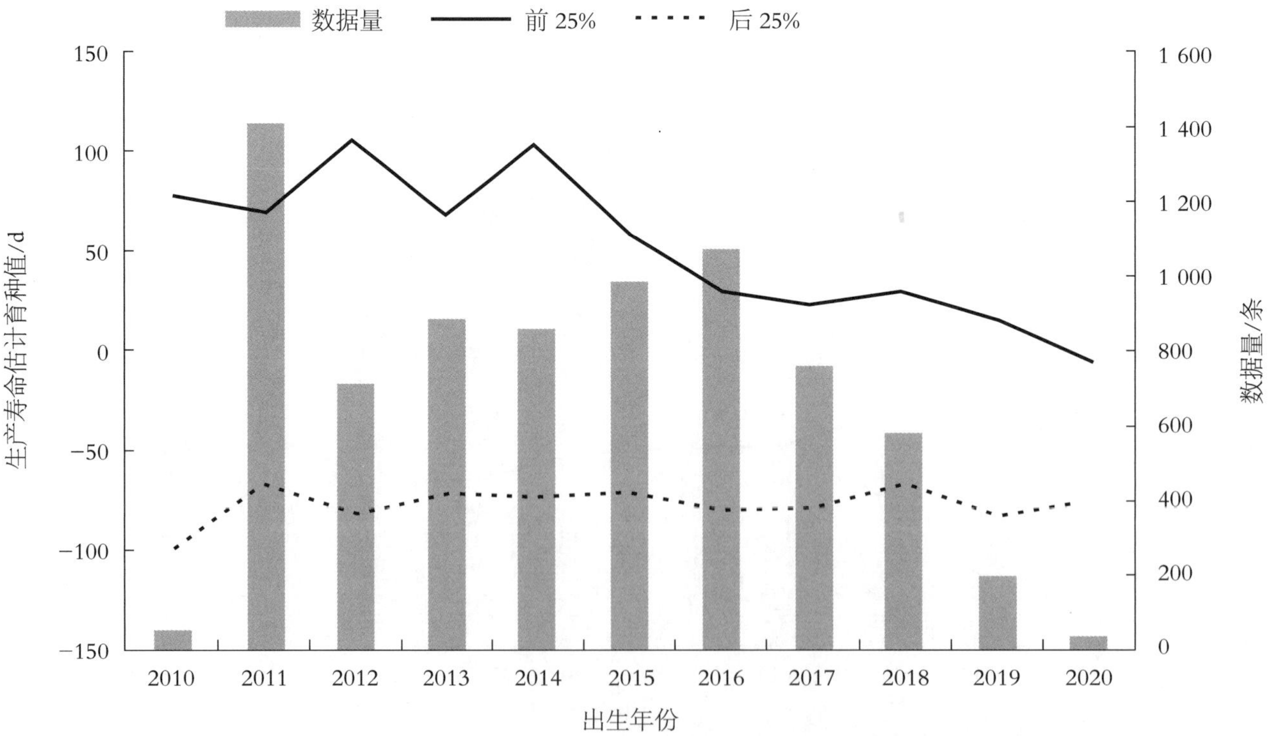

图 6-5-10 宁夏核心育种场 2010—2020 年出生的母牛生产寿命估计育种值年度变化

附 表

附表 1　全宁夏产奶量 EBV 排名前 500 名母牛

排名	牛号	出生年份	产奶量 EBV/kg	EBV 准确性
1	640193155973	2015	897.7	0.62
2	640193173596	2017	874.4	0.55
3	640193172990	2017	848.8	0.63
4	640202155621	2015	797.7	0.61
5	640202155629	2015	791.7	0.59
6	640202155620	2015	789.2	0.60
7	640193156044	2015	774.0	0.61
8	640202155583	2015	760.7	0.54
9	640193155567	2015	743.1	0.59
10	640193173262	2017	740.4	0.62
11	640193172058	2017	738.7	0.57
12	640193173110	2017	736.9	0.62
13	640190155644	2015	731.3	0.54
14	640193156753	2015	716.3	0.61
15	640193156028	2015	714.5	0.61
16	640193173746	2017	714.1	0.61
17	640193173504	2017	712.3	0.61
18	640193150004	2015	706.6	0.60
19	640202155528	2015	706.0	0.57
19	640190160813	2016	706.0	0.64
21	640193172830	2017	704.1	0.64
22	640193156400	2015	702.5	0.60

续表

排名	牛号	出生年份	产奶量 EBV/kg	EBV 准确性
23	640193155093	2015	698.1	0.59
24	640193173226	2017	698.0	0.60
25	640193173054	2017	683.0	0.61
26	640202155513	2015	680.0	0.62
27	640193173276	2017	678.0	0.64
28	640193173030	2017	677.6	0.62
29	640193172054	2017	674.0	0.57
30	640066156091	2015	672.1	0.62
31	640202155669	2015	671.6	0.55
32	640193173632	2017	669.0	0.60
33	640190156262	2015	668.0	0.59
34	640193174712	2017	667.2	0.57
35	640190155922	2015	663.9	0.53
36	640190175799	2017	663.2	0.61
37	640193173094	2017	657.1	0.62
38	640193172342	2017	656.5	0.61
39	640202155544	2015	654.3	0.58
40	640193174608	2017	652.0	0.58
41	640202155374	2015	649.7	0.53
42	640193173972	2017	649.1	0.62
43	640193154786	2015	646.5	0.55
44	643052120405	2012	646.0	0.59
45	640193161045	2016	644.1	0.60
46	640202155631	2015	643.4	0.59
47	640193174804	2017	643.2	0.59
48	640190155646	2015	638.8	0.61
49	640193155976	2015	638.2	0.59
50	640193180421	2018	637.5	0.44

续表

排名	牛号	出生年份	产奶量 EBV/kg	EBV 准确性
51	640193155954	2015	637.0	0.64
52	640193155981	2015	633.5	0.59
53	640202155640	2015	632.9	0.61
54	640003162234	2016	627.7	0.61
55	640193173792	2017	627.5	0.62
56	640193155999	2015	624.7	0.58
57	640193160929	2016	622.4	0.63
58	640193173090	2017	619.0	0.60
59	640202155635	2015	614.7	0.59
60	640202155484	2015	614.5	0.54
61	640193161715	2016	612.3	0.57
62	640193173336	2017	610.8	0.63
63	643052140408	2014	610.7	0.54
64	640193173674	2017	610.2	0.60
65	640190182085	2018	608.9	0.57
66	640193157269	2015	608.7	0.56
67	640193163731	2016	607.5	0.58
68	640193174852	2017	607.0	0.59
69	640202155368	2015	605.3	0.53
70	640193181794	2018	603.0	0.58
71	640193175064	2017	601.9	0.62
72	640193156848	2015	600.8	0.59
73	640193174644	2017	598.5	0.60
74	640193174676	2017	596.8	0.57
75	640190174635	2017	596.6	0.48
76	640193155555	2015	594.0	0.57
77	640193162689	2016	591.5	0.57
78	640202155568	2015	588.9	0.60

续表

排名	牛号	出生年份	产奶量 EBV/kg	EBV 准确性
79	640009171093	2017	585.9	0.57
80	640193150034	2015	583.6	0.60
81	640005134196	2013	583.4	0.62
82	640193160183	2016	582.7	0.62
83	640193172918	2017	581.0	0.63
84	640190130838	2013	580.8	0.56
85	640202155569	2015	580.2	0.57
86	640202155646	2015	579.8	0.55
87	640193173242	2017	579.7	0.61
88	640190130536	2013	579.4	0.58
88	640202155649	2015	579.4	0.57
90	640190130856	2013	578.6	0.56
91	640193175042	2017	577.8	0.60
92	640190156072	2015	575.6	0.59
93	640193156811	2015	575.3	0.62
94	640202155531	2015	575.1	0.60
95	640193172832	2017	574.5	0.64
96	640190155449	2015	573.9	0.61
97	640190157417	2015	572.4	0.57
98	640190173699	2017	570.1	0.49
99	640193163272	2016	568.7	0.54
100	640190162443	2016	568.3	0.49
101	640193174714	2017	568.0	0.60
102	640064130484	2013	567.5	0.47
103	640190157644	2015	566.8	0.63
104	640009150532	2015	565.4	0.64
105	640193155837	2015	564.2	0.55
106	640193174356	2017	563.7	0.56

续表

排名	牛号	出生年份	产奶量 EBV/kg	EBV 准确性
107	640193172682	2017	562.5	0.63
108	640118140727	2014	561.6	0.63
108	640193172888	2017	561.6	0.62
110	640193172924	2017	560.5	0.63
111	640202155366	2015	559.6	0.54
112	640193161696	2016	559.1	0.61
113	640190140331	2014	556.9	0.55
114	640190141045	2014	556.2	0.49
115	640190135392	2013	555.9	0.52
116	640118090332	2009	555.8	0.60
117	640009110066	2011	554.5	0.65
118	640193156298	2015	553.6	0.59
119	640193156773	2015	551.4	0.55
120	640190123762	2012	551.2	0.49
121	640193156309	2015	551.0	0.57
122	640193163552	2016	550.9	0.55
123	640193155875	2015	550.6	0.58
124	640193176777	2017	549.8	0.41
125	640193172722	2017	548.9	0.61
126	640193155952	2015	547.8	0.62
127	640202155547	2015	547.7	0.60
128	640193173590	2017	547.6	0.62
129	640193172866	2017	547.4	0.62
130	640202155664	2015	547.0	0.54
131	640190162159	2016	546.6	0.61
132	640202155604	2015	545.2	0.58
133	640202155557	2015	544.6	0.61
134	640036100983	2010	543.5	0.57

续表

排名	牛号	出生年份	产奶量 EBV/kg	EBV 准确性
135	640193172820	2017	543.0	0.61
136	640190160971	2016	542.8	0.61
137	640190156061	2015	542.4	0.57
138	640193174002	2017	541.7	0.50
139	640193173510	2017	538.8	0.58
140	640202155676	2015	538.6	0.62
141	640166172505	2017	538.2	0.57
142	640190142289	2014	538.1	0.50
143	640190123772	2012	537.7	0.52
144	640202155538	2015	537.6	0.54
145	640190155665	2015	536.9	0.61
146	640193161368	2016	534.9	0.59
147	640193163637	2016	534.1	0.57
148	643052120608	2012	533.9	0.58
149	640193175472	2017	533.5	0.61
150	640193155340	2015	532.7	0.58
150	640193156560	2015	532.7	0.62
152	640251153284	2015	532.2	0.59
153	640190174497	2017	532.0	0.46
154	640193161713	2016	531.5	0.61
155	640190160409	2016	530.9	0.62
156	640193157292	2015	529.5	0.59
157	640173153502	2015	529.1	0.60
158	640190160340	2016	528.6	0.62
158	640193171970	2017	528.6	0.57
160	643052120402	2012	528.5	0.56
161	640190157483	2015	527.4	0.44
162	640193150117	2015	525.7	0.57

续表

排名	牛号	出生年份	产奶量 EBV/kg	EBV 准确性
163	640202155597	2015	525.3	0.61
164	640193155691	2015	523.1	0.60
165	640193161552	2016	521.7	0.55
165	640193163677	2016	521.7	0.58
167	640193161722	2016	521.2	0.60
168	640193150072	2015	520.7	0.58
169	640202155645	2015	520.3	0.58
170	640202155622	2015	519.2	0.54
171	640036130408	2013	519.0	0.57
172	640193163553	2016	518.5	0.56
173	640193156284	2015	518.0	0.61
174	640193150109	2015	517.7	0.54
175	640190174339	2017	517.5	0.45
176	640003121310	2012	516.5	0.61
177	640190155318	2015	516.3	0.60
178	640193172194	2017	516.1	0.54
179	640190182341	2018	515.7	0.52
180	640202155509	2015	514.5	0.56
181	640066111116	2011	514.2	0.57
182	640202155490	2015	512.8	0.57
183	640190160951	2016	512.2	0.49
184	640202155623	2015	511.9	0.57
184	643052140413	2014	511.9	0.48
186	640190155809	2015	511.3	0.58
187	643052120118	2012	511.2	0.56
188	640193163724	2016	511.1	0.55
189	640193161278	2016	510.8	0.53
190	640251175047	2017	510.7	0.60

续表

排名	牛号	出生年份	产奶量 EBV/kg	EBV 准确性
191	640190162476	2016	510.6	0.63
192	640193180108	2018	509.7	0.61
193	640190156040	2015	509.5	0.55
194	640193155958	2015	509.4	0.60
195	640193172804	2017	509.0	0.64
195	640193173084	2017	509.0	0.62
197	640190140035	2014	508.7	0.58
198	640193150074	2015	508.1	0.58
199	640193156362	2015	507.7	0.61
200	640193156097	2015	507.5	0.61
201	640190174896	2017	506.5	0.52
202	640193155801	2015	505.7	0.59
203	640193160032	2016	505.4	0.59
204	640190156206	2015	505.2	0.58
205	640193156520	2015	505.1	0.58
205	640009120168	2012	505.1	0.61
207	640190172251	2017	504.7	0.46
207	640190128471	2012	504.7	0.52
209	640003172492	2017	504.0	0.59
210	640190156452	2015	503.8	0.57
211	643052121010	2012	503.7	0.53
211	640193156926	2015	503.7	0.63
213	640190172323	2017	503.4	0.45
214	640193161090	2016	503.2	0.56
215	640193163704	2016	502.8	0.55
216	640009110087	2015	501.7	0.62
217	640193173584	2017	500.6	0.61
218	640202155555	2015	500.5	0.57

续表

排名	牛号	出生年份	产奶量 EBV/kg	EBV 准确性
219	640193156341	2015	500.3	0.63
220	643052120318	2012	499.8	0.52
221	640193155199	2015	499.4	0.60
222	640193172084	2017	499.2	0.54
223	640190160747	2016	498.8	0.63
224	640190140332	2014	498.6	0.50
225	640190156039	2015	498.5	0.59
226	640012090198	2009	498.3	0.63
227	643051140374	2014	498.1	0.61
228	640202155340	2015	498.0	0.57
229	640202155525	2015	497.5	0.61
229	640193156882	2015	497.5	0.58
231	640190157381	2015	497.2	0.62
232	640193163234	2016	496.7	0.55
233	640193163431	2016	496.6	0.58
234	640190162446	2016	496.4	0.43
235	640193260735	2016	495.9	0.59
236	643051108537	2010	495.4	0.60
237	640190156178	2015	495.3	0.58
237	640193157421	2015	495.3	0.61
239	640190173355	2017	494.8	0.46
240	640193173136	2017	494.7	0.61
240	640193156026	2015	494.7	0.58
242	640066111114	2011	494.6	0.57
242	640202155354	2015	494.6	0.57
244	640193175468	2017	494.5	0.60
245	640193172960	2017	493.8	0.61
246	640118090522	2009	493.6	0.62

续表

排名	牛号	出生年份	产奶量 EBV/kg	EBV 准确性
246	640173174542	2017	493.6	0.57
248	640193156372	2015	493.3	0.60
249	640190155434	2015	492.9	0.60
250	640193154874	2015	492.8	0.57
251	640193157668	2015	492.4	0.58
252	640193173666	2017	492.2	0.59
252	640193161452	2016	492.2	0.59
254	640193173096	2017	491.6	0.63
254	640190181641	2018	491.6	0.45
256	640193160923	2016	490.6	0.59
257	640003162427	2016	489.6	0.65
258	640190142183	2014	489.4	0.49
259	640009140308	2014	488.8	0.63
260	640193170856	2017	488.7	0.57
261	640193162649	2016	488.4	0.58
262	640190173719	2017	487.9	0.46
263	640190130785	2013	487.2	0.60
263	640202155500	2015	487.2	0.57
265	640190156069	2015	487.1	0.55
266	640193150162	2015	487.0	0.53
267	640193181130	2018	486.8	0.62
268	640190155322	2015	486.6	0.59
268	640193156917	2015	486.6	0.59
270	640193156465	2015	486.2	0.53
271	640202155348	2015	486.1	0.54
271	640202155553	2015	486.1	0.58
271	640193155188	2015	486.1	0.60
274	640193172072	2017	486.0	0.56

续表

排名	牛号	出生年份	产奶量 EBV/kg	EBV 准确性
275	640190155377	2015	485.9	0.51
276	640193156241	2015	485.7	0.62
277	640193155843	2015	484.5	0.58
278	640190174883	2017	484.1	0.46
279	640193173714	2017	483.9	0.60
280	640193173164	2017	483.7	0.62
280	640182170020	2017	483.7	0.55
282	640202155612	2015	483.5	0.60
283	640190173711	2017	483.4	0.49
284	640066100885	2010	483.0	0.62
285	640193174948	2017	481.9	0.62
286	640193163641	2016	481.4	0.58
287	640173163945	2016	480.5	0.59
288	640202155573	2015	480.2	0.58
289	640193172398	2017	479.7	0.62
290	640193172424	2017	479.2	0.59
291	640012110404	2011	479.1	0.64
292	640193161698	2016	478.8	0.52
293	640193160656	2016	478.6	0.60
294	640193155858	2015	477.9	0.64
295	640193162726	2016	477.6	0.56
296	640193156004	2015	477.1	0.62
297	640190130217	2013	476.7	0.49
298	640193161411	2016	476.3	0.59
299	640193160877	2016	475.5	0.63
300	640031120459	2012	475.4	0.63
301	640193154946	2015	475.2	0.61
302	640173152977	2015	475.0	0.62

续表

排名	牛号	出生年份	产奶量 EBV/kg	EBV 准确性
303	643052120513	2012	474.7	0.57
304	640193155786	2015	474.2	0.57
304	640193162032	2016	474.2	0.59
304	640182170190	2017	474.2	0.48
307	640010120542	2012	474.1	0.64
307	640193173346	2017	474.1	0.62
309	640193155443	2015	473.8	0.64
309	640193173040	2017	473.8	0.62
311	640251153282	2015	473.3	0.61
312	640193161903	2016	473.1	0.53
313	640193156297	2015	472.8	0.57
314	640193155803	2015	472.5	0.58
315	640193155817	2015	472.3	0.63
315	640190160715	2016	472.3	0.62
317	643052110907	2011	471.9	0.58
318	640193175202	2017	471.0	0.61
319	640193161246	2016	470.8	0.61
319	640035118018	2011	470.8	0.66
321	643052120907	2012	470.3	0.53
322	643052137705	2013	469.9	0.55
323	640193170072	2017	469.8	0.58
323	640193173250	2017	469.8	0.61
325	640193156905	2015	469.4	0.59
325	640193180670	2018	469.4	0.59
327	640005144360	2014	468.9	0.59
328	640193156420	2015	468.7	0.63
329	640193156307	2015	468.5	0.62
330	640009110081	2011	468.3	0.55

续表

排名	牛号	出生年份	产奶量 EBV/kg	EBV 准确性
331	640193174914	2017	467.9	0.61
332	640193154904	2015	467.7	0.58
332	640193155822	2015	467.7	0.61
334	640173163772	2016	467.3	0.62
335	640190130019	2013	467.0	0.52
336	640003162404	2016	466.7	0.56
337	643052110709	2011	466.6	0.58
338	640193155996	2015	466.2	0.62
339	643051098192	2009	466.0	0.55
340	640193156303	2015	465.8	0.58
341	640190173421	2017	465.7	0.47
342	640193156027	2015	465.6	0.52
343	640193172896	2017	465.5	0.61
344	640193172634	2017	465.2	0.61
345	640193173394	2017	464.9	0.62
345	640195172583	2017	464.9	0.40
347	640173174455	2017	464.7	0.53
348	640190174844	2017	464.6	0.54
349	640193160339	2016	464.5	0.63
350	640190160448	2016	464.4	0.60
351	640202155639	2015	463.9	0.61
352	640190155531	2015	463.7	0.52
353	640193173252	2017	463.6	0.62
353	640193173454	2017	463.6	0.62
355	640193162087	2016	462.8	0.55
356	640190156984	2015	462.0	0.60
356	640190134847	2013	462.0	0.43
358	640193155674	2015	461.9	0.62

续表

排名	牛号	出生年份	产奶量 EBV/kg	EBV 准确性
359	640190156163	2015	461.6	0.46
360	640193156000	2015	461.4	0.59
361	640190155487	2015	460.6	0.58
362	640190142471	2014	460.2	0.60
363	640190155628	2015	459.8	0.59
363	640193180125	2018	459.8	0.46
365	640166120671	2012	459.6	0.69
365	640010120469	2012	459.6	0.67
367	640009130014	2013	459.3	0.62
368	640190130640	2013	459.2	0.52
368	640193155002	2015	459.2	0.56
370	640118150844	2015	459.0	0.62
370	640193154977	2015	459.0	0.60
372	640193163640	2016	458.7	0.55
373	640190155522	2015	458.0	0.49
373	640005124024	2012	458.0	0.62
375	640193181650	2018	457.8	0.57
375	640193154827	2015	457.8	0.47
375	640193174960	2017	457.8	0.61
378	640066156191	2015	457.4	0.50
378	640193155124	2015	457.4	0.59
380	640009150468	2019	457.1	0.62
381	643052121111	2012	456.9	0.49
381	640193173500	2017	456.9	0.59
383	640193155985	2015	456.3	0.61
384	640190154411	2015	455.8	0.60
385	640193163689	2016	455.4	0.59
386	640202155520	2015	455.1	0.63

续表

排名	牛号	出生年份	产奶量 EBV/kg	EBV 准确性
387	643051130119	2013	454.2	0.61
387	640193172458	2017	454.2	0.64
389	640190142466	2014	453.9	0.58
390	640193173610	2017	453.8	0.61
391	640190156070	2015	453.6	0.49
392	640009110097	2011	453.5	0.63
393	640193173286	2017	453.4	0.61
394	640118120162	2012	453.2	0.60
395	640202155514	2015	452.9	0.55
396	640202155377	2015	452.7	0.57
397	640193155577	2015	452.3	0.54
398	643052120309	2012	452.1	0.61
398	643052120613	2012	452.1	0.57
400	640190171827	2017	452.0	0.50
401	640202155346	2015	451.9	0.55
402	640193173408	2017	451.6	0.62
403	640190113916	2011	451.5	0.41
404	640035160198	2016	451.1	0.58
405	640180114035	2011	450.8	0.60
406	640193174782	2017	450.7	0.62
407	640251153260	2015	450.4	0.60
408	640173172378	2017	450.3	0.57
409	640118110124	2011	450.1	0.58
410	640202155661	2015	450.0	0.61
410	640193181540	2018	450.0	0.53
412	640190160792	2016	449.8	0.62
413	640193160591	2016	449.5	0.60
413	643052121213	2012	449.5	0.52

续表

排名	牛号	出生年份	产奶量 EBV/kg	EBV 准确性
415	640190162176	2016	449.4	0.60
416	640193154718	2015	449.3	0.55
416	640251164273	2016	449.3	0.51
418	640193154964	2015	449.1	0.54
419	640193181430	2018	448.0	0.60
419	640202155585	2015	448.0	0.62
421	640193156008	2015	447.7	0.62
421	640193173174	2017	447.7	0.62
423	640173152948	2015	446.6	0.53
424	640190130467	2013	446.5	0.62
425	640193173608	2017	445.9	0.61
426	643052121112	2012	445.8	0.54
426	640202155510	2015	445.8	0.54
428	640096080429	2008	445.1	0.56
429	640009171125	2017	444.8	0.56
430	640193155863	2015	444.2	0.58
431	640193173850	2017	444.1	0.58
431	640193174858	2017	444.1	0.61
433	640010120470	2012	444.0	0.65
434	640193155723	2015	443.8	0.61
435	643052111112	2011	443.6	0.53
436	640166120674	2012	443.4	0.55
436	640193160369	2016	443.4	0.58
438	640193161478	2016	442.9	0.60
439	640190155610	2015	442.4	0.55
440	640193163499	2016	442.2	0.56
440	640253171326	2017	442.2	0.60
442	640193156084	2015	441.8	0.60

续表

排名	牛号	出生年份	产奶量 EBV/kg	EBV 准确性
443	640193163482	2016	441.7	0.59
443	640193181472	2018	441.7	0.59
445	640193155895	2015	441.6	0.60
446	640193172106	2017	441.4	0.54
446	640003100927	2010	441.4	0.60
448	640251153268	2015	441.3	0.59
449	640193155963	2015	441.2	0.62
449	640202155578	2015	441.2	0.60
449	640190123771	2012	441.2	0.54
452	640193173512	2017	440.7	0.62
453	640173143402	2014	440.5	0.53
454	640009110118	2011	440.4	0.57
455	640036130422	2013	440.2	0.60
456	640193155964	2015	440.1	0.64
457	640193156787	2015	440.0	0.57
458	640253169874	2016	439.7	0.60
459	640193162823	2016	439.2	0.48
460	640190123768	2012	439.0	0.54
461	640190110353	2011	438.3	0.43
462	640193155785	2015	438.2	0.61
463	640190260930	2016	437.7	0.42
464	640190175895	2017	436.9	0.59
464	640193163733	2016	436.9	0.54
466	640193172406	2017	436.8	0.64
467	640190157358	2015	436.6	0.55
467	640190156052	2015	435.6	0.55
467	640193160337	2016	435.6	0.57
470	640193155047	2015	435.5	0.56

续表

排名	牛号	出生年份	产奶量 EBV/kg	EBV 准确性
471	640193173804	2017	435.4	0.57
472	640005124022	2012	435.3	0.61
473	640166161836	2015	435.2	0.62
473	640193155369	2015	435.2	0.59
475	640010120465	2012	435.1	0.66
476	640193173268	2017	435.0	0.63
477	643052121009	2012	434.9	0.56
478	640193155841	2015	434.8	0.61
479	640193163471	2016	434.6	0.56
480	640193162721	2016	434.0	0.56
481	640193177243	2017	433.6	0.40
482	640173152960	2015	433.5	0.45
483	640190156775	2015	433.4	0.58
484	640190162464	2016	433.2	0.46
485	640193156929	2015	432.7	0.61
486	640193172516	2017	432.6	0.59
487	640202155563	2015	432.3	0.54
488	640193155663	2015	432.2	0.61
488	640251174865	2017	432.2	0.57
490	640190261023	2016	432.1	0.61
491	640193160038	2016	432.0	0.58
492	640173172357	2017	431.6	0.44
493	640190155409	2015	431.4	0.57
494	640193172336	2017	431.2	0.62
495	640003100948	2010	431.0	0.59
496	640193171686	2017	430.7	0.61
497	640173164046	2016	430.4	0.61
497	640193154831	2015	430.4	0.59
499	640193155885	2015	430.3	0.59
500	640193161361	2016	429.8	0.57

附表 2　全宁夏乳脂率 EBV 排名前 500 名母牛

排名	牛号	出生年份	乳脂率 EBV/%	EBV 准确性
1	640195180047	2018	0.341	0.47
2	640195171451	2017	0.336	0.48
3	640195171181	2017	0.319	0.50
4	640195171152	2017	0.310	0.51
5	640195171091	2017	0.302	0.45
6	640195170658	2017	0.300	0.47
7	640195170714	2017	0.291	0.48
7	640195170500	2017	0.291	0.48
9	640195180050	2018	0.283	0.47
10	640195170674	2017	0.267	0.50
11	640195170612	2017	0.264	0.47
12	640195170659	2017	0.263	0.47
13	640195170921	2017	0.262	0.51
14	640195170650	2017	0.258	0.44
15	640195170794	2017	0.250	0.45
16	640195150319	2015	0.244	0.47
17	640195170472	2017	0.239	0.48
18	640195171441	2017	0.229	0.46
19	640195171216	2017	0.228	0.47
20	640195170775	2017	0.219	0.49
21	640195150338	2015	0.218	0.49
22	640195171452	2017	0.217	0.49
23	640195170466	2017	0.213	0.48
23	640195150096	2015	0.213	0.46
25	640195170439	2017	0.209	0.49
26	640195150073	2015	0.205	0.47
27	640195150082	2015	0.204	0.46
28	640195171238	2017	0.202	0.49

续表

排名	牛号	出生年份	乳脂率 EBV/%	EBV 准确性
28	640195150428	2015	0.202	0.46
28	640195150285	2015	0.202	0.48
31	640031100062	2010	0.199	0.52
31	640195150365	2015	0.199	0.47
31	640195171067	2017	0.199	0.50
31	640195171445	2017	0.199	0.47
35	640195150221	2015	0.198	0.47
35	640195171464	2017	0.198	0.48
35	640195171290	2017	0.198	0.47
38	640195150176	2015	0.197	0.47
38	640195150069	2015	0.197	0.48
40	640195150398	2015	0.195	0.48
41	640195160218	2016	0.194	0.47
41	640195150107	2015	0.194	0.47
41	640195171303	2017	0.194	0.46
44	640195150064	2015	0.193	0.48
45	640195171467	2017	0.192	0.49
45	640195150480	2015	0.192	0.47
47	640195150313	2015	0.191	0.49
47	640195160042	2016	0.191	0.45
47	640097012715	2012	0.191	0.45
47	640195171461	2017	0.191	0.51
51	640195150358	2015	0.190	0.48
51	640195180172	2018	0.190	0.48
53	640195180523	2018	0.188	0.49
53	640195150268	2015	0.188	0.47
55	640195171307	2017	0.187	0.47
55	640195150155	2015	0.187	0.47

续表

排名	牛号	出生年份	乳脂率 EBV/%	EBV 准确性
57	640195160050	2016	0.186	0.47
57	640195150356	2015	0.186	0.48
59	640195171046	2017	0.185	0.46
59	640195171305	2017	0.185	0.48
59	640195150252	2015	0.185	0.48
62	640195160077	2016	0.184	0.44
63	640195171288	2017	0.183	0.47
63	640195160202	2016	0.183	0.46
63	640195180530	2018	0.183	0.45
66	640195171367	2017	0.181	0.46
67	640195171394	2017	0.180	0.51
67	640195160172	2016	0.180	0.44
69	640195150248	2015	0.179	0.47
70	640195171442	2017	0.176	0.47
70	640195171335	2017	0.176	0.49
72	640195150189	2015	0.174	0.48
73	640195160112	2016	0.173	0.43
74	640195150447	2015	0.172	0.48
74	640195160369	2016	0.172	0.40
76	640195150090	2015	0.171	0.45
77	640195150127	2015	0.169	0.48
77	640195150443	2015	0.169	0.46
79	640195150314	2015	0.168	0.47
79	640035170725	2017	0.168	0.50
79	640195160236	2016	0.168	0.46
79	640195171241	2017	0.168	0.47
79	640195150373	2015	0.168	0.48
84	640195150279	2015	0.165	0.49

续表

排名	牛号	出生年份	乳脂率 EBV/%	EBV 准确性
84	640195150387	2015	0.165	0.48
86	640195160026	2016	0.164	0.44
86	640195160133	2016	0.164	0.46
88	640195160052	2016	0.163	0.45
88	640195160224	2016	0.163	0.46
88	640035150112	2015	0.163	0.55
88	640195171166	2017	0.163	0.50
92	640195171449	2017	0.162	0.46
92	640195160074	2016	0.162	0.46
94	640195160099	2016	0.161	0.45
94	640195150091	2015	0.161	0.46
96	640195150111	2015	0.160	0.47
97	640195180579	2018	0.159	0.47
97	640195150094	2015	0.159	0.47
99	640166120597	2012	0.158	0.54
100	640195180571	2018	0.157	0.48
100	640195150153	2015	0.157	0.45
100	640195160234	2016	0.157	0.45
100	640024152722	2015	0.157	0.46
104	640035160201	2016	0.156	0.48
104	640195160062	2016	0.156	0.46
104	640195171439	2017	0.156	0.47
104	640195160136	2016	0.156	0.47
108	640195160217	2016	0.155	0.48
108	640166099452	2009	0.155	0.53
108	640195150023	2015	0.155	0.46
108	640195170446	2017	0.155	0.48
108	640195171205	2017	0.155	0.52

续表

排名	牛号	出生年份	乳脂率 EBV/%	EBV 准确性
108	640195180491	2018	0.155	0.51
108	640195170671	2017	0.155	0.49
108	640195160067	2016	0.155	0.46
108	640195160288	2016	0.155	0.42
108	640195150411	2015	0.155	0.47
118	640195180483	2018	0.154	0.48
118	640195180568	2018	0.154	0.48
118	640195160066	2016	0.154	0.44
118	640195150167	2015	0.154	0.46
118	640195180569	2018	0.154	0.50
123	640166110222	2013	0.153	0.53
123	640195160426	2016	0.153	0.42
123	640195180577	2018	0.153	0.48
126	640166110277	2019	0.152	0.53
126	640195160212	2016	0.152	0.45
126	640195170654	2017	0.152	0.49
129	640195171444	2017	0.151	0.48
129	640195160281	2016	0.151	0.42
131	640035107646	2010	0.150	0.56
131	640195160083	2016	0.150	0.46
133	640195160038	2016	0.149	0.46
133	640195160130	2016	0.149	0.48
133	640005093481	2009	0.149	0.54
136	640166109802	2010	0.148	0.51
136	640035160258	2016	0.148	0.47
136	640251163640	2016	0.148	0.54
136	640005093492	2009	0.148	0.51
140	640195170210	2017	0.147	0.50

续表

排名	牛号	出生年份	乳脂率 EBV/%	EBV 准确性
140	640251174558	2017	0.147	0.40
140	640035160237	2016	0.147	0.51
143	640195150345	2015	0.146	0.46
143	640118090573	2009	0.146	0.52
143	640195180023	2018	0.146	0.47
143	640195170086	2017	0.146	0.47
147	640032110083	2011	0.145	0.48
147	640195160424	2016	0.145	0.40
147	640195160439	2016	0.145	0.40
150	640007090716	2009	0.144	0.48
150	640024152669	2015	0.144	0.46
150	640195160205	2016	0.144	0.46
150	640013111496	2011	0.144	0.48
150	640195171331	2017	0.144	0.47
150	640003100904	2010	0.144	0.53
150	640035107717	2010	0.144	0.49
157	640195180462	2018	0.143	0.48
157	640064114846	2011	0.143	0.22
157	640166120320	2012	0.143	0.53
157	640097120740	2012	0.143	0.46
161	640166120328	2011	0.142	0.55
161	640166110220	2013	0.142	0.54
161	640035107633	2010	0.142	0.53
161	640035158980	2016	0.142	0.50
165	640195160188	2016	0.141	0.44
165	640166120604	2012	0.141	0.53
167	640097120742	2012	0.140	0.46
167	640005164932	2016	0.140	0.45

续表

排名	牛号	出生年份	乳脂率 EBV/%	EBV 准确性
167	640195170791	2017	0.140	0.53
167	640195170487	2017	0.140	0.50
167	640166099497	2009	0.140	0.55
167	640195160173	2016	0.140	0.48
167	640195160081	2016	0.140	0.46
174	640195160223	2016	0.139	0.45
174	640035138516	2013	0.139	0.52
174	640004085340	2008	0.139	0.53
174	640195171419	2017	0.139	0.48
178	640031110116	2011	0.138	0.51
178	640118150790	2015	0.138	0.43
178	640004109739	2010	0.138	0.52
181	640166110205	2014	0.137	0.54
181	640195160021	2016	0.137	0.42
181	640166110175	2013	0.137	0.51
181	640195160015	2016	0.137	0.44
181	640195160468	2016	0.137	0.42
181	640195160179	2016	0.137	0.45
181	640035138442	2013	0.137	0.53
188	640195170282	2017	0.136	0.50
188	640035170732	2017	0.136	0.51
188	640195160128	2016	0.136	0.46
188	640251175492	2017	0.136	0.50
188	640195180593	2018	0.136	0.48
188	640166151664	2015	0.136	0.54
194	640195160019	2016	0.135	0.46
195	640166151433	2015	0.134	0.53
195	640195150335	2015	0.134	0.46

续表

排名	牛号	出生年份	乳脂率 EBV/%	EBV 准确性
195	640195160387	2016	0.134	0.44
195	640032110082	2011	0.134	0.46
195	640066111266	2012	0.134	0.41
200	640195160335	2016	0.133	0.42
200	640097120711	2012	0.133	0.41
200	640031110121	2011	0.133	0.55
200	640118160958	2016	0.133	0.43
200	640195160183	2016	0.133	0.46
205	643052110906	2011	0.132	0.36
205	640195171386	2017	0.132	0.47
205	640195160384	2016	0.132	0.41
205	640166099504	2009	0.132	0.56
205	640195170861	2017	0.132	0.54
210	640035150128	2015	0.131	0.48
210	640195160448	2016	0.131	0.44
210	640195180460	2018	0.131	0.47
210	640032110120	2011	0.131	0.49
210	640195160040	2016	0.131	0.45
210	640035138397	2013	0.131	0.52
210	640195160430	2016	0.131	0.43
210	640195160117	2016	0.131	0.49
210	640195160058	2016	0.131	0.48
210	640097110665	2011	0.131	0.53
220	640003100867	2010	0.130	0.55
220	640253159321	2015	0.130	0.35
220	640195160368	2016	0.130	0.43
220	640195160438	2016	0.130	0.43
220	640166109574	2010	0.130	0.54

续表

排名	牛号	出生年份	乳脂率 EBV/%	EBV 准确性
220	640097090294	2009	0.130	0.51
220	640195160174	2016	0.130	0.47
220	640195180576	2018	0.130	0.47
220	640166109685	2010	0.130	0.50
229	640004109719	2010	0.129	0.50
229	640097100479	2010	0.129	0.36
229	640166130850	2013	0.129	0.54
229	640195160211	2016	0.129	0.44
229	640035160269	2016	0.129	0.50
229	640035099501	2006	0.129	0.49
229	640166109507	2010	0.129	0.58
229	640166099471	2009	0.129	0.55
229	640195171295	2017	0.129	0.49
238	640195160016	2016	0.128	0.48
238	640251175413	2017	0.128	0.47
238	640035160257	2016	0.128	0.51
238	640003100866	2010	0.128	0.55
238	640195160035	2016	0.128	0.46
238	640178121282	2012	0.128	0.27
244	640035117908	2018	0.127	0.42
244	640166099437	2009	0.127	0.56
244	640195171340	2017	0.127	0.49
244	640195170279	2017	0.127	0.49
244	640035150144	2015	0.127	0.49
244	640032101180	2010	0.127	0.45
250	640097120731	2012	0.126	0.41
250	640004115914	2013	0.126	0.53
250	640166109720	2010	0.126	0.50

续表

排名	牛号	出生年份	乳脂率 EBV/%	EBV 准确性
250	640031100076	2010	0.126	0.52
250	640195160064	2016	0.126	0.47
250	640173164004	2016	0.126	0.45
250	640178141696	2014	0.126	0.52
257	640166099445	2009	0.125	0.56
257	640036130569	2013	0.125	0.36
257	640166109762	2010	0.125	0.51
257	640004115958	2011	0.125	0.47
261	640003110197	2013	0.124	0.46
261	640024163185	2016	0.124	0.47
261	640064116279	2011	0.124	0.26
261	640195150019	2015	0.124	0.46
261	640166109634	2010	0.124	0.55
261	640035109754	2010	0.124	0.51
261	640097120721	2012	0.124	0.46
261	640024163319	2016	0.124	0.36
261	640195160041	2016	0.124	0.48
270	640166130871	2011	0.123	0.51
270	640004136316	2011	0.123	0.50
270	640031110113	2011	0.123	0.52
270	640035150132	2015	0.123	0.45
274	64001509A016	2009	0.122	0.47
274	640035180864	2018	0.122	0.33
274	640003100881	2010	0.122	0.56
277	640253159257	2015	0.121	0.37
277	640097090220	2009	0.121	0.42
277	640035150100	2015	0.121	0.55
277	640003100897	2010	0.121	0.53

续表

排名	牛号	出生年份	乳脂率 EBV/%	EBV 准确性
281	640118150782	2015	0.120	0.50
281	640166109757	2010	0.120	0.52
281	640097120705	2012	0.120	0.40
281	640195160380	2016	0.120	0.42
281	640035160270	2016	0.120	0.47
281	640178220681	2017	0.120	0.46
281	640190112166	2011	0.120	0.34
281	640035138423	2013	0.120	0.53
281	640035150159	2015	0.120	0.47
281	640097140172	2014	0.120	0.48
281	640005113728	2011	0.120	0.52
281	640035107647	2010	0.120	0.52
293	640035107602	2010	0.119	0.53
293	640195160012	2016	0.119	0.46
293	640097090232	2009	0.119	0.43
293	640005124034	2012	0.119	0.52
293	640035158957	2016	0.119	0.51
293	640097090225	2009	0.119	0.43
293	640118090589	2009	0.119	0.51
293	640195171456	2017	0.119	0.53
293	640007100801	2010	0.119	0.44
293	640003152045	2015	0.119	0.51
293	640195160394	2016	0.119	0.42
304	640035160178	2016	0.118	0.50
304	640178200684	2015	0.118	0.49
304	640195180665	2018	0.118	0.47
304	640195150014	2015	0.118	0.48
304	640035138433	2013	0.118	0.54

续表

排名	牛号	出生年份	乳脂率 EBV/%	EBV 准确性
304	640166099474	2009	0.118	0.57
304	640035148670	2014	0.118	0.55
304	640004099469	2009	0.118	0.55
304	640251163528	2016	0.118	0.53
313	640195180012	2018	0.117	0.33
313	640166109514	2010	0.117	0.55
313	640035150114	2015	0.117	0.51
316	640195160361	2016	0.116	0.43
316	640035138498	2013	0.116	0.51
316	640195160229	2016	0.116	0.45
316	640166109725	2010	0.116	0.52
316	640005107639	2010	0.116	0.55
316	640166099492	2009	0.116	0.57
316	640003100869	2010	0.116	0.55
316	640035148546	2016	0.116	0.50
316	640195160096	2016	0.116	0.44
316	640195170468	2017	0.116	0.49
326	640166109554	2010	0.115	0.53
326	640035160228	2016	0.115	0.52
326	640166109807	2010	0.115	0.51
326	640251175405	2017	0.115	0.46
326	640035148772	2014	0.115	0.51
326	640193175382	2017	0.115	0.38
326	640166110168	2013	0.115	0.54
326	640190138817	2013	0.115	0.31
326	640166109555	2010	0.115	0.55
326	640035160225	2016	0.115	0.50
326	640178141462	2014	0.115	0.38

续表

排名	牛号	出生年份	乳脂率 EBV/%	EBV 准确性
326	640035150041	2015	0.115	0.55
338	640035107683	2010	0.114	0.53
338	640173090704	2009	0.114	0.47
338	640005113727	2011	0.114	0.46
338	640166151414	2015	0.114	0.49
338	640035107638	2010	0.114	0.56
338	640166109752	2010	0.114	0.52
338	640035160210	2016	0.114	0.48
338	640004156759	2015	0.114	0.53
346	640251175434	2017	0.113	0.45
346	640035118035	2011	0.113	0.40
346	640195180064	2018	0.113	0.36
346	640035138403	2013	0.113	0.53
346	640195150200	2015	0.113	0.34
346	640166109537	2010	0.113	0.57
346	640003090807	2009	0.113	0.45
346	640024153052	2015	0.113	0.41
354	640178130150	2013	0.112	0.34
354	640190139086	2013	0.112	0.34
354	640003100935	2010	0.112	0.52
354	640032101206	2010	0.112	0.48
354	640195160147	2016	0.112	0.46
354	640036120333	2012	0.112	0.26
354	640195160046	2016	0.112	0.46
354	640166109622	2010	0.112	0.47
354	640097012736	2012	0.112	0.44
354	640004109799	2010	0.112	0.51
364	640024153064	2015	0.111	0.46

续表

排名	牛号	出生年份	乳脂率 EBV/%	EBV 准确性
364	640166109527	2010	0.111	0.52
364	640166151649	2015	0.111	0.46
364	640097012720	2012	0.111	0.44
364	640035138394	2013	0.111	0.53
364	640035148788	2014	0.111	0.53
364	640251150199	2015	0.111	0.50
371	640035097464	2006	0.110	0.48
371	640035107587	2010	0.110	0.54
371	640166109552	2010	0.110	0.55
371	640190127234	2012	0.110	0.34
371	640136090299	2009	0.110	0.53
376	640178130607	2013	0.109	0.43
376	640178210248	2016	0.109	0.44
376	640097120712	2012	0.109	0.47
376	640251174533	2017	0.109	0.40
376	640035107722	2010	0.109	0.47
376	640166099461	2007	0.109	0.53
376	640166151419	2015	0.109	0.51
376	640003100862	2010	0.109	0.55
376	640035138391	2013	0.109	0.52
376	640195160198	2016	0.109	0.45
376	640166109608	2010	0.109	0.57
376	640035107603	2010	0.109	0.53
376	640005107659	2010	0.109	0.52
389	640166109735	2010	0.108	0.53
389	640035148735	2014	0.108	0.49
389	640064083042	2008	0.108	0.33
389	640097120744	2012	0.108	0.47

续表

排名	牛号	出生年份	乳脂率 EBV/%	EBV 准确性
389	640166161810	2015	0.108	0.38
389	640166151685	2015	0.108	0.46
395	640096120733	2012	0.107	0.49
395	640005113859	2011	0.107	0.51
395	640035150135	2015	0.107	0.49
395	640253160542	2016	0.107	0.48
395	640005103558	2010	0.107	0.54
395	640004115925	2013	0.107	0.52
395	640166109561	2010	0.107	0.54
395	640118110089	2011	0.107	0.36
395	640118110045	2011	0.107	0.56
395	640166151494	2015	0.107	0.52
395	640190123171	2011	0.107	0.33
395	640035150156	2015	0.107	0.50
395	640035128081	2012	0.107	0.53
395	640005164751	2016	0.107	0.53
395	640166099477	2009	0.107	0.54
395	640024163193	2016	0.107	0.45
411	640007090583	2009	0.106	0.33
411	640166109642	2010	0.106	0.54
411	640035128184	2012	0.106	0.53
411	640166151684	2015	0.106	0.43
411	640035109526	2010	0.106	0.55
411	640005107649	2010	0.106	0.53
411	640118090582	2009	0.106	0.49
411	640035117965	2011	0.106	0.51
411	640195180586	2018	0.106	0.48
411	640013100414	2010	0.106	0.51

续表

排名	牛号	出生年份	乳脂率 EBV/%	EBV 准确性
421	640032122071	2012	0.105	0.43
421	640003100864	2010	0.105	0.53
421	640035099487	2006	0.105	0.52
421	640253169527	2016	0.105	0.44
421	640166162206	2016	0.105	0.50
421	640190142917	2014	0.105	0.46
421	640178200452	2015	0.105	0.45
421	640005103578	2010	0.105	0.41
421	640166110278	2019	0.105	0.50
421	640097130916	2013	0.105	0.47
421	640005164755	2016	0.105	0.51
421	640166099438	2009	0.105	0.51
421	640166119998	2011	0.105	0.45
421	640024142654	2015	0.105	0.51
421	640251175389	2017	0.105	0.45
421	64305117A160	2017	0.105	0.48
437	640166099491	2009	0.104	0.53
437	640035148668	2014	0.104	0.51
437	640035150062	2015	0.104	0.50
437	640035150130	2015	0.104	0.50
437	640003090852	2009	0.104	0.56
437	640064110135	2011	0.104	0.42
437	640035158952	2015	0.104	0.49
437	640253170931	2017	0.104	0.47
437	640195171124	2017	0.104	0.49
437	640009110045	2011	0.104	0.49
437	640178111052	2011	0.104	0.31
437	640178134333	2013	0.104	0.35

续表

排名	牛号	出生年份	乳脂率 EBV/%	EBV 准确性
449	640096120782	2012	0.103	0.44
449	640178200010	2015	0.103	0.44
449	640195160080	2016	0.103	0.45
449	640035138431	2013	0.103	0.51
449	640166141120	2014	0.103	0.49
449	640190127254	2012	0.103	0.33
449	640195180573	2018	0.103	0.44
449	640066111197	2011	0.103	0.42
449	640195180035	2018	0.103	0.32
449	640166172353	2017	0.103	0.48
449	643051116384	2012	0.103	0.45
449	640178141687	2014	0.103	0.29
449	640009090007	2009	0.103	0.52
462	640195171391	2017	0.102	0.47
462	640195180485	2018	0.102	0.47
462	640195171472	2017	0.102	0.33
462	640007100832	2010	0.102	0.42
462	640097110530	2011	0.102	0.48
462	640035141252	2014	0.102	0.55
462	640035160253	2016	0.102	0.51
462	640195150820	2015	0.102	0.46
462	640178120546	2012	0.102	0.24
462	640009120155	2012	0.102	0.45
472	640195170082	2017	0.101	0.49
472	643052121222	2012	0.101	0.36
472	640032122017	2012	0.101	0.40
472	640035117881	2011	0.101	0.52
472	640251160134	2016	0.101	0.50

续表

排名	牛号	出生年份	乳脂率 EBV/%	EBV 准确性
472	640195160028	2016	0.101	0.46
472	640009140215	2014	0.101	0.49
472	640032101186	2010	0.101	0.45
472	640253159291	2015	0.101	0.36
472	640031110163	2011	0.101	0.52
472	640036140937	2014	0.101	0.40
472	640166151695	2015	0.101	0.41
472	640166109744	2010	0.101	0.51
472	640195150694	2015	0.101	0.48
472	640024153067	2015	0.101	0.49
472	640178210814	2016	0.101	0.47
472	640166099467	2009	0.101	0.53
489	640038111068	2011	0.100	0.51
489	643052110805	2011	0.100	0.44
489	640188131129	2013	0.100	0.50
489	640178120038	2012	0.100	0.32
489	640005103602	2010	0.100	0.51
489	640195170457	2017	0.100	0.52
489	640251153449	2015	0.100	0.47
489	640035160419	2016	0.100	0.55
489	640009123574	2012	0.100	0.37
489	640195160403	2016	0.100	0.43
489	640166099466	2009	0.100	0.57
489	640166099462	2009	0.100	0.55

附表 3　全宁夏乳蛋白率 EBV 排名前 500 名母牛

排名	牛号	出生年份	乳蛋白率 EBV/%	EBV 准确性
1	640195170612	2017	0.198	0.53
2	640195171441	2017	0.143	0.51
2	640195170714	2017	0.143	0.54
4	640195171091	2017	0.142	0.51
5	640195180050	2018	0.140	0.53
6	640195180047	2018	0.139	0.53
7	640195170500	2017	0.128	0.54
7	640195170921	2017	0.128	0.56
9	640195170658	2017	0.127	0.53
10	640032110083	2011	0.126	0.54
10	640251163640	2016	0.126	0.59
10	640195171181	2017	0.126	0.55
13	640004156810	2015	0.120	0.59
14	640005154650	2015	0.118	0.59
15	640035138498	2013	0.117	0.58
16	640195160062	2016	0.116	0.52
17	640004115826	2011	0.115	0.61
17	640035160201	2016	0.115	0.55
19	640195160074	2016	0.114	0.52
20	640035150100	2015	0.113	0.61
20	640195170659	2017	0.113	0.53
22	640195171451	2017	0.112	0.54
22	640195160046	2016	0.112	0.53
22	640195160212	2016	0.112	0.51
25	640035170689	2017	0.111	0.45
26	640004187386	2018	0.110	0.55
27	640004187459	2018	0.109	0.53
27	640035117881	2011	0.109	0.58

续表

排名	牛号	出生年份	乳蛋白率 EBV/%	EBV 准确性
29	640035138391	2013	0.108	0.57
29	640004136316	2011	0.108	0.56
29	640251185641	2018	0.108	0.58
29	640035158980	2016	0.108	0.57
33	640004095452	2009	0.107	0.59
33	640251175405	2017	0.107	0.54
35	640195160038	2016	0.106	0.52
35	640035170682	2017	0.106	0.54
37	640005154616	2015	0.105	0.60
37	640195160234	2016	0.105	0.51
37	640035138442	2013	0.105	0.59
37	640195151217	2015	0.105	0.54
37	640195160130	2016	0.105	0.55
42	640004105765	2010	0.104	0.57
42	640195160066	2016	0.104	0.50
42	640166109567	2010	0.104	0.55
42	640035148591	2016	0.104	0.54
42	640035138403	2013	0.104	0.59
42	640005175220	2017	0.104	0.54
42	640166109840	2010	0.104	0.59
49	640004095439	2009	0.103	0.58
49	640003131531	2014	0.103	0.54
51	640195170650	2017	0.102	0.51
51	640035150002	2015	0.102	0.59
51	643052110103	2011	0.102	0.49
51	640195160368	2016	0.102	0.50
55	640005164716	2016	0.101	0.59
55	640031080373	2008	0.101	0.60

续表

排名	牛号	出生年份	乳蛋白率 EBV/%	EBV 准确性
57	640035117882	2011	0.100	0.60
58	640166099412	2009	0.099	0.55
58	640195160236	2016	0.099	0.53
58	640251163579	2016	0.099	0.54
58	640195170654	2017	0.099	0.54
58	640003101000	2010	0.099	0.57
58	640004115914	2013	0.099	0.59
64	640004105775	2010	0.098	0.60
64	640195160067	2016	0.098	0.53
64	640097140128	2014	0.098	0.50
64	640003162191	2016	0.098	0.55
64	640195160172	2016	0.098	0.50
69	643052110906	2011	0.097	0.42
69	640003090793	2009	0.097	0.54
69	640004136322	2013	0.097	0.58
69	640004115841	2011	0.097	0.59
73	640166099425	2009	0.096	0.55
73	640195150387	2015	0.096	0.54
73	640035158852	2014	0.096	0.57
73	640035170586	2017	0.096	0.51
77	640166109575	2010	0.095	0.59
77	640251163528	2016	0.095	0.59
77	640195160042	2016	0.095	0.51
77	643052110111	2011	0.095	0.47
77	640136090256	2009	0.095	0.54
77	640009140215	2014	0.095	0.55
83	640005175019	2017	0.094	0.52
83	640005175200	2017	0.094	0.51

续表

排名	牛号	出生年份	乳蛋白率 EBV/%	EBV 准确性
83	640035117874	2011	0.094	0.57
83	640195160426	2016	0.094	0.48
83	640009140260	2014	0.094	0.54
83	640195160045	2016	0.094	0.51
83	640066090782	2009	0.094	0.57
83	640195150319	2015	0.094	0.53
83	643052110203	2011	0.094	0.48
83	640188110689	2011	0.094	0.56
83	640064116279	2011	0.094	0.33
94	640195160224	2016	0.093	0.52
94	640166119892	2011	0.093	0.60
94	640005134253	2013	0.093	0.58
94	640005164904	2016	0.093	0.46
94	643052100802	2010	0.093	0.53
94	640035170535	2017	0.093	0.51
100	640004136389	2013	0.092	0.47
100	640035148546	2016	0.092	0.56
100	640195150064	2015	0.092	0.54
100	640195160218	2016	0.092	0.53
100	640166119998	2011	0.092	0.51
100	640035138433	2013	0.092	0.61
100	640195160430	2016	0.092	0.49
100	640251175332	2017	0.092	0.52
100	640035097447	2009	0.092	0.55
100	640097140256	2014	0.092	0.45
100	640195160369	2016	0.092	0.47
100	640003110237	2011	0.092	0.53
112	640188110675	2011	0.091	0.54

续表

排名	牛号	出生年份	乳蛋白率 EBV/%	EBV 准确性
112	640195150443	2015	0.091	0.52
112	640195160380	2016	0.091	0.49
112	640035138394	2013	0.091	0.59
112	640166172404	2017	0.091	0.54
112	640166109591	2010	0.091	0.54
118	640004115821	2011	0.090	0.60
118	640024152781	2015	0.090	0.48
118	640009160738	2016	0.090	0.58
118	640195160205	2016	0.090	0.52
118	640004174156	2017	0.090	0.31
118	640166109660	2010	0.090	0.60
118	640031100052	2010	0.090	0.53
118	640009150610	2015	0.090	0.57
118	640010100234	2010	0.090	0.47
127	640003131527	2013	0.089	0.59
127	640004115849	2011	0.089	0.60
127	640195160136	2016	0.089	0.53
127	640035117890	2011	0.089	0.61
127	640035150065	2015	0.089	0.56
127	640195160112	2016	0.089	0.49
127	640166099424	2009	0.089	0.55
127	640166120477	2012	0.089	0.58
127	643052110110	2011	0.089	0.43
127	640004105700	2010	0.089	0.57
127	640195160064	2016	0.089	0.54
127	640004099339	2009	0.089	0.58
127	640195160202	2016	0.089	0.52
140	640195160099	2016	0.088	0.51

续表

排名	牛号	出生年份	乳蛋白率 EBV/%	EBV 准确性
140	640195171452	2017	0.088	0.54
140	640251175398	2017	0.088	0.52
140	640005154665	2015	0.088	0.47
140	640003152044	2015	0.088	0.56
140	640195160147	2016	0.088	0.51
140	640195170674	2017	0.088	0.55
140	640188110659	2011	0.088	0.53
140	640004099379	2009	0.088	0.56
140	643051146537	2014	0.088	0.39
150	640035128246	2013	0.087	0.54
150	640024132231	2013	0.087	0.48
150	640166130871	2011	0.087	0.56
150	640195170472	2017	0.087	0.55
150	640160121111	2012	0.087	0.54
150	640195160077	2016	0.087	0.50
150	640195171456	2017	0.087	0.58
150	640035107697	2010	0.087	0.60
150	640009150726	2015	0.087	0.59
150	640188120774	2012	0.087	0.44
150	640035109697	2010	0.087	0.53
161	640166099401	2009	0.086	0.54
161	640097140247	2014	0.086	0.55
161	640035150062	2015	0.086	0.56
161	640188110687	2011	0.086	0.52
161	640195150248	2015	0.086	0.53
161	640004105772	2010	0.086	0.59
161	640251185664	2018	0.086	0.55
161	640195160387	2016	0.086	0.51

续表

排名	牛号	出生年份	乳蛋白率 EBV/%	EBV 准确性
161	640004105757	2010	0.086	0.60
161	640035170732	2017	0.086	0.56
161	640195171290	2017	0.086	0.53
161	640251174817	2017	0.086	0.57
161	640195160081	2016	0.086	0.52
161	640251174907	2017	0.086	0.55
161	640195160424	2016	0.086	0.46
161	640035180864	2018	0.086	0.40
177	640009150687	2015	0.085	0.57
177	640166110222	2013	0.085	0.60
177	640007090716	2009	0.085	0.54
177	640195160183	2016	0.085	0.51
177	640251174869	2017	0.085	0.56
177	64018012A266	2012	0.085	0.54
177	640251175243	2017	0.085	0.53
177	640066111233	2011	0.085	0.52
177	640166109600	2010	0.085	0.56
177	640188100583	2010	0.085	0.44
187	640195150096	2015	0.084	0.51
187	640003172579	2017	0.084	0.43
187	640035107657	2010	0.084	0.58
187	640188100592	2010	0.084	0.54
187	640166109817	2010	0.084	0.59
187	640195180147	2018	0.084	0.57
187	640005093362	2003	0.084	0.52
187	640005175007	2017	0.084	0.41
187	640253169509	2016	0.084	0.52
187	640195171216	2017	0.084	0.52

续表

排名	牛号	出生年份	乳蛋白率 EBV/%	EBV 准确性
187	640005175055	2017	0.084	0.53
187	640251175251	2017	0.084	0.55
187	640166120527	2012	0.084	0.50
187	640024142455	2014	0.084	0.51
187	640031080363	2008	0.084	0.55
187	640195160083	2016	0.084	0.53
187	640097120867	2012	0.084	0.58
187	640004105771	2010	0.084	0.60
205	640035097441	2009	0.083	0.57
205	640004126006	2012	0.083	0.59
205	640003111150	2011	0.083	0.60
205	640251160328	2016	0.083	0.45
205	640195160217	2016	0.083	0.54
205	640004109599	2010	0.083	0.56
205	640188100530	2010	0.083	0.50
205	640035117856	2011	0.083	0.62
205	640004146535	2015	0.083	0.55
205	640195160174	2016	0.083	0.53
205	640166109871	2010	0.083	0.60
205	640024142654	2015	0.083	0.58
217	640195150428	2015	0.082	0.52
217	640035160419	2016	0.082	0.60
217	640004119899	2011	0.082	0.59
217	640195160133	2016	0.082	0.52
217	640251175367	2017	0.082	0.54
217	640195150082	2015	0.082	0.53
217	640195150447	2015	0.082	0.54
217	640064120347	2012	0.082	0.49

续表

排名	牛号	出生年份	乳蛋白率 EBV/%	EBV 准确性
217	640195160229	2016	0.082	0.50
217	640004099349	2009	0.082	0.57
217	640035109644	2010	0.082	0.58
228	640251163728	2016	0.081	0.57
228	640253170743	2019	0.081	0.43
228	640251163781	2016	0.081	0.53
228	640195150155	2015	0.081	0.53
228	640005164939	2016	0.081	0.43
228	640009090080	2009	0.081	0.55
228	640031080374	2008	0.081	0.54
228	643052101018	2010	0.081	0.48
228	640166119891	2011	0.081	0.58
228	640195160015	2016	0.081	0.50
228	640005144453	2014	0.081	0.57
228	640166109597	2010	0.081	0.54
228	640166109655	2010	0.081	0.57
228	640195171439	2017	0.081	0.52
228	640005156836	2018	0.081	0.40
243	640195171375	2017	0.080	0.51
243	640005154624	2015	0.080	0.59
243	640251153452	2015	0.080	0.54
243	640253169591	2016	0.080	0.55
243	640136120019	2012	0.080	0.48
243	640005144382	2014	0.080	0.46
243	640188110666	2011	0.080	0.52
243	640253170855	2017	0.080	0.31
243	640195150014	2015	0.080	0.55
243	640005164874	2016	0.080	0.50

续表

排名	牛号	出生年份	乳蛋白率 EBV/%	EBV 准确性
243	640005175026	2017	0.080	0.53
243	640004177347	2017	0.080	0.55
243	640251163549	2016	0.080	0.58
243	640166110277	2019	0.080	0.58
243	640035128077	2012	0.080	0.58
243	640251175300	2017	0.080	0.53
259	640009120175	2012	0.079	0.50
259	640003162399	2016	0.079	0.46
259	640005154490	2015	0.079	0.60
259	643051098274	2009	0.079	0.57
259	640166130856	2011	0.079	0.57
259	640251175413	2017	0.079	0.56
259	640035160249	2016	0.079	0.48
259	640005175215	2017	0.079	0.55
259	640035097428	2009	0.079	0.54
259	640188110660	2011	0.079	0.54
259	640004177330	2017	0.079	0.54
259	640195160198	2016	0.079	0.51
259	640035170649	2017	0.079	0.49
259	640003162223	2016	0.079	0.59
259	640195160041	2016	0.079	0.54
259	640035148828	2014	0.079	0.58
259	640251175226	2017	0.079	0.51
259	640166109852	2010	0.079	0.60
277	640251163886	2016	0.078	0.60
277	640136120023	2012	0.078	0.50
277	640035170579	2017	0.078	0.52
277	640005113671	2011	0.078	0.57

续表

排名	牛号	出生年份	乳蛋白率 EBV/%	EBV 准确性
277	640253169385	2016	0.078	0.48
277	640005134098	2013	0.078	0.57
277	640004105764	2010	0.078	0.60
277	640024152669	2015	0.078	0.52
277	640024111436	2011	0.078	0.48
277	640005175167	2017	0.078	0.52
277	640166109581	2010	0.078	0.53
277	640118090573	2009	0.078	0.58
277	640004115953	2011	0.078	0.57
277	640036120186	2012	0.078	0.51
277	640166130855	2011	0.078	0.60
277	640253181713	2018	0.078	0.41
277	640166099320	2009	0.078	0.56
277	640024173665	2017	0.078	0.44
277	640195150820	2015	0.078	0.53
277	640005164724	2016	0.078	0.59
297	640178200630	2015	0.077	0.58
297	640166099394	2009	0.077	0.57
297	640253159169	2015	0.077	0.54
297	640195160182	2016	0.077	0.54
297	640190136747	2013	0.077	0.39
297	640166109752	2010	0.077	0.58
297	640003111112	2011	0.077	0.53
297	640005113690	2009	0.077	0.48
297	640011122454	2012	0.077	0.49
297	640251175373	2017	0.077	0.51
297	640004105748	2010	0.077	0.58
297	640035117862	2011	0.077	0.59

续表

排名	牛号	出生年份	乳蛋白率 EBV/%	EBV 准确性
297	640066121315	2012	0.077	0.56
297	640035097411	2014	0.077	0.42
297	640251174687	2017	0.077	0.59
297	640195151084	2015	0.077	0.55
297	640009150584	2015	0.077	0.57
314	640004115925	2013	0.076	0.58
314	640035107663	2010	0.076	0.62
314	640035117872	2011	0.076	0.58
314	640004177325	2017	0.076	0.54
314	640195160153	2016	0.076	0.51
314	640009150660	2015	0.076	0.61
314	640195160288	2016	0.076	0.49
314	640195171444	2017	0.076	0.54
314	640005113728	2011	0.076	0.58
314	640036140882	2014	0.076	0.45
314	640024163128	2016	0.076	0.44
314	640253159147	2015	0.076	0.56
314	640005156893	2016	0.076	0.56
314	640004095454	2009	0.076	0.54
314	640004095450	2009	0.076	0.62
314	640195160096	2016	0.076	0.50
314	640003120337	2012	0.076	0.58
331	640195150090	2015	0.075	0.52
331	640035128235	2012	0.075	0.58
331	640024152722	2015	0.075	0.52
331	640251163633	2016	0.075	0.55
331	640195160384	2016	0.075	0.48
331	640005175197	2017	0.075	0.51

续表

排名	牛号	出生年份	乳蛋白率 EBV/%	EBV 准确性
331	640003111133	2011	0.075	0.50
331	643051140413	2014	0.075	0.53
331	640166099340	2009	0.075	0.60
331	640003110815	2011	0.075	0.58
331	640188110664	2011	0.075	0.51
331	640005164722	2016	0.075	0.58
331	640009150729	2015	0.075	0.60
331	640035107784	2010	0.075	0.59
331	640195160035	2016	0.075	0.52
331	640005144434	2015	0.075	0.59
331	640003162134	2014	0.075	0.55
331	640251174944	2017	0.075	0.48
331	640097140172	2014	0.075	0.53
350	640188131129	2013	0.074	0.55
350	640035138471	2013	0.074	0.58
350	640005154538	2015	0.074	0.58
350	640195151191	2015	0.074	0.55
350	640188131179	2013	0.074	0.51
350	640032132199	2013	0.074	0.55
350	640253169527	2016	0.074	0.51
350	640015110016	2011	0.074	0.52
350	640063090328	2009	0.074	0.49
350	640004095569	2009	0.074	0.55
350	640188110653	2011	0.074	0.56
350	640251175445	2017	0.074	0.51
350	640005113856	2011	0.074	0.55
350	640136090299	2009	0.074	0.58
350	640005144456	2014	0.074	0.60

续表

排名	牛号	出生年份	乳蛋白率 EBV/%	EBV 准确性
350	640036101022	2010	0.074	0.55
350	640005103631	2010	0.074	0.54
350	640035107683	2010	0.074	0.60
350	640004115913	2011	0.074	0.59
350	640188110661	2011	0.074	0.55
350	640003152045	2015	0.074	0.56
350	640035128268	2012	0.074	0.58
350	640038080736	2008	0.074	0.57
350	643051128627	2011	0.074	0.54
350	640251170716	2017	0.074	0.34
350	640097012796	2012	0.074	0.55
350	640195171205	2017	0.074	0.57
350	640251175337	2017	0.074	0.50
350	640063100524	2010	0.074	0.51
350	640035119881	2011	0.074	0.59
350	640035170676	2017	0.074	0.52
350	640035150112	2015	0.074	0.61
382	640166120328	2011	0.073	0.60
382	640195150153	2015	0.073	0.51
382	640190156652	2015	0.073	0.32
382	64001509A036	2009	0.073	0.54
382	640195160403	2016	0.073	0.49
382	640004125986	2012	0.073	0.61
382	640195171394	2017	0.073	0.55
382	640004085384	2008	0.073	0.57
382	640063080239	2008	0.073	0.52
382	640253171525	2017	0.073	0.50
382	640195160021	2016	0.073	0.48

续表

排名	牛号	出生年份	乳蛋白率 EBV/%	EBV 准确性
382	640195160394	2016	0.073	0.47
382	640004136437	2013	0.073	0.51
382	640009140440	2014	0.073	0.48
382	640035117894	2011	0.073	0.60
382	640166109808	2010	0.073	0.59
382	640166109665	2010	0.073	0.56
382	640036111246	2011	0.073	0.47
382	640024163185	2016	0.073	0.54
382	640195180608	2018	0.073	0.54
382	640195150019	2015	0.073	0.52
382	640035138423	2013	0.073	0.59
382	640166141330	2014	0.073	0.56
382	640031120521	2012	0.073	0.56
382	640024142588	2014	0.073	0.45
382	640166119878	2011	0.073	0.57
382	640005134139	2012	0.073	0.59
382	640253171519	2017	0.073	0.53
382	640166109742	2010	0.073	0.57
382	640066111238	2011	0.073	0.51
382	643052121107	2012	0.073	0.45
382	640035138516	2013	0.073	0.58
382	640035099417	2006	0.073	0.54
382	640178200341	2015	0.073	0.48
382	640251163456	2016	0.073	0.56
382	640251175434	2017	0.073	0.51
382	640195180038	2018	0.073	0.42
382	640011122651	2012	0.073	0.39
382	643052110206	2011	0.073	0.48

续表

排名	牛号	出生年份	乳蛋白率 EBV/%	EBV 准确性
382	640035138510	2013	0.073	0.50
422	640166130994	2013	0.072	0.53
422	640004085387	2008	0.072	0.58
422	640195171340	2017	0.072	0.54
422	643052100823	2010	0.072	0.56
422	640188131121	2013	0.072	0.52
422	640003141726	2013	0.072	0.49
422	640003090787	2009	0.072	0.53
422	640004177284	2017	0.072	0.46
422	640003111157	2011	0.072	0.57
422	640166109584	2010	0.072	0.52
422	640166109589	2010	0.072	0.55
422	640035117887	2011	0.072	0.61
422	640004177329	2017	0.072	0.56
422	640253171527	2017	0.072	0.53
422	640097110606	2011	0.072	0.53
422	640005175205	2017	0.072	0.55
422	640253181784	2018	0.072	0.40
422	640003110197	2013	0.072	0.52
422	640251174950	2017	0.072	0.54
422	640166109767	2010	0.072	0.59
442	640190123201	2012	0.071	0.50
442	640066100968	2010	0.071	0.54
442	640195160052	2016	0.071	0.52
442	640253169489	2016	0.071	0.53
442	640136120055	2012	0.071	0.49
442	643052100060	2010	0.071	0.53
442	640166099216	2009	0.071	0.55

续表

排名	牛号	出生年份	乳蛋白率 EBV/%	EBV 准确性
442	640004095475	2009	0.071	0.60
442	640009123574	2012	0.071	0.44
442	64001509A030	2009	0.071	0.54
442	640195150314	2015	0.071	0.53
442	643051118452	2011	0.071	0.47
442	640097140163	2014	0.071	0.56
442	640005154688	2015	0.071	0.59
442	640166130849	2011	0.071	0.59
442	640004095548	2009	0.071	0.57
442	640003162353	2016	0.071	0.49
442	640011122504	2012	0.071	0.46
442	640188110706	2011	0.071	0.51
442	640003131550	2013	0.071	0.53
442	640195170794	2017	0.071	0.50
442	640066156066	2015	0.071	0.51
442	640005134141	2013	0.071	0.59
442	640195150107	2015	0.071	0.53
442	640195150646	2015	0.071	0.54
467	640005154628	2015	0.070	0.60
467	640182120062	2012	0.070	0.54
467	640004146466	2014	0.070	0.48
467	640005175139	2017	0.070	0.41
467	640035170532	2017	0.070	0.54
467	640036111298	2011	0.070	0.47
467	640005175190	2017	0.070	0.42
467	640166099375	2009	0.070	0.58
467	640005166972	2016	0.070	0.37
467	640009120048	2012	0.070	0.52

续表

排名	牛号	出生年份	乳蛋白率 EBV/%	EBV 准确性
467	640166109658	2010	0.070	0.58
467	640035109647	2010	0.070	0.60
467	640166119888	2011	0.070	0.59
467	640166110258	2019	0.070	0.56
467	640003100910	2010	0.070	0.54
467	640160121237	2012	0.070	0.52
467	640251175440	2017	0.070	0.52
467	640251175177	2017	0.070	0.49
467	640031130395	2013	0.070	0.54
467	643052100065	2010	0.070	0.51
467	640035138436	2013	0.070	0.59
467	640066156185	2015	0.070	0.37
467	640066111215	2011	0.070	0.51
467	640003151962	2015	0.070	0.55
467	640166110180	2015	0.070	0.58
467	640005144292	2014	0.070	0.59
467	643051128629	2011	0.070	0.53
467	640024132232	2013	0.070	0.45
467	643052100904	2010	0.070	0.54
467	640251163522	2016	0.070	0.54
467	640195150749	2015	0.070	0.54
467	640005093388	2018	0.070	0.51
467	640190128105	2012	0.070	0.33
467	640005117956	2011	0.070	0.51

附表 4 全宁夏体细胞评分 EBV 排名前 500 名母牛

排名	牛号	出生年份	体细胞评分 EBV/分 [体细胞数/(个·mL^{-1})]	EBV 准确性
1	640195180555	2018	−0.76/7 385	0.46
2	640195180660	2018	−0.71/7 622	0.45
3	640195180626	2018	−0.62/8 136	0.45
3	640195180520	2018	−0.62/8 158	0.40
5	640195180402	2018	−0.58/8 362	0.43
5	640097110523	2011	−0.58/8 381	0.45
7	640195180608	2018	−0.55/8 535	0.43
8	640007100895	2010	−0.54/8 579	0.46
8	640097140076	2014	−0.54/8 581	0.33
10	640166109791	2010	−0.53/8 637	0.50
10	640097110548	2011	−0.53/8 652	0.39
10	640166109731	2010	−0.53/8 670	0.49
13	640004109699	2010	−0.52/8 702	0.48
13	640010090067	2009	−0.52/8 725	0.52
13	643052140216	2014	−0.52/8 726	0.40
13	640097140233	2014	−0.52/8 744	0.53
17	640166109757	2010	−0.51/8 750	0.49
17	640195180513	2018	−0.51/8 776	0.43
17	640166120345	2012	−0.51/8 805	0.51
17	640097110502	2011	−0.51/8 806	0.52
21	643052110617	2011	−0.50/8 810	0.44
21	640166161867	2016	−0.50/8 860	0.52
21	640166119967	2011	−0.50/8 863	0.43
21	640195180538	2018	−0.50/8 868	0.44
25	640195171419	2017	−0.49/8 871	0.48
25	643051140374	2014	−0.49/8 880	0.38
25	640096100600	2010	−0.49/8 888	0.47
25	640195180316	2018	−0.49/8 893	0.42

续表

排名	牛号	出生年份	体细胞评分 EBV/分 [体细胞数/(个·mL^{-1})]	EBV 准确性
25	640031120330	2012	−0.49/8 900	0.55
25	640010120565	2012	−0.49/8 912	0.55
25	640097130056	2013	−0.49/8 917	0.34
32	640036101095	2010	−0.48/8 953	0.46
32	640166109798	2010	−0.48/8 964	0.48
32	640010091709	2009	−0.48/8 965	0.53
32	640166130835	2013	−0.48/8 966	0.44
32	640010091715	2009	−0.48/8 985	0.49
37	640035107764	2010	−0.47/8 997	0.37
37	640031090482	2009	−0.47/9 000	0.50
37	640035117967	2011	−0.47/9 004	0.49
37	640166109694	2010	−0.47/9 010	0.45
37	640096100590	2010	−0.47/9 022	0.43
37	640031100024	2010	−0.47/9 027	0.54
37	640031120277	2012	−0.47/9 027	0.55
37	640031130393	2013	−0.47/9 045	0.55
37	640010110412	2011	−0.47/9 054	0.55
46	640035107678	2010	−0.46/9 061	0.48
46	640010110357	2011	−0.46/9 067	0.56
46	640195170775	2017	−0.46/9 078	0.48
46	640166120311	2012	−0.46/9 090	0.49
46	640097110507	2011	−0.46/9 104	0.55
46	640195171241	2017	−0.46/9 113	0.47
46	640031120281	2012	−0.46/9 117	0.55
53	64305118C165	2018	−0.45/9 121	0.41
53	640195160062	2016	−0.45/9 141	0.41
53	640032101228	2010	−0.45/9 158	0.45
53	640097110525	2011	−0.45/9 161	0.40

续表

排名	牛号	出生年份	体细胞评分 EBV/分 [体细胞数/(个·mL^{-1})]	EBV 准确性
53	640195171124	2017	−0.45/9 167	0.47
53	640035141157	2014	−0.45/9 174	0.47
53	640195171067	2017	−0.45/9 177	0.48
60	640035148702	2014	−0.44/9 183	0.49
60	640031090474	2009	−0.44/9 189	0.50
60	640004109719	2010	−0.44/9 190	0.45
60	640166109725	2010	−0.44/9 198	0.49
60	640097110542	2011	−0.44/9 206	0.45
60	640031090475	2009	−0.44/9 216	0.50
60	640007080776	2008	−0.44/9 219	0.42
60	640005109750	2010	−0.44/9 220	0.46
60	640166109785	2010	−0.44/9 222	0.47
60	640007090716	2009	−0.44/9 226	0.45
60	640195171331	2017	−0.44/9 226	0.47
60	640166119941	2011	−0.44/9 233	0.43
60	640035087365	2007	−0.44/9 234	0.51
60	640031130500	2013	−0.44/9 234	0.39
60	640195171439	2017	−0.44/9 236	0.47
60	640003120302	2012	−0.44/9 245	0.48
76	640166161868	2016	−0.43/9 249	0.54
76	640166109735	2010	−0.43/9 249	0.48
76	640031100078	2010	−0.43/9 253	0.51
76	640035148716	2014	−0.43/9 257	0.46
76	640097110534	2011	−0.43/9 258	0.42
76	640166109685	2010	−0.43/9 270	0.46
76	640096100572	2010	−0.43/9 272	0.42
76	640166130761	2013	−0.43/9 273	0.54
76	640035148807	2014	−0.43/9 279	0.48

续表

排名	牛号	出生年份	体细胞评分 EBV/分 [体细胞数/(个·mL^{-1})]	EBV 准确性
76	640097140077	2014	−0.43/9 282	0.35
76	640195171367	2017	−0.43/9 291	0.47
76	640166109772	2010	−0.43/9 292	0.48
76	640195160016	2016	−0.43/9 296	0.43
76	640195150014	2015	−0.43/9 297	0.43
76	640035148796	2014	−0.43/9 307	0.48
91	640010100149	2010	−0.42/9 311	0.40
91	643051130169	2013	−0.42/9 317	0.51
91	640166151424	2015	−0.42/9 317	0.48
91	640010120453	2012	−0.42/9 317	0.55
91	640004109739	2010	−0.42/9 322	0.47
91	640035107685	2010	−0.42/9 330	0.48
91	640166120638	2012	−0.42/9 336	0.55
91	640195170674	2017	−0.42/9 341	0.50
91	643051116058	2011	−0.42/9 356	0.45
91	640097110531	2011	−0.42/9 364	0.46
91	640166109742	2010	−0.42/9 368	0.46
91	640003110867	2011	−0.42/9 370	0.43
103	640035148768	2014	−0.41/9 375	0.49
103	640035109754	2010	−0.41/9 376	0.47
103	640195171452	2017	−0.41/9 376	0.48
103	640195160083	2016	−0.41/9 377	0.42
103	640035138488	2013	−0.41/9 380	0.52
103	640166109701	2010	−0.41/9 380	0.44
103	640097100352	2010	−0.41/9 383	0.47
103	640035128078	2012	−0.41/9 386	0.47
103	640032110109	2011	−0.41/9 397	0.46
103	640031110096	2011	−0.41/9 405	0.52

续表

排名	牛号	出生年份	体细胞评分 EBV/分 [体细胞数/(个·mL⁻¹)]	EBV 准确性
103	640035138473	2013	−0.41/9 410	0.52
103	640166109720	2010	−0.41/9 412	0.45
103	640010090018	2009	−0.41/9 412	0.49
103	640166151433	2015	−0.41/9 415	0.49
103	640011101246	2010	−0.41/9 419	0.42
103	640195171046	2017	−0.41/9 423	0.47
103	640035128097	2012	−0.41/9 429	0.47
103	640035107717	2010	−0.41/9 432	0.45
103	640035148791	2014	−0.41/9 436	0.48
122	640166130739	2013	−0.40/9 445	0.53
122	640195171444	2017	−0.40/9 448	0.48
122	640096110624	2011	−0.40/9 456	0.42
122	640035138486	2013	−0.40/9 457	0.52
122	640195171375	2017	−0.40/9 459	0.47
122	640251163799	2016	−0.40/9 462	0.49
122	640011101266	2010	−0.40/9 463	0.43
122	640031110257	2011	−0.40/9 464	0.55
122	640011081406	2008	−0.40/9 468	0.48
122	640195160133	2016	−0.40/9 471	0.41
122	640066111025	2011	−0.40/9 474	0.44
122	640035148798	2014	−0.40/9 475	0.45
122	640166151457	2015	−0.40/9 479	0.48
122	640195171166	2017	−0.40/9 479	0.47
122	640195160128	2016	−0.40/9 487	0.41
122	640166119911	2011	−0.40/9 488	0.42
122	640166119994	2011	−0.40/9 496	0.49
122	640035148797	2014	−0.40/9 500	0.50
122	640166119948	2011	−0.40/9 501	0.44

续表

排名	牛号	出生年份	体细胞评分 EBV/分 [体细胞数/(个·mL⁻¹)]	EBV 准确性
141	640010120427	2012	−0.39/9 510	0.54
141	640195160236	2016	−0.39/9 511	0.42
141	640195171386	2017	−0.39/9 513	0.47
141	640166120729	2012	−0.39/9 517	0.55
141	640032101229	2010	−0.39/9 518	0.44
141	640035097402	2007	−0.39/9 519	0.52
141	643052140317	2014	−0.39/9 520	0.36
141	640035148741	2014	−0.39/9 523	0.48
141	640011091944	2009	−0.39/9 525	0.42
141	640035097405	2007	−0.39/9 526	0.54
141	640195171307	2017	−0.39/9 528	0.47
141	640166120710	2012	−0.39/9 534	0.54
141	640251163947	2016	−0.39/9 534	0.48
141	640166109858	2010	−0.39/9 538	0.46
141	640251185750	2018	−0.39/9 538	0.48
141	640166089178	2008	−0.39/9 539	0.55
141	640173162164	2016	−0.39/9 545	0.48
141	640031100019	2010	−0.39/9 546	0.50
141	640003090729	2009	−0.39/9 548	0.51
141	640010130567	2013	−0.39/9 549	0.55
141	640035148735	2014	−0.39/9 550	0.44
141	640166141206	2014	−0.39/9 551	0.44
141	640004109729	2010	−0.39/9 560	0.46
141	640031110141	2011	−0.39/9 567	0.52
141	640166151426	2015	−0.39/9 568	0.45
141	640004136404	2013	−0.39/9 572	0.34
167	640097110642	2011	−0.38/9 576	0.40
167	640009110094	2016	−0.38/9 578	0.48

续表

排名	牛号	出生年份	体细胞评分 EBV/分 [体细胞数/(个·mL^{-1})]	EBV 准确性
167	640007100926	2010	−0.38/9 579	0.41
167	640173090649	2009	−0.38/9 584	0.41
167	640188120783	2012	−0.38/9 589	0.50
167	640166109681	2010	−0.38/9 591	0.48
167	640010120556	2012	−0.38/9 594	0.54
167	640195160045	2016	−0.38/9 602	0.41
167	640097110483	2011	−0.38/9 607	0.50
167	640195170082	2017	−0.38/9 608	0.48
167	640010091717	2009	−0.38/9 610	0.52
167	640097130945	2013	−0.38/9 613	0.54
167	640166119908	2011	−0.38/9 613	0.42
167	640011101233	2010	−0.38/9 614	0.42
167	640007100910	2010	−0.38/9 617	0.43
167	640195160234	2016	−0.38/9 620	0.40
167	640166109782	2010	−0.38/9 620	0.46
167	640166141366	2014	−0.38/9 621	0.56
167	640004161545	2016	−0.38/9 622	0.50
167	640009090040	2009	−0.38/9 625	0.50
167	640005107689	2010	−0.38/9 629	0.49
167	640166120642	2012	−0.38/9 629	0.56
167	640010120470	2012	−0.38/9 632	0.55
167	640010120423	2012	−0.38/9 637	0.55
167	640010120449	2012	−0.38/9 638	0.55
192	640195170446	2017	−0.37/9 640	0.47
192	640166109712	2010	−0.37/9 646	0.48
192	640032110083	2011	−0.37/9 646	0.45
192	640166151490	2015	−0.37/9 650	0.49
192	640195160188	2016	−0.37/9 655	0.41

续表

排名	牛号	出生年份	体细胞评分 EBV/分 [体细胞数/(个·mL^{-1})]	EBV 准确性
192	640195180172	2018	−0.37/9 657	0.47
192	643052110805	2011	−0.37/9 659	0.40
192	640195160046	2016	−0.37/9 660	0.41
192	640064090207	2009	−0.37/9 661	0.35
192	640166130734	2013	−0.37/9 663	0.52
192	640013100456	2010	−0.37/9 664	0.42
192	640097100327	2010	−0.37/9 665	0.50
192	640166120647	2012	−0.37/9 668	0.55
192	640195170282	2017	−0.37/9 673	0.48
192	640166120692	2012	−0.37/9 680	0.53
192	640251163748	2016	−0.37/9 681	0.47
192	640035138442	2013	−0.37/9 685	0.49
192	640118120179	2012	−0.37/9 686	0.55
192	643052130505	2013	−0.37/9 690	0.29
192	640195160211	2016	−0.37/9 692	0.41
192	640032101252	2010	−0.37/9 695	0.44
192	640195160058	2016	−0.37/9 695	0.43
192	640010120544	2012	−0.37/9 695	0.55
192	643052110615	2011	−0.37/9 697	0.41
192	643051123269	2012	−0.37/9 704	0.41
217	640096100601	2010	−0.36/9 706	0.43
217	640195171238	2017	−0.36/9 707	0.48
217	640035118007	2011	−0.36/9 709	0.49
217	640166109802	2010	−0.36/9 710	0.47
217	640004109709	2010	−0.36/9 713	0.45
217	640195171391	2017	−0.36/9 714	0.48
217	640035148681	2014	−0.36/9 717	0.49
217	643052140209	2014	−0.36/9 719	0.40

续表

排名	牛号	出生年份	体细胞评分 EBV/分 [体细胞数/(个·mL^{-1})]	EBV 准确性
217	640173162010	2016	−0.36/9 721	0.50
217	640010091683	2009	−0.36/9 722	0.50
217	640166110275	2011	−0.36/9 723	0.48
217	640166109682	2010	−0.36/9 723	0.48
217	640031090477	2009	−0.36/9 727	0.51
217	640166119962	2011	−0.36/9 731	0.41
217	640035107727	2010	−0.36/9 738	0.40
217	640010110302	2011	−0.36/9 739	0.52
217	640188120772	2012	−0.36/9 741	0.51
217	640011112261	2011	−0.36/9 745	0.48
217	640035107722	2010	−0.36/9 748	0.43
217	640173090704	2009	−0.36/9 749	0.43
217	640097130027	2013	−0.36/9 749	0.49
217	640195160218	2016	−0.36/9 752	0.42
217	640035117965	2011	−0.36/9 752	0.48
217	640035148789	2014	−0.36/9 754	0.47
217	640251185779	2018	−0.36/9 755	0.37
217	640036101063	2010	−0.36/9 755	0.42
217	640035150109	2015	−0.36/9 756	0.56
217	640166110151	2011	−0.36/9 757	0.46
217	640166119915	2011	−0.36/9 759	0.40
217	640173090680	2009	−0.36/9 761	0.46
217	643051111502	2011	−0.36/9 762	0.45
217	640166151494	2015	−0.36/9 763	0.49
217	640166151470	2015	−0.36/9 765	0.47
217	640096120718	2012	−0.36/9 769	0.40
217	640097110606	2011	−0.36/9 770	0.40
252	643052121010	2012	−0.35/9 776	0.31

续表

排名	牛号	出生年份	体细胞评分 EBV/分 [体细胞数/(个·mL⁻¹)]	EBV 准确性
252	640010120494	2012	−0.35/9 777	0.54
252	640187111610	2011	−0.35/9 777	0.43
252	640003110287	2011	−0.35/9 779	0.49
252	640251163696	2016	−0.35/9 779	0.48
252	640166109767	2010	−0.35/9 779	0.49
252	640173090648	2009	−0.35/9 780	0.43
252	640195160067	2016	−0.35/9 780	0.42
252	640195160217	2016	−0.35/9 783	0.43
252	640035097395	2007	−0.35/9 783	0.49
252	640009110096	2016	−0.35/9 788	0.46
252	640195160205	2016	−0.35/9 789	0.41
252	640031080316	2008	−0.35/9 789	0.48
252	640253171502	2017	−0.35/9 790	0.48
252	640010120442	2012	−0.35/9 792	0.54
252	640011081380	2008	−0.35/9 796	0.48
252	640251163639	2016	−0.35/9 797	0.47
252	640035128080	2012	−0.35/9 811	0.44
252	640010120466	2012	−0.35/9 812	0.55
252	640195160074	2016	−0.35/9 812	0.41
252	640035138464	2013	−0.35/9 813	0.51
252	640003090726	2009	−0.35/9 818	0.53
252	640195160224	2016	−0.35/9 818	0.41
252	640096110715	2011	−0.35/9 819	0.40
252	640193156703	2015	−0.35/9 824	0.48
252	640166151435	2015	−0.35/9 825	0.46
252	640031110264	2011	−0.35/9 827	0.49
252	643051160929	2016	−0.35/9 828	0.41
252	640032101208	2010	−0.35/9 828	0.42

续表

排名	牛号	出生年份	体细胞评分 EBV/分 [体细胞数/(个·mL^{-1})]	EBV 准确性
252	640166109727	2010	−0.35/9 829	0.48
252	640202161402	2016	−0.35/9 829	0.51
252	640251163745	2016	−0.35/9 830	0.48
252	640253169812	2016	−0.35/9 831	0.48
252	640251185724	2018	−0.35/9 831	0.45
252	640036111177	2011	−0.35/9 835	0.38
252	640166120288	2012	−0.35/9 838	0.49
252	640035160257	2016	−0.35/9 839	0.47
252	640251164389	2016	−0.35/9 841	0.44
290	640195160183	2016	−0.34/9 841	0.42
290	640251163735	2016	−0.34/9 845	0.47
290	640195160077	2016	−0.34/9 846	0.39
290	640166130842	2013	−0.34/9 847	0.53
290	640251175205	2017	−0.34/9 850	0.47
290	640166109741	2010	−0.34/9 851	0.44
290	640118130242	2013	−0.34/9 853	0.55
290	640032101253	2010	−0.34/9 855	0.44
290	640036101094	2010	−0.34/9 858	0.45
290	643051116385	2012	−0.34/9 860	0.36
290	640166151519	2015	−0.34/9 860	0.48
290	640193156702	2015	−0.34/9 863	0.47
290	640202155456	2015	−0.34/9 864	0.48
290	640178141942	2014	−0.34/9 867	0.40
290	640166109751	2010	−0.34/9 869	0.45
290	640010081591	2008	−0.34/9 869	0.50
290	640166109708	2010	−0.34/9 873	0.47
290	643052131107	2013	−0.34/9 874	0.37
290	640004146476	2014	−0.34/9 875	0.41

续表

排名	牛号	出生年份	体细胞评分 EBV/分 [体细胞数/(个·mL^{-1})]	EBV 准确性
290	640035170820	2017	−0.34/9 875	0.41
290	640031080394	2008	−0.34/9 881	0.49
290	640180114035	2011	−0.34/9 881	0.50
290	643051130097	2013	−0.34/9 891	0.50
290	640166151474	2015	−0.34/9 893	0.44
290	640180100204	2010	−0.34/9 893	0.50
290	641009100989	2010	−0.34/9 894	0.52
290	640166099257	2009	−0.34/9 896	0.48
290	640004109799	2010	−0.34/9 897	0.47
290	640064091604	2009	−0.34/9 897	0.26
290	640166141108	2014	−0.34/9 900	0.56
290	640024163150	2016	−0.34/9 900	0.49
290	640004136379	2013	−0.34/9 901	0.36
290	643051150604	2015	−0.34/9 902	0.37
290	640102080448	2009	−0.34/9 903	0.28
290	640195170468	2017	−0.34/9 903	0.48
290	640097110605	2011	−0.34/9 904	0.42
290	640195171340	2017	−0.34/9 905	0.48
290	640166119927	2011	−0.34/9 906	0.39
290	640097120840	2012	−0.34/9 909	0.45
290	640195160064	2016	−0.34/9 909	0.42
330	640032080449	2008	−0.33/9 910	0.32
330	640007100889	2010	−0.33/9 913	0.43
330	640003120337	2012	−0.33/9 915	0.49
330	640036111215	2011	−0.33/9 916	0.36
330	640166109740	2010	−0.33/9 916	0.43
330	640064100019	2010	−0.33/9 918	0.49
330	643051118423	2011	−0.33/9 918	0.39

续表

排名	牛号	出生年份	体细胞评分 EBV/分 [体细胞数/(个·mL^{-1})]	EBV 准确性
330	640005113832	2011	−0.33/9 919	0.48
330	640031110256	2011	−0.33/9 920	0.49
330	640195160153	2016	−0.33/9 924	0.42
330	640004115925	2013	−0.33/9 924	0.48
330	640195170210	2017	−0.33/9 924	0.47
330	640036120056	2012	−0.33/9 925	0.36
330	640195170466	2017	−0.33/9 925	0.47
330	640166151406	2015	−0.33/9 925	0.48
330	640253169705	2016	−0.33/9 926	0.49
330	640195171445	2017	−0.33/9 931	0.47
330	640035148771	2014	−0.33/9 931	0.50
330	640035160233	2016	−0.33/9 933	0.45
330	640032110120	2011	−0.33/9 935	0.46
330	640195160212	2016	−0.33/9 938	0.41
330	640118110036	2011	−0.33/9 939	0.54
330	640066111065	2011	−0.33/9 939	0.42
330	640166151477	2015	−0.33/9 939	0.43
330	640005154536	2015	−0.33/9 944	0.54
330	640195160012	2016	−0.33/9 945	0.42
330	640166141047	2014	−0.33/9 954	0.39
330	640178110836	2011	−0.33/9 956	0.40
330	640195170791	2017	−0.33/9 956	0.51
330	640003120307	2012	−0.33/9 958	0.46
330	640031090489	2009	−0.33/9 958	0.49
330	640010110312	2011	−0.33/9 959	0.54
330	640096090462	2009	−0.33/9 961	0.30
330	640035107723	2010	−0.33/9 962	0.48
330	640187101285	2010	−0.33/9 964	0.37

续表

排名	牛号	出生年份	体细胞评分 EBV/分 [体细胞数/(个·mL^{-1})]	EBV 准确性
330	640193156445	2015	−0.33/9 964	0.47
330	640253169663	2016	−0.33/9 964	0.47
330	640009110038	2011	−0.33/9 964	0.35
330	640195160019	2016	−0.33/9 965	0.43
330	640166130800	2013	−0.33/9 966	0.52
330	640003162163	2016	−0.33/9 966	0.48
330	640195160052	2016	−0.33/9 967	0.42
330	640035148774	2014	−0.33/9 968	0.43
330	640195160112	2016	−0.33/9 968	0.41
330	640166109714	2010	−0.33/9 969	0.47
330	640031120045	2012	−0.33/9 970	0.27
330	640166099212	2009	−0.33/9 971	0.53
330	640195171456	2017	−0.33/9 971	0.51
330	640097090319	2009	−0.33/9 972	0.50
330	640097110591	2011	−0.33/9 972	0.40
330	640035148709	2014	−0.33/9 973	0.48
330	643052120907	2012	−0.33/9 977	0.30
330	643051108553	2010	−0.33/9 978	0.46
330	640035170689	2017	−0.33/9 979	0.33
330	640009110087	2015	−0.33/9 979	0.44
385	640195170439	2017	−0.32/9 979	0.48
385	640010120497	2012	−0.32/9 981	0.54
385	640178141327	2014	−0.32/9 986	0.51
385	640166130736	2013	−0.32/9 988	0.52
385	640009110047	2011	−0.32/9 991	0.44
385	643051130179	2013	−0.32/9 991	0.29
385	640009120168	2012	−0.32/9 992	0.44
385	640035097394	2006	−0.32/9 992	0.52

续表

排名	牛号	出生年份	体细胞评分 EBV/分 [体细胞数/(个·mL^{-1})]	EBV 准确性
385	640003090719	2009	−0.32/9 993	0.52
385	640166141155	2014	−0.32/9 994	0.44
385	640005097419	2009	−0.32/9 999	0.53
385	640173090688	2009	−0.32/10 000	0.42
385	640253169722	2016	−0.32/10 004	0.47
385	640031080425	2008	−0.32/10 004	0.51
385	640195180503	2018	−0.32/10 004	0.37
385	640010120469	2012	−0.32/10 006	0.55
385	640010100190	2010	−0.32/10 008	0.40
385	640035107768	2010	−0.32/10 010	0.39
385	640166119926	2011	−0.32/10 011	0.43
385	640166119977	2011	−0.32/10 012	0.43
385	640031110231	2011	−0.32/10 013	0.52
385	640195160042	2016	−0.32/10 015	0.41
385	640097110541	2011	−0.32/10 015	0.41
385	640031090502	2009	−0.32/10 016	0.52
385	640096090464	2009	−0.32/10 018	0.32
385	640202161826	2016	−0.32/10 019	0.41
385	640166161865	2016	−0.32/10 019	0.51
385	640036101067	2010	−0.32/10 022	0.46
385	640195171205	2017	−0.32/10 025	0.51
385	640166151478	2015	−0.32/10 027	0.43
385	640031110199	2011	−0.32/10 027	0.52
385	640003131387	2013	−0.32/10 029	0.54
385	640035138329	2013	−0.32/10 033	0.54
385	640166141121	2014	−0.32/10 033	0.43
385	640253159099	2015	−0.32/10 033	0.47
385	640035148616	2014	−0.32/10 034	0.56

续表

排名	牛号	出生年份	体细胞评分 EBV/分 [体细胞数/(个·mL⁻¹)]	EBV 准确性
385	640004177338	2017	−0.32/10 036	0.48
385	640253169796	2016	−0.32/10 037	0.47
385	640251163746	2016	−0.32/10 038	0.48
385	640009110049	2011	−0.32/10 041	0.46
385	640166141156	2014	−0.32/10 043	0.43
385	640035138489	2013	−0.32/10 043	0.52
385	640166141071	2014	−0.32/10 046	0.56
385	640253169607	2016	−0.32/10 046	0.48
385	640193161295	2016	−0.32/10 046	0.48
385	643052110707	2011	−0.32/10 048	0.44
431	640166110135	2011	−0.31/10 049	0.38
431	640166099222	2009	−0.31/10 050	0.46
431	640031110097	2011	−0.31/10 051	0.52
431	640166161874	2016	−0.31/10 051	0.53
431	640009130057	2013	−0.31/10 051	0.32
431	640064090215	2009	−0.31/10 052	0.32
431	640007100718	2010	−0.31/10 055	0.43
431	640184111482	2011	−0.31/10 055	0.47
431	640096100605	2010	−0.31/10 062	0.42
431	640251163694	2016	−0.31/10 062	0.48
431	640166141079	2014	−0.31/10 067	0.56
431	640251163967	2016	−0.31/10 068	0.48
431	640011122698	2012	−0.31/10 070	0.43
431	640118110004	2011	−0.31/10 071	0.55
431	640005103608	2010	−0.31/10 071	0.46
431	640188110690	2011	−0.31/10 072	0.40
431	640010110342	2011	−0.31/10 073	0.53
431	640166120671	2012	−0.31/10 073	0.56

续表

排名	牛号	出生年份	体细胞评分 EBV/分 [体细胞数/(个·mL^{-1})]	EBV 准确性
431	640096100603	2010	−0.31/10 073	0.42
431	640166120340	2012	−0.31/10 073	0.45
431	640004120948	2016	−0.31/10 075	0.40
431	640253169801	2016	−0.31/10 077	0.48
431	640096080410	2008	−0.31/10 077	0.46
431	640195160174	2016	−0.31/10 078	0.42
431	640035087381	2006	−0.31/10 078	0.52
431	640253169829	2016	−0.31/10 079	0.47
431	640031110182	2011	−0.31/10 080	0.53
431	640166110285	2011	−0.31/10 080	0.46
431	640005123952	2012	−0.31/10 080	0.55
431	640202161875	2016	−0.31/10 081	0.40
431	640036111127	2011	−0.31/10 089	0.43
431	640066111243	2011	−0.31/10 089	0.26
431	64018010F930	2010	−0.31/10 089	0.37
431	640035109745	2010	−0.31/10 091	0.46
431	640195160066	2016	−0.31/10 095	0.41
431	640064120419	2012	−0.31/10 096	0.43
431	640188120735	2012	−0.31/10 096	0.40
431	640253171511	2017	−0.31/10 099	0.44
431	640251163798	2016	−0.31/10 099	0.47
431	640035148788	2014	−0.31/10 099	0.49
431	640166120686	2012	−0.31/10 101	0.52
431	640195180567	2018	−0.31/10 101	0.38
431	640035087384	2004	−0.31/10 102	0.51
431	640166141345	2014	−0.31/10 103	0.56
431	640166119968	2011	−0.31/10 104	0.41
431	640253169815	2016	−0.31/10 107	0.47

续表

排名	牛号	出生年份	体细胞评分 EBV/分 [体细胞数/(个·mL^{-1})]	EBV 准确性
431	640035107683	2010	−0.31/10 108	0.50
431	640166151411	2015	−0.31/10 110	0.51
431	640180101030	2010	−0.31/10 111	0.49
431	640182120060	2012	−0.31/10 112	0.46
431	643052130218	2013	−0.31/10 113	0.32
431	640009140281	2014	−0.31/10 114	0.47
431	640035160237	2016	−0.31/10 114	0.46
431	640195160099	2016	−0.31/10 116	0.41
431	640004120941	2016	−0.31/10 118	0.41
486	640003110132	2011	−0.30/10 119	0.46
486	640166099274	2009	−0.30/10 120	0.45
486	640010090118	2009	−0.30/10 122	0.50
486	640251175243	2017	−0.30/10 123	0.44
486	640166109795	2010	−0.30/10 123	0.49
486	640251185752	2018	−0.30/10 123	0.42
486	640202155585	2015	−0.30/10 126	0.46
486	640035148790	2014	−0.30/10 126	0.45
486	640195170086	2017	−0.30/10 127	0.47
486	640031110195	2011	−0.30/10 130	0.52
486	640032111042	2011	−0.30/10 131	0.49
486	640032101240	2010	−0.30/10 131	0.45
486	640005117946	2011	−0.30/10 132	0.48
486	640032110082	2011	−0.30/10 134	0.43
486	640011081498	2008	−0.30/10 134	0.38

附表 5　全宁夏体型总分 EBV 排名前 500 名母牛

排名	牛号	出生年份	体型总分 EBV/分	EBV 准确性
1	640251009057	2020	1.588	0.52
2	640251009410	2020	1.485	0.52
3	640251009813	2020	1.480	0.52
4	640251009145	2020	1.451	0.53
5	640251009450	2020	1.437	0.53
6	640251009294	2020	1.429	0.53
7	640251008979	2020	1.428	0.52
8	640251009076	2020	1.425	0.52
9	640349070766	2020	1.422	0.48
9	640349070446	2020	1.422	0.48
11	640254204330	2020	1.404	0.50
12	640251009769	2020	1.399	0.52
13	640251009254	2020	1.398	0.53
14	640251009419	2020	1.396	0.52
15	640251009565	2020	1.395	0.53
16	640251009228	2020	1.394	0.52
17	640251009117	2020	1.393	0.52
18	640004208504	2020	1.391	0.45
19	640251009713	2020	1.390	0.51
20	640251009262	2020	1.389	0.53
21	640255070451	2020	1.384	0.45
22	640251009255	2020	1.382	0.52
23	640251009100	2020	1.381	0.52
24	640349009330	2020	1.374	0.46
24	640251009495	2020	1.374	0.51
26	640251008990	2020	1.371	0.45
27	640251009016	2020	1.370	0.53
28	640009202117	2020	1.368	0.45

续表

排名	牛号	出生年份	体型总分 EBV/分	EBV 准确性
29	640009212224	2021	1.367	0.45
30	640254204732	2020	1.365	0.44
31	640255070756	2020	1.364	0.44
32	640349070782	2020	1.357	0.46
33	640004208275	2020	1.355	0.44
34	640251009524	2020	1.354	0.52
35	640254204709	2020	1.352	0.45
36	640251009448	2020	1.350	0.53
37	640004208295	2020	1.341	0.43
38	640004208583	2020	1.339	0.44
39	640254204376	2020	1.335	0.46
40	640255070312	2020	1.334	0.44
41	640255070862	2020	1.333	0.44
42	640251009465	2020	1.331	0.51
42	640251009288	2020	1.331	0.50
44	640251009150	2020	1.330	0.53
45	640255070477	2020	1.329	0.45
45	640251009485	2020	1.329	0.53
47	640255070516	2020	1.327	0.46
47	640255070645	2020	1.327	0.45
47	640251009468	2020	1.327	0.45
47	640251009541	2020	1.327	0.45
51	640251008992	2020	1.324	0.53
52	640254204379	2020	1.323	0.45
53	640251009756	2020	1.322	0.44
53	640004208525	2020	1.322	0.53
53	640251009735	2020	1.322	0.61
56	640251008963	2020	1.321	0.52

续表

排名	牛号	出生年份	体型总分 EBV/分	EBV 准确性
56	640004208554	2020	1.321	0.52
56	640009212555	2021	1.321	0.44
56	640251009108	2020	1.321	0.52
56	640251009615	2020	1.321	0.52
61	640251009043	2020	1.318	0.53
62	640251009104	2020	1.317	0.51
63	640254204671	2020	1.316	0.45
64	640251009496	2020	1.315	0.45
65	640255209548	2020	1.313	0.40
65	640251009193	2020	1.313	0.50
67	640251009321	2020	1.312	0.52
68	640009202137	2020	1.309	0.44
68	640255070299	2020	1.309	0.45
70	640254204711	2020	1.308	0.43
71	640009212573	2021	1.303	0.43
72	640255070419	2020	1.302	0.45
73	640251009130	2020	1.301	0.52
73	640255070728	2020	1.301	0.44
73	640349070725	2020	1.301	0.44
73	640349070693	2020	1.301	0.44
73	640349070790	2020	1.301	0.44
73	640254204429	2020	1.301	0.45
79	640255209632	2020	1.297	0.45
79	640349008973	2020	1.297	0.45
79	640349009062	2020	1.297	0.45
79	640349008987	2020	1.297	0.45
83	640255070396	2020	1.296	0.45
84	640251009443	2020	1.294	0.51

续表

排名	牛号	出生年份	体型总分 EBV/分	EBV 准确性
85	640251009194	2020	1.293	0.52
86	640009212542	2021	1.292	0.43
86	640254204398	2020	1.292	0.45
88	640004208290	2020	1.291	0.44
88	640254204400	2020	1.291	0.44
88	640254204492	2020	1.291	0.44
88	640254204512	2020	1.291	0.46
92	640349009354	2020	1.288	0.46
93	640251009156	2020	1.287	0.52
94	640251009424	2020	1.286	0.51
94	640251009087	2020	1.286	0.53
96	640004208278	2020	1.285	0.45
97	640254204333	2020	1.284	0.44
97	640251008998	2020	1.284	0.51
99	640251009422	2020	1.282	0.53
100	640255070672	2020	1.281	0.46
100	640004208280	2020	1.281	0.42
102	640254204721	2020	1.280	0.43
103	640255070443	2020	1.279	0.44
104	640251009903	2020	1.278	0.51
105	640253205093	2020	1.277	0.50
106	640251009141	2020	1.275	0.52
106	640254204686	2020	1.275	0.46
108	640251009038	2020	1.274	0.52
109	640251009089	2020	1.273	0.52
109	640255070286	2020	1.273	0.43
109	640004208539	2020	1.273	0.43
112	640009202220	2020	1.271	0.44

续表

排名	牛号	出生年份	体型总分 EBV/分	EBV 准确性
113	640251009390	2020	1.270	0.51
113	640251009391	2020	1.270	0.53
113	640349009474	2020	1.270	0.44
113	640004208511	2020	1.270	0.46
117	640349070845	2020	1.269	0.48
118	640349008978	2020	1.266	0.45
119	640254204540	2020	1.264	0.44
119	640254204716	2020	1.264	0.44
119	640349009460	2020	1.264	0.46
119	640349009357	2020	1.264	0.46
119	640349070784	2020	1.264	0.46
119	640349009322	2020	1.264	0.46
119	640349009226	2020	1.264	0.46
119	640349009358	2020	1.264	0.46
119	640004208273	2020	1.264	0.46
128	640255070314	2020	1.263	0.44
128	640253204945	2020	1.263	0.51
130	640251009250	2020	1.262	0.44
131	640251009504	2020	1.261	0.53
131	640009202199	2020	1.261	0.42
131	640009202200	2020	1.261	0.42
134	640255070755	2020	1.260	0.43
134	640349009138	2020	1.260	0.45
134	640254204502	2020	1.260	0.45
134	640254204499	2020	1.260	0.45
134	640254204454	2020	1.260	0.45
139	640251009797	2020	1.259	0.51
140	640255070671	2020	1.258	0.45

续表

排名	牛号	出生年份	体型总分 EBV/分	EBV 准确性
141	640254204493	2020	1.255	0.45
142	640251009588	2020	1.254	0.43
142	640251009339	2020	1.254	0.46
144	640251009251	2020	1.252	0.53
144	640251009454	2020	1.252	0.53
144	640255070453	2020	1.252	0.47
147	640349070652	2020	1.249	0.46
147	640003214000	2021	1.249	0.41
149	640251009479	2020	1.248	0.51
150	640251009463	2020	1.246	0.52
151	640003203632	2020	1.245	0.50
151	640251009510	2020	1.245	0.46
153	640003203773	2020	1.244	0.49
153	640009212479	2021	1.244	0.44
155	640251009185	2020	1.243	0.44
155	640009202193	2020	1.243	0.44
157	640004208535	2020	1.242	0.52
157	640007217288	2021	1.242	0.40
157	640349009323	2020	1.242	0.45
160	640004208523	2020	1.241	0.45
160	640349070797	2020	1.241	0.46
160	640255070732	2020	1.241	0.45
160	640349070585	2020	1.241	0.45
160	640251009266	2020	1.241	0.45
160	640254204382	2020	1.241	0.45
160	640254204455	2020	1.241	0.45
160	640254204476	2020	1.241	0.45
168	640009202134	2020	1.239	0.43

续表

排名	牛号	出生年份	体型总分 EBV/分	EBV 准确性
168	640009202135	2020	1.239	0.44
168	640349070613	2020	1.239	0.45
171	640255070415	2020	1.238	0.46
171	640255009521	2020	1.238	0.46
171	640349009276	2020	1.238	0.46
171	640251009408	2020	1.238	0.46
171	640254204401	2020	1.238	0.46
171	640254204407	2020	1.238	0.46
171	640254204517	2020	1.238	0.46
171	640254204547	2020	1.238	0.46
171	640254204370	2020	1.238	0.46
171	640254204726	2020	1.238	0.46
171	640254204443	2020	1.238	0.46
171	640254204412	2020	1.238	0.46
171	640254204364	2020	1.238	0.46
184	640004208286	2020	1.237	0.45
185	640007217143	2021	1.236	0.41
185	640349009365	2020	1.236	0.43
185	640251009710	2020	1.236	0.45
188	640255070329	2020	1.235	0.43
188	640251009523	2020	1.235	0.51
188	640255009601	2020	1.235	0.45
191	640255009633	2020	1.234	0.44
191	640255009513	2020	1.234	0.44
191	640349070721	2020	1.234	0.44
191	640349070735	2020	1.234	0.44
195	640349070644	2020	1.233	0.43
196	640004208528	2020	1.229	0.44

续表

排名	牛号	出生年份	体型总分 EBV/分	EBV 准确性
196	640255070920	2020	1.229	0.45
196	640349070769	2020	1.229	0.44
199	640007217371	2021	1.228	0.40
199	640251009603	2020	1.228	0.43
201	640004208534	2020	1.227	0.43
201	640251009053	2020	1.227	0.53
201	640255209628	2020	1.227	0.45
201	640255209534	2020	1.227	0.45
201	640255009846	2020	1.227	0.45
206	640255070810	2020	1.226	0.43
206	640255070912	2020	1.226	0.43
208	640255070753	2020	1.225	0.43
209	640007217426	2021	1.224	0.41
210	640007217166	2021	1.223	0.43
211	640255070285	2020	1.223	0.43
211	640255070748	2020	1.223	0.43
211	640254204459	2020	1.223	0.43
214	640009212597	2021	1.222	0.44
214	640349009324	2020	1.222	0.48
214	640009212238	2021	1.222	0.45
214	640251009337	2020	1.222	0.53
218	640255070950	2020	1.221	0.44
218	640349070855	2020	1.221	0.43
220	640349009232	2020	1.219	0.43
221	640255070199	2020	1.218	0.46
221	640009212588	2021	1.218	0.43
221	640349070919	2020	1.218	0.44
224	640349070545	2020	1.217	0.46

续表

排名	牛号	出生年份	体型总分 EBV/分	EBV 准确性
224	640255070661	2020	1.217	0.45
226	640255070427	2020	1.216	0.44
226	640349070736	2020	1.216	0.45
226	640007217234	2021	1.216	0.41
226	640007217366	2021	1.216	0.42
230	640255009782	2020	1.215	0.45
231	640254204700	2020	1.214	0.44
231	640254204456	2020	1.214	0.44
231	640009212233	2021	1.214	0.45
231	640009212538	2021	1.214	0.43
231	640251009823	2020	1.214	0.45
236	640003214037	2021	1.212	0.42
236	640253204976	2020	1.212	0.51
238	640255070373	2020	1.211	0.44
238	640255070348	2020	1.211	0.44
240	640349070869	2020	1.210	0.45
240	640349009126	2020	1.210	0.45
240	640254204385	2020	1.210	0.45
240	640254204295	2020	1.210	0.45
240	640254204430	2020	1.210	0.45
240	640251009278	2020	1.210	0.55
240	640004208299	2020	1.210	0.43
247	640349009041	2020	1.208	0.47
248	640251009492	2020	1.207	0.51
249	640255070628	2020	1.206	0.44
250	640007217077	2021	1.205	0.42
251	640255009686	2020	1.204	0.45
251	640349009400	2020	1.204	0.46

续表

排名	牛号	出生年份	体型总分 EBV/分	EBV 准确性
251	640254204325	2020	1.204	0.45
254	640255070253	2020	1.203	0.45
254	640349070827	2020	1.203	0.45
254	640255070877	2020	1.203	0.43
254	640349070648	2020	1.203	0.44
254	640349070643	2020	1.203	0.44
259	640003203568	2020	1.202	0.51
260	640255070684	2020	1.201	0.44
261	640251009015	2020	1.200	0.51
261	640003203979	2020	1.200	0.42
263	640255070421	2020	1.199	0.45
264	640255070308	2020	1.198	0.44
264	640251009749	2020	1.198	0.52
264	640251009415	2020	1.198	0.52
264	640251009574	2020	1.198	0.51
268	640009222609	2022	1.197	0.44
269	640251009081	2020	1.196	0.52
269	640255070622	2020	1.196	0.43
271	640349070649	2020	1.195	0.43
272	640255070496	2020	1.194	0.43
272	640255070567	2020	1.194	0.43
272	640349070686	2020	1.194	0.43
272	640009202177	2020	1.194	0.44
276	640255009740	2020	1.192	0.43
276	640255070394	2020	1.192	0.43
276	640255070719	2020	1.192	0.43
276	640255209520	2020	1.192	0.43
276	640349070662	2020	1.192	0.43

续表

排名	牛号	出生年份	体型总分 EBV/分	EBV 准确性
281	640009212563	2021	1.190	0.44
282	640251009817	2020	1.189	0.52
282	640349009311	2020	1.189	0.45
284	640007217134	2021	1.188	0.43
284	640007217245	2021	1.188	0.39
286	640349009171	2020	1.187	0.45
286	640349070858	2020	1.187	0.43
288	640349009283	2020	1.185	0.45
288	640251009707	2020	1.185	0.51
288	640007217129	2021	1.185	0.39
291	640255070240	2020	1.184	0.44
291	640253205949	2020	1.184	0.40
293	640251009051	2020	1.183	0.53
293	640255070543	2020	1.183	0.44
293	640007217020	2021	1.183	0.44
293	640255070570	2020	1.183	0.44
293	640251009636	2020	1.183	0.52
298	640253216550	2021	1.182	0.41
299	640255009807	2020	1.181	0.45
299	640255009824	2020	1.181	0.45
299	640255009886	2020	1.181	0.45
299	640255009555	2020	1.181	0.45
299	640254204453	2020	1.181	0.45
299	640254204481	2020	1.181	0.45
299	640254204449	2020	1.181	0.45
299	640251009211	2020	1.181	0.44
299	640255070593	2020	1.181	0.44
299	640255070324	2020	1.181	0.44

续表

排名	牛号	出生年份	体型总分 EBV/分	EBV 准确性
299	640255070363	2020	1.181	0.44
299	640255209600	2020	1.181	0.44
299	640255209634	2020	1.181	0.44
299	640255070683	2020	1.181	0.44
299	640349070592	2020	1.181	0.44
299	640349070704	2020	1.181	0.44
299	640254204699	2020	1.181	0.44
299	640255069723	2020	1.181	0.43
317	640007216895	2021	1.180	0.40
317	640251009067	2020	1.180	0.46
319	640349009451	2020	1.179	0.43
319	640004208527	2020	1.179	0.43
319	640007217052	2021	1.179	0.43
319	640255209672	2020	1.179	0.45
319	640255009645	2020	1.179	0.45
319	640255009699	2020	1.179	0.45
319	640251009285	2020	1.179	0.51
326	640349009046	2020	1.177	0.45
326	640349009063	2020	1.177	0.45
326	640349009286	2020	1.177	0.45
326	640349009040	2020	1.177	0.45
326	640254204719	2020	1.177	0.43
326	640255069722	2020	1.177	0.43
332	640254204488	2020	1.176	0.43
333	640349009078	2020	1.175	0.45
334	640007216971	2021	1.174	0.40
334	640255070524	2020	1.174	0.44
336	640007217169	2021	1.173	0.43

续表

排名	牛号	出生年份	体型总分 EBV/分	EBV 准确性
337	640254204681	2020	1.172	0.43
337	640009202169	2020	1.172	0.43
337	640255070668	2020	1.172	0.44
337	640349009342	2020	1.172	0.44
337	640349009205	2020	1.172	0.44
342	640251009785	2020	1.171	0.52
342	640009212599	2021	1.171	0.43
342	640007217159	2021	1.171	0.40
342	640349009080	2020	1.171	0.44
342	640255070849	2020	1.171	0.43
347	640255070650	2020	1.170	0.43
347	640349009312	2020	1.170	0.43
347	640251008980	2020	1.170	0.51
347	640007216695	2021	1.170	0.40
351	640007217167	2021	1.168	0.42
352	640253204922	2020	1.167	0.51
352	640349070795	2020	1.167	0.43
352	640251009461	2020	1.167	0.52
352	640009202179	2020	1.167	0.43
356	640004208270	2020	1.166	0.45
356	640253216644	2021	1.166	0.43
358	640251009333	2020	1.164	0.51
358	640254204450	2020	1.164	0.45
360	640251009004	2020	1.163	0.52
361	640003203949	2020	1.162	0.41
361	640349009379	2020	1.162	0.45
361	640349070544	2020	1.162	0.44
361	640349070605	2020	1.162	0.44

续表

排名	牛号	出生年份	体型总分 EBV/分	EBV 准确性
361	640349070553	2020	1.162	0.44
361	640009202185	2020	1.162	0.43
361	640251009022	2020	1.162	0.51
361	640251009527	2020	1.162	0.52
369	640251008969	2020	1.161	0.46
370	640251009246	2020	1.160	0.51
370	640253215987	2021	1.160	0.40
372	640253216575	2021	1.159	0.43
372	640251009092	2020	1.159	0.53
372	640007217292	2021	1.159	0.40
375	640255209500	2020	1.158	0.44
375	640349009186	2020	1.158	0.44
375	640349008960	2020	1.158	0.44
375	640251009260	2020	1.158	0.44
375	640254204680	2020	1.158	0.44
375	640254204466	2020	1.158	0.44
375	640003214034	2021	1.158	0.41
382	640253216009	2021	1.157	0.41
383	640251009687	2020	1.155	0.52
383	640003214246	2021	1.155	0.43
385	640251009621	2020	1.154	0.53
385	640254204501	2020	1.154	0.45
385	640007216960	2021	1.154	0.41
385	640003214156	2021	1.154	0.41
385	640255070598	2020	1.154	0.43
385	640349070705	2020	1.154	0.43
385	640007217184	2021	1.154	0.43
392	640349070787	2020	1.153	0.43

续表

排名	牛号	出生年份	体型总分 EBV/分	EBV 准确性
393	640349070880	2020	1.152	0.45
393	640007217120	2021	1.152	0.40
395	640007217040	2021	1.151	0.43
395	640004208545	2020	1.151	0.51
395	640004208276	2020	1.151	0.43
395	640251009178	2020	1.151	0.51
395	640253216483	2021	1.151	0.42
395	640251009519	2020	1.151	0.42
401	640007217092	2021	1.150	0.41
401	640253204844	2020	1.150	0.51
401	640007216949	2021	1.150	0.40
404	640349008983	2020	1.149	0.47
404	640254204696	2020	1.149	0.42
404	640251009514	2020	1.149	0.45
404	640251009351	2020	1.149	0.45
404	640004208516	2020	1.149	0.43
409	640007217437	2021	1.148	0.40
409	640349009110	2020	1.148	0.46
409	640166203518	2020	1.148	0.43
409	640166203511	2020	1.148	0.43
413	640255070439	2020	1.146	0.43
413	640254204296	2020	1.146	0.43
413	640255070747	2020	1.146	0.43
413	640251009023	2020	1.146	0.44
413	640254204500	2020	1.146	0.44
418	640007217050	2021	1.145	0.43
418	640004219338	2021	1.145	0.41
418	640253216527	2021	1.145	0.40

续表

排名	牛号	出生年份	体型总分 EBV/分	EBV 准确性
421	640255009796	2020	1.143	0.43
422	640003214240	2021	1.142	0.43
422	640255070422	2020	1.142	0.43
422	640349070646	2020	1.142	0.43
422	640349070875	2020	1.142	0.43
422	640254204324	2020	1.142	0.43
422	640251009200	2020	1.142	0.45
422	640253204825	2020	1.142	0.41
422	640255070290	2020	1.142	0.43
422	640255070274	2020	1.142	0.43
422	640349070773	2020	1.142	0.46
432	640007217282	2021	1.141	0.40
432	640003214066	2021	1.141	0.40
432	640251009296	2020	1.141	0.51
432	640251009029	2020	1.141	0.43
432	640349070870	2020	1.141	0.43
432	640349070656	2020	1.141	0.43
438	640349070783	2020	1.140	0.43
438	640007217377	2021	1.140	0.40
438	640349009402	2020	1.140	0.43
438	640253216535	2021	1.140	0.42
438	640009202206	2020	1.140	0.43
443	640007217029	2021	1.138	0.42
443	640251009799	2020	1.138	0.43
443	640004208293	2020	1.138	0.44
443	640254204475	2020	1.138	0.44
443	640254204736	2020	1.138	0.44
443	640349008974	2020	1.138	0.44

续表

排名	牛号	出生年份	体型总分 EBV/分	EBV 准确性
443	640254204503	2020	1.138	0.44
443	640254204720	2020	1.138	0.44
443	640254204524	2020	1.138	0.44
443	640007217045	2021	1.138	0.41
443	640007217113	2021	1.138	0.41
443	640007217226	2021	1.138	0.41
443	640007217243	2021	1.138	0.41
443	640253216573	2021	1.138	0.41
457	640251009201	2020	1.137	0.53
457	640251009048	2020	1.137	0.51
457	640349070814	2020	1.137	0.43
457	640349009430	2020	1.137	0.45
461	640255070354	2020	1.136	0.43
461	640251009059	2020	1.136	0.43
461	640007217087	2021	1.136	0.43
461	640253204813	2020	1.136	0.51
461	640349070709	2020	1.136	0.43
461	640254204505	2020	1.136	0.45
467	640255070349	2020	1.135	0.46
467	640255070389	2020	1.135	0.46
467	640255070480	2020	1.135	0.46
467	640255070438	2020	1.135	0.46
467	640255009720	2020	1.135	0.46
467	640255009762	2020	1.135	0.46
467	640255009715	2020	1.135	0.46
467	640255070386	2020	1.135	0.46
467	640349070742	2020	1.135	0.46
467	640349070878	2020	1.135	0.46

续表

排名	牛号	出生年份	体型总分 EBV/分	EBV 准确性
467	640254204690	2020	1.135	0.46
467	640254204462	2020	1.135	0.46
467	640254204669	2020	1.135	0.46
467	640166203482	2020	1.135	0.43
467	640251009441	2020	1.135	0.53
467	640251009320	2020	1.135	0.53
467	640349008975	2020	1.135	0.43
484	640251008967	2020	1.134	0.43
484	640251008966	2020	1.134	0.43
484	640253216464	2021	1.134	0.40
487	640007216918	2021	1.132	0.40
487	640007216937	2021	1.132	0.40
487	640004208274	2020	1.132	0.42
490	640349070674	2020	1.131	0.43
490	640003214230	2021	1.131	0.41
492	640349070714	2020	1.130	0.43
492	640349070738	2020	1.130	0.46
492	640251009549	2020	1.130	0.51
492	640003214234	2021	1.130	0.42
492	640007217055	2021	1.130	0.43
497	640251009481	2020	1.129	0.52
497	640253216626	2021	1.129	0.40
497	640251009533	2020	1.129	0.43
500	640003203962	2020	1.128	0.40

附表 6 核心育种场首次配种日龄 EBV 排名前 500 名母牛

排名	牛号	出生年份	首次配种日龄 EBV/d	EBV 准确性
1	640190129083	2013	−167.6	0.76
2	640193124519	2013	−167.0	0.76
3	640190125420	2013	−150.8	0.78
4	640190128718	2013	−146.6	0.76
5	640190128389	2013	−138.9	0.78
6	640005113754	2011	−135.9	0.79
7	640005113750	2011	−130.1	0.79
8	640190140063	2013	−124.2	0.76
9	640193126872	2013	−123.9	0.78
10	640193126403	2013	−118.4	0.76
11	640193124976	2013	−117.3	0.76
12	640190140040	2013	−116.6	0.76
13	640190140220	2012	−114.4	0.76
14	640193123758	2012	−114.3	0.75
15	640190120564	2012	−112.0	0.77
16	640190140201	2012	−110.4	0.76
17	640190123752	2012	−107.5	0.79
18	640190140211	2012	−106.7	0.78
19	643051000671	2019	−106.5	0.79
20	640190128283	2013	−106.1	0.80
21	640193126225	2013	−105.6	0.79
22	640193124912	2013	−104.4	0.76
23	640190121579	2012	−104.0	0.79
24	640190123768	2012	−102.4	0.82
25	640190140286	2012	−100.4	0.76
26	640190120152	2012	−99.9	0.76
27	640190128473	2012	−98.7	0.76
28	640005113779	2011	−98.6	0.79

续表

排名	牛号	出生年份	首次配种日龄 EBV/d	EBV 准确性
29	640193126739	2013	−98.5	0.76
30	640193124411	2013	−98.3	0.78
30	640003111071	2011	−98.3	0.80
32	640005113755	2011	−98.2	0.78
32	640190128359	2012	−98.2	0.80
34	640190140032	2013	−97.8	0.76
35	640005117899	2011	−97.6	0.77
36	640190120380	2012	−97.3	0.78
37	640190140109	2013	−97.2	0.76
38	640190124875	2013	−96.8	0.78
39	640193125496	2013	−96.3	0.76
40	640005113804	2011	−95.9	0.80
41	640190121752	2012	−95.8	0.78
42	640190124502	2013	−95.7	0.76
43	640190124655	2013	−95.6	0.76
44	640190120941	2012	−94.9	0.79
45	640190120141	2012	−94.6	0.76
46	640190140159	2013	−94.4	0.76
46	640190140158	2012	−94.4	0.78
48	640193126402	2013	−94.2	0.76
49	640190124748	2013	−94.0	0.76
49	640005113791	2011	−94.0	0.78
51	640190120201	2012	−93.7	0.78
52	640190123764	2012	−93.3	0.82
53	640190121756	2012	−93.2	0.80
54	640193124267	2013	−93.0	0.76
55	640190123769	2012	−92.7	0.78
56	640190140289	2012	−92.2	0.76

续表

排名	牛号	出生年份	首次配种日龄 EBV/d	EBV 准确性
57	640190140152	2012	−91.5	0.82
58	640190124492	2013	−91.2	0.78
59	640190121761	2012	−90.9	0.79
60	640004126191	2012	−90.8	0.79
61	640190124694	2013	−89.8	0.76
62	640190140084	2013	−89.5	0.77
63	640193121580	2012	−88.8	0.75
64	640193125018	2013	−88.6	0.76
65	640190120156	2012	−88.2	0.79
65	640190120216	2012	−88.2	0.76
65	640190140183	2012	−88.2	0.76
68	640003111077	2011	−87.8	0.80
69	640190123762	2012	−87.5	0.78
70	640005113745	2011	−87.4	0.79
70	640190140071	2013	−87.4	0.79
72	640190126044	2013	−85.9	0.76
73	640005124038	2012	−85.3	0.80
74	640190124827	2013	−85.0	0.78
75	640004126182	2012	−84.7	0.77
76	640190140036	2013	−83.9	0.76
76	640190120084	2011	−83.9	0.76
78	640190140269	2012	−83.7	0.76
79	640003111075	2011	−83.5	0.80
80	640190123767	2012	−83.1	0.78
81	640193125011	2013	−82.7	0.78
82	640190120429	2012	−82.2	0.78
83	640190140078	2013	−82.1	0.77
83	643051000961	2016	−82.1	0.79

续表

排名	牛号	出生年份	首次配种日龄 EBV/d	EBV 准确性
83	640190140120	2013	−82.1	0.76
86	640193123777	2012	−81.8	0.77
87	640190124426	2013	−81.7	0.76
88	643051000965	2016	−81.6	0.79
89	643051000911	2016	−81.1	0.78
90	640003131393	2013	−80.8	0.82
91	640190123766	2012	−80.7	0.76
92	640190140043	2013	−80.5	0.79
93	640003111076	2011	−80.4	0.78
94	640190124957	2013	−80.0	0.76
95	640193124369	2013	−79.7	0.78
96	643051000874	2016	−79.6	0.80
97	640190123759	2012	−79.5	0.76
97	640190120455	2012	−79.5	0.76
99	640190121592	2012	−79.3	0.82
99	640190120618	2012	−79.3	0.82
101	640190121131	2012	−79.2	0.76
101	640190125525	2013	−79.2	0.76
103	640004126163	2014	−78.8	0.77
104	640190120524	2012	−78.6	0.80
105	643051000877	2016	−78.3	0.80
106	640190123760	2012	−78.2	0.80
107	640190140074	2013	−78.0	0.82
108	640003111083	2011	−77.9	0.79
108	640004136282	2013	−77.9	0.80
110	640190123772	2012	−77.8	0.78
111	640005113834	2011	−77.7	0.77
111	640166203492	2020	−77.7	0.82

续表

排名	牛号	出生年份	首次配种日龄 EBV/d	EBV 准确性
111	640190140227	2012	−77.7	0.76
114	640004136285	2013	−77.6	0.80
115	640005117886	2011	−76.9	0.77
115	640190124857	2013	−76.9	0.76
117	640190121764	2012	−76.6	0.80
118	640190120188	2012	−75.9	0.77
119	640190121769	2012	−75.8	0.78
120	640005134068	2013	−75.6	0.78
121	640190123209	2012	−75.4	0.79
121	640190125629	2013	−75.4	0.76
123	640190121779	2012	−75.3	0.82
123	640190126130	2013	−75.3	0.78
123	640005124054	2012	−75.3	0.81
126	640190140226	2012	−75.0	0.76
126	640166203490	2020	−75.0	0.82
128	640190140166	2012	−74.9	0.76
129	643051000958	2016	−74.7	0.80
129	643051000876	2016	−74.7	0.79
131	640190124816	2013	−74.6	0.76
131	643051000969	2016	−74.6	0.79
133	643051000963	2016	−74.5	0.80
134	643051000878	2016	−74.4	0.78
135	643051000980	2016	−74.3	0.78
136	640190123773	2012	−74.2	0.78
137	643051000899	2016	−73.9	0.79
137	640190121591	2012	−73.9	0.78
139	643051000947	2016	−73.7	0.79
140	640190120647	2012	−73.5	0.80

续表

排名	牛号	出生年份	首次配种日龄 EBV/d	EBV 准确性
140	640003111057	2011	−73.5	0.76
142	640190124658	2013	−73.4	0.78
142	640190124826	2013	−73.4	0.76
142	640190124921	2013	−73.4	0.76
142	640190125626	2013	−73.4	0.76
146	643051000967	2016	−73.2	0.80
146	640190140108	2012	−73.2	0.76
148	643051000931	2016	−73.1	0.79
149	640009140348	2014	−72.8	0.77
150	643051000960	2016	−72.6	0.78
151	643051000956	2016	−72.5	0.79
152	640190124343	2013	−72.4	0.76
152	640035117902	2011	−72.4	0.83
152	640005113845	2011	−72.4	0.80
155	640193140053	2013	−72.3	0.79
155	643051000981	2016	−72.3	0.80
155	640166120679	2012	−72.3	0.76
158	643051000953	2016	−71.9	0.79
159	643051000921	2016	−71.8	0.78
160	640005117879	2011	−71.6	0.79
161	640166203491	2020	−71.4	0.82
162	643051000952	2016	−71.3	0.79
162	640190124809	2013	−71.3	0.76
164	640190140175	2012	−71.1	0.78
165	640005134070	2013	−71.0	0.81
165	640190125603	2013	−71.0	0.76
167	640003182853	2018	−70.9	0.82
168	640190124806	2013	−70.7	0.78

续表

排名	牛号	出生年份	首次配种日龄 EBV/d	EBV 准确性
169	640003111081	2011	−70.6	0.81
170	640190124686	2013	−70.5	0.76
171	640193120548	2012	−70.2	0.66
171	640190123753	2012	−70.2	0.76
173	640004136312	2013	−70.0	0.81
174	640005124057	2012	−69.9	0.81
175	640190140090	2013	−69.8	0.77
175	640190120614	2011	−69.8	0.77
177	640190140283	2012	−69.7	0.76
177	640190121759	2012	−69.7	0.80
179	640190140309	2012	−69.6	0.76
180	643051000913	2016	−69.5	0.79
181	640190124486	2013	−69.4	0.76
182	640190121762	2012	−69.3	0.78
182	640190124811	2013	−69.3	0.76
184	640003110007	2011	−69.1	0.80
184	643051000974	2016	−69.1	0.78
186	643051000954	2016	−68.9	0.80
186	640003182863	2018	−68.9	0.82
188	640193123340	2012	−68.6	0.75
189	640166203488	2020	−68.5	0.81
190	640005124059	2012	−68.4	0.82
190	640190120699	2011	−68.4	0.77
192	640190120677	2012	−68.3	0.77
193	640005134064	2013	−68.0	0.83
193	640190124764	2013	−68.0	0.76
193	640004136297	2013	−68.0	0.82
196	643051000957	2016	−67.8	0.79

续表

排名	牛号	出生年份	首次配种日龄 EBV/d	EBV 准确性
197	640190123396	2012	−67.7	0.79
197	640190125085	2013	−67.7	0.80
197	643051000862	2016	−67.7	0.81
197	640003182857	2018	−67.7	0.82
197	640005124053	2012	−67.7	0.79
202	640003182852	2018	−67.6	0.82
203	643051000973	2016	−67.5	0.79
203	640003131395	2013	−67.5	0.83
205	640190120778	2012	−67.4	0.80
206	640190140237	2013	−67.3	0.80
206	640003182856	2018	−67.3	0.82
208	643051000939	2016	−67.2	0.79
208	640190126224	2013	−67.2	0.76
208	640004146510	2014	−67.2	0.82
211	640190120996	2012	−67.1	0.78
212	640004136344	2013	−66.9	0.81
213	640190124654	2013	−66.8	0.76
213	640190123457	2012	−66.8	0.77
213	643051000979	2016	−66.8	0.79
213	640190121594	2012	−66.8	0.78
217	640005124042	2012	−66.6	0.85
218	640005124049	2012	−66.5	0.82
218	643051000875	2016	−66.5	0.81
218	640190140098	2013	−66.5	0.76
218	640190120855	2012	−66.5	0.78
222	643051000923	2016	−66.4	0.82
223	643051000863	2016	−66.3	0.79
223	643051000977	2016	−66.3	0.80

续表

排名	牛号	出生年份	首次配种日龄 EBV/d	EBV 准确性
225	640190124463	2013	−66.2	0.78
226	640190120853	2012	−66.1	0.80
227	640190124055	2012	−66.0	0.79
227	640190128408	2013	−66.0	0.77
227	640190124873	2013	−66.0	0.79
230	640005117999	2011	−65.9	0.84
230	640005134066	2013	−65.9	0.76
232	640190124687	2013	−65.7	0.76
232	640003182866	2018	−65.7	0.82
234	640190120094	2011	−65.6	0.76
234	640190120123	2011	−65.6	0.76
236	640004136287	2013	−65.5	0.81
237	640003182880	2018	−65.4	0.82
238	640004136270	2013	−65.3	0.80
238	640004136284	2013	−65.3	0.82
240	640003182858	2018	−65.2	0.82
241	640190124909	2013	−65.0	0.76
241	640190120389	2011	−65.0	0.76
243	643051000861	2016	−64.9	0.79
243	640190124395	2013	−64.9	0.78
245	640004136288	2013	−64.6	0.80
245	643051000909	2016	−64.6	0.79
245	640035117887	2011	−64.6	0.83
248	640190124893	2013	−64.5	0.76
248	640004136230	2013	−64.5	0.81
250	640190120877	2012	−64.3	0.80
250	640005124050	2012	−64.3	0.83
250	640005124004	2012	−64.3	0.82

续表

排名	牛号	出生年份	首次配种日龄 EBV/d	EBV 准确性
253	640190124900	2013	−64.2	0.76
253	640009140361	2014	−64.2	0.81
255	640190125636	2013	−64.1	0.78
256	643051000916	2016	−64.0	0.81
257	640004136275	2013	−63.9	0.80
257	640003110032	2011	−63.9	0.79
257	640190120368	2012	−63.9	0.78
260	640190120746	2011	−63.8	0.76
260	640190121114	2011	−63.8	0.76
262	640004136263	2013	−63.7	0.81
262	640005123992	2012	−63.7	0.80
264	640190124973	2013	−63.6	0.76
265	640004136289	2013	−63.5	0.80
265	640190121130	2012	−63.5	0.78
267	643051000944	2016	−63.3	0.81
267	640193128446	2013	−63.3	0.76
267	640190125631	2013	−63.3	0.76
267	640190124184	2012	−63.3	0.81
267	640190124803	2013	−63.3	0.76
267	640190120846	2012	−63.3	0.79
273	640190140210	2012	−63.2	0.76
274	643051000928	2016	−63.1	0.81
275	640190124785	2013	−63.0	0.76
275	643051000891	2016	−63.0	0.79
275	640003110002	2011	−63.0	0.79
278	640190120279	2012	−62.9	0.78
278	640190125638	2013	−62.9	0.76
280	640190124641	2013	−62.8	0.78

续表

排名	牛号	出生年份	首次配种日龄 EBV/d	EBV 准确性
280	640190120845	2012	−62.8	0.78
280	640005124051	2012	−62.8	0.80
280	640004197885	2019	−62.8	0.80
284	640190123771	2012	−62.6	0.83
285	640190132132	2013	−62.4	0.76
286	640190125107	2013	−62.2	0.79
286	640190140126	2013	−62.2	0.76
286	640190126677	2013	−62.2	0.76
289	640190124329	2013	−62.1	0.76
289	643051000934	2016	−62.1	0.80
291	643051000801	2016	−62.0	0.80
291	640166130833	2013	−62.0	0.80
291	640190124709	2013	−62.0	0.76
294	640003110042	2019	−61.9	0.82
295	643051000872	2019	−61.8	0.79
295	643051000856	2016	−61.8	0.78
297	640190124845	2013	−61.7	0.76
297	640190124874	2013	−61.7	0.76
299	640003131338	2013	−61.6	0.80
299	640190140051	2013	−61.6	0.78
301	640190123212	2012	−61.5	0.78
301	640190121773	2012	−61.5	0.82
301	640190128483	2013	−61.5	0.76
304	640190140268	2013	−61.4	0.76
305	640035117927	2011	−61.3	0.80
305	640190125649	2013	−61.3	0.78
307	640005134060	2013	−61.2	0.81
308	640005124041	2012	−61.1	0.82

续表

排名	牛号	出生年份	首次配种日龄 EBV/d	EBV 准确性
308	640004136264	2013	−61.1	0.83
308	640003182848	2018	−61.1	0.83
311	640190125385	2013	−61.0	0.78
312	643051000925	2016	−60.9	0.78
312	643051000937	2016	−60.9	0.78
314	643051000936	2016	−60.8	0.80
314	640003182872	2018	−60.8	0.83
316	640190126384	2013	−60.7	0.76
316	643051000970	2016	−60.7	0.78
318	640004146458	2013	−60.6	0.82
318	640003006357	2018	−60.6	0.79
320	640005134067	2013	−60.5	0.80
321	640193121587	2012	−60.4	0.78
322	640190124959	2013	−60.2	0.76
323	640003006367	2018	−60.1	0.79
323	643051000898	2016	−60.1	0.78
325	640003111052	2011	−59.9	0.79
325	640190126039	2013	−59.9	0.76
325	640190123755	2012	−59.9	0.78
325	640003111088	2011	−59.9	0.81
325	640190121599	2012	−59.9	0.82
330	640004126157	2012	−59.8	0.78
331	640005124058	2012	−59.7	0.82
331	643051000857	2016	−59.7	0.81
331	640003182839	2018	−59.7	0.82
331	640003182845	2018	−59.7	0.83
335	643051000929	2016	−59.6	0.80
336	640035117925	2011	−59.5	0.81

续表

排名	牛号	出生年份	首次配种日龄 EBV/d	EBV 准确性
337	640190125646	2013	−59.4	0.76
338	640190128370	2013	−59.3	0.80
339	640190120545	2012	−59.2	0.77
339	640003182803	2018	−59.2	0.82
341	640190120483	2011	−59.1	0.76
341	640190131631	2013	−59.1	0.78
343	643051000895	2016	−58.9	0.79
344	640003182838	2018	−58.7	0.82
345	643051000951	2016	−58.6	0.80
346	640004182389	2018	−58.5	0.79
346	643051000799	2016	−58.5	0.80
348	640190125595	2013	−58.4	0.76
348	640004136249	2013	−58.4	0.80
350	640190120535	2012	−58.2	0.78
350	640166130839	2013	−58.2	0.78
352	640003182809	2018	−58.1	0.82
352	640005124026	2012	−58.1	0.81
354	640003182846	2018	−58.0	0.82
355	640190140156	2012	−57.9	0.76
355	640003182860	2018	−57.9	0.83
357	640003006287	2018	−57.8	0.79
358	640190140095	2013	−57.7	0.76
358	640190124100	2012	−57.7	0.76
358	640009150711	2015	−57.7	0.81
361	640190123204	2012	−57.6	0.78
362	640005124003	2012	−57.5	0.78
363	640004136291	2013	−57.4	0.80
363	643051000914	2016	−57.4	0.78

续表

排名	牛号	出生年份	首次配种日龄 EBV/d	EBV 准确性
365	643051000897	2016	−57.3	0.80
366	640190120162	2012	−57.1	0.76
366	640253193314	2019	−57.1	0.82
368	640003182873	2018	−57.0	0.82
368	640003006363	2018	−57.0	0.79
370	640190124698	2013	−56.9	0.76
370	640003131346	2013	−56.9	0.78
370	640035117911	2011	−56.9	0.81
373	640005134072	2013	−56.8	0.79
373	640004136252	2013	−56.8	0.82
375	640003006323	2018	−56.7	0.79
375	640004146487	2014	−56.7	0.78
375	640004136295	2013	−56.7	0.82
378	640190125723	2013	−56.5	0.76
378	640005123998	2012	−56.5	0.80
380	640190123781	2012	−56.4	0.81
380	640253193298	2019	−56.4	0.82
380	640190127040	2013	−56.4	0.76
383	643051000948	2016	−56.3	0.78
383	640003182822	2018	−56.3	0.82
383	640003131339	2013	−56.3	0.80
383	643051000975	2016	−56.3	0.79
387	640003006327	2018	−56.2	0.79
387	640193130348	2013	−56.2	0.79
387	640035138317	2013	−56.2	0.80
390	640003131366	2013	−56.1	0.82
390	640005134063	2013	−56.1	0.81
392	640190123207	2012	−56.0	0.80

续表

排名	牛号	出生年份	首次配种日龄 EBV/d	EBV 准确性
392	640190120463	2011	−56.0	0.77
392	640003006317	2018	−56.0	0.79
392	640003131341	2012	−56.0	0.81
392	640190121584	2012	−56.0	0.79
397	640003182884	2018	−55.9	0.82
397	640190124773	2013	−55.9	0.76
397	640190124897	2013	−55.9	0.78
397	640003182837	2018	−55.9	0.83
397	640003110062	2019	−55.9	0.82
402	640003182861	2018	−55.7	0.83
402	640003006337	2018	−55.7	0.79
402	640003006353	2018	−55.7	0.79
402	640003131343	2013	−55.7	0.80
406	640190124099	2012	−55.6	0.76
407	640003131345	2013	−55.5	0.83
407	640190126839	2013	−55.5	0.76
407	640005113831	2011	−55.5	0.81
410	640190140073	2012	−55.4	0.76
410	640003006343	2018	−55.4	0.80
412	640190124491	2013	−55.3	0.76
413	643051000971	2016	−55.2	0.78
413	640004187554	2018	−55.2	0.78
413	640003182901	2018	−55.2	0.83
413	640004136307	2013	−55.2	0.82
413	640005124009	2012	−55.2	0.81
413	643051000972	2016	−55.2	0.78
419	640190124236	2013	−55.1	0.78
419	643051000941	2016	−55.1	0.79

续表

排名	牛号	出生年份	首次配种日龄 EBV/d	EBV 准确性
419	640003182841	2018	−55.1	0.83
419	640003131340	2013	−55.1	0.80
419	640003111054	2011	−55.1	0.79
419	640190120092	2011	−55.1	0.76
425	640035128267	2012	−55.0	0.80
425	640190127058	2013	−55.0	0.76
425	640003006307	2018	−55.0	0.79
425	640004198431	2019	−55.0	0.77
425	640190125627	2013	−55.0	0.78
430	640007195609	2019	−54.9	0.63
430	640004146630	2014	−54.9	0.82
432	640005134074	2013	−54.8	0.82
433	643051000922	2016	−54.7	0.81
434	640005124046	2012	−54.6	0.84
434	640005134077	2013	−54.6	0.79
436	640035138318	2013	−54.5	0.81
436	643051000930	2016	−54.5	0.78
436	640003006186	2018	−54.5	0.79
436	640003006293	2018	−54.5	0.79
436	640190126635	2013	−54.5	0.76
441	640005134075	2013	−54.4	0.81
441	640035138308	2013	−54.4	0.83
441	640190124924	2013	−54.4	0.76
441	640003182900	2018	−54.4	0.82
441	640190140118	2013	−54.4	0.77
446	640003182795	2018	−54.3	0.82
446	640190140037	2013	−54.3	0.76
446	640190140041	2013	−54.3	0.76

续表

排名	牛号	出生年份	首次配种日龄 EBV/d	EBV 准确性
449	640003006263	2018	−54.2	0.81
449	640193130121	2013	−54.2	0.79
451	640190125605	2013	−54.1	0.76
451	640190124613	2013	−54.1	0.76
451	640190125609	2013	−54.1	0.80
454	640003131381	2013	−53.9	0.80
455	640003111100	2011	−53.8	0.81
455	643051000917	2016	−53.8	0.82
455	640003182823	2018	−53.8	0.82
458	640003131392	2013	−53.7	0.78
458	640166130830	2013	−53.7	0.85
458	640003111098	2011	−53.7	0.81
461	640005185388	2018	−53.6	0.82
461	640003006347	2018	−53.6	0.80
461	643051000769	2016	−53.6	0.79
464	640166203524	2020	−53.5	0.81
464	643051000873	2019	−53.5	0.79
466	640190124870	2013	−53.4	0.76
466	640003131390	2013	−53.4	0.81
466	640003111091	2011	−53.4	0.79
646	640190140213	2012	−53.4	0.76
470	640190124137	2012	−53.2	0.80
470	640003182847	2018	−53.2	0.83
470	640003121324	2012	−53.2	0.80
473	640003006196	2018	−53.1	0.79
474	640190140280	2013	−53.0	0.80
474	640035138310	2015	−53.0	0.82
474	640003131387	2013	−53.0	0.82

续表

排名	牛号	出生年份	首次配种日龄 EBV/d	EBV 准确性
477	640190124927	2013	−52.9	0.76
477	640190142084	2014	−52.9	0.76
477	643051000865	2016	−52.9	0.82
477	640190123474	2012	−52.9	0.76
481	643051000924	2016	−52.7	0.81
481	643051000964	2016	−52.7	0.78
483	640003006297	2018	−52.6	0.79
483	640003006313	2018	−52.6	0.79
485	640003182894	2018	−52.5	0.82
485	640251007000	2019	−52.5	0.82
487	640003131344	2013	−52.4	0.81
487	640003182789	2018	−52.4	0.82
489	643051000859	2016	−52.3	0.80
489	640005113851	2011	−52.3	0.82
491	640003182844	2018	−52.2	0.83
491	640190125936	2013	−52.2	0.76
493	640035117871	2011	−52.1	0.81
493	640251006970	2019	−52.1	0.82
493	643051000796	2016	−52.1	0.80
493	640253193326	2019	−52.1	0.82
497	640003182842	2018	−52.0	0.83
497	640251150397	2015	−52.0	0.78
499	640003131389	2013	−51.9	0.80
499	640251006998	2019	−51.9	0.82

附表 7 核心育种场首次产犊日龄 EBV 排名前 500 名母牛

排名	牛号	出生年份	首次产犊日龄 EBV/d	EBV 准确性
1	640193124519	2013	−89.6	0.51
2	640004197885	2019	−81.6	0.65
3	640253193314	2019	−79.6	0.68
4	640004198431	2019	−76.0	0.61
5	640253193787	2019	−72.9	0.68
6	640190140152	2012	−71.2	0.60
7	640253193849	2019	−71.1	0.68
8	640253193814	2019	−70.5	0.68
9	640253193866	2019	−70.2	0.68
10	640253193836	2019	−69.5	0.68
10	640253193778	2019	−69.5	0.68
12	640004198312	2019	−68.8	0.63
12	640251007684	2019	−68.8	0.68
14	640253193807	2019	−68.2	0.68
15	640004198320	2019	−68.1	0.63
16	640251007649	2019	−67.6	0.68
17	640253193798	2019	−67.5	0.68
17	640253193824	2019	−67.5	0.68
19	640253193834	2019	−67.4	0.68
20	640004198319	2019	−67.1	0.63
21	640253193513	2019	−66.9	0.68
22	640004198317	2019	−66.7	0.63
23	640253193860	2019	−66.5	0.68
23	640004198304	2019	−66.5	0.63
25	640253193717	2019	−66.2	0.69
26	640253193782	2019	−66.1	0.68
27	640190140109	2013	−65.9	0.52
28	640253193829	2019	−65.4	0.68

续表

排名	牛号	出生年份	首次产犊日龄 EBV/d	EBV 准确性
29	640003203418	2020	−65.3	0.65
30	640253193732	2019	−65.1	0.68
30	640004198340	2019	−65.1	0.63
32	640253193326	2019	−64.7	0.68
32	640253193788	2019	−64.7	0.68
34	640004198316	2019	−64.6	0.63
35	640004198318	2019	−64.3	0.63
36	640253193760	2019	−64.1	0.68
37	640193126225	2013	−63.9	0.54
38	640253193771	2019	−63.8	0.68
39	640253193724	2019	−63.7	0.68
40	640253193298	2019	−63.6	0.68
41	640253193561	2017	−63.2	0.68
42	640190121591	2012	−63.0	0.57
43	640253193779	2019	−62.9	0.68
44	640253193342	2019	−62.8	0.68
45	640190121769	2012	−62.4	0.57
46	640253193774	2019	−62.3	0.68
47	640190121756	2012	−62.2	0.60
47	640253193429	2019	−62.2	0.68
49	640190123209	2012	−61.8	0.57
50	640190140158	2012	−61.7	0.51
51	640190121592	2012	−61.2	0.60
52	640253193412	2019	−61.1	0.68
53	640003182845	2018	−61.0	0.67
54	640009160996	2016	−60.5	0.57
55	640253193432	2019	−60.2	0.68
56	640253193744	2019	−60.0	0.68

续表

排名	牛号	出生年份	首次产犊日龄 EBV/d	EBV 准确性
57	640190121759	2012	−59.9	0.60
58	640004198488	2019	−59.8	0.63
59	640003182858	2018	−59.4	0.67
60	640004136297	2013	−59.1	0.65
61	640190123212	2012	−58.9	0.57
62	640005113754	2011	−58.8	0.58
63	640004156733	2015	−58.7	0.54
64	640190123755	2012	−58.2	0.57
65	640193124411	2013	−57.8	0.51
66	640253193380	2019	−57.4	0.68
67	640253193543	2019	−57.3	0.68
68	640005113755	2011	−57.0	0.57
68	640253193853	2019	−57.0	0.68
70	640004184540	2019	−56.9	0.67
71	640253193466	2019	−56.7	0.68
71	640003203436	2020	−56.7	0.63
73	640190123207	2012	−56.6	0.59
74	640004136303	2013	−56.3	0.64
75	640253193725	2019	−56.2	0.68
76	640190140211	2012	−56.0	0.55
77	640007195619	2019	−55.8	0.53
77	640005113750	2011	−55.8	0.57
79	640251008820	2020	−55.7	0.73
80	640004146659	2014	−55.6	0.64
80	640251008869	2020	−55.6	0.73
82	640004136312	2013	−55.5	0.65
82	640003131395	2013	−55.5	0.67
84	640190140220	2012	−55.3	0.51

续表

排名	牛号	出生年份	首次产犊日龄 EBV/d	EBV 准确性
85	640035128261	2012	−55.2	0.55
86	640190123764	2012	−55.1	0.44
87	640193125496	2013	−55.0	0.51
87	640251008836	2020	−55.0	0.73
87	640166203491	2020	−55.0	0.67
90	640251008795	2020	−54.9	0.73
91	640253193004	2019	−54.6	0.61
92	640005113791	2011	−54.4	0.56
92	640251008840	2020	−54.4	0.73
94	640035128268	2012	−54.3	0.69
94	640253193809	2019	−54.3	0.68
96	640251008804	2020	−54.1	0.73
97	640251008714	2020	−54.0	0.73
97	640251008732	2020	−54.0	0.73
99	640251008808	2020	−53.9	0.73
100	640251008706	2020	−53.8	0.73
101	640251007305	2019	−53.3	0.66
102	640009160993	2016	−53.0	0.60
102	640004136344	2013	−53.0	0.65
104	640035117902	2011	−52.9	0.65
105	640190140286	2012	−52.6	0.52
106	640003007356	2019	−52.4	0.63
107	640003006313	2018	−52.1	0.63
108	640004198485	2019	−52.0	0.63
108	640003182853	2018	−52.0	0.65
110	640003006583	2018	−51.9	0.62
110	640004136284	2013	−51.9	0.67
110	640003110002	2011	−51.9	0.59

续表

排名	牛号	出生年份	首次产犊日龄 EBV/d	EBV 准确性
113	640251007344	2019	−51.8	0.67
113	640007195608	2019	−51.8	0.48
115	640003182838	2018	−51.7	0.66
115	640251008662	2020	−51.7	0.73
117	640253193008	2019	−51.4	0.61
118	640007195627	2019	−51.3	0.51
118	640004136275	2013	−51.3	0.60
120	640004177264	2017	−51.2	0.63
121	640190140201	2012	−51.1	0.51
121	640005117899	2011	−51.1	0.55
123	640251008616	2020	−50.8	0.73
123	640193125011	2013	−50.8	0.51
125	640253193015	2019	−50.6	0.61
126	640251008749	2020	−50.5	0.73
127	640253193413	2019	−50.4	0.68
128	640007195614	2019	−50.2	0.48
128	640004198324	2019	−50.2	0.63
128	640251008669	2020	−50.2	0.73
131	640005124057	2012	−50.1	0.63
132	640190140032	2013	−49.9	0.51
133	640003182844	2018	−49.8	0.69
133	640251008550	2020	−49.8	0.73
135	640253193020	2019	−49.7	0.60
136	640005134070	2013	−49.6	0.64
137	640003131393	2013	−49.5	0.66
137	640251008682	2020	−49.5	0.73
139	640004198323	2019	−49.4	0.63
140	640003182861	2018	−49.3	0.68

续表

排名	牛号	出生年份	首次产犊日龄 EBV/d	EBV 准确性
141	640253170853	2017	−49.1	0.64
141	640004136282	2013	−49.1	0.63
141	640004136289	2013	−49.1	0.56
144	640005113804	2011	−49.0	0.62
145	640035128294	2015	−48.9	0.66
146	640003182863	2018	−48.8	0.67
147	640253193328	2011	−48.7	0.69
147	640035148750	2014	−48.7	0.56
149	640253170850	2017	−48.6	0.52
149	640003182847	2018	−48.6	0.68
149	640035117907	2019	−48.6	0.68
152	640190123770	2012	−48.5	0.57
153	640251006989	2019	−48.4	0.64
153	640251007339	2019	−48.4	0.68
155	640003182873	2018	−48.3	0.66
155	640003182823	2018	−48.3	0.67
155	640193124267	2013	−48.3	0.51
158	640005134060	2013	−48.1	0.64
158	640003182796	2018	−48.1	0.53
160	640035117925	2011	−47.8	0.63
160	643051000838	2019	−47.8	0.57
160	640193124369	2013	−47.8	0.51
163	640251007293	2019	−47.7	0.68
163	640190140183	2012	−47.7	0.51
165	640003121324	2012	−47.5	0.63
165	640251007055	2019	−47.5	0.66
165	640251007399	2019	−47.5	0.68
168	640253170780	2017	−47.4	0.67

续表

排名	牛号	出生年份	首次产犊日龄 EBV/d	EBV 准确性
169	640251008636	2020	−47.1	0.73
169	640193121768	2012	−47.1	0.48
171	640251006993	2019	−47.0	0.66
171	640251007025	2019	−47.0	0.66
173	640003182872	2018	−46.9	0.68
173	640190140289	2012	−46.9	0.51
173	640251008576	2020	−46.9	0.73
173	640251007000	2019	−46.9	0.64
173	640251008522	2019	−46.9	0.73
178	640253170829	2017	−46.8	0.67
178	640193126739	2013	−46.8	0.51
178	640003006367	2018	−46.8	0.62
178	640004187619	2018	−46.8	0.66
178	640035117924	2011	−46.8	0.58
183	640004184527	2018	−46.7	0.62
184	640251007394	2019	−46.6	0.67
185	640003193087	2019	−46.5	0.67
185	640253193699	2019	−46.5	0.68
187	640005124026	2012	−46.4	0.65
187	640003006357	2018	−46.4	0.62
189	643051000837	2019	−46.3	0.58
189	640253192998	2019	−46.3	0.61
189	640004187369	2018	−46.3	0.68
189	640251007017	2019	−46.3	0.62
193	640253170849	2017	−46.2	0.59
193	640251006988	2019	−46.2	0.67
195	640003110062	2019	−46.1	0.60
196	640193123774	2012	−46.0	0.49

续表

排名	牛号	出生年份	首次产犊日龄 EBV/d	EBV 准确性
196	640003131403	2015	−46.0	0.67
198	640003183008	2018	−45.9	0.66
198	640190140084	2013	−45.9	0.52
198	640007195613	2019	−45.9	0.52
201	640251007306	2019	−45.8	0.67
201	640251007016	2019	−45.8	0.65
203	640190121764	2012	−45.7	0.43
203	640004182511	2018	−45.7	0.62
203	640004156796	2015	−45.7	0.55
203	640251006957	2019	−45.7	0.68
207	640005154475	2015	−45.6	0.63
207	640251007326	2019	−45.6	0.68
207	640253193438	2018	−45.6	0.66
210	640003111077	2011	−45.5	0.60
210	640251007352	2019	−45.5	0.68
212	640003131355	2013	−45.4	0.63
213	640251007361	2019	−45.3	0.68
213	640005124050	2012	−45.3	0.67
213	640251004574	2017	−45.3	0.67
216	640004136311	2013	−45.2	0.66
216	640004184537	2018	−45.2	0.62
216	640251007007	2019	−45.2	0.65
216	640193126402	2013	−45.2	0.51
216	640253193120	2019	−45.2	0.67
221	640003182894	2018	−45.1	0.68
222	640003006287	2018	−45.0	0.63
223	640003172458	2016	−44.9	0.66
223	640003131366	2013	−44.9	0.67

续表

排名	牛号	出生年份	首次产犊日龄 EBV/d	EBV 准确性
223	640251007342	2019	−44.9	0.66
223	640035160472	2016	−44.9	0.64
223	640253170803	2017	−44.9	0.68
228	640251007389	2019	−44.8	0.68
228	640166130840	2013	−44.8	0.65
230	640003182901	2018	−44.7	0.68
230	640003182848	2018	−44.7	0.68
232	640166203492	2020	−44.6	0.67
233	640003006323	2018	−44.5	0.63
233	640003182957	2018	−44.5	0.68
233	640003006307	2018	−44.5	0.62
236	640004136320	2013	−44.4	0.69
236	640251007327	2019	−44.4	0.68
238	640035138386	2013	−44.3	0.63
238	640003006353	2018	−44.3	0.63
238	640003182841	2018	−44.3	0.67
238	640253170823	2017	−44.3	0.67
238	640251006310	2018	−44.3	0.67
238	640003183009	2018	−44.3	0.67
238	640251008381	2019	−44.3	0.73
238	640190140078	2013	−44.3	0.52
246	640003182809	2018	−44.2	0.56
246	640003182826	2018	−44.2	0.66
248	640251006978	2019	−44.1	0.66
248	640035138307	2015	−44.1	0.66
250	640003182787	2018	−44.0	0.65
250	640004136315	2013	−44.0	0.67
250	640251006921	2019	−44.0	0.64

续表

排名	牛号	出生年份	首次产犊日龄 EBV/d	EBV 准确性
250	640190123760	2012	−44.0	0.42
250	640003131392	2013	−44.0	0.55
255	640004184562	2018	−43.9	0.64
255	640253170762	2017	−43.9	0.65
255	640190121579	2012	−43.9	0.36
255	640190121752	2012	−43.9	0.36
255	640190123752	2012	−43.9	0.36
255	640190123762	2012	−43.9	0.36
255	640190123772	2012	−43.9	0.36
255	640190123773	2012	−43.9	0.36
255	640193123758	2012	−43.9	0.36
255	640190126044	2013	−43.9	0.51
265	640253193332	2011	−43.8	0.65
265	640003110007	2011	−43.8	0.62
267	640003111071	2011	−43.7	0.60
267	640251006940	2019	−43.7	0.68
267	640251006953	2019	−43.7	0.68
270	640251006990	2019	−43.6	0.66
270	640003007362	2019	−43.6	0.63
272	640251008512	2019	−43.5	0.73
272	640251007048	2019	−43.5	0.66
272	640035117938	2011	−43.5	0.65
272	640005124047	2012	−43.5	0.64
276	640251007329	2019	−43.4	0.67
276	640190123771	2012	−43.4	0.48
276	640251007039	2019	−43.4	0.67
276	640003182918	2018	−43.4	0.68
280	640251007345	2019	−43.3	0.67

续表

排名	牛号	出生年份	首次产犊日龄 EBV/d	EBV 准确性
280	640190124748	2013	−43.3	0.51
282	640005113777	2011	−43.2	0.57
282	640251007359	2019	−43.2	0.68
284	640005113779	2011	−43.1	0.58
284	640004187631	2018	−43.1	0.66
284	640251007030	2019	−43.1	0.63
284	640003193089	2019	−43.1	0.67
288	640251006998	2019	−43.0	0.66
288	640003007198	2019	−43.0	0.61
290	640035138350	2013	−42.9	0.64
290	640190121761	2012	−42.9	0.59
290	640253170804	2017	−42.9	0.69
290	643051033343	2018	−42.9	0.56
290	640003182897	2018	−42.9	0.69
290	640190121779	2012	−42.9	0.49
296	640003131387	2013	−42.8	0.67
296	640003110032	2011	−42.8	0.60
296	640003131350	2013	−42.8	0.60
299	640251006949	2019	−42.7	0.69
299	640003182846	2018	−42.7	0.67
299	640035138408	2013	−42.7	0.68
299	640251007316	2019	−42.7	0.67
299	640190123768	2012	−42.7	0.48
299	640251007413	2019	−42.7	0.68
305	640003131341	2012	−42.6	0.64
305	643051033028	2017	−42.6	0.55
305	640251008386	2019	−42.6	0.72
305	640190162338	2016	−42.6	0.67

续表

排名	牛号	出生年份	首次产犊日龄 EBV/d	EBV 准确性
305	640190121773	2012	−42.6	0.61
305	640035128291	2012	−42.6	0.61
311	640035128226	2012	−42.5	0.67
311	640003007444	2019	−42.5	0.63
311	640003007195	2019	−42.5	0.58
311	640251006936	2019	−42.5	0.66
315	640004187634	2018	−42.4	0.65
315	640003006347	2018	−42.4	0.64
315	640251007364	2019	−42.4	0.68
315	640251008646	2020	−42.4	0.73
319	640003182891	2018	−42.3	0.65
320	640251007377	2019	−42.2	0.67
320	640003193097	2019	−42.2	0.67
322	640251007309	2019	−42.1	0.68
323	640190124816	2013	−42.0	0.51
323	640253182493	2018	−42.0	0.66
323	640251007382	2019	−42.0	0.67
323	640005134104	2013	−42.0	0.63
323	640003182914	2018	−42.0	0.68
323	640251006942	2019	−42.0	0.64
329	640003182864	2018	−41.9	0.68
330	640251007313	2019	−41.8	0.68
331	640003131376	2013	−41.7	0.62
331	640193153901	2015	−41.7	0.49
331	640251006994	2019	−41.7	0.63
334	640003007428	2019	−41.6	0.63
334	640004136333	2013	−41.6	0.62
334	640035138296	2012	−41.6	0.68

续表

排名	牛号	出生年份	首次产犊日龄 EBV/d	EBV 准确性
334	640190124957	2013	−41.6	0.51
334	640253193443	2018	−41.6	0.63
334	640251006349	2018	−41.6	0.67
340	640251007401	2019	−41.5	0.68
340	640190125835	2013	−41.5	0.51
340	640251006362	2018	−41.5	0.68
343	640003111098	2011	−41.4	0.60
343	640005124038	2012	−41.4	0.64
343	640251006954	2019	−41.4	0.63
346	640251007044	2019	−41.2	0.66
346	640253192992	2019	−41.2	0.62
346	640005134128	2013	−41.2	0.68
346	640166203524	2020	−41.2	0.65
346	640190124655	2013	−41.2	0.51
351	640003006343	2018	−41.1	0.63
351	640003182962	2018	−41.1	0.70
351	640003182843	2018	−41.1	0.69
354	640003182925	2018	−41.0	0.67
354	640190124658	2013	−41.0	0.51
356	640251006934	2019	−40.9	0.68
356	640251007391	2019	−40.9	0.67
356	640003006317	2018	−40.9	0.62
356	640003006363	2018	−40.9	0.62
360	640253193059	2019	−40.8	0.64
361	640253170799	2017	−40.7	0.68
362	640253170796	2017	−40.6	0.67
362	640251007013	2019	−40.6	0.67
362	640251006935	2019	−40.6	0.61

续表

排名	牛号	出生年份	首次产犊日龄 EBV/d	EBV 准确性
362	640253170815	2017	−40.6	0.68
362	640253193076	2019	−40.6	0.64
362	640251007041	2019	−40.6	0.68
362	640251007063	2019	−40.6	0.68
362	640003182895	2018	−40.6	0.66
362	640007195609	2019	−40.6	0.55
362	640003182958	2018	−40.6	0.67
372	640003006333	2018	−40.5	0.63
373	640003151856	2016	−40.4	0.69
373	640251006256	2018	−40.4	0.70
373	643051033353	2018	−40.4	0.53
376	640035150080	2015	−40.3	0.58
376	640003182812	2018	−40.3	0.68
376	640035138302	2012	−40.3	0.67
379	640003183006	2018	−40.2	0.67
379	640003182905	2018	−40.2	0.67
379	640251006969	2019	−40.2	0.65
379	640251006319	2018	−40.2	0.68
379	643051033342	2018	−40.2	0.57
384	640193123777	2012	−40.1	0.44
384	640035138385	2013	−40.1	0.65
384	640190124055	2012	−40.1	0.54
384	640251006306	2018	−40.1	0.68
384	640190125525	2013	−40.1	0.51
384	640009181471	2018	−40.1	0.65
390	640190125085	2013	−40.0	0.51
390	640003182960	2018	−40.0	0.68
390	640190124875	2013	−40.0	0.51

续表

排名	牛号	出生年份	首次产犊日龄 EBV/d	EBV 准确性
390	640251007004	2019	−40.0	0.66
394	640005134167	2013	−39.9	0.64
394	640251007027	2019	−39.9	0.68
394	640253182467	2018	−39.9	0.65
394	640003172481	2017	−39.9	0.65
398	640003183011	2018	−39.8	0.66
398	640005113745	2011	−39.8	0.60
398	640004136288	2013	−39.8	0.60
398	640003193018	2019	−39.8	0.66
398	640193123210	2012	−39.8	0.43
398	640003131343	2013	−39.8	0.64
398	640003006413	2018	−39.8	0.63
398	640003182810	2018	−39.8	0.66
398	640003182923	2018	−39.8	0.68
398	640166130839	2013	−39.8	0.58
398	640251007334	2019	−39.8	0.68
398	640004184500	2018	−39.8	0.64
410	640003006126	2018	−39.7	0.63
410	640003182917	2018	−39.7	0.67
410	640003193033	2019	−39.7	0.64
410	640253193077	2019	−39.7	0.62
414	640003182883	2018	−39.6	0.69
414	640004187618	2018	−39.6	0.66
414	640166130884	2013	−39.6	0.66
414	640253193427	2017	−39.6	0.68
418	640035138300	2012	−39.5	0.61
418	640003172504	2017	−39.5	0.65
418	640190124826	2013	−39.5	0.51

续表

排名	牛号	出生年份	首次产犊日龄 EBV/d	EBV 准确性
421	640190124694	2013	−39.4	0.51
421	640251006160	2018	−39.4	0.68
421	640190140120	2013	−39.4	0.51
421	640003182860	2018	−39.4	0.59
425	640003006156	2018	−39.3	0.63
425	640004187610	2018	−39.3	0.66
425	640003121320	2012	−39.3	0.67
425	640251006214	2018	−39.3	0.67
425	640003131391	2013	−39.3	0.65
430	640166193164	2019	−39.2	0.67
430	640007195692	2019	−39.2	0.58
430	640251007052	2019	−39.2	0.70
430	640251006992	2019	−39.2	0.68
434	640253193047	2019	−39.1	0.61
434	640003193055	2019	−39.1	0.67
434	640035128279	2012	−39.1	0.69
434	640251007001	2019	−39.1	0.65
434	640251006402	2018	−39.1	0.67
439	640253170848	2017	−39.0	0.65
439	640003006373	2018	−39.0	0.63
439	640003182952	2018	−39.0	0.68
442	640004187642	2018	−38.9	0.66
442	640251006379	2018	−38.9	0.67
442	640251006242	2018	−38.9	0.67
442	640251006345	2018	−38.9	0.68
442	640003182887	2018	−38.9	0.69
442	640253170813	2017	−38.9	0.65
448	640251006405	2018	−38.8	0.66

续表

排名	牛号	出生年份	首次产犊日龄 EBV/d	EBV 准确性
448	640251006964	2019	−38.8	0.66
448	640003131473	2013	−38.8	0.58
448	640003131344	2013	−38.8	0.63
448	640251006956	2019	−38.8	0.68
448	640004208237	2020	−38.8	0.64
448	640003111090	2011	−38.8	0.63
455	640003182789	2018	−38.7	0.66
456	640005124042	2012	−38.6	0.69
456	640003182790	2018	−38.6	0.65
456	640005134067	2013	−38.6	0.60
456	640251007318	2019	−38.6	0.66
456	640190140269	2012	−38.6	0.51
456	640003006587	2019	−38.6	0.63
456	640251006415	2018	−38.6	0.68
456	640003006076	2018	−38.6	0.63
464	640253182426	2018	−38.5	0.68
464	640005124051	2012	−38.5	0.63
464	640251006318	2018	−38.5	0.68
464	640251006967	2019	−38.5	0.64
468	640251007427	2019	−38.4	0.68
469	640251006945	2019	−38.3	0.67
469	640251006331	2018	−38.3	0.68
469	640251006946	2019	−38.3	0.63
469	640190140036	2013	−38.3	0.51
469	640004136351	2011	−38.3	0.65
469	640004146510	2014	−38.3	0.60
469	640003183004	2018	−38.3	0.67
476	640251006251	2018	−38.2	0.68

续表

排名	牛号	出生年份	首次产犊日龄 EBV/d	EBV 准确性
476	640003131339	2013	−38.2	0.63
476	640003182852	2018	−38.2	0.67
476	640003182795	2018	−38.2	0.56
476	640035138369	2013	−38.2	0.68
476	640005134072	2013	−38.2	0.58
476	640003006633	2019	−38.2	0.63
483	640251006396	2018	−38.1	0.67
483	640251006288	2018	−38.1	0.68
483	640005134077	2013	−38.1	0.58
483	640251008187	2019	−38.1	0.73
483	643051033565	2019	−38.1	0.63
483	640251007053	2019	−38.1	0.68
483	640251006265	2018	−38.1	0.68
483	640251006976	2019	−38.1	0.64
491	640251007104	2019	−38.0	0.68
491	640003111099	2011	−38.0	0.58
491	640190124492	2013	−38.0	0.55
491	640190140098	2013	−38.0	0.51
491	640035128183	2012	−38.0	0.50
491	640251007074	2019	−38.0	0.68
497	640005124004	2012	−37.9	0.66
497	640251006923	2019	−37.9	0.60
497	640035138310	2015	−37.9	0.65
497	640251006952	2019	−37.9	0.66

附表 8 核心育种场青年牛首末次配种间隔 EBV 排名前 500 名母牛

排名	牛号	出生年份	青年牛首末次配种间隔 EBV/d	EBV 准确性
1	640003110237	2011	−13.5	0.45
2	640005113868	2011	−13.2	0.46
2	640004136437	2013	−13.2	0.39
4	640190182771	2018	−13.0	0.49
5	640166182892	2018	−12.8	0.51
6	640003110192	2013	−12.7	0.43
6	640005113857	2011	−12.7	0.45
8	640003110167	2013	−12.6	0.43
8	640003111175	2011	−12.6	0.48
10	640003110257	2011	−12.5	0.45
12	640003110182	2013	−12.3	0.46
12	640193182324	2018	−12.3	0.48
12	640003121187	2013	−12.3	0.44
14	640003110187	2013	−12.2	0.45
15	640005113856	2011	−12.1	0.45
16	640253193787	2019	−12.0	0.53
16	640193190138	2019	−12.0	0.52
16	640166141109	2011	−12.0	0.46
16	640003111173	2013	−12.0	0.47
20	640193185418	2018	−11.9	0.52
20	640193190014	2019	−11.9	0.52
20	640193185798	2019	−11.9	0.52
23	640004136353	2011	−11.8	0.46
23	640003111178	2011	−11.8	0.47
23	640004177282	2017	−11.8	0.45
23	640253193836	2019	−11.8	0.52
27	640005113850	2011	−11.7	0.47
27	640193184362	2018	−11.7	0.51

续表

排名	牛号	出生年份	青年牛首末次配种间隔 EBV/d	EBV 准确性
27	640003111154	2011	−11.7	0.44
27	640193190298	2019	−11.7	0.51
27	640253193866	2019	−11.7	0.52
27	640253193849	2019	−11.7	0.52
27	640003110232	2011	−11.7	0.43
27	640253193814	2019	−11.7	0.52
35	640190183811	2018	−11.5	0.49
35	640035138433	2013	−11.5	0.47
35	640190182807	2018	−11.5	0.53
38	640253193778	2019	−11.4	0.53
38	640166183016	2018	−11.4	0.51
38	640035138394	2013	−11.4	0.48
41	640003111153	2011	−11.3	0.46
41	640190182353	2018	−11.3	0.49
41	640190184143	2018	−11.3	0.49
41	640005113845	2011	−11.3	0.45
41	640166193423	2019	−11.3	0.53
41	640193183338	2018	−11.3	0.52
41	640003110282	2011	−11.3	0.43
48	640193183118	2018	−11.2	0.52
49	640003111158	2011	−11.1	0.45
49	640009160996	2016	−11.1	0.30
49	640035180958	2018	−11.1	0.39
49	640193182714	2018	−11.1	0.51
49	640035138391	2013	−11.1	0.48
49	640193183530	2018	−11.1	0.50
49	640253193829	2019	−11.1	0.53
49	640190183951	2018	−11.1	0.49

续表

排名	牛号	出生年份	青年牛首末次配种间隔 EBV/d	EBV 准确性
49	640035181028	2018	−11.1	0.44
49	640190181877	2018	−11.1	0.52
49	640193185654	2018	−11.1	0.52
60	640193183436	2018	−11.0	0.52
60	640003110883	2011	−11.0	0.42
60	640193183594	2018	−11.0	0.53
60	640166183018	2018	−11.0	0.54
60	640190182329	2018	−11.0	0.50
60	640193185860	2018	−11.0	0.52
60	640005113847	2011	−11.0	0.45
67	640193183824	2018	−10.9	0.50
67	640193182050	2018	−10.9	0.51
67	640003111168	2013	−10.9	0.40
67	640005134170	2013	−10.9	0.48
67	640193183422	2018	−10.9	0.51
67	640251170726	2017	−10.9	0.49
67	640005113842	2011	−10.9	0.46
67	640166151668	2015	−10.9	0.45
67	640193190042	2019	−10.9	0.53
67	640035138498	2013	−10.9	0.45
67	640253193807	2019	−10.9	0.53
67	640193185902	2018	−10.9	0.52
67	640253193860	2019	−10.9	0.52
67	640193183714	2018	−10.9	0.52
81	640193190102	2019	−10.8	0.52
81	640166182879	2018	−10.8	0.52
81	640190184557	2018	−10.8	0.52
81	640009181496	2018	−10.8	0.45

续表

排名	牛号	出生年份	青年牛首末次配种间隔 EBV/d	EBV 准确性
85	640166193365	2019	−10.7	0.50
85	640005134138	2013	−10.7	0.50
85	640166193369	2019	−10.7	0.50
85	640035138485	2013	−10.7	0.45
85	640193185808	2019	−10.7	0.51
85	640004136357	2011	−10.7	0.46
91	640190183191	2018	−10.6	0.49
91	640035138397	2013	−10.6	0.49
91	640193185706	2018	−10.6	0.52
91	640193182390	2018	−10.6	0.52
91	640190181993	2018	−10.6	0.49
91	640190185058	2018	−10.6	0.46
91	640003110197	2013	−10.6	0.41
98	640003131407	2013	−10.5	0.48
98	640166183029	2018	−10.5	0.54
98	640193183486	2018	−10.5	0.51
98	640166193350	2019	−10.5	0.50
98	640009181516	2018	−10.5	0.45
98	640193183582	2018	−10.5	0.51
98	640035138431	2013	−10.5	0.48
98	640193185224	2018	−10.5	0.53
98	640004136298	2011	−10.5	0.44
98	640003110869	2011	−10.5	0.43
98	640193184230	2018	−10.5	0.51
98	640193183506	2018	−10.5	0.53
110	640166193382	2019	−10.4	0.50
110	640193183510	2018	−10.4	0.52
110	640005134132	2012	−10.4	0.46

续表

排名	牛号	出生年份	青年牛首末次配种间隔 EBV/d	EBV 准确性
110	640166182877	2018	−10.4	0.54
110	640009201973	2020	−10.4	0.37
110	640166193376	2019	−10.4	0.50
110	640193182752	2018	−10.4	0.51
110	640035138426	2013	−10.4	0.44
110	640193184502	2018	−10.4	0.51
110	640193184002	2018	−10.4	0.49
120	640004172649	2017	−10.3	0.46
120	640005175265	2017	−10.3	0.48
120	640003152109	2015	−10.3	0.46
120	640166183040	2018	−10.3	0.54
120	640193184132	2018	−10.3	0.51
120	640193185404	2018	−10.3	0.47
120	640190185085	2018	−10.3	0.52
120	640005134120	2012	−10.3	0.44
120	640190183253	2018	−10.3	0.49
120	640004208105	2020	−10.3	0.47
120	640009160993	2016	−10.3	0.35
120	640193183842	2018	−10.3	0.51
120	640193190468	2019	−10.3	0.51
120	640193190296	2019	−10.3	0.52
120	640193185870	2018	−10.3	0.51
120	640190182939	2018	−10.3	0.48
136	640190184429	2018	−10.2	0.52
136	640035118012	2013	−10.2	0.45
136	640003111164	2013	−10.2	0.45
136	640193184378	2018	−10.2	0.52
136	640193181432	2018	−10.2	0.49

续表

排名	牛号	出生年份	青年牛首末次配种间隔 EBV/d	EBV 准确性
136	640166193375	2019	−10.2	0.49
136	640190183843	2018	−10.2	0.48
136	640005195575	2019	−10.2	0.50
136	640190184125	2018	−10.2	0.48
136	640166130871	2011	−10.2	0.47
136	640035138442	2013	−10.2	0.48
136	640193182878	2018	−10.2	0.48
136	640190171121	2017	−10.2	0.50
136	640193183336	2018	−10.2	0.50
136	640193181406	2018	−10.2	0.53
136	640193181970	2018	−10.2	0.52
136	640166130968	2013	−10.2	0.44
136	640190184159	2018	−10.2	0.49
154	640009181534	2018	−10.1	0.47
154	640004136327	2011	−10.1	0.48
154	640193183764	2018	−10.1	0.52
154	640190182857	2018	−10.1	0.50
154	640193183810	2018	−10.1	0.51
154	640193181530	2018	−10.1	0.53
154	640035138414	2011	−10.1	0.50
154	640005113709	2011	−10.1	0.44
154	640193183664	2018	−10.1	0.51
154	640193184032	2018	−10.1	0.51
154	640004136319	2011	−10.1	0.46
154	640193184480	2018	−10.1	0.52
154	640193183848	2018	−10.1	0.50
167	640003152105	2015	−10.0	0.45
167	640193190400	2019	−10.0	0.51

续表

排名	牛号	出生年份	青年牛首末次配种间隔 EBV/d	EBV 准确性
167	640193183630	2018	−10.0	0.50
167	640193182928	2018	−10.0	0.52
167	640166193420	2019	−10.0	0.53
167	640005134135	2013	−10.0	0.45
167	640005134129	2011	−10.0	0.45
167	640193183856	2018	−10.0	0.50
167	640193183044	2018	−10.0	0.52
167	640190182885	2018	−10.0	0.49
167	640003193055	2019	−10.0	0.48
167	640193184590	2018	−10.0	0.52
167	640190184893	2018	−10.0	0.49
167	640193183666	2018	−10.0	0.50
167	640190182845	2018	−10.0	0.47
167	640005134208	2013	−10.0	0.48
167	640005154475	2015	−10.0	0.43
167	640166182869	2018	−10.0	0.51
185	640190184879	2018	−9.9	0.49
185	640166130850	2013	−9.9	0.50
185	640003110879	2011	−9.9	0.45
185	640009181481	2018	−9.9	0.48
185	640193183220	2018	−9.9	0.48
185	640193184418	2018	−9.9	0.51
185	640193181472	2018	−9.9	0.53
185	640193184554	2018	−9.9	0.50
185	640003193052	2019	−9.9	0.50
185	640190185193	2018	−9.9	0.49
185	640193184358	2018	−9.9	0.52
185	640193181610	2018	−9.9	0.52

续表

排名	牛号	出生年份	青年牛首末次配种间隔 EBV/d	EBV 准确性
185	640166182874	2018	−9.9	0.53
185	640035118017	2013	−9.9	0.47
185	640190182057	2018	−9.9	0.49
185	640193182110	2018	−9.9	0.50
185	640190182027	2018	−9.9	0.49
185	640193183616	2018	−9.9	0.51
185	640193182666	2018	−9.9	0.50
185	640193185660	2018	−9.9	0.50
185	640035138419	2013	−9.9	0.46
185	640193183226	2018	−9.9	0.49
185	640190186037	2018	−9.9	0.53
185	640193183584	2018	−9.9	0.51
185	640190184083	2018	−9.9	0.49
185	640193185068	2018	−9.9	0.52
185	640190183523	2018	−9.9	0.49
185	640003172535	2017	−9.9	0.42
185	640190180499	2018	−9.9	0.46
185	640190183145	2018	−9.9	0.48
185	640003110207	2013	−9.9	0.39
185	640193181732	2018	−9.9	0.52
185	640193184864	2018	−9.9	0.50
185	640190184499	2018	−9.9	0.49
185	640009181467	2018	−9.9	0.45
220	640190185254	2018	−9.8	0.50
220	640193182914	2018	−9.8	0.53
220	640035138388	2013	−9.8	0.47
220	640193184660	2018	−9.8	0.49
220	640035138420	2016	−9.8	0.46

续表

排名	牛号	出生年份	青年牛首末次配种间隔 EBV/d	EBV 准确性
220	640003172534	2017	−9.8	0.47
220	640190183539	2018	−9.8	0.49
220	640193185156	2018	−9.8	0.52
220	640003111179	2011	−9.8	0.47
220	640190184157	2018	−9.8	0.49
220	640193184024	2018	−9.8	0.51
220	640193183426	2018	−9.8	0.49
220	640190183217	2018	−9.8	0.50
220	640193181598	2018	−9.8	0.53
220	640193183920	2018	−9.8	0.50
220	640193181650	2018	−9.8	0.51
220	640193182646	2018	−9.8	0.48
220	640193184390	2018	−9.8	0.51
220	640193190130	2019	−9.8	0.50
220	640190184431	2018	−9.8	0.48
220	640166130865	2011	−9.8	0.46
220	640190183199	2018	−9.8	0.49
220	640190184183	2018	−9.8	0.49
220	640004136354	2011	−9.8	0.45
220	640190185165	2018	−9.8	0.49
220	640166141003	2014	−9.8	0.43
220	640190180385	2018	−9.8	0.46
220	640009181459	2018	−9.8	0.42
220	640190183119	2018	−9.8	0.48
220	640193185378	2018	−9.8	0.52
250	640193182244	2018	−9.7	0.50
250	640166151674	2015	−9.7	0.45
250	640190184783	2018	−9.7	0.49

续表

排名	牛号	出生年份	青年牛首末次配种间隔 EBV/d	EBV 准确性
250	640166193355	2019	−9.7	0.53
250	640193184514	2018	−9.7	0.48
250	640193183826	2018	−9.7	0.50
250	640009181559	2018	−9.7	0.46
250	640193183976	2018	−9.7	0.51
250	640035138466	2013	−9.7	0.46
250	640035138504	2013	−9.7	0.46
250	640166182878	2018	−9.7	0.51
250	640251004619	2017	−9.7	0.45
250	640190182869	2018	−9.7	0.49
250	640190183225	2018	−9.7	0.47
250	640190183723	2018	−9.7	0.49
250	640190183839	2018	−9.7	0.48
250	640003141740	2012	−9.7	0.43
250	640003110162	2013	−9.7	0.43
250	640193183898	2018	−9.7	0.51
250	640193190250	2019	−9.7	0.52
250	640190184949	2018	−9.7	0.49
250	640166183037	2018	−9.7	0.52
250	640193183602	2018	−9.7	0.51
250	640004136351	2011	−9.7	0.46
250	640190184215	2018	−9.7	0.49
250	640005134105	2013	−9.7	0.44
250	640190184147	2018	−9.7	0.49
250	640190183773	2018	−9.7	0.49
250	640193184416	2018	−9.7	0.51
250	640190184321	2018	−9.7	0.50
250	640193190236	2019	−9.7	0.50

续表

排名	牛号	出生年份	青年牛首末次配种间隔 EBV/d	EBV 准确性
250	640193184162	2018	−9.7	0.48
250	640190184921	2018	−9.7	0.49
250	640003141831	2014	−9.7	0.47
250	640193185696	2018	−9.7	0.53
250	640190182933	2018	−9.7	0.49
250	640193185620	2018	−9.7	0.53
250	640190183125	2018	−9.7	0.49
250	640190184305	2018	−9.7	0.48
289	640190182583	2018	−9.6	0.49
289	640166130857	2011	−9.6	0.44
289	640193185246	2018	−9.6	0.51
289	640190185121	2018	−9.6	0.50
289	640193184322	2018	−9.6	0.52
289	640003110852	2011	−9.6	0.41
289	640193184718	2018	−9.6	0.52
289	640190184925	2018	−9.6	0.51
289	640190181865	2018	−9.6	0.48
289	640190182255	2018	−9.6	0.48
289	640190183817	2018	−9.6	0.49
289	640166130911	2013	−9.6	0.49
289	640193181794	2018	−9.6	0.50
289	640004136447	2013	−9.6	0.48
289	640190184342	2018	−9.6	0.49
289	640190184561	2018	−9.6	0.50
289	640190184905	2018	−9.6	0.49
289	640190184909	2018	−9.6	0.48
289	640003141726	2013	−9.6	0.43
289	640003151878	2015	−9.6	0.47

续表

排名	牛号	出生年份	青年牛首末次配种间隔 EBV/d	EBV 准确性
289	640190184419	2018	−9.6	0.49
289	640193181858	2018	−9.6	0.48
311	640190182795	2018	−9.5	0.49
311	640190183157	2018	−9.5	0.47
311	640190184437	2018	−9.5	0.48
311	640190180105	2018	−9.5	0.47
311	640009181347	2018	−9.5	0.49
311	640166130873	2011	−9.5	0.45
311	640190182421	2018	−9.5	0.48
311	640190184201	2018	−9.5	0.49
311	640190184511	2018	−9.5	0.49
311	640190183239	2018	−9.5	0.48
311	640190184861	2018	−9.5	0.48
311	640190183931	2018	−9.5	0.48
311	640193185102	2018	−9.5	0.51
311	640166193046	2018	−9.5	0.53
311	640190184819	2018	−9.5	0.51
311	640193182006	2018	−9.5	0.53
311	640190184601	2018	−9.5	0.49
311	640190184655	2018	−9.5	0.49
311	640190184189	2018	−9.5	0.49
311	640190184169	2018	−9.5	0.48
311	640004187620	2018	−9.5	0.47
311	640190183139	2018	−9.5	0.49
311	640193182804	2018	−9.5	0.47
311	640193183800	2018	−9.5	0.48
311	640190183285	2018	−9.5	0.49
311	640190184173	2018	−9.5	0.49

续表

排名	牛号	出生年份	青年牛首末次配种间隔 EBV/d	EBV 准确性
311	640166182876	2018	−9.5	0.52
311	640190185059	2018	−9.5	0.50
311	640190183881	2018	−9.5	0.49
311	640190183883	2018	−9.5	0.49
311	640005134152	2013	−9.5	0.48
311	640190184295	2018	−9.5	0.48
343	640193185626	2018	−9.4	0.52
343	640190184675	2018	−9.4	0.49
343	640190180411	2018	−9.4	0.47
343	640190183397	2018	−9.4	0.49
343	640190183411	2018	−9.4	0.48
343	640190184309	2018	−9.4	0.49
343	640193183214	2018	−9.4	0.51
343	640190185023	2018	−9.4	0.49
343	640193183626	2018	−9.4	0.51
343	640190190165	2019	−9.4	0.49
343	640190184549	2018	−9.4	0.49
343	640190184269	2018	−9.4	0.49
343	640190184025	2018	−9.4	0.48
343	640190184411	2018	−9.4	0.48
343	640193183402	2018	−9.4	0.48
343	640190184531	2018	−9.4	0.48
343	640003141736	2014	−9.4	0.44
343	640253171482	2017	−9.4	0.49
343	640190184981	2018	−9.4	0.48
343	640166130856	2011	−9.4	0.47
343	640193182102	2018	−9.4	0.52
343	640193183528	2018	−9.4	0.48

续表

排名	牛号	出生年份	青年牛首末次配种间隔 EBV/d	EBV 准确性
343	640190184827	2018	−9.4	0.48
343	640190184585	2018	−9.4	0.49
343	640190184129	2018	−9.4	0.48
343	640190183273	2018	−9.4	0.47
343	640190182247	2018	−9.4	0.47
343	640193181900	2018	−9.4	0.53
343	640003151906	2015	−9.4	0.39
343	640190123207	2012	−9.4	0.33
343	640190185213	2018	−9.4	0.48
343	640190182757	2018	−9.4	0.48
343	640193190280	2019	−9.4	0.51
343	640190190179	2019	−9.4	0.49
343	640193183494	2018	−9.4	0.50
343	640166193409	2019	−9.4	0.54
343	640004156836	2018	−9.4	0.33
343	640193190488	2019	−9.4	0.50
343	640190185119	2018	−9.4	0.48
343	640193182984	2018	−9.4	0.51
343	640005134252	2013	−9.4	0.52
384	640190184971	2018	−9.3	0.49
384	640193190502	2019	−9.3	0.51
384	640190184213	2018	−9.3	0.48
384	640190184279	2018	−9.3	0.48
384	640190183643	2018	−9.3	0.49
384	640193183088	2018	−9.3	0.53
384	640193190128	2019	−9.3	0.50
384	640009181515	2018	−9.3	0.46
384	640190184281	2018	−9.3	0.49

续表

排名	牛号	出生年份	青年牛首末次配种间隔 EBV/d	EBV 准确性
384	640190184677	2018	−9.3	0.48
384	640193183256	2018	−9.3	0.48
384	640193182740	2018	−9.3	0.53
384	640190182841	2018	−9.3	0.49
384	640190185913	2018	−9.3	0.49
384	640190183413	2018	−9.3	0.47
384	640193185850	2018	−9.3	0.48
384	640190121759	2012	−9.3	0.33
384	640190184739	2018	−9.3	0.51
384	640193182436	2018	−9.3	0.50
384	640190185153	2018	−9.3	0.48
384	640190183121	2018	−9.3	0.47
384	640190184304	2018	−9.3	0.49
384	640193183144	2018	−9.3	0.50
384	640003110865	2011	−9.3	0.40
384	640190184373	2018	−9.3	0.50
384	640190121592	2012	−9.3	0.33
384	640190184149	2018	−9.3	0.48
384	640190184477	2018	−9.3	0.48
384	640190181949	2018	−9.3	0.53
384	640190184541	2018	−9.3	0.48
384	640190181945	2018	−9.3	0.47
384	640190182223	2018	−9.3	0.47
384	640190183663	2018	−9.3	0.49
384	640190185157	2018	−9.3	0.48
384	640193183164	2018	−9.3	0.48
384	640193185138	2018	−9.3	0.51
384	640193184166	2018	−9.3	0.50

续表

排名	牛号	出生年份	青年牛首末次配种间隔 EBV/d	EBV 准确性
384	640190183907	2018	−9.3	0.49
384	640193190640	2019	−9.3	0.48
384	640003131527	2013	−9.3	0.53
384	640190184407	2018	−9.3	0.49
384	640190185931	2018	−9.3	0.47
426	640190183845	2018	−9.2	0.48
426	640193182148	2018	−9.2	0.47
426	640190184507	2018	−9.2	0.48
426	640035138471	2013	−9.2	0.47
426	640190184239	2018	−9.2	0.48
426	640193183624	2018	−9.2	0.48
426	640166183022	2018	−9.2	0.51
426	640251006874	2018	−9.2	0.39
426	640166130875	2011	−9.2	0.46
426	640005113835	2011	−9.2	0.40
426	640193180636	2018	−9.2	0.48
426	640005154461	2015	−9.2	0.42
426	640193182248	2018	−9.2	0.52
426	640190184897	2018	−9.2	0.48
426	640190181867	2018	−9.2	0.49
426	640193183700	2018	−9.2	0.48
426	640193184136	2018	−9.2	0.50
426	640190185177	2018	−9.2	0.49
426	640004136316	2011	−9.2	0.45
426	640005134109	2012	−9.2	0.43
426	640193184366	2018	−9.2	0.48
426	640193183710	2018	−9.2	0.48
426	640190185385	2018	−9.2	0.45

续表

排名	牛号	出生年份	青年牛首末次配种间隔 EBV/d	EBV 准确性
426	640193181852	2018	−9.2	0.50
426	640166193351	2019	−9.2	0.50
426	640193183204	2018	−9.2	0.52
426	640251004629	2017	−9.2	0.46
426	640193183896	2018	−9.2	0.51
426	640193181556	2018	−9.2	0.48
426	640190183963	2018	−9.2	0.47
426	640190184097	2018	−9.2	0.47
426	640190184359	2018	−9.2	0.47
426	640190182193	2018	−9.2	0.47
426	640166182866	2018	−9.2	0.54
426	640193182036	2018	−9.2	0.47
426	640193182238	2018	−9.2	0.47
426	640193182266	2018	−9.2	0.47
426	640190185303	2018	−9.2	0.45
426	640190184751	2018	−9.2	0.47
426	640193183568	2018	−9.2	0.50
426	640190184421	2018	−9.2	0.48
426	640190185095	2018	−9.2	0.50
468	640190184933	2018	−9.1	0.49
468	640190185207	2018	−9.1	0.48
468	640190190194	2019	−9.1	0.44
468	640190182889	2018	−9.1	0.48
468	640190184191	2018	−9.1	0.50
468	640190182477	2018	−9.1	0.49
468	640253182946	2018	−9.1	0.50
468	640004136398	2013	−9.1	0.34
468	640193185466	2018	−9.1	0.50

续表

排名	牛号	出生年份	青年牛首末次配种间隔 EBV/d	EBV 准确性
468	640190174788	2017	−9.1	0.46
468	640193183652	2018	−9.1	0.50
468	640190184913	2018	−9.1	0.48
468	640190185031	2018	−9.1	0.49
468	640005185305	2018	−9.1	0.51
468	640190184011	2018	−9.1	0.50
468	640190184249	2018	−9.1	0.49
468	640190184609	2018	−9.1	0.49
468	640193184414	2018	−9.1	0.50
468	640193181540	2018	−9.1	0.48
468	640190183067	2018	−9.1	0.44
468	640190185237	2018	−9.1	0.49
468	640193185468	2018	−9.1	0.47
468	640193182398	2018	−9.1	0.47
468	640009191602	2019	−9.1	0.48
468	640193190328	2019	−9.1	0.48
468	640190183905	2018	−9.1	0.47
468	640009171228	2017	−9.1	0.45
468	640190183683	2018	−9.1	0.45
468	640193183406	2018	−9.1	0.52
468	640190123755	2012	−9.1	0.31
468	640193181878	2018	−9.1	0.50
468	640190184509	2018	−9.1	0.49
468	640190184965	2018	−9.1	0.47

附表 9 核心育种场经产牛首末次配种间隔 EBV 排名前 500 名母牛

排名	牛号	出生年份	经产牛首末次配种间隔 EBV/d	EBV 准确性
1	640251160382	2016	−15.9	0.40
2	640251004095	2016	−13.9	0.51
3	640251005989	2016	−13.6	0.47
4	640251004254	2017	−13.5	0.49
5	640251004227	2016	−13.4	0.47
5	640251004251	2017	−13.4	0.47
5	640251004256	2017	−13.4	0.48
8	640251004108	2016	−13.3	0.49
8	640251004109	2016	−13.3	0.49
10	640251004142	2016	−13.2	0.49
11	640251004138	2016	−13.1	0.46
12	640251004179	2016	−13.0	0.48
13	640253160454	2016	−12.9	0.45
14	640251004117	2016	−12.8	0.49
15	640251004212	2016	−12.7	0.48
15	640251004170	2016	−12.7	0.48
15	640251004151	2016	−12.7	0.47
15	640251004493	2016	−12.7	0.50
15	640251004080	2016	−12.7	0.50
20	640251004209	2016	−12.6	0.47
20	640251004155	2016	−12.6	0.46
20	640251004063	2016	−12.6	0.47
20	640251004206	2016	−12.6	0.47
24	640251160368	2016	−12.5	0.46
24	640251004152	2016	−12.5	0.50
24	640251004201	2016	−12.5	0.47
27	640251004237	2016	−12.4	0.46
27	640251004160	2016	−12.4	0.46

续表

排名	牛号	出生年份	经产牛首末次配种间隔 EBV/d	EBV 准确性
27	640251004134	2016	−12.4	0.46
30	640251160533	2016	−12.3	0.45
30	640251004137	2016	−12.3	0.47
30	640251004268	2011	−12.3	0.45
33	640251004215	2016	−12.2	0.47
33	640251004540	2016	−12.2	0.47
35	640251164251	2016	−12.1	0.42
35	640251006259	2018	−12.1	0.46
35	640251004259	2017	−12.1	0.47
35	640251004211	2016	−12.1	0.48
39	640251004504	2016	−12.0	0.46
39	640251004242	2016	−12.0	0.46
41	640251004125	2016	−11.9	0.46
41	640251160444	2016	−11.9	0.45
41	640251160462	2016	−11.9	0.45
44	640193170356	2017	−11.8	0.45
44	640251004205	2016	−11.8	0.45
44	640251004253	2017	−11.8	0.47
44	640251004096	2016	−11.8	0.48
44	640251004498	2016	−11.8	0.47
49	640193170424	2017	−11.7	0.44
49	640251004332	2016	−11.7	0.44
49	640251004069	2016	−11.7	0.47
49	640193170316	2017	−11.7	0.44
53	640251004276	2016	−11.6	0.47
53	640193170368	2017	−11.6	0.44
53	640251004249	2016	−11.6	0.47
53	640251004143	2016	−11.6	0.44

续表

排名	牛号	出生年份	经产牛首末次配种间隔 EBV/d	EBV 准确性
53	640251004107	2016	−11.6	0.45
53	640251004105	2016	−11.6	0.46
53	640251006111	2018	−11.6	0.46
53	640193170414	2017	−11.6	0.44
53	640251004190	2016	−11.6	0.50
53	640251004229	2016	−11.6	0.48
63	640251004127	2016	−11.5	0.44
63	640251004120	2016	−11.5	0.47
63	640251004098	2016	−11.5	0.45
63	640251007352	2019	−11.5	0.45
63	640251004169	2016	−11.5	0.49
63	640251004118	2016	−11.5	0.43
63	640251160406	2016	−11.5	0.43
63	640251160531	2016	−11.5	0.44
63	640251004113	2016	−11.5	0.46
63	640190170962	2017	−11.5	0.44
63	640251004156	2016	−11.5	0.46
74	640251004270	2016	−11.4	0.46
74	640251004091	2016	−11.4	0.43
74	640251004165	2016	−11.4	0.45
74	640251004246	2016	−11.4	0.47
74	640251186140	2018	−11.4	0.44
74	640004162276	2016	−11.4	0.43
74	640251006007	2018	−11.4	0.47
74	640004162309	2016	−11.4	0.43
74	640251004271	2016	−11.4	0.44
74	640251004051	2016	−11.4	0.46
74	640251007293	2019	−11.4	0.45

续表

排名	牛号	出生年份	经产牛首末次配种间隔 EBV/d	EBV 准确性
74	640251004193	2016	−11.4	0.47
74	640251004221	2016	−11.4	0.47
74	640251004162	2016	−11.4	0.45
74	640190170984	2017	−11.4	0.43
74	640251004131	2016	−11.4	0.44
74	640251004079	2016	−11.4	0.45
74	640251004234	2016	−11.4	0.47
74	640251160336	2016	−11.4	0.46
74	640251004252	2017	−11.4	0.45
74	640251160480	2016	−11.4	0.43
95	640251004183	2016	−11.3	0.45
95	640251006134	2018	−11.3	0.44
97	640251004289	2016	−11.2	0.47
97	640251004115	2016	−11.2	0.47
97	640251004159	2016	−11.2	0.44
97	640251160390	2016	−11.2	0.43
97	640251160494	2016	−11.2	0.43
97	640251004171	2016	−11.2	0.48
97	640251004101	2016	−11.2	0.43
97	640193170358	2017	−11.2	0.43
97	640251007339	2019	−11.2	0.45
97	640193170512	2017	−11.2	0.45
107	640251006122	2018	−11.1	0.46
107	640251004184	2016	−11.1	0.44
107	640251004085	2016	−11.1	0.45
107	640190170816	2017	−11.1	0.45
107	640190170808	2017	−11.1	0.43
107	640253194374	2016	−11.1	0.43

续表

排名	牛号	出生年份	经产牛首末次配种间隔 EBV/d	EBV 准确性
107	640251004241	2016	−11.1	0.44
107	640251004084	2016	−11.1	0.48
107	640253194350	2015	−11.1	0.43
107	640193170046	2017	−11.1	0.43
117	640251004244	2016	−11.0	0.47
117	640251160456	2016	−11.0	0.44
117	640193170184	2017	−11.0	0.43
117	640253161967	2016	−11.0	0.42
117	640251004228	2016	−11.0	0.45
117	640251160479	2016	−11.0	0.44
117	640251004285	2016	−11.0	0.47
117	640251004092	2016	−11.0	0.46
117	640251004250	2016	−11.0	0.45
117	640251004129	2016	−11.0	0.43
117	640251004217	2016	−11.0	0.45
117	640251004231	2016	−11.0	0.48
129	640251004232	2016	−10.9	0.43
129	640251004082	2016	−10.9	0.45
129	640251004157	2016	−10.9	0.47
129	640251004123	2016	−10.9	0.48
129	640251004210	2016	−10.9	0.45
129	640253161999	2014	−10.9	0.41
129	640251004216	2016	−10.9	0.47
136	640251006312	2018	−10.8	0.44
136	640190170854	2017	−10.8	0.44
136	640251160386	2016	−10.8	0.46
136	640251004235	2016	−10.8	0.47
136	640251007227	2019	−10.8	0.37

续表

排名	牛号	出生年份	经产牛首末次配种间隔 EBV/d	EBV 准确性
136	640251004094	2016	−10.8	0.48
136	640251004126	2016	−10.8	0.45
136	640251004089	2016	−10.8	0.44
144	640251150380	2015	−10.7	0.44
144	640190170728	2017	−10.7	0.44
144	640251164068	2016	−10.7	0.41
144	640251164128	2016	−10.7	0.41
144	640251164170	2016	−10.7	0.41
144	640251164242	2016	−10.7	0.41
144	640251164266	2016	−10.7	0.41
144	640251164275	2016	−10.7	0.41
144	640253161965	2016	−10.7	0.41
144	640251006635	2018	−10.7	0.45
154	640251004180	2016	−10.6	0.46
154	640251004176	2016	−10.6	0.44
154	640251160448	2016	−10.6	0.46
154	640251160421	2016	−10.6	0.45
154	640251004275	2016	−10.6	0.50
159	640251004174	2016	−10.5	0.45
159	640251004114	2016	−10.5	0.45
159	640251004219	2016	−10.5	0.46
159	640251004136	2016	−10.5	0.48
159	640251006330	2018	−10.5	0.43
159	640251004230	2016	−10.5	0.48
165	640251004150	2016	−10.4	0.44
165	640251004266	2018	−10.4	0.48
165	640251007263	2019	−10.4	0.37
165	640003141711	2013	−10.4	0.34

续表

排名	牛号	出生年份	经产牛首末次配种间隔 EBV/d	EBV 准确性
165	640251004172	2016	−10.4	0.49
165	640251006095	2018	−10.4	0.46
165	640251004135	2016	−10.4	0.45
165	640003151897	2015	−10.4	0.38
165	640251004204	2016	−10.4	0.48
165	640251006143	2018	−10.4	0.47
165	640251006064	2018	−10.4	0.44
176	640251004245	2016	−10.3	0.46
176	640251004194	2016	−10.3	0.47
176	640251160376	2016	−10.3	0.46
176	640251160492	2016	−10.3	0.45
176	640251006119	2018	−10.3	0.47
176	640251004121	2016	−10.3	0.46
176	640251006565	2018	−10.3	0.46
183	640251004236	2016	−10.2	0.44
183	640251004213	2016	−10.2	0.44
183	640251006118	2018	−10.2	0.45
183	640251160452	2016	−10.2	0.46
183	640251004223	2016	−10.2	0.44
183	640190170406	2017	−10.2	0.43
183	640193170412	2017	−10.2	0.45
183	640251004260	2017	−10.2	0.48
183	640251006170	2018	−10.2	0.44
183	640251150504	2015	−10.2	0.49
183	640190170662	2017	−10.2	0.43
183	640251004158	2016	−10.2	0.45
195	640251004197	2016	−10.1	0.45
195	640251004220	2016	−10.1	0.46

续表

排名	牛号	出生年份	经产牛首末次配种间隔 EBV/d	EBV 准确性
195	640251005997	2018	−10.1	0.43
195	640251007399	2019	−10.1	0.45
195	640251005946	2018	−10.1	0.46
195	640251004225	2016	−10.1	0.46
195	640251006152	2018	−10.1	0.46
195	640251004195	2016	−10.1	0.44
195	640251160388	2016	−10.1	0.42
195	640251007490	2019	−10.1	0.42
195	640251160476	2016	−10.1	0.45
195	640251006412	2018	−10.1	0.44
207	640035128087	2012	−10.0	0.35
207	640251004106	2016	−10.0	0.45
207	640251004173	2016	−10.0	0.45
207	640251004248	2016	−10.0	0.48
207	640251004490	2016	−10.0	0.43
207	640251007456	2019	−10.0	0.41
207	640251007317	2019	−10.0	0.41
207	640251004139	2016	−10.0	0.48
207	640251004485	2016	−10.0	0.44
207	640251004185	2016	−10.0	0.45
217	640005123904	2012	−9.9	0.34
217	640251006905	2019	−9.9	0.45
217	640251004243	2016	−9.9	0.47
217	640251006108	2018	−9.9	0.46
217	640251006362	2018	−9.9	0.47
222	640251004199	2016	−9.8	0.46
222	640251004153	2016	−9.8	0.45
222	640251004147	2016	−9.8	0.43

续表

排名	牛号	出生年份	经产牛首末次配种间隔 EBV/d	EBV 准确性
222	640253160537	2016	−9.8	0.45
222	640251006160	2018	−9.8	0.47
222	640003141723	2019	−9.8	0.32
222	640193170396	2017	−9.8	0.44
229	640251006315	2018	−9.7	0.44
229	640251005993	2018	−9.7	0.45
229	640251004154	2016	−9.7	0.48
229	640035160375	2016	−9.7	0.35
229	640251006123	2018	−9.7	0.44
229	640253162301	2015	−9.7	0.42
235	640035150054	2015	−9.6	0.45
235	640251004191	2016	−9.6	0.47
235	640251004099	2016	−9.6	0.48
235	640251170568	2017	−9.6	0.45
235	640251004177	2016	−9.6	0.45
240	640251007525	2019	−9.5	0.43
240	640251004140	2016	−9.5	0.46
240	640251197456	2019	−9.5	0.38
243	640251004503	2016	−9.4	0.44
243	640251006172	2018	−9.4	0.46
243	640251004083	2016	−9.4	0.46
243	640251004272	2016	−9.4	0.44
247	640251160482	2016	−9.3	0.46
247	640253160324	2016	−9.3	0.46
247	640251160401	2016	−9.3	0.45
247	640251003694	2016	−9.3	0.45
247	640251006028	2018	−9.3	0.46
247	640251004261	2017	−9.3	0.44

续表

排名	牛号	出生年份	经产牛首末次配种间隔 EBV/d	EBV 准确性
247	640253160424	2016	−9.3	0.45
247	640251160384	2016	−9.3	0.45
255	640251005802	2016	−9.2	0.45
255	640251004128	2016	−9.2	0.49
255	640251004132	2016	−9.2	0.48
255	640251004203	2016	−9.2	0.48
259	640251004200	2016	−9.1	0.50
259	640251005966	2016	−9.1	0.46
259	640251198031	2019	−9.1	0.38
262	640251197349	2019	−9.0	0.37
262	640251004141	2016	−9.0	0.45
262	640251004116	2016	−9.0	0.47
262	640251160291	2016	−9.0	0.47
262	640251004175	2016	−9.0	0.47
262	640251004102	2016	−9.0	0.46
262	640251004186	2016	−9.0	0.45
269	640035158937	2015	−8.9	0.50
269	640251004168	2016	−8.9	0.46
269	640251004070	2016	−8.9	0.43
269	640166151667	2015	−8.9	0.50
269	640251004133	2016	−8.9	0.46
269	640035138368	2013	−8.9	0.38
269	640035158878	2015	−8.9	0.47
269	640251186475	2018	−8.9	0.38
269	640251007270	2019	−8.9	0.37
278	640166161870	2016	−8.8	0.45
278	640251005778	2018	−8.8	0.42
278	640035148826	2014	−8.8	0.30

续表

排名	牛号	出生年份	经产牛首末次配种间隔 EBV/d	EBV 准确性
278	640251004497	2016	−8.8	0.49
282	640005144454	2014	−8.7	0.49
282	640251004187	2016	−8.7	0.44
282	640251006106	2018	−8.7	0.42
282	640035160297	2016	−8.7	0.50
282	640251160420	2016	−8.7	0.45
282	640251007221	2019	−8.7	0.36
288	640251015684	2016	−8.6	0.45
288	640251006099	2018	−8.6	0.45
288	640035138329	2013	−8.6	0.47
288	640251003751	2016	−8.6	0.45
292	640251006395	2018	−8.5	0.45
292	640253160214	2016	−8.5	0.44
292	640251004181	2016	−8.5	0.46
295	640251007344	2019	−8.4	0.44
295	640251005944	2018	−8.4	0.45
295	640251005795	2018	−8.4	0.43
295	640251006045	2018	−8.4	0.42
295	640251005900	2016	−8.4	0.48
300	640035128081	2012	−8.3	0.45
300	640251004202	2016	−8.3	0.46
300	640251007919	2019	−8.3	0.39
300	640251006121	2018	−8.3	0.45
300	640251006424	2018	−8.3	0.45
300	640003151994	2015	−8.3	0.46
306	640005123899	2012	−8.2	0.33
306	640251006425	2018	−8.2	0.44
306	640251006083	2018	−8.2	0.45

续表

排名	牛号	出生年份	经产牛首末次配种间隔 EBV/d	EBV 准确性
306	640251006438	2018	−8.2	0.47
306	640190142991	2014	−8.2	0.43
306	640251006071	2018	−8.2	0.43
306	640035138349	2013	−8.2	0.40
306	640251160489	2016	−8.2	0.45
306	640166151448	2015	−8.2	0.50
306	640251004218	2016	−8.2	0.47
316	640251004149	2016	−8.1	0.43
316	640004146493	2014	−8.1	0.49
316	640003141726	2013	−8.1	0.35
316	640251006374	2018	−8.1	0.45
316	640251006544	2018	−8.1	0.46
316	640193180180	2018	−8.1	0.42
316	640251006498	2018	−8.1	0.46
316	640251005799	2018	−8.1	0.41
316	640166151465	2015	−8.1	0.42
316	640035160240	2016	−8.1	0.36
316	640251006265	2018	−8.1	0.47
327	640166141380	2014	−8.0	0.52
327	640035128115	2012	−8.0	0.41
327	640003151911	2015	−8.0	0.37
327	640251007336	2019	−8.0	0.42
327	640035158874	2015	−8.0	0.52
327	640193180172	2018	−8.0	0.44
327	640253159067	2015	−8.0	0.46
327	640251003650	2016	−8.0	0.48
327	640251003656	2016	−8.0	0.45
336	640005123894	2012	−7.9	0.37

续表

排名	牛号	出生年份	经产牛首末次配种间隔 EBV/d	EBV 准确性
336	640166161810	2015	−7.9	0.36
336	640035150062	2015	−7.9	0.47
336	640166172492	2017	−7.9	0.42
336	640251006947	2019	−7.9	0.44
336	640251160261	2016	−7.9	0.43
336	640193154164	2015	−7.9	0.51
336	640190142950	2014	−7.9	0.45
336	640193141734	2014	−7.9	0.50
345	640035148783	2014	−7.8	0.44
345	640253160280	2016	−7.8	0.43
345	640166151436	2015	−7.8	0.43
345	640251006316	2018	−7.8	0.43
345	640251005943	2018	−7.8	0.44
345	640251004068	2016	−7.8	0.48
345	640004156801	2015	−7.8	0.40
345	640251006171	2018	−7.8	0.39
345	640193180068	2018	−7.8	0.43
345	640251006324	2018	−7.8	0.44
345	640035128253	2012	−7.8	0.31
356	640166151518	2015	−7.7	0.50
356	640251006052	2018	−7.7	0.43
356	640253158779	2014	−7.7	0.39
356	640166151386	2015	−7.7	0.49
356	640253160207	2016	−7.7	0.44
356	640005118006	2012	−7.7	0.33
356	640190142924	2014	−7.7	0.42
356	640251006798	2018	−7.7	0.42
356	640193180238	2018	−7.7	0.40

续表

排名	牛号	出生年份	经产牛首末次配种间隔 EBV/d	EBV 准确性
356	640253160288	2016	−7.7	0.45
356	640166151773	2015	−7.7	0.47
356	640251015594	2011	−7.7	0.36
356	640166162065	2016	−7.7	0.37
369	640190141534	2014	−7.6	0.46
369	640004156795	2015	−7.6	0.39
369	640190142917	2014	−7.6	0.42
369	640251007343	2019	−7.6	0.40
369	640166151503	2015	−7.6	0.48
369	640004172458	2017	−7.6	0.44
369	640253160530	2016	−7.6	0.41
369	640166193281	2019	−7.6	0.36
369	640004187496	2018	−7.6	0.41
369	640251015402	2011	−7.6	0.43
369	640251007381	2019	−7.6	0.40
380	640005156827	2015	−7.5	0.38
380	640251004267	2018	−7.5	0.46
380	640003121186	2012	−7.5	0.36
380	640166141382	2014	−7.5	0.52
380	640253159069	2015	−7.5	0.44
380	640251003803	2016	−7.5	0.46
380	640190143327	2014	−7.5	0.42
380	640251007300	2019	−7.5	0.38
380	640251007347	2019	−7.5	0.43
380	640005134153	2012	−7.5	0.36
380	640251006482	2018	−7.5	0.43
380	640251006571	2018	−7.5	0.45
380	640251006795	2018	−7.5	0.41

续表

排名	牛号	出生年份	经产牛首末次配种间隔 EBV/d	EBV 准确性
380	640166151643	2015	−7.5	0.32
380	640035150002	2015	−7.5	0.51
395	640251006094	2018	−7.4	0.41
395	640251158793	2015	−7.4	0.38
395	640251160361	2016	−7.4	0.41
395	640003152022	2015	−7.4	0.37
395	640193140661	2014	−7.4	0.51
395	640253160039	2016	−7.4	0.46
395	640251007298	2019	−7.4	0.40
395	640003172542	2018	−7.4	0.30
395	640193141849	2014	−7.4	0.49
395	640166120664	2012	−7.4	0.38
395	640251004100	2016	−7.4	0.45
395	640251006164	2018	−7.4	0.42
395	640251010211	2012	−7.4	0.43
408	640004162399	2016	−7.3	0.41
408	640166151685	2015	−7.3	0.36
408	640253158728	2015	−7.3	0.37
408	640193153749	2015	−7.3	0.50
408	640190142930	2014	−7.3	0.42
408	640251160304	2016	−7.3	0.42
408	640035191476	2019	−7.3	0.33
408	640190143438	2014	−7.3	0.44
408	640166141266	2014	−7.3	0.45
408	640193174806	2017	−7.3	0.44
408	640251006065	2018	−7.3	0.44
408	640253158742	2015	−7.3	0.38
408	640166193275	2019	−7.3	0.37

续表

排名	牛号	出生年份	经产牛首末次配种间隔 EBV/d	EBV 准确性
421	640251160213	2016	−7.2	0.42
421	640190143220	2014	−7.2	0.42
421	640251160321	2016	−7.2	0.42
421	640190143471	2014	−7.2	0.44
421	640253158723	2015	−7.2	0.39
421	640251003823	2016	−7.2	0.46
421	640190142831	2014	−7.2	0.41
421	640035191377	2019	−7.2	0.32
421	640251006471	2018	−7.2	0.42
421	640193153638	2015	−7.2	0.49
421	640253160418	2016	−7.2	0.42
421	640253160293	2016	−7.2	0.43
421	640253193960	2019	−7.2	0.38
434	640193154064	2015	−7.1	0.49
434	640005164902	2016	−7.1	0.38
434	640190143073	2014	−7.1	0.42
434	640190142854	2014	−7.1	0.39
434	640035150040	2015	−7.1	0.48
434	640007162214	2016	−7.1	0.36
434	640190128987	2014	−7.1	0.42
434	640190142920	2014	−7.1	0.40
434	640035128082	2018	−7.1	0.33
434	640166172358	2017	−7.1	0.40
434	640193153826	2015	−7.1	0.49
434	640003151981	2015	−7.1	0.50
434	640193142031	2014	−7.1	0.49
434	640251003778	2016	−7.1	0.46
434	640190131211	2014	−7.1	0.43

续表

排名	牛号	出生年份	经产牛首末次配种间隔 EBV/d	EBV 准确性
434	640251007313	2019	−7.1	0.45
434	640251006138	2018	−7.1	0.42
434	640251004240	2016	−7.1	0.48
434	640190141871	2014	−7.1	0.49
434	640190141819	2014	−7.1	0.50
434	640193153550	2015	−7.1	0.49
455	640251006055	2018	−7.0	0.40
455	640190140607	2014	−7.0	0.42
455	640190143439	2014	−7.0	0.39
455	640251016155	2011	−7.0	0.38
455	640166172480	2017	−7.0	0.43
455	640251006451	2018	−7.0	0.40
455	640193153872	2015	−7.0	0.52
455	640003141734	2011	−7.0	0.35
455	640193153698	2015	−7.0	0.49
455	640166193262	2019	−7.0	0.35
455	640251003747	2016	−7.0	0.47
455	640193180408	2018	−7.0	0.42
455	640253169393	2016	−7.0	0.47
455	640251007630	2019	−7.0	0.46
455	640193154132	2015	−7.0	0.50
455	640004184447	2017	−7.0	0.41
455	640003172535	2017	−7.0	0.31
455	640253194208	2019	−7.0	0.40
455	640253158752	2015	−7.0	0.38
455	640166151467	2015	−7.0	0.49
455	640035191456	2019	−7.0	0.36
455	640251160270	2016	−7.0	0.42

续表

排名	牛号	出生年份	经产牛首末次配种间隔 EBV/d	EBV 准确性
455	640251004264	2018	−7.0	0.45
455	640253170808	2016	−7.0	0.41
455	640251003727	2016	−7.0	0.44
455	640190143153	2014	−7.0	0.41
455	640193143235	2014	−7.0	0.40
455	640166141142	2014	−7.0	0.35
455	640251006181	2018	−7.0	0.42
455	640193141980	2014	−7.0	0.49
455	640190143077	2014	−7.0	0.39
455	640190142827	2014	−7.0	0.37
487	640190142896	2014	−6.9	0.45
487	640251004536	2017	−6.9	0.44
487	640251006439	2018	−6.9	0.44
487	640193141747	2014	−6.9	0.49
487	640166172355	2017	−6.9	0.40
487	640193153556	2015	−6.9	0.49
487	640253169407	2016	−6.9	0.47
487	640009191762	2019	−6.9	0.37
487	640009191847	2019	−6.9	0.36
487	640004156818	2015	−6.9	0.38
487	640253160243	2016	−6.9	0.43
487	640166193282	2019	−6.9	0.34
487	640004162348	2016	−6.9	0.40
487	640253182728	2018	−6.9	0.35

附表 10 核心育种场产犊至首次配种间隔 EBV 排名前 500 名母牛

排名	牛号	出生年份	产犊至首次配种间隔 EBV/d	EBV 准确性
1	640003110042	2019	−3.5	0.45
2	640035117925	2011	−3.4	0.45
3	640003110032	2011	−3.3	0.42
4	640005113813	2011	−3.2	0.46
5	640035117920	2011	−3.0	0.41
6	640035117942	2011	−2.8	0.42
6	640035117921	2019	−2.8	0.49
8	640004136317	2013	−2.6	0.51
9	640166110070	2011	−2.5	0.41
9	640004115883	2011	−2.5	0.41
9	640005113816	2011	−2.5	0.42
9	640005134063	2013	−2.5	0.44
9	640166110064	2011	−2.5	0.37
9	640005113807	2011	−2.5	0.40
15	640251011067	2019	−2.4	0.47
15	640251006312	2018	−2.4	0.52
15	640251013194	2011	−2.4	0.42
15	640005113743	2019	−2.4	0.39
15	640166110066	2011	−2.4	0.36
15	640251005898	2018	−2.4	0.52
15	640251003581	2016	−2.4	0.55
15	640035107792	2014	−2.4	0.39
23	640003110062	2019	−2.3	0.44
23	640005113745	2011	−2.3	0.38
23	640251006301	2018	−2.3	0.48
23	640035117935	2011	−2.3	0.44
23	640005113801	2011	−2.3	0.39
23	640251150504	2015	−2.3	0.57

续表

排名	牛号	出生年份	产犊至首次配种间隔 EBV/d	EBV 准确性
23	640005134062	2013	−2.3	0.43
23	640003151989	2015	−2.3	0.52
23	640166110038	2011	−2.3	0.38
23	640035117918	2019	−2.3	0.48
23	640035117907	2019	−2.3	0.50
23	640166110075	2011	−2.3	0.38
35	640004187465	2018	−2.2	0.46
35	640005113875	2011	−2.2	0.43
35	640005124019	2014	−2.2	0.41
35	640251003656	2016	−2.2	0.56
35	640251006326	2018	−2.2	0.49
35	640253169433	2016	−2.2	0.56
35	640251012852	2019	−2.2	0.38
35	640251003760	2016	−2.2	0.55
35	640004136195	2013	−2.2	0.47
35	640005185402	2018	−2.2	0.49
35	640003110007	2011	−2.2	0.45
35	640035117911	2011	−2.2	0.44
35	640251004635	2017	−2.2	0.54
35	640004136310	2013	−2.2	0.52
35	640251003618	2016	−2.2	0.55
35	640253169503	2015	−2.2	0.50
35	640005185413	2018	−2.2	0.51
35	640035117938	2011	−2.2	0.50
53	640005185425	2018	−2.1	0.51
53	640251003572	2016	−2.1	0.52
53	640004115916	2011	−2.1	0.37
53	640251006004	2018	−2.1	0.46

续表

排名	牛号	出生年份	产犊至首次配种间隔 EBV/d	EBV 准确性
53	640035128107	2011	−2.1	0.42
53	640035117887	2011	−2.1	0.48
53	640166151569	2015	−2.1	0.44
53	640166110022	2011	−2.1	0.38
53	640166110040	2011	−2.1	0.38
53	640005117989	2011	−2.1	0.39
53	640005124008	2012	−2.1	0.54
53	640005134149	2013	−2.1	0.56
53	640005113815	2011	−2.1	0.37
53	640251005910	2018	−2.1	0.53
53	640251006915	2018	−2.1	0.44
68	640035138298	2014	−2.0	0.43
68	640004177247	2017	−2.0	0.47
68	640005134147	2013	−2.0	0.39
68	640251005902	2018	−2.0	0.50
68	640251006315	2018	−2.0	0.52
68	640166110068	2011	−2.0	0.37
68	640003151988	2015	−2.0	0.50
68	640166110020	2011	−2.0	0.39
68	640005117956	2011	−2.0	0.34
68	640035110035	2011	−2.0	0.34
68	640004136307	2013	−2.0	0.51
68	640035117917	2011	−2.0	0.39
68	640004156744	2015	−2.0	0.31
68	640166110050	2011	−2.0	0.41
68	640251016593	2011	−2.0	0.46
68	640005124056	2012	−2.0	0.50
68	640251003791	2016	−2.0	0.54

续表

排名	牛号	出生年份	产犊至首次配种间隔 EBV/d	EBV 准确性
68	640005144301	2014	−2.0	0.37
68	640251150543	2015	−2.0	0.54
68	640005113771	2011	−2.0	0.36
68	640035117971	2011	−2.0	0.45
68	640251003672	2016	−2.0	0.55
68	640035128082	2018	−2.0	0.45
68	640005113797	2011	−2.0	0.43
92	640005124007	2012	−1.9	0.49
92	640251004530	2017	−1.9	0.53
92	640251186475	2018	−1.9	0.45
92	640251006358	2018	−1.9	0.48
92	640251006449	2018	−1.9	0.51
92	640253182465	2018	−1.9	0.51
92	640035160427	2016	−1.9	0.49
92	640253169733	2016	−1.9	0.47
92	640251003625	2016	−1.9	0.52
92	640251006322	2018	−1.9	0.48
92	640253169389	2016	−1.9	0.54
92	640035148829	2014	−1.9	0.57
92	640005124050	2012	−1.9	0.54
92	640251003688	2016	−1.9	0.51
92	640005124049	2012	−1.9	0.52
92	640166110054	2019	−1.9	0.36
92	640251005958	2018	−1.9	0.52
92	640004197704	2019	−1.9	0.36
92	640253169363	2016	−1.9	0.54
92	640251006325	2018	−1.9	0.49
92	640251005890	2011	−1.9	0.40

续表

排名	牛号	出生年份	产犊至首次配种间隔 EBV/d	EBV 准确性
92	640004126157	2012	−1.9	0.44
92	640251006396	2018	−1.9	0.50
92	640004172599	2017	−1.9	0.47
92	640005113760	2011	−1.9	0.36
92	640035117927	2011	−1.9	0.47
92	640166110018	2011	−1.9	0.36
92	640251003719	2016	−1.9	0.53
92	640004187512	2018	−1.9	0.48
92	640004115903	2011	−1.9	0.39
92	640003152036	2015	−1.9	0.53
92	640003121258	2012	−1.9	0.50
92	640035117901	2011	−1.9	0.44
92	640251005997	2018	−1.9	0.52
92	640166141147	2014	−1.9	0.48
92	640035117934	2011	−1.9	0.49
92	640166110008	2011	−1.9	0.37
92	640166110025	2011	−1.9	0.36
92	640251004505	2017	−1.9	0.47
131	640251005943	2018	−1.8	0.53
131	640035128290	2012	−1.8	0.51
131	640005144452	2014	−1.8	0.47
131	640251003758	2016	−1.8	0.52
131	640035128102	2012	−1.8	0.51
131	640035117914	2011	−1.8	0.38
131	640003121260	2012	−1.8	0.51
131	640253194375	2019	−1.8	0.51
131	640251006351	2018	−1.8	0.48
131	640251160382	2016	−1.8	0.52

续表

排名	牛号	出生年份	产犊至首次配种间隔 EBV/d	EBV 准确性
131	640166151692	2015	−1.8	0.40
131	640005185464	2018	−1.8	0.49
131	640035128131	2012	−1.8	0.45
131	640251003665	2015	−1.8	0.54
131	640251005881	2018	−1.8	0.52
131	640005185393	2018	−1.8	0.50
131	640004136454	2013	−1.8	0.47
131	640004182499	2018	−1.8	0.44
131	640035148547	2013	−1.8	0.49
131	640003151867	2015	−1.8	0.51
131	640251006359	2018	−1.8	0.46
131	640035117904	2011	−1.8	0.40
131	640005124053	2012	−1.8	0.55
131	640251012859	2019	−1.8	0.39
131	640251006294	2018	−1.8	0.49
131	640251150582	2015	−1.8	0.53
131	640004115901	2011	−1.8	0.38
131	640005113781	2018	−1.8	0.43
131	640251004517	2017	−1.8	0.44
131	640035117932	2019	−1.8	0.46
131	640004172773	2017	−1.8	0.45
131	640003151981	2015	−1.8	0.60
131	640005185431	2018	−1.8	0.50
131	640035128108	2012	−1.8	0.39
131	640166110077	2011	−1.8	0.44
131	640005185420	2018	−1.8	0.47
131	640251011063	2012	−1.8	0.49
131	640251010102	2018	−1.8	0.47

续表

排名	牛号	出生年份	产犊至首次配种间隔 EBV/d	EBV 准确性
131	640004182511	2018	−1.8	0.44
131	640005113817	2019	−1.8	0.45
131	640003162173	2016	−1.8	0.55
131	640251006053	2014	−1.8	0.54
131	640251004634	2017	−1.8	0.50
131	640166130979	2013	−1.8	0.57
131	640005113783	2011	−1.8	0.41
131	640166110072	2011	−1.8	0.37
131	640005185462	2018	−1.8	0.52
131	640251006012	2018	−1.8	0.50
131	640035148644	2014	−1.8	0.60
131	640253135804	2013	−1.8	0.57
181	640003151871	2015	−1.7	0.50
181	640003006357	2018	−1.7	0.44
181	640251004626	2017	−1.7	0.51
181	640251003709	2016	−1.7	0.51
181	640005175106	2017	−1.7	0.50
181	640003141613	2014	−1.7	0.31
181	640251010968	2012	−1.7	0.50
181	640003193248	2019	−1.7	0.48
181	640251150525	2015	−1.7	0.53
181	640003162181	2016	−1.7	0.57
181	640253170697	2017	−1.7	0.48
181	640166110035	2011	−1.7	0.37
181	640253181716	2018	−1.7	0.41
181	640251003651	2016	−1.7	0.53
181	640253159331	2016	−1.7	0.54
181	640004172659	2017	−1.7	0.50

续表

排名	牛号	出生年份	产犊至首次配种间隔 EBV/d	EBV 准确性
181	640005185396	2018	−1.7	0.49
181	640251006288	2018	−1.7	0.51
181	640251003704	2016	−1.7	0.52
181	640005185395	2018	−1.7	0.48
181	640251006292	2018	−1.7	0.47
181	640035117947	2011	−1.7	0.51
181	640166110030	2011	−1.7	0.37
181	640251010208	2012	−1.7	0.52
181	640005113812	2011	−1.7	0.42
181	640005154675	2015	−1.7	0.52
181	640004172656	2017	−1.7	0.47
181	640005124024	2012	−1.7	0.50
181	640251170779	2017	−1.7	0.48
181	640251003639	2016	−1.7	0.51
181	640004182390	2018	−1.7	0.42
181	640251006438	2018	−1.7	0.55
181	640004161206	2016	−1.7	0.53
181	640251006329	2018	−1.7	0.49
181	640190156324	2015	−1.7	0.54
181	640166193053	2018	−1.7	0.50
181	640003162179	2016	−1.7	0.58
181	640005185503	2018	−1.7	0.47
181	640005134075	2013	−1.7	0.41
181	640004172705	2017	−1.7	0.45
181	640253169407	2016	−1.7	0.55
181	640251006339	2018	−1.7	0.49
181	640005154585	2015	−1.7	0.49
181	640166162132	2016	−1.7	0.53

续表

排名	牛号	出生年份	产犊至首次配种间隔 EBV/d	EBV 准确性
181	640003141835	2014	−1.7	0.49
181	640251003749	2016	−1.7	0.53
181	640035138312	2014	−1.7	0.41
181	640251004173	2016	−1.7	0.53
181	640005185480	2018	−1.7	0.46
181	640193141741	2014	−1.7	0.55
181	640005185404	2018	−1.7	0.49
181	640251006330	2018	−1.7	0.52
181	640251004609	2017	−1.7	0.52
181	640166110011	2011	−1.7	0.41
181	640251004541	2017	−1.7	0.53
181	640035160280	2016	−1.7	0.54
181	640251004545	2017	−1.7	0.48
181	640251006171	2018	−1.7	0.49
181	640251006134	2018	−1.7	0.53
240	640251186344	2018	−1.6	0.45
240	640251004520	2017	−1.6	0.52
240	640005185415	2018	−1.6	0.48
240	640004184838	2018	−1.6	0.42
240	640035128091	2012	−1.6	0.37
240	640005185509	2018	−1.6	0.53
240	640035117915	2011	−1.6	0.38
240	640190120156	2012	−1.6	0.49
240	640004160982	2016	−1.6	0.54
240	640005113870	2011	−1.6	0.37
240	640253182438	2018	−1.6	0.46
240	640003151873	2012	−1.6	0.54
240	640004136221	2013	−1.6	0.50

续表

排名	牛号	出生年份	产犊至首次配种间隔 EBV/d	EBV 准确性
240	640035128094	2012	−1.6	0.38
240	640003006343	2018	−1.6	0.46
240	640005134190	2013	−1.6	0.50
240	640004161166	2016	−1.6	0.51
240	640005185483	2018	−1.6	0.49
240	640251003585	2016	−1.6	0.39
240	640005113837	2011	−1.6	0.42
240	640253169591	2016	−1.6	0.59
240	640004172741	2017	−1.6	0.45
240	640253181717	2018	−1.6	0.53
240	640251007607	2019	−1.6	0.54
240	640251006356	2018	−1.6	0.48
240	640005185333	2018	−1.6	0.50
240	640251006002	2018	−1.6	0.45
240	640251150589	2015	−1.6	0.55
240	640251010861	2012	−1.6	0.47
240	640166161840	2016	−1.6	0.57
240	640004172672	2017	−1.6	0.47
240	640005185390	2018	−1.6	0.50
240	640253194249	2019	−1.6	0.49
240	640251003692	2016	−1.6	0.53
240	640005123989	2012	−1.6	0.52
240	640003121266	2012	−1.6	0.41
240	640253159347	2015	−1.6	0.52
240	640035117885	2011	−1.6	0.48
240	640005144292	2014	−1.6	0.55
240	640035128147	2012	−1.6	0.41
240	640251003628	2016	−1.6	0.51

续表

排名	牛号	出生年份	产犊至首次配种间隔 EBV/d	EBV 准确性
240	640003006307	2018	−1.6	0.44
240	640253169791	2016	−1.6	0.44
240	640005185378	2018	−1.6	0.47
240	640005185475	2018	−1.6	0.53
240	640005185419	2018	−1.6	0.47
240	640251004874	2017	−1.6	0.53
240	640193130798	2013	−1.6	0.49
240	640005134219	2013	−1.6	0.45
240	640251004542	2017	−1.6	0.47
240	640251186322	2018	−1.6	0.40
240	640005124046	2012	−1.6	0.58
240	640251160531	2016	−1.6	0.53
240	640251186290	2018	−1.6	0.45
240	640005185365	2018	−1.6	0.46
240	640035138404	2013	−1.6	0.55
240	640035138412	2013	−1.6	0.40
240	640005124032	2012	−1.6	0.55
240	640005185360	2018	−1.6	0.52
240	640251006459	2018	−1.6	0.49
240	640251006121	2018	−1.6	0.54
240	640251001336	2012	−1.6	0.40
240	640004115952	2011	−1.6	0.35
240	640251003503	2016	−1.6	0.51
240	640005134247	2013	−1.6	0.34
240	640166162134	2016	−1.6	0.46
240	640251003696	2016	−1.6	0.55
240	640253169744	2016	−1.6	0.44
240	640035117902	2011	−1.6	0.49

续表

排名	牛号	出生年份	产犊至首次配种间隔 EBV/d	EBV 准确性
240	640004136385	2013	−1.6	0.54
240	640251003740	2016	−1.6	0.54
240	640251006127	2018	−1.6	0.50
240	640251003624	2016	−1.6	0.53
240	640251013109	2011	−1.6	0.49
240	640193130661	2013	−1.6	0.55
240	640251013556	2011	−1.6	0.42
240	640166151771	2015	−1.6	0.45
240	640251006290	2018	−1.6	0.49
240	640190155269	2015	−1.6	0.53
240	640005123983	2012	−1.6	0.55
240	640253160454	2016	−1.6	0.53
240	640004161506	2016	−1.6	0.47
240	640251186396	2018	−1.6	0.47
240	640166141044	2014	−1.6	0.57
240	640003162180	2016	−1.6	0.55
240	640253193854	2019	−1.6	0.52
326	640251003550	2016	−1.5	0.53
326	640003162184	2016	−1.5	0.54
326	640251004607	2017	−1.5	0.50
326	640005185433	2018	−1.5	0.51
326	640003006293	2018	−1.5	0.42
326	640251003666	2015	−1.5	0.52
326	640005185417	2018	−1.5	0.52
326	640005164754	2016	−1.5	0.41
326	640251004206	2016	−1.5	0.54
326	640005144364	2014	−1.5	0.44
326	640251185884	2018	−1.5	0.45

续表

排名	牛号	出生年份	产犊至首次配种间隔 EBV/d	EBV 准确性
326	640251014169	2011	−1.5	0.53
326	640251006319	2018	−1.5	0.51
326	640003006367	2018	−1.5	0.46
326	640251004095	2016	−1.5	0.59
326	640003121237	2012	−1.5	0.35
326	640035117951	2011	−1.5	0.46
326	640251003729	2016	−1.5	0.51
326	640005195861	2019	−1.5	0.50
326	640166120576	2012	−1.5	0.36
326	640003006317	2018	−1.5	0.44
326	640251003689	2016	−1.5	0.55
326	640005134157	2013	−1.5	0.51
326	640004161100	2016	−1.5	0.49
326	640004172648	2017	−1.5	0.47
326	640035138477	2013	−1.5	0.56
326	640253193089	2019	−1.5	0.50
326	640251012863	2012	−1.5	0.44
326	640166161828	2016	−1.5	0.53
326	640253169731	2016	−1.5	0.48
326	640251004051	2016	−1.5	0.52
326	640251003679	2016	−1.5	0.53
326	640004172671	2017	−1.5	0.45
326	640251150555	2015	−1.5	0.50
326	640190155318	2015	−1.5	0.52
326	640253169399	2016	−1.5	0.52
326	640251003803	2016	−1.5	0.56
326	640004172738	2017	−1.5	0.42
326	640004161414	2016	−1.5	0.51

续表

排名	牛号	出生年份	产犊至首次配种间隔 EBV/d	EBV 准确性
326	640003006377	2018	−1.5	0.44
326	640004172714	2017	−1.5	0.45
326	640004161449	2016	−1.5	0.48
326	640251004625	2017	−1.5	0.52
326	640251004978	2012	−1.5	0.51
326	640253170643	2017	−1.5	0.49
326	640166162117	2016	−1.5	0.53
326	640005185400	2018	−1.5	0.50
326	640251006412	2018	−1.5	0.53
326	640253193909	2019	−1.5	0.51
326	640005185301	2018	−1.5	0.49
326	640005124022	2012	−1.5	0.50
326	640004161132	2016	−1.5	0.55
326	640251007605	2019	−1.5	0.53
326	640166110015	2011	−1.5	0.41
326	640251004135	2016	−1.5	0.53
326	640166162113	2016	−1.5	0.52
326	640005117799	2014	−1.5	0.43
326	640005185363	2018	−1.5	0.49
326	640035128121	2012	−1.5	0.46
326	640251007676	2019	−1.5	0.52
326	640004172718	2017	−1.5	0.45
326	640166120558	2012	−1.5	0.36
326	640166110060	2011	−1.5	0.38
326	640251004805	2017	−1.5	0.48
326	640251004578	2017	−1.5	0.48
326	640251006305	2018	−1.5	0.50
326	640035128268	2012	−1.5	0.57

续表

排名	牛号	出生年份	产犊至首次配种间隔 EBV/d	EBV 准确性
326	640251003737	2016	−1.5	0.51
326	640251004263	2018	−1.5	0.52
326	640251186001	2018	−1.5	0.42
326	640005185408	2018	−1.5	0.50
326	640166151699	2015	−1.5	0.48
326	640035148667	2014	−1.5	0.57
326	640004162184	2015	−1.5	0.41
326	640005187512	2018	−1.5	0.40
326	640251185878	2018	−1.5	0.40
326	640251185899	2018	−1.5	0.40
326	640251185914	2018	−1.5	0.40
326	640251185966	2018	−1.5	0.40
326	640251186289	2018	−1.5	0.40
326	640251186304	2018	−1.5	0.40
326	640251186325	2018	−1.5	0.40
326	640251186379	2018	−1.5	0.40
326	640251186399	2018	−1.5	0.40
326	640251003771	2016	−1.5	0.47
326	640251186356	2018	−1.5	0.43
326	640166120548	2012	−1.5	0.35
326	640166120327	2012	−1.5	0.36
326	640251185890	2018	−1.5	0.40
326	640251006346	2018	−1.5	0.51
326	640251010215	2012	−1.5	0.53
326	640251003604	2016	−1.5	0.50
326	640193260099	2016	−1.5	0.53
326	640251006352	2018	−1.5	0.44
326	640003162147	2016	−1.5	0.55

续表

排名	牛号	出生年份	产犊至首次配种间隔 EBV/d	EBV 准确性
326	640251012868	2012	−1.5	0.43
326	640251196921	2019	−1.5	0.38
326	640005185361	2018	−1.5	0.50
326	640005134080	2013	−1.5	0.52
326	640251003744	2016	−1.5	0.50
326	640251004539	2017	−1.5	0.51
326	640005124020	2012	−1.5	0.47
326	640251003707	2016	−1.5	0.54
326	640251004167	2016	−1.5	0.51
326	640005124028	2012	−1.5	0.51
326	640251004069	2016	−1.5	0.55
326	640003151861	2015	−1.5	0.55
326	640005154472	2015	−1.5	0.49
326	640251004503	2016	−1.5	0.51
326	640253182517	2017	−1.5	0.47
326	640251004082	2016	−1.5	0.53
326	640003162316	2016	−1.5	0.47
326	640005134175	2013	−1.5	0.56
326	640193141087	2014	−1.5	0.52
326	640251150600	2015	−1.5	0.53
326	640190155339	2015	−1.5	0.50
326	640005185428	2018	−1.5	0.47
326	640253193614	2019	−1.5	0.52
444	640035138302	2012	−1.4	0.53
444	640003141821	2014	−1.4	0.51
444	640005185388	2018	−1.4	0.53
444	640005185336	2018	−1.4	0.48
444	640004172688	2017	−1.4	0.51

续表

排名	牛号	出生年份	产犊至首次配种间隔 EBV/d	EBV 准确性
444	640035148575	2014	−1.4	0.52
444	640035117982	2018	−1.4	0.45
444	640251004623	2017	−1.4	0.52
444	640253194255	2019	−1.4	0.48
444	640005134229	2013	−1.4	0.34
444	640251160368	2016	−1.4	0.52
444	640004162309	2016	−1.4	0.49
444	640253169771	2016	−1.4	0.49
444	640003193260	2019	−1.4	0.48
444	640251159253	2015	−1.4	0.53
444	640003111114	2011	−1.4	0.45
444	640005134189	2013	−1.4	0.49
444	640193250087	2015	−1.4	0.48
444	640251015082	2011	−1.4	0.50
444	640005124027	2012	−1.4	0.50
444	640004146610	2014	−1.4	0.40
444	640251006304	2018	−1.4	0.47
444	640004172716	2017	−1.4	0.47
444	640166162127	2016	−1.4	0.52
444	640166162110	2016	−1.4	0.49
444	640251006370	2018	−1.4	0.52
444	640251004534	2017	−1.4	0.51
444	640251006379	2018	−1.4	0.48
444	640005113818	2011	−1.4	0.40
444	640003151887	2015	−1.4	0.48
444	640009160864	2016	−1.4	0.47
444	640251006921	2019	−1.4	0.42
444	640005154474	2015	−1.4	0.54

续表

排名	牛号	出生年份	产犊至首次配种间隔 EBV/d	EBV 准确性
444	640035128233	2014	−1.4	0.51
444	640193170358	2017	−1.4	0.50
444	640004161119	2016	−1.4	0.44
444	640251150633	2015	−1.4	0.51
444	640251004236	2016	−1.4	0.51
444	640004161358	2015	−1.4	0.49
444	640251004150	2016	−1.4	0.51
444	640190128033	2012	−1.4	0.38
444	640193140942	2014	−1.4	0.52
444	640035138423	2013	−1.4	0.55
444	640035148591	2016	−1.4	0.54
444	640193129039	2013	−1.4	0.44
444	640251006038	2018	−1.4	0.52
444	640003006026	2018	−1.4	0.44
444	640004160928	2016	−1.4	0.54
444	640251004199	2016	−1.4	0.52
444	640253169755	2016	−1.4	0.48
444	640004160819	2016	−1.4	0.52
444	640251004529	2017	−1.4	0.48
444	640251008208	2019	−1.4	0.51
444	640005185439	2018	−1.4	0.52
444	640004161363	2016	−1.4	0.45
444	640251008295	2019	−1.4	0.51
444	640253169841	2016	−1.4	0.41

附表 11 核心育种场青年牛产犊难易性 EBV 排名前 500 名母牛

排名	牛号	出生年份	青年牛产犊难易性 EBV	EBV 准确性
1	643051033092	2018	−0.071 8	0.23
2	643051033183	2018	−0.065 7	0.24
3	643051033219	2018	−0.064 8	0.23
4	643051033233	2018	−0.064 3	0.23
5	643051033197	2018	−0.064 1	0.23
6	640166182956	2018	−0.063 8	0.52
6	643051033209	2018	−0.063 8	0.23
8	640166182860	2018	−0.063 5	0.51
9	643051033246	2018	−0.063 1	0.23
10	640166182967	2018	−0.062 9	0.50
11	643051033171	2018	−0.062 3	0.23
12	643051033230	2018	−0.061 5	0.23
13	640007174491	2017	−0.060 2	0.50
14	640251006509	2018	−0.059 6	0.50
15	640193180960	2018	−0.058 3	0.50
16	640193181136	2018	−0.056 4	0.50
17	640190180303	2018	−0.056 1	0.49
18	640003172454	2016	−0.055 3	0.42
19	640193190782	2019	−0.055 0	0.37
20	640193180470	2018	−0.054 9	0.51
21	640193171242	2017	−0.054 8	0.51
22	643051033112	2018	−0.054 7	0.23
23	640193172668	2017	−0.054 3	0.50
24	640003162403	2016	−0.054 0	0.42
24	640193180954	2018	−0.054 0	0.50
26	640190180299	2018	−0.053 9	0.49
27	640193171818	2017	−0.053 8	0.50
27	640166182862	2018	−0.053 8	0.52

续表

排名	牛号	出生年份	青年牛产犊难易性 EBV	EBV 准确性
29	640007174259	2017	−0.053 6	0.47
30	640193173604	2017	−0.053 4	0.50
31	640193180794	2018	−0.053 2	0.40
32	640193180764	2018	−0.053 1	0.40
33	640166182971	2018	−0.052 9	0.49
34	640193171374	2017	−0.052 7	0.51
35	640190185164	2018	−0.052 6	0.36
36	640251006536	2018	−0.052 3	0.51
36	640190180479	2018	−0.052 3	0.50
38	640193171642	2017	−0.052 0	0.49
38	640166182949	2018	−0.052 0	0.47
40	640190180911	2018	−0.051 9	0.51
40	640251006515	2018	−0.051 9	0.51
42	640004177201	2017	−0.051 8	0.39
42	640193172352	2017	−0.051 8	0.49
44	640193171868	2017	−0.051 7	0.47
44	640007174265	2017	−0.051 7	0.47
46	640003162449	2016	−0.051 4	0.40
47	640003162393	2016	−0.051 3	0.42
47	640007174574	2017	−0.051 3	0.46
49	640193184288	2018	−0.051 2	0.37
50	640004177184	2017	−0.051 1	0.39
50	640007174575	2017	−0.051 1	0.48
52	640193172502	2017	−0.051 0	0.49
53	640007174347	2017	−0.050 7	0.47
53	640193172396	2017	−0.050 7	0.47
55	640193172680	2017	−0.050 6	0.50
56	640007174545	2017	−0.050 5	0.48

续表

排名	牛号	出生年份	青年牛产犊难易性 EBV	EBV 准确性
56	640166182865	2018	−0.050 5	0.50
58	640190180309	2018	−0.050 4	0.47
58	640007174278	2017	−0.050 4	0.47
60	640193172518	2017	−0.050 3	0.47
60	640007174477	2017	−0.050 3	0.47
62	640193172394	2017	−0.050 2	0.47
62	640007174556	2017	−0.050 2	0.48
64	640004184328	2019	−0.050 1	0.48
64	640193172344	2017	−0.050 1	0.47
64	640251008355	2019	−0.050 1	0.44
67	640193180880	2018	−0.050 0	0.49
67	640193171608	2017	−0.050 0	0.50
69	640193180784	2018	−0.049 9	0.47
70	640190185623	2018	−0.049 7	0.38
70	640003162411	2016	−0.049 7	0.43
72	640190180909	2018	−0.049 6	0.47
72	640251160168	2016	−0.049 6	0.35
72	640193184374	2018	−0.049 6	0.35
75	640166172250	2016	−0.049 5	0.48
76	640193172934	2017	−0.049 4	0.50
76	640166172324	2017	−0.049 4	0.48
76	640166203815	2020	−0.049 4	0.29
76	640190177009	2017	−0.049 4	0.47
80	640193171402	2017	−0.049 3	0.47
81	640193171906	2017	−0.049 2	0.47
81	640190171668	2017	−0.049 2	0.47
81	640007174555	2017	−0.049 2	0.48
84	640007174540	2017	−0.049 0	0.48

续表

排名	牛号	出生年份	青年牛产犊难易性 EBV	EBV 准确性
84	640193180924	2018	−0.049 0	0.47
84	640193180906	2018	−0.049 0	0.49
84	640193180950	2018	−0.049 0	0.47
88	640193172534	2017	−0.048 9	0.47
89	640193172576	2017	−0.048 8	0.50
89	640193173784	2017	−0.048 8	0.48
91	640193181130	2018	−0.048 7	0.46
92	640193171700	2017	−0.048 6	0.49
92	640193171708	2017	−0.048 6	0.49
92	640193180926	2018	−0.048 6	0.47
92	640193171618	2017	−0.048 6	0.49
96	640193171418	2017	−0.048 5	0.50
96	640251006506	2018	−0.048 5	0.50
96	640193180824	2018	−0.048 5	0.47
99	640193172794	2017	−0.048 4	0.47
99	640190180473	2018	−0.048 4	0.47
99	640193180868	2018	−0.048 4	0.47
99	640007174554	2017	−0.048 4	0.48
103	640166162198	2016	−0.048 3	0.48
103	640190180011	2018	−0.048 3	0.49
103	640193172510	2017	−0.048 3	0.47
103	640193172170	2017	−0.048 3	0.50
103	640193172264	2017	−0.048 3	0.50
103	640193180224	2018	−0.048 3	0.46
103	640193180748	2018	−0.048 3	0.47
103	640193180780	2018	−0.048 3	0.47
111	640193172274	2017	−0.048 2	0.47
111	640007174652	2017	−0.048 2	0.47

续表

排名	牛号	出生年份	青年牛产犊难易性 EBV	EBV 准确性
111	640193171310	2017	−0.048 2	0.47
111	643051033132	2018	−0.048 2	0.23
111	643051033140	2018	−0.048 2	0.23
116	640193171698	2017	−0.048 1	0.50
116	640193180160	2018	−0.048 1	0.49
116	640003162311	2016	−0.048 1	0.40
119	640251170652	2017	−0.048 0	0.47
119	640193184448	2018	−0.048 0	0.35
119	640193184494	2018	−0.048 0	0.35
119	640193184784	2018	−0.048 0	0.35
119	640193184950	2018	−0.048 0	0.35
119	640193185014	2018	−0.048 0	0.35
119	640193185090	2018	−0.048 0	0.35
126	640193171164	2017	−0.047 9	0.47
126	640193184330	2018	−0.047 9	0.35
126	640193180788	2018	−0.047 9	0.49
129	640166172309	2017	−0.047 8	0.48
129	640193172126	2017	−0.047 8	0.47
131	640193180228	2018	−0.047 7	0.49
131	640193184828	2018	−0.047 7	0.34
131	640007174529	2017	−0.047 7	0.47
131	640007185150	2018	−0.047 7	0.37
135	640003162286	2016	−0.047 6	0.40
135	640193172202	2017	−0.047 6	0.50
135	640193172272	2017	−0.047 6	0.50
135	640190171278	2017	−0.047 6	0.47
135	640190171550	2017	−0.047 6	0.47
135	640190171702	2017	−0.047 6	0.47

续表

排名	牛号	出生年份	青年牛产犊难易性 EBV	EBV 准确性
135	640190171734	2017	−0.047 6	0.47
135	640190171764	2017	−0.047 6	0.47
135	640193173686	2017	−0.047 6	0.47
144	643051033383	2019	−0.047 5	0.43
144	640193172928	2017	−0.047 5	0.47
144	640193172546	2017	−0.047 5	0.47
144	640193171318	2017	−0.047 5	0.47
148	640193184262	2018	−0.047 4	0.35
148	640166172319	2017	−0.047 4	0.47
148	640193172584	2017	−0.047 4	0.50
148	640003006527	2018	−0.047 4	0.47
148	640003162217	2016	−0.047 4	0.40
153	640193171774	2017	−0.047 3	0.50
153	640007174516	2017	−0.047 3	0.47
153	640003167052	2016	−0.047 3	0.39
153	640193172144	2017	−0.047 3	0.47
157	640193172382	2017	−0.047 2	0.47
157	640003162309	2016	−0.047 2	0.39
157	640193172332	2017	−0.047 2	0.47
157	640193171382	2017	−0.047 2	0.47
161	640193180422	2018	−0.047 1	0.47
161	640193180882	2018	−0.047 1	0.47
161	640193172242	2017	−0.047 1	0.47
161	640193172244	2017	−0.047 1	0.47
161	640190162176	2016	−0.047 1	0.41
161	640003162427	2016	−0.047 1	0.43
167	640004187392	2018	−0.047 0	0.49
167	640193171646	2017	−0.047 0	0.51

续表

排名	牛号	出生年份	青年牛产犊难易性 EBV	EBV 准确性
169	640166182940	2018	−0.046 9	0.46
169	640193172528	2017	−0.046 9	0.50
169	640193172206	2017	−0.046 9	0.47
169	640193171272	2017	−0.046 9	0.47
169	640193172254	2017	−0.046 9	0.47
169	640193172314	2017	−0.046 9	0.47
169	640193180410	2018	−0.046 9	0.47
169	640193171942	2017	−0.046 9	0.47
169	640166172306	2017	−0.046 9	0.47
169	640193172182	2017	−0.046 9	0.46
169	640193171696	2017	−0.046 9	0.50
180	640193172162	2017	−0.046 8	0.47
180	640193171778	2017	−0.046 8	0.47
180	640193171636	2017	−0.046 8	0.47
183	640166193331	2016	−0.046 7	0.47
183	640193171850	2017	−0.046 7	0.49
183	640007174389	2017	−0.046 7	0.47
183	640193172380	2017	−0.046 7	0.47
183	640193180944	2018	−0.046 7	0.47
188	640193172532	2017	−0.046 6	0.48
188	640193171862	2017	−0.046 6	0.47
188	640166193306	2014	−0.046 6	0.47
188	640166193330	2013	−0.046 6	0.47
192	640190174729	2017	−0.046 5	0.47
192	640190175971	2017	−0.046 5	0.47
192	640190180325	2018	−0.046 5	0.47
192	640190180326	2018	−0.046 5	0.47
192	640004184323	2018	−0.046 5	0.47

续表

排名	牛号	出生年份	青年牛产犊难易性 EBV	EBV 准确性
192	640190171712	2017	−0.046 5	0.47
192	640193171718	2017	−0.046 5	0.46
192	640166162205	2016	−0.046 5	0.48
192	640003162266	2016	−0.046 5	0.40
201	640193180284	2018	−0.046 4	0.51
201	640003162267	2016	−0.046 4	0.40
201	640190180021	2018	−0.046 4	0.47
201	640190180427	2018	−0.046 4	0.47
201	640193182628	2018	−0.046 4	0.38
201	640190162300	2016	−0.046 4	0.40
207	640193172218	2017	−0.046 3	0.51
207	640193172582	2017	−0.046 3	0.50
207	640193180948	2018	−0.046 3	0.47
207	640193172278	2017	−0.046 3	0.47
207	640007174553	2017	−0.046 3	0.50
207	640193171518	2017	−0.046 3	0.47
207	640251006539	2018	−0.046 3	0.49
207	640193172362	2017	−0.046 3	0.47
215	640193171744	2017	−0.046 2	0.47
215	640007174569	2017	−0.046 2	0.47
215	640007174567	2017	−0.046 2	0.47
215	640003167054	2016	−0.046 2	0.40
215	640166182853	2018	−0.046 2	0.48
215	640003167069	2016	−0.046 2	0.40
215	640166182854	2018	−0.046 2	0.48
215	640193172336	2017	−0.046 2	0.49
215	640166182863	2018	−0.046 2	0.47
224	640193171674	2017	−0.046 1	0.47

续表

排名	牛号	出生年份	青年牛产犊难易性 EBV	EBV 准确性
224	640193172220	2017	−0.046 1	0.47
224	640193172262	2017	−0.046 1	0.47
224	640193172340	2017	−0.046 1	0.47
224	640193172554	2017	−0.046 1	0.47
224	640193181154	2018	−0.046 1	0.50
224	640193180226	2018	−0.046 1	0.47
224	640193171538	2017	−0.046 1	0.47
224	640004187404	2018	−0.046 1	0.49
224	640007174563	2017	−0.046 1	0.47
224	640193171416	2017	−0.046 1	0.46
224	640003006523	2018	−0.046 1	0.47
224	640004184295	2018	−0.046 1	0.47
237	640193172414	2017	−0.046 0	0.47
237	640190171390	2017	−0.046 0	0.47
237	640190171556	2017	−0.046 0	0.47
237	640190171740	2017	−0.046 0	0.47
237	640193171246	2017	−0.046 0	0.50
237	640193171252	2017	−0.046 0	0.49
237	640193172712	2017	−0.046 0	0.47
237	640166193253	2015	−0.046 0	0.47
237	640003162251	2016	−0.046 0	0.40
237	640193171684	2017	−0.046 0	0.47
237	640190162080	2016	−0.046 0	0.39
237	640166193321	2015	−0.046 0	0.47
237	640190171442	2017	−0.046 0	0.47
237	640190171682	2017	−0.046 0	0.47
237	640190171746	2017	−0.046 0	0.47
237	640193171802	2017	−0.046 0	0.46

续表

排名	牛号	出生年份	青年牛产犊难易性 EBV	EBV 准确性
237	640193171804	2017	−0.046 0	0.46
237	640193171806	2017	−0.046 0	0.46
255	640003167059	2016	−0.045 9	0.40
255	640193171900	2017	−0.045 9	0.47
255	640193171840	2017	−0.045 9	0.47
255	640003162349	2016	−0.045 9	0.39
259	640166182968	2018	−0.045 8	0.50
259	640193172478	2017	−0.045 8	0.47
259	640193172458	2017	−0.045 8	0.51
259	640193180334	2018	−0.045 8	0.47
259	640193172682	2017	−0.045 8	0.49
264	640193172672	2017	−0.045 7	0.51
264	640193171676	2017	−0.045 7	0.49
264	640193171770	2017	−0.045 7	0.49
264	640003167074	2016	−0.045 7	0.39
264	640004187609	2018	−0.045 7	0.49
264	640193171882	2017	−0.045 7	0.50
264	640193171320	2017	−0.045 7	0.47
264	640193180896	2018	−0.045 7	0.51
272	640003167080	2016	−0.045 6	0.39
272	640193172216	2017	−0.045 6	0.47
272	640193172354	2017	−0.045 6	0.47
272	640007174381	2017	−0.045 6	0.47
272	640166182965	2018	−0.045 6	0.47
272	640193173580	2017	−0.045 6	0.47
272	640193172224	2017	−0.045 6	0.49
272	640193172406	2017	−0.045 6	0.49
280	640193172390	2017	−0.045 5	0.50

续表

排名	牛号	出生年份	青年牛产犊难易性 EBV	EBV 准确性
280	640193180262	2018	−0.045 5	0.47
280	640003167063	2016	−0.045 5	0.40
280	640193171448	2017	−0.045 5	0.49
280	640190176587	2017	−0.045 5	0.47
280	640190172635	2017	−0.045 5	0.45
286	640193172192	2017	−0.045 4	0.47
286	640193173770	2017	−0.045 4	0.50
286	640003167050	2016	−0.045 4	0.40
289	640193171864	2017	−0.045 3	0.47
289	640193172456	2017	−0.045 3	0.47
289	640193172586	2017	−0.045 3	0.47
289	640193172416	2017	−0.045 3	0.50
289	640190185615	2018	−0.045 3	0.38
294	640193172512	2017	−0.045 2	0.49
294	640004184318	2018	−0.045 2	0.47
294	640193171846	2017	−0.045 2	0.50
294	640007174485	2017	−0.045 2	0.47
294	640166182955	2018	−0.045 2	0.48
294	640190180579	2018	−0.045 2	0.47
294	640193172196	2017	−0.045 2	0.49
294	640190171328	2017	−0.045 2	0.47
294	640193171544	2017	−0.045 2	0.47
294	640193171820	2017	−0.045 2	0.47
294	640193171830	2017	−0.045 2	0.47
294	640166182943	2018	−0.045 2	0.49
294	640166182944	2018	−0.045 2	0.49
307	640193172500	2017	−0.045 1	0.49
307	640193181038	2018	−0.045 1	0.48

续表

排名	牛号	出生年份	青年牛产犊难易性 EBV	EBV 准确性
307	640007206642	2020	−0.045 1	0.34
307	640193173700	2017	−0.045 1	0.47
307	640193171794	2017	−0.045 1	0.47
312	640190160975	2016	−0.045 0	0.40
312	640193171294	2017	−0.045 0	0.47
314	640190177161	2017	−0.044 9	0.47
314	640190180079	2018	−0.044 9	0.47
314	640190180355	2018	−0.044 9	0.47
314	640003167065	2016	−0.044 9	0.40
314	640190162344	2016	−0.044 9	0.40
314	640007174537	2017	−0.044 9	0.47
314	640193171322	2017	−0.044 9	0.50
321	640007174564	2017	−0.044 8	0.47
321	640251006486	2018	−0.044 8	0.48
321	640007174352	2017	−0.044 8	0.47
324	640193171704	2017	−0.044 7	0.51
324	640003167076	2016	−0.044 7	0.39
324	640004208118	2020	−0.044 7	0.33
324	640166182977	2018	−0.044 7	0.49
328	640193172308	2017	−0.044 6	0.48
328	640003162373	2016	−0.044 6	0.41
330	640003006517	2018	−0.044 5	0.47
330	643051033471	2020	−0.044 5	0.42
330	640166182952	2018	−0.044 5	0.46
333	640007185209	2018	−0.044 4	0.33
333	640003162297	2016	−0.044 4	0.41
333	640253204468	2020	−0.044 4	0.37
333	640166193338	2015	−0.044 4	0.47

续表

排名	牛号	出生年份	青年牛产犊难易性 EBV	EBV 准确性
333	640190171190	2017	−0.044 4	0.47
333	640190171354	2017	−0.044 4	0.47
333	640190171756	2017	−0.044 4	0.47
333	640193171216	2017	−0.044 4	0.46
333	640193171878	2017	−0.044 4	0.46
342	640193172602	2017	−0.044 3	0.51
342	640193171792	2017	−0.044 3	0.47
342	640166162235	2016	−0.044 3	0.48
342	640166162203	2016	−0.044 3	0.48
346	640193171842	2017	−0.044 2	0.50
346	640193171934	2017	−0.044 2	0.47
346	640193171968	2017	−0.044 2	0.47
346	640190180956	2018	−0.044 2	0.48
346	640004187604	2018	−0.044 2	0.48
346	640003162241	2016	−0.044 2	0.40
352	640003167070	2016	−0.044 1	0.39
352	640193171928	2017	−0.044 1	0.52
352	640251170582	2017	−0.044 1	0.47
352	640193171848	2017	−0.044 1	0.50
356	640193171776	2017	−0.044 0	0.48
356	640251170636	2017	−0.044 0	0.47
356	640193171896	2017	−0.044 0	0.50
356	640003162364	2016	−0.044 0	0.40
356	640253204745	2020	−0.044 0	0.37
361	640253170589	2017	−0.043 9	0.47
361	640003162329	2016	−0.043 9	0.39
361	640193171758	2017	−0.043 9	0.50
361	640193171798	2017	−0.043 9	0.50

续表

排名	牛号	出生年份	青年牛产犊难易性 EBV	EBV 准确性
361	640251170596	2017	−0.043 9	0.47
361	640003162444	2016	−0.043 9	0.41
361	640190160409	2016	−0.043 9	0.40
361	640193175252	2017	−0.043 9	0.41
361	640004187391	2018	−0.043 9	0.47
370	640253170648	2017	−0.043 8	0.47
370	640190180455	2018	−0.043 8	0.47
370	640193171488	2017	−0.043 8	0.52
370	640166182953	2018	−0.043 8	0.47
370	640193172468	2017	−0.043 8	0.51
375	640193171808	2017	−0.043 7	0.50
375	640007174560	2017	−0.043 7	0.47
375	640007174587	2017	−0.043 7	0.47
375	640190185521	2018	−0.043 7	0.35
375	640193172420	2017	−0.043 7	0.45
380	640253160563	2016	−0.043 6	0.47
380	640193171730	2017	−0.043 6	0.51
380	640190162020	2016	−0.043 6	0.40
380	640190171298	2017	−0.043 6	0.47
380	640190171672	2017	−0.043 6	0.47
380	640193171784	2017	−0.043 6	0.47
380	640193171786	2017	−0.043 6	0.47
380	640193171884	2017	−0.043 6	0.47
388	640190181134	2018	−0.043 5	0.49
388	640193180820	2018	−0.043 5	0.45
388	640193171726	2017	−0.043 5	0.52
388	640193171938	2017	−0.043 5	0.51
388	640190171206	2017	−0.043 5	0.47

续表

排名	牛号	出生年份	青年牛产犊难易性 EBV	EBV 准确性
388	640193180892	2018	−0.043 5	0.47
394	640193172268	2017	−0.043 4	0.52
394	640166162008	2016	−0.043 4	0.44
394	640251006485	2018	−0.043 4	0.47
394	640004146687	2014	−0.043 4	0.32
394	640003162442	2016	−0.043 4	0.41
394	640193173726	2017	−0.043 4	0.48
394	640007206556	2020	−0.043 4	0.33
394	640253181952	2018	−0.043 4	0.47
402	640009160949	2016	−0.043 3	0.37
402	640253181975	2018	−0.043 3	0.47
402	640166182941	2018	−0.043 3	0.50
402	640190171652	2017	−0.043 3	0.47
402	640007184711	2018	−0.043 3	0.47
402	640166162055	2016	−0.043 3	0.46
402	643051033128	2018	−0.043 3	0.21
409	640193190296	2019	−0.043 2	0.36
409	640253204455	2020	−0.043 2	0.37
409	640253204782	2020	−0.043 2	0.37
409	640253181744	2018	−0.043 2	0.49
413	640193175060	2017	−0.043 1	0.44
413	640166162108	2016	−0.043 1	0.46
413	640003162275	2016	−0.043 1	0.39
413	640253181956	2017	−0.043 1	0.47
413	640193180770	2018	−0.043 1	0.49
413	640190160940	2016	−0.043 1	0.42
413	640193172266	2017	−0.043 1	0.45
413	640003006537	2018	−0.043 1	0.47

续表

排名	牛号	出生年份	青年牛产犊难易性 EBV	EBV 准确性
413	640003006557	2018	−0.043 1	0.47
422	640251006519	2018	−0.043 0	0.47
422	640193171356	2017	−0.043 0	0.46
422	640190185529	2018	−0.043 0	0.34
422	640193171506	2017	−0.043 0	0.47
422	640253171025	2017	−0.043 0	0.47
427	640003162421	2016	−0.042 9	0.39
427	640193171872	2017	−0.042 9	0.48
427	640193171212	2017	−0.042 9	0.47
427	640251006501	2018	−0.042 9	0.46
427	640193173728	2017	−0.042 9	0.47
432	640253170626	2017	−0.042 8	0.48
432	640004187395	2018	−0.042 8	0.51
432	640190190477	2019	−0.042 8	0.38
432	640004187394	2018	−0.042 8	0.52
432	640004187400	2018	−0.042 8	0.52
432	640003006477	2018	−0.042 8	0.47
432	640003006513	2018	−0.042 8	0.47
432	640003162433	2016	−0.042 8	0.41
432	640166172256	2016	−0.042 8	0.48
432	640190185133	2018	−0.042 8	0.34
442	640003162310	2016	−0.042 7	0.24
442	640004184341	2018	−0.042 7	0.47
442	640251006530	2018	−0.042 7	0.47
442	640190162024	2016	−0.042 7	0.44
442	640193180382	2018	−0.042 7	0.44
442	640005164940	2016	−0.042 7	0.38
442	640251006468	2018	−0.042 7	0.50

续表

排名	牛号	出生年份	青年牛产犊难易性 EBV	EBV 准确性
442	640193171780	2017	−0.042 7	0.45
442	640253181932	2018	−0.042 7	0.47
451	640166162104	2016	−0.042 6	0.45
451	640253171055	2017	−0.042 6	0.48
451	640166162177	2016	−0.042 6	0.46
451	640007185234	2018	−0.042 6	0.36
451	640004187601	2018	−0.042 6	0.50
451	640190185697	2018	−0.042 6	0.35
451	640193171178	2017	−0.042 6	0.45
451	643051033192	2018	−0.042 6	0.26
451	640251006654	2018	−0.042 6	0.33
460	640251170576	2017	−0.042 5	0.47
460	640004161818	2016	−0.042 5	0.40
460	640003162262	2016	−0.042 5	0.41
460	640190185155	2018	−0.042 5	0.34
464	640166172320	2017	−0.042 4	0.49
464	640190185863	2018	−0.042 4	0.35
464	640193180912	2018	−0.042 4	0.48
464	640190185549	2018	−0.042 4	0.35
464	640253194259	2019	−0.042 4	0.38
464	640253204497	2020	−0.042 4	0.37
464	640190160449	2016	−0.042 4	0.39
464	640166162058	2016	−0.042 4	0.46
472	640193172662	2017	−0.042 3	0.52
472	640253170584	2017	−0.042 3	0.47
472	640190260888	2016	−0.042 3	0.39
472	640007185245	2018	−0.042 3	0.33
472	640190162058	2016	−0.042 3	0.39

续表

排名	牛号	出生年份	青年牛产犊难易性 EBV	EBV 准确性
472	640190162095	2016	−0.042 3	0.39
472	640190261021	2016	−0.042 3	0.39
472	640253181799	2018	−0.042 3	0.47
472	640193182058	2018	−0.042 2	0.49
472	640251006524	2018	−0.042 2	0.45
472	640253204462	2020	−0.042 2	0.34
472	640190162175	2016	−0.042 2	0.39
472	640190162177	2016	−0.042 2	0.39
472	640166162209	2016	−0.042 2	0.48
472	640251170577	2017	−0.042 2	0.47
472	640251170619	2017	−0.042 2	0.47
472	640251006516	2018	−0.042 2	0.47
489	640190261023	2016	−0.042 1	0.39
489	640193181102	2018	−0.042 1	0.48
489	640190185373	2018	−0.042 1	0.34
489	640253181766	2018	−0.042 1	0.48
489	640190160934	2016	−0.042 1	0.39
489	640190162054	2016	−0.042 1	0.39
489	643051022595	2017	−0.042 1	0.28
489	640253181793	2018	−0.042 1	0.48
489	640193181026	2018	−0.042 1	0.39
489	640193172176	2017	−0.042 1	0.45
489	640190162221	2016	−0.042 1	0.39
500	640003162438	2016	−0.042 0	0.40

附表 12 核心育种场经产牛产犊难易性 EBV 排名前 500 名母牛

排名	牛号	出生年份	经产牛产犊难易性 EBV	EBV 准确性
1	640007174462	2017	−0.062 7	0.47
2	640251005534	2017	−0.062 2	0.45
3	640009181455	2018	−0.059 9	0.43
4	640009171286	2017	−0.057 9	0.43
5	640004136369	2011	−0.057 3	0.38
6	640004136376	2011	−0.057 0	0.39
7	640009171255	2017	−0.056 5	0.48
8	640009181353	2018	−0.055 2	0.40
9	640251198321	2019	−0.054 8	0.37
9	640009181437	2018	−0.054 8	0.44
11	640009181428	2018	−0.054 6	0.43
12	640003141821	2014	−0.053 6	0.49
13	640007152950	2015	−0.053 1	0.51
14	640007184890	2018	−0.053 0	0.40
15	640007152892	2015	−0.052 9	0.52
16	640251005659	2017	−0.052 8	0.42
17	640003151864	2015	−0.052 7	0.46
17	640009171256	2017	−0.052 7	0.46
19	640009181320	2018	−0.052 5	0.47
19	640251005609	2018	−0.052 5	0.43
21	640009181406	2018	−0.052 0	0.41
22	640007152946	2015	−0.051 8	0.52
22	640003151839	2014	−0.051 8	0.43
24	640251005520	2017	−0.051 7	0.41
25	640251005605	2018	−0.051 5	0.46
26	640251005613	2018	−0.051 3	0.41
27	640007152967	2015	−0.051 1	0.51
28	640251004646	2017	−0.050 9	0.35

续表

排名	牛号	出生年份	经产牛产犊难易性 EBV	EBV 准确性
29	640251007347	2019	−0.050 8	0.42
29	640003182894	2018	−0.050 8	0.46
31	640009181390	2018	−0.050 7	0.40
31	640007184781	2018	−0.050 7	0.45
33	640251005578	2018	−0.050 6	0.43
33	640190142964	2014	−0.050 6	0.53
33	640007195317	2019	−0.050 6	0.41
36	640003151868	2015	−0.050 5	0.43
37	640009171266	2017	−0.050 4	0.43
37	640251005551	2017	−0.050 4	0.42
39	640007153554	2015	−0.050 2	0.51
39	640009181354	2018	−0.050 2	0.42
41	640009181316	2018	−0.050 1	0.42
42	640251005553	2018	−0.050 0	0.44
43	640007174290	2017	−0.049 9	0.44
44	640007152878	2015	−0.049 8	0.51
44	640004172771	2017	−0.049 8	0.39
46	640009171271	2017	−0.049 7	0.45
47	640251185605	2018	−0.049 6	0.43
47	640009181436	2018	−0.049 6	0.41
47	640009181412	2018	−0.049 6	0.42
50	640007152989	2015	−0.049 4	0.49
50	640007174614	2017	−0.049 4	0.43
52	640251197603	2019	−0.049 3	0.39
53	640009181425	2018	−0.049 2	0.44
54	640009181363	2018	−0.049 0	0.46
55	640009181424	2018	−0.048 9	0.39
55	640190143380	2014	−0.048 9	0.49

续表

排名	牛号	出生年份	经产牛产犊难易性 EBV	EBV 准确性
57	640251005552	2018	−0.048 6	0.42
57	640251005608	2018	−0.048 6	0.38
57	640190143370	2014	−0.048 6	0.51
60	640007174602	2017	−0.048 5	0.43
61	640007152961	2015	−0.048 4	0.50
61	640009181368	2018	−0.048 4	0.41
61	640251005540	2017	−0.048 4	0.47
64	640009181397	2018	−0.048 3	0.39
65	640004136373	2013	−0.048 2	0.41
65	640003151859	2011	−0.048 2	0.48
67	640009160837	2016	−0.048 1	0.38
68	640003182933	2018	−0.047 9	0.43
69	640009181310	2018	−0.047 8	0.46
70	640003182896	2018	−0.047 7	0.45
71	640009181434	2018	−0.047 6	0.39
71	640190142822	2014	−0.047 6	0.50
71	640190143289	2014	−0.047 6	0.51
74	640007152938	2015	−0.047 5	0.49
75	640007174538	2017	−0.047 3	0.50
76	640007153544	2015	−0.047 2	0.51
76	640005154522	2015	−0.047 2	0.51
78	640004172708	2017	−0.047 1	0.36
79	640009181416	2018	−0.047 0	0.39
79	640007174642	2017	−0.047 0	0.46
79	640190143299	2014	−0.047 0	0.53
79	640007174310	2017	−0.047 0	0.49
83	640004136368	2011	−0.046 8	0.41
83	640009160800	2016	−0.046 8	0.34

续表

排名	牛号	出生年份	经产牛产犊难易性 EBV	EBV 准确性
83	640007184709	2018	−0.046 8	0.37
83	640007174473	2017	−0.046 8	0.43
87	640190131211	2014	−0.046 7	0.49
88	640007174623	2017	−0.046 5	0.40
88	640190142840	2014	−0.046 5	0.49
90	640007153560	2015	−0.046 3	0.49
90	640251007407	2019	−0.046 3	0.39
90	640007174646	2017	−0.046 3	0.46
93	640007153618	2015	−0.046 2	0.49
93	640007152958	2015	−0.046 2	0.49
95	640190142867	2014	−0.046 1	0.49
95	640251198329	2019	−0.046 1	0.40
95	640190143449	2014	−0.046 1	0.47
95	640009181401	2018	−0.046 1	0.45
95	640007184720	2018	−0.046 1	0.37
100	640190143378	2014	−0.046 0	0.49
100	640007185165	2018	−0.046 0	0.40
102	640003151855	2015	−0.045 8	0.49
102	640007152971	2015	−0.045 8	0.49
104	640009181431	2018	−0.045 7	0.46
104	640251010472	2012	−0.045 7	0.42
106	640190143468	2014	−0.045 6	0.53
106	640251005633	2018	−0.045 6	0.42
106	640004172762	2017	−0.045 6	0.37
109	640004136383	2013	−0.045 5	0.35
109	640009160793	2016	−0.045 5	0.30
109	640003151893	2015	−0.045 5	0.52
109	640003151875	2015	−0.045 5	0.46

续表

排名	牛号	出生年份	经产牛产犊难易性 EBV	EBV 准确性
113	640190143040	2014	−0.045 4	0.50
113	640251198206	2019	−0.045 4	0.40
113	640251198350	2019	−0.045 4	0.39
116	640009171269	2017	−0.045 3	0.48
116	640004172763	2017	−0.045 3	0.36
118	640251005550	2017	−0.045 2	0.41
118	640251006670	2018	−0.045 2	0.44
118	640009181334	2018	−0.045 2	0.40
118	640009160814	2016	−0.045 2	0.34
118	640190142870	2014	−0.045 2	0.46
123	640007174293	2017	−0.045 1	0.43
123	640007184740	2018	−0.045 1	0.37
123	640251005632	2018	−0.045 1	0.42
123	640007184882	2018	−0.045 1	0.43
127	640003141832	2014	−0.045 0	0.54
127	640004136380	2013	−0.045 0	0.30
129	640007174460	2017	−0.044 9	0.43
130	640251007562	2019	−0.044 8	0.40
131	640009181564	2018	−0.044 7	0.40
131	640004136377	2011	−0.044 7	0.31
131	640007184726	2018	−0.044 7	0.37
131	640009181361	2018	−0.044 7	0.44
135	640009181400	2018	−0.044 6	0.39
135	640003162395	2016	−0.044 6	0.49
135	640251015232	2011	−0.044 6	0.48
135	640251007599	2018	−0.044 6	0.40
139	640007174301	2017	−0.044 5	0.43
140	640007152939	2015	−0.044 4	0.46

续表

排名	牛号	出生年份	经产牛产犊难易性 EBV	EBV 准确性
140	640009181471	2018	−0.044 4	0.40
140	640190143238	2014	−0.044 4	0.50
140	640009181344	2018	−0.044 4	0.38
140	640007152969	2015	−0.044 4	0.49
140	640007184847	2018	−0.044 4	0.37
140	640190141534	2014	−0.044 4	0.55
147	640190142913	2014	−0.044 3	0.48
147	640003141834	2014	−0.044 3	0.46
147	640003172468	2017	−0.044 3	0.51
147	640004172704	2017	−0.044 3	0.36
147	640251006566	2018	−0.044 3	0.42
147	640007174639	2017	−0.044 3	0.46
153	640003172478	2017	−0.044 2	0.51
153	640009181329	2018	−0.044 2	0.38
155	640009181452	2018	−0.044 1	0.39
155	640190142891	2014	−0.044 1	0.47
155	640007152977	2015	−0.044 1	0.51
155	640251013955	2011	−0.044 1	0.44
155	640004159992	2015	−0.044 1	0.44
160	640007195554	2019	−0.044 0	0.46
160	640004146474	2014	−0.044 0	0.46
162	640190142940	2014	−0.043 9	0.48
162	640251016868	2012	−0.043 9	0.43
164	640007184745	2018	−0.043 8	0.47
164	640003151861	2015	−0.043 8	0.52
166	640190142919	2014	−0.043 7	0.46
166	640007152935	2015	−0.043 7	0.49
168	640251007019	2019	−0.043 6	0.40

续表

排名	牛号	出生年份	经产牛产犊难易性 EBV	EBV 准确性
168	640251015087	2011	−0.043 6	0.45
168	640190143365	2014	−0.043 6	0.50
168	640007184910	2018	−0.043 6	0.48
172	640190142804	2014	−0.043 5	0.52
173	640251007534	2019	−0.043 4	0.44
173	640253171594	2017	−0.043 4	0.43
173	640007174635	2017	−0.043 4	0.40
173	640251016593	2011	−0.043 4	0.43
173	640007174339	2017	−0.043 4	0.40
178	640007174607	2017	−0.043 3	0.37
178	640007153619	2015	−0.043 3	0.46
178	640190142896	2014	−0.043 3	0.52
178	640009181307	2018	−0.043 3	0.39
182	640190143386	2014	−0.043 2	0.52
182	640007174343	2017	−0.043 2	0.40
182	640251197315	2019	−0.043 2	0.39
185	640003151857	2015	−0.043 1	0.54
186	640251007462	2019	−0.043 0	0.39
186	640253171598	2017	−0.043 0	0.42
186	640190143470	2014	−0.043 0	0.49
186	640007184888	2018	−0.043 0	0.40
186	640009181462	2018	−0.043 0	0.37
191	640007174470	2017	−0.042 9	0.40
192	640007174453	2017	−0.042 8	0.41
192	640190140331	2014	−0.042 8	0.47
194	640253193685	2019	−0.042 7	0.43
194	640007174493	2017	−0.042 7	0.40
194	640007184800	2018	−0.042 7	0.44

续表

排名	牛号	出生年份	经产牛产犊难易性 EBV	EBV 准确性
194	640251005838	2018	−0.042 7	0.39
198	640190142818	2014	−0.042 6	0.52
198	640251006581	2018	−0.042 6	0.40
198	640190142893	2014	−0.042 6	0.52
198	640251005054	2017	−0.042 6	0.50
198	640251005543	2017	−0.042 6	0.39
198	640190142945	2014	−0.042 6	0.49
198	640007152948	2015	−0.042 6	0.46
205	640190142810	2014	−0.042 5	0.50
205	640009181410	2018	−0.042 5	0.42
205	640251006761	2018	−0.042 5	0.42
208	640190143039	2014	−0.042 3	0.50
208	640007152966	2015	−0.042 3	0.49
208	640009181346	2018	−0.042 3	0.39
208	640190143225	2014	−0.042 3	0.50
208	640005175088	2017	−0.042 3	0.54
208	640004156758	2015	−0.042 3	0.57
214	640007174613	2017	−0.042 2	0.40
214	640003151867	2015	−0.042 2	0.47
214	640253193692	2019	−0.042 2	0.39
214	640251007520	2019	−0.042 2	0.42
214	640251198320	2019	−0.042 2	0.40
219	640190141471	2014	−0.042 1	0.50
219	640190141368	2014	−0.042 1	0.52
219	640253181747	2018	−0.042 1	0.39
219	640251007448	2019	−0.042 1	0.41
223	640251005184	2017	−0.042 0	0.51
223	640253181707	2018	−0.042 0	0.42

续表

排名	牛号	出生年份	经产牛产犊难易性 EBV	EBV 准确性
223	640007174337	2017	−0.042 0	0.40
223	640251007429	2019	−0.042 0	0.44
223	640251007047	2019	−0.042 0	0.41
223	640190142836	2014	−0.042 0	0.53
223	640003152038	2015	−0.042 0	0.50
230	640190141501	2014	−0.041 9	0.54
230	640003162231	2016	−0.041 9	0.50
230	640007185169	2018	−0.041 9	0.40
230	640251197442	2019	−0.041 9	0.39
234	640251007386	2019	−0.041 8	0.39
234	640251007523	2019	−0.041 8	0.39
234	640005154578	2015	−0.041 8	0.49
234	640007174489	2017	−0.041 8	0.40
238	640190143243	2014	−0.041 7	0.50
238	640003172497	2016	−0.041 7	0.50
238	640007174447	2017	−0.041 7	0.40
238	640007195472	2019	−0.041 7	0.41
238	640251005619	2018	−0.041 7	0.38
238	640190142727	2014	−0.041 7	0.47
244	640190142811	2014	−0.041 6	0.49
244	640007184733	2018	−0.041 6	0.33
244	640253171608	2017	−0.041 6	0.42
244	640190142968	2014	−0.041 6	0.47
244	640004136372	2011	−0.041 6	0.34
249	640007174338	2017	−0.041 5	0.40
249	640190143011	2014	−0.041 5	0.48
249	640190142856	2014	−0.041 5	0.46
249	640251007404	2019	−0.041 5	0.37

续表

排名	牛号	出生年份	经产牛产犊难易性 EBV	EBV 准确性
253	640190143066	2014	−0.041 4	0.44
253	640251005128	2017	−0.041 4	0.52
253	640253171677	2017	−0.041 4	0.39
253	640190142931	2014	−0.041 4	0.45
253	640009160809	2016	−0.041 4	0.39
258	640190143273	2014	−0.041 3	0.50
258	640251007532	2019	−0.041 3	0.41
258	640190142726	2014	−0.041 3	0.47
258	640190130084	2013	−0.041 3	0.48
258	640007185195	2018	−0.041 3	0.42
263	640007143192	2014	−0.041 2	0.44
263	640190141274	2014	−0.041 2	0.52
263	640251015016	2012	−0.041 2	0.41
263	640251007581	2018	−0.041 2	0.40
263	640003182942	2018	−0.041 2	0.38
268	640003162232	2016	−0.041 1	0.54
268	640251013113	2011	−0.041 1	0.48
268	640007184748	2018	−0.041 1	0.46
268	640005154478	2015	−0.041 1	0.54
272	640251016763	2011	−0.041 0	0.40
272	640193142866	2014	−0.041 0	0.47
272	640253171622	2017	−0.041 0	0.39
275	640253182880	2018	−0.040 9	0.42
275	640007184862	2018	−0.040 9	0.33
275	640007184811	2018	−0.040 9	0.46
275	640251007320	2019	−0.040 9	0.40
275	640251006648	2018	−0.040 9	0.42
280	640253193693	2019	−0.040 8	0.40

续表

排名	牛号	出生年份	经产牛产犊难易性 EBV	EBV 准确性
280	640009171187	2017	−0.040 8	0.49
280	640007184818	2018	−0.040 8	0.37
283	640007184950	2018	−0.040 7	0.46
283	640190143471	2014	−0.040 7	0.53
283	640251006580	2018	−0.040 7	0.45
283	640251012699	2011	−0.040 7	0.47
283	640007184750	2018	−0.040 7	0.33
283	640007184840	2018	−0.040 7	0.33
289	640251016715	2011	−0.040 6	0.40
289	640251005626	2018	−0.040 6	0.42
289	640007174471	2017	−0.040 6	0.40
289	640251175540	2017	−0.040 6	0.34
289	640251175553	2017	−0.040 6	0.34
289	640251185599	2018	−0.040 6	0.34
289	640251185603	2018	−0.040 6	0.34
289	640251185610	2018	−0.040 6	0.34
289	640251185612	2018	−0.040 6	0.34
289	640251185617	2018	−0.040 6	0.34
289	640251185622	2018	−0.040 6	0.34
289	640251185637	2018	−0.040 6	0.34
289	640251185695	2018	−0.040 6	0.34
289	640190143438	2014	−0.040 6	0.48
303	640251007507	2019	−0.040 5	0.41
303	640251016335	2011	−0.040 5	0.36
303	640251005805	2018	−0.040 5	0.35
303	640251015345	2011	−0.040 5	0.37
307	640251015051	2011	−0.040 4	0.36
307	640193143462	2014	−0.040 4	0.48

续表

排名	牛号	出生年份	经产牛产犊难易性 EBV	EBV 准确性
307	640003141836	2014	−0.040 4	0.44
307	640009171283	2017	−0.040 4	0.46
311	640190143030	2014	−0.040 3	0.45
311	640009181359	2018	−0.040 3	0.44
311	640251198216	2019	−0.040 3	0.41
311	640007153559	2015	−0.040 3	0.44
311	640251015190	2011	−0.040 3	0.37
316	640009160781	2016	−0.040 2	0.39
316	640190143233	2014	−0.040 2	0.50
316	643051000470	2019	−0.040 2	0.25
316	640009181387	2018	−0.040 2	0.47
316	640004146646	2015	−0.040 2	0.54
316	640190143239	2014	−0.040 2	0.47
316	640190143213	2014	−0.040 2	0.47
316	640251016517	2011	−0.040 2	0.31
316	640007184742	2018	−0.040 2	0.44
325	640253171644	2017	−0.040 1	0.39
325	640007174291	2017	−0.040 1	0.40
325	640190141500	2014	−0.040 1	0.53
325	640190142999	2014	−0.040 1	0.45
329	640253171659	2017	−0.040 0	0.42
329	640251005837	2018	−0.040 0	0.35
329	640251005864	2018	−0.040 0	0.35
329	640251185807	2018	−0.040 0	0.35
329	640251185808	2018	−0.040 0	0.35
329	640251185816	2018	−0.040 0	0.35
329	640004146507	2014	−0.040 0	0.44
329	640190142687	2014	−0.040 0	0.47

续表

排名	牛号	出生年份	经产牛产犊难易性 EBV	EBV 准确性
329	640190141651	2014	−0.040 0	0.52
338	640251015158	2012	−0.039 9	0.42
339	640251013000	2011	−0.039 8	0.40
339	640253171645	2017	−0.039 8	0.42
339	640190130093	2013	−0.039 8	0.50
339	640003172526	2017	−0.039 8	0.42
339	640190130039	2013	−0.039 8	0.48
339	640253171612	2017	−0.039 8	0.38
339	640253171678	2017	−0.039 8	0.38
346	640007184845	2018	−0.039 7	0.51
346	640253171631	2017	−0.039 7	0.42
346	640253182893	2018	−0.039 7	0.40
346	640003151871	2015	−0.039 7	0.49
346	640251198050	2019	−0.039 7	0.38
346	640193143016	2014	−0.039 7	0.47
346	640251007432	2019	−0.039 7	0.40
353	640007152980	2015	−0.039 6	0.47
354	640007143184	2014	−0.039 5	0.46
354	640007152973	2015	−0.039 5	0.46
354	640007184812	2018	−0.039 5	0.36
354	640007195468	2019	−0.039 5	0.40
354	640190143258	2014	−0.039 5	0.47
359	640251007012	2019	−0.039 4	0.40
359	640190141483	2014	−0.039 4	0.55
359	640251007466	2019	−0.039 4	0.41
359	640007184731	2018	−0.039 4	0.40
359	640004146548	2011	−0.039 4	0.32
359	640009150602	2015	−0.039 4	0.45

续表

排名	牛号	出生年份	经产牛产犊难易性 EBV	EBV 准确性
365	640190141614	2014	−0.039 3	0.53
365	640193143001	2014	−0.039 3	0.47
365	640253171682	2017	−0.039 3	0.38
365	640251005161	2017	−0.039 3	0.50
365	640003182914	2018	−0.039 3	0.46
365	640190143457	2014	−0.039 3	0.45
371	640193154154	2015	−0.039 2	0.47
371	640190142722	2014	−0.039 2	0.45
371	640190143499	2014	−0.039 2	0.47
371	643051000430	2019	−0.039 2	0.24
371	640251198260	2019	−0.039 2	0.35
371	640251197393	2019	−0.039 2	0.41
371	640003151877	2015	−0.039 2	0.47
378	640193142816	2014	−0.039 1	0.48
378	640251005143	2017	−0.039 1	0.50
378	640190143065	2014	−0.039 1	0.47
378	640190130407	2014	−0.039 1	0.50
378	640253193741	2019	−0.039 1	0.43
383	640190142918	2014	−0.039 0	0.45
383	640190141570	2014	−0.039 0	0.53
383	640251005067	2017	−0.039 0	0.51
383	640251005630	2018	−0.039 0	0.44
383	640190142843	2014	−0.039 0	0.46
383	643051033645	2019	−0.039 0	0.37
383	640190130090	2013	−0.039 0	0.46
390	640190141485	2014	−0.038 9	0.50
390	640253193896	2019	−0.038 9	0.41
390	640190142737	2014	−0.038 9	0.45

续表

排名	牛号	出生年份	经产牛产犊难易性 EBV	EBV 准确性
390	640190141429	2014	−0.038 9	0.50
390	640251005071	2017	−0.038 9	0.48
390	640251005148	2017	−0.038 9	0.52
390	640190141507	2014	−0.038 9	0.50
397	640251005611	2018	−0.038 8	0.42
397	640190140332	2014	−0.038 8	0.45
397	640251017113	2011	−0.038 8	0.48
397	640251007628	2018	−0.038 8	0.38
397	640004177284	2017	−0.038 8	0.43
397	640007174340	2017	−0.038 8	0.36
397	640251015040	2012	−0.038 8	0.40
404	640190143254	2014	−0.038 7	0.45
404	640004177245	2017	−0.038 7	0.42
404	640005154603	2015	−0.038 7	0.50
404	640193142820	2014	−0.038 7	0.43
404	640190140035	2014	−0.038 7	0.45
404	640007174334	2017	−0.038 7	0.36
404	640007174345	2017	−0.038 7	0.36
404	640190142986	2014	−0.038 7	0.46
404	640190141379	2014	−0.038 7	0.53
413	640007163870	2016	−0.038 6	0.50
413	640190141550	2014	−0.038 6	0.51
413	640251006604	2018	−0.038 6	0.37
413	640003151878	2015	−0.038 6	0.50
413	640004146692	2014	−0.038 6	0.55
413	640193142897	2014	−0.038 6	0.47
413	640251005050	2017	−0.038 6	0.50
413	640007153502	2015	−0.038 6	0.41

续表

排名	牛号	出生年份	经产牛产犊难易性 EBV	EBV 准确性
413	640251007450	2019	−0.038 6	0.44
413	640007174463	2017	−0.038 6	0.36
423	640193143063	2014	−0.038 5	0.47
423	640004172754	2017	−0.038 5	0.25
423	640253172807	2017	−0.038 5	0.25
423	640251006759	2018	−0.038 5	0.40
423	640253193817	2019	−0.038 5	0.42
423	640007184823	2018	−0.038 5	0.43
423	640007185186	2018	−0.038 5	0.41
430	640190141296	2014	−0.038 4	0.50
430	640253181923	2018	−0.038 4	0.40
432	640190142879	2014	−0.038 3	0.45
432	640251006732	2018	−0.038 3	0.45
432	640190141512	2014	−0.038 3	0.53
432	640007174539	2017	−0.038 3	0.45
432	640251006744	2018	−0.038 3	0.39
432	640190143010	2014	−0.038 3	0.45
432	640009191681	2019	−0.038 3	0.41
439	640190143486	2014	−0.038 2	0.45
439	640190140335	2014	−0.038 2	0.45
439	640004146630	2014	−0.038 2	0.50
442	640190141449	2014	−0.038 1	0.52
442	640193143316	2014	−0.038 1	0.45
442	640251185818	2018	−0.038 1	0.28
442	640251185821	2018	−0.038 1	0.28
442	640251185833	2018	−0.038 1	0.28
442	640190142975	2014	−0.038 1	0.45
442	640193143230	2014	−0.038 1	0.48

续表

排名	牛号	出生年份	经产牛产犊难易性 EBV	EBV 准确性
442	640009181382	2018	−0.038 1	0.44
442	640007174515	2017	−0.038 1	0.36
442	640190142704	2014	−0.038 1	0.49
442	640193153696	2015	−0.038 1	0.47
453	640190130054	2013	−0.038 0	0.43
453	640251015402	2011	−0.038 0	0.50
453	640007174505	2017	−0.038 0	0.49
453	640004136381	2013	−0.038 0	0.33
453	640004156801	2015	−0.038 0	0.53
453	640193142899	2014	−0.038 0	0.45
459	640009160799	2016	−0.037 9	0.33
459	640007152949	2015	−0.037 9	0.44
459	640007152962	2015	−0.037 9	0.44
459	640190130838	2013	−0.037 9	0.48
459	640251006589	2018	−0.037 9	0.42
464	640251006664	2018	−0.037 8	0.41
464	640190142939	2014	−0.037 8	0.42
464	640251016255	2011	−0.037 8	0.44
464	640007174464	2017	−0.037 8	0.36
464	640166172627	2017	−0.037 8	0.46
464	640193142817	2014	−0.037 8	0.48
464	640190142950	2014	−0.037 8	0.48
464	640251006659	2018	−0.037 8	0.42
464	640004156792	2015	−0.037 8	0.53
473	640190140074	2013	−0.037 7	0.46
473	640007174332	2017	−0.037 7	0.36
473	640005154513	2015	−0.037 7	0.50
473	640251003613	2016	−0.037 7	0.44

续表

排名	牛号	出生年份	经产牛产犊难易性 EBV	EBV 准确性
473	640251015494	2011	−0.037 7	0.37
478	640005154514	2015	−0.037 6	0.54
478	640009181366	2018	−0.037 6	0.45
478	640003151883	2015	−0.037 6	0.50
478	640251016212	2011	−0.037 6	0.37
482	640193143465	2014	−0.037 5	0.47
482	640251198317	2019	−0.037 5	0.38
482	640007174573	2017	−0.037 5	0.48
482	640251015412	2011	−0.037 5	0.47
482	640190142915	2014	−0.037 5	0.43
482	640193143454	2014	−0.037 5	0.47
488	640251007379	2019	−0.037 4	0.39
488	640251005638	2017	−0.037 4	0.45
488	640253193715	2019	−0.037 4	0.39
488	640190142667	2014	−0.037 4	0.42
488	640193142998	2014	−0.037 4	0.48
488	640251006569	2018	−0.037 4	0.41
494	640251016719	2011	−0.037 3	0.38
494	640251006612	2018	−0.037 3	0.41
494	640009160845	2016	−0.037 3	0.37
494	640004126011	2012	−0.037 3	0.30
494	640009150545	2015	−0.037 3	0.44
494	640190143058	2014	−0.037 3	0.47
494	640251006638	2018	−0.037 3	0.42

附表 13　核心育种场青年牛死产率 EBV 排名前 500 名母牛

排名	牛号	出生年份	青年牛死产率 EBV	EBV 准确性
1	640166182860	2018	−0.032 1	0.46
2	640166182967	2018	−0.031 1	0.45
2	640253171034	2017	−0.031 1	0.46
4	640253171020	2017	−0.030 6	0.46
5	640253171053	2017	−0.030 5	0.46
6	640253171048	2017	−0.030 1	0.46
7	640251006525	2018	−0.029 5	0.46
8	640166182956	2018	−0.029 1	0.46
9	640193172680	2017	−0.029 0	0.44
10	640193172668	2017	−0.028 9	0.44
11	640193180954	2018	−0.028 4	0.46
12	640193180470	2018	−0.028 2	0.46
13	640253181933	2018	−0.028 1	0.46
13	640193171818	2017	−0.028 1	0.46
15	640193171242	2017	−0.028 0	0.46
15	640193173604	2017	−0.028 0	0.46
17	640004187395	2018	−0.027 9	0.46
18	640005164934	2016	−0.027 8	0.39
18	640193171374	2017	−0.027 8	0.46
20	640193181136	2018	−0.027 6	0.46
20	640253171033	2017	−0.027 6	0.43
22	640190181957	2018	−0.027 3	0.31
22	640190180479	2018	−0.027 3	0.46
22	640190180978	2018	−0.027 3	0.42
25	640253171049	2017	−0.027 2	0.42
25	640193180918	2018	−0.027 2	0.43
27	640193180912	2018	−0.027 1	0.43
27	640193181172	2018	−0.027 1	0.43

续表

排名	牛号	出生年份	青年牛死产率 EBV	EBV 准确性
27	640190181903	2018	−0.027 1	0.32
30	640193180968	2018	−0.027 0	0.43
31	640190181811	2018	−0.026 8	0.31
32	640190181853	2018	−0.026 7	0.31
33	640190182039	2018	−0.026 6	0.32
33	640190181823	2018	−0.026 6	0.31
35	640190182059	2018	−0.026 5	0.31
35	640251006538	2018	−0.026 5	0.45
35	640190182025	2018	−0.026 5	0.31
35	640193180932	2018	−0.026 5	0.42
39	640190182177	2018	−0.026 4	0.31
39	640166182968	2018	−0.026 4	0.45
39	640193181088	2018	−0.026 4	0.43
39	640190181869	2018	−0.026 4	0.31
43	640190182201	2018	−0.026 3	0.31
43	640190181917	2018	−0.026 3	0.31
45	640166162048	2016	−0.026 1	0.40
45	640166162124	2016	−0.026 1	0.41
45	640193181190	2018	−0.026 1	0.43
45	640193180866	2018	−0.026 1	0.43
45	640166182939	2018	−0.026 1	0.42
50	640166161927	2016	−0.026 0	0.39
50	640190182013	2018	−0.026 0	0.31
52	640193171608	2017	−0.025 9	0.44
52	640166162050	2016	−0.025 9	0.40
52	640190181983	2018	−0.025 9	0.31
52	640190182035	2018	−0.025 9	0.31
56	640190181893	2018	−0.025 8	0.31

续表

排名	牛号	出生年份	青年牛死产率 EBV	EBV 准确性
56	640193171208	2017	−0.025 8	0.44
58	640193171642	2017	−0.025 7	0.44
58	640035160316	2016	−0.025 7	0.40
60	640193172502	2017	−0.025 6	0.44
61	640166182854	2018	−0.025 5	0.43
62	640166182853	2018	−0.025 4	0.43
63	640193172396	2017	−0.025 3	0.42
64	640193171320	2017	−0.025 2	0.43
64	640193171310	2017	−0.025 2	0.42
64	640253170626	2017	−0.025 2	0.43
64	640193172162	2017	−0.025 2	0.43
68	640193180874	2018	−0.025 1	0.44
69	640193180886	2018	−0.025 0	0.46
70	640193173012	2017	−0.024 9	0.46
70	640193171798	2017	−0.024 9	0.46
70	640193172394	2017	−0.024 9	0.42
70	640193171758	2017	−0.024 9	0.46
70	640193173662	2017	−0.024 9	0.42
70	640004187601	2018	−0.024 9	0.44
70	640193171826	2017	−0.024 9	0.42
70	640193180510	2018	−0.024 9	0.44
70	640253181766	2018	−0.024 9	0.43
79	640193172370	2017	−0.024 8	0.44
79	640004187404	2018	−0.024 8	0.44
81	640251006519	2018	−0.024 7	0.42
81	640193171776	2017	−0.024 7	0.45
81	640253170648	2017	−0.024 7	0.42
81	640193172576	2017	−0.024 7	0.44

续表

排名	牛号	出生年份	青年牛死产率 EBV	EBV 准确性
81	640193172672	2017	−0.024 7	0.46
81	640190180911	2018	−0.024 7	0.46
81	640193173770	2017	−0.024 7	0.46
81	640193172170	2017	−0.024 7	0.44
81	640193181154	2018	−0.024 7	0.44
90	640193171892	2017	−0.024 6	0.44
90	640193172548	2017	−0.024 6	0.44
90	640004187393	2018	−0.024 6	0.44
93	640193181204	2018	−0.024 5	0.45
93	640193172344	2017	−0.024 5	0.43
93	640193171112	2017	−0.024 5	0.45
93	640193171618	2017	−0.024 5	0.43
93	640190181134	2018	−0.024 5	0.45
93	640193180266	2018	−0.024 5	0.43
93	640166182976	2018	−0.024 5	0.43
93	640004187392	2018	−0.024 5	0.44
101	640193172270	2017	−0.024 4	0.46
101	640193172458	2017	−0.024 4	0.46
101	640005144432	2014	−0.024 4	0.26
101	640004184264	2018	−0.024 4	0.42
101	640193171476	2017	−0.024 4	0.44
101	640193173726	2017	−0.024 4	0.43
101	640251006541	2018	−0.024 4	0.45
108	640193172144	2017	−0.024 3	0.42
108	640193171896	2017	−0.024 3	0.46
108	640193172202	2017	−0.024 3	0.44
108	640193172272	2017	−0.024 3	0.44
108	640193172934	2017	−0.024 3	0.45

续表

排名	牛号	出生年份	青年牛死产率 EBV	EBV 准确性
108	640193171934	2017	−0.024 3	0.42
108	640253170617	2017	−0.024 3	0.42
108	640253181742	2018	−0.024 3	0.43
108	640004187609	2018	−0.024 3	0.43
108	640004187399	2018	−0.024 3	0.44
108	640253181938	2018	−0.024 3	0.45
108	640005144450	2014	−0.024 3	0.23
108	640253170659	2017	−0.024 3	0.44
121	640193171416	2017	−0.024 2	0.42
121	640166182865	2018	−0.024 2	0.44
121	640193171730	2017	−0.024 2	0.46
121	640166182950	2018	−0.024 2	0.42
121	640166182961	2018	−0.024 2	0.42
121	640007174543	2017	−0.024 2	0.43
121	640193172264	2017	−0.024 2	0.44
121	640007174347	2017	−0.024 2	0.42
121	640190180956	2018	−0.024 2	0.43
121	640193173764	2017	−0.024 2	0.43
121	640007174533	2017	−0.024 2	0.42
121	640193180284	2018	−0.024 2	0.46
133	640004184328	2019	−0.024 1	0.43
133	640193172308	2017	−0.024 1	0.43
133	640166182951	2018	−0.024 1	0.41
133	640253171055	2017	−0.024 1	0.43
133	640003006527	2018	−0.024 1	0.42
133	640253181808	2018	−0.024 1	0.44
133	640253170600	2017	−0.024 1	0.42
133	640253181788	2018	−0.024 1	0.42

续表

排名	牛号	出生年份	青年牛死产率 EBV	EBV 准确性
141	640193171868	2017	−0.024 0	0.42
141	640193171402	2017	−0.024 0	0.42
141	640193171676	2017	−0.024 0	0.43
141	640193171770	2017	−0.024 0	0.43
141	640007174259	2017	−0.024 0	0.42
141	640007174575	2017	−0.024 0	0.43
141	640193171708	2017	−0.024 0	0.43
141	640004184295	2018	−0.024 0	0.42
141	640193180160	2018	−0.024 0	0.44
141	640193181392	2018	−0.024 0	0.42
141	640193171872	2017	−0.024 0	0.45
141	640193171382	2017	−0.024 0	0.42
141	640007174477	2017	−0.024 0	0.42
154	640193172214	2017	−0.023 9	0.44
154	640193171700	2017	−0.023 9	0.43
154	640004187391	2018	−0.023 9	0.42
154	640193171322	2017	−0.023 9	0.46
154	640193180896	2018	−0.023 9	0.46
154	640253181807	2018	−0.023 9	0.47
154	640193171252	2017	−0.023 9	0.44
154	640007174532	2017	−0.023 9	0.43
154	640190182289	2018	−0.023 9	0.42
163	640193180228	2018	−0.023 8	0.44
163	640253170635	2017	−0.023 8	0.43
163	640253170616	2017	−0.023 8	0.43
163	640193180824	2018	−0.023 8	0.42
163	640007174652	2017	−0.023 8	0.42
163	640253181799	2018	−0.023 8	0.42

续表

排名	牛号	出生年份	青年牛死产率 EBV	EBV 准确性
163	640253170677	2017	−0.023 8	0.42
163	640004187394	2018	−0.023 8	0.47
163	640004187400	2018	−0.023 8	0.47
163	640253181793	2018	−0.023 8	0.43
163	640007174574	2017	−0.023 8	0.41
163	640193171906	2017	−0.023 8	0.42
175	640193172422	2017	−0.023 7	0.43
175	640193171928	2017	−0.023 7	0.47
175	640193172584	2017	−0.023 7	0.45
175	640190180933	2018	−0.023 7	0.42
175	640003006493	2018	−0.023 7	0.42
175	640193171164	2017	−0.023 7	0.42
175	640193171266	2017	−0.023 7	0.42
175	640007174561	2017	−0.023 7	0.43
175	640193172126	2017	−0.023 7	0.42
175	640193172794	2017	−0.023 7	0.42
175	640007174551	2017	−0.023 7	0.43
175	640251170652	2017	−0.023 7	0.42
175	640193171794	2017	−0.023 7	0.42
175	640253181748	2018	−0.023 7	0.43
175	640193171720	2017	−0.023 7	0.47
175	640193171766	2017	−0.023 7	0.47
175	640193171824	2017	−0.023 7	0.47
175	640193171852	2017	−0.023 7	0.47
175	640193172662	2017	−0.023 7	0.47
175	640193171638	2017	−0.023 7	0.47
175	640193171656	2017	−0.023 7	0.47
196	640166182958	2018	−0.023 6	0.43

续表

排名	牛号	出生年份	青年牛死产率 EBV	EBV 准确性
196	640193171726	2017	−0.023 6	0.47
196	640007174555	2017	−0.023 6	0.43
196	640193181038	2018	−0.023 6	0.45
196	640193171850	2017	−0.023 6	0.45
196	640251006511	2018	−0.023 6	0.45
196	640251006485	2018	−0.023 6	0.42
196	640253170642	2017	−0.023 6	0.43
196	640251006539	2018	−0.023 6	0.43
196	640193171920	2017	−0.023 6	0.42
196	640007174540	2017	−0.023 6	0.43
196	640193172268	2017	−0.023 6	0.47
196	640004187396	2018	−0.023 6	0.44
196	640007174534	2017	−0.023 6	0.43
196	640193172518	2017	−0.023 6	0.42
196	640003006523	2018	−0.023 6	0.42
196	640193171268	2017	−0.023 6	0.46
196	640193180906	2018	−0.023 6	0.44
214	640190180011	2018	−0.023 5	0.44
214	640193172478	2017	−0.023 5	0.42
214	640251006500	2018	−0.023 5	0.42
214	640193172730	2017	−0.023 5	0.42
214	640193172928	2017	−0.023 5	0.42
214	640253160558	2016	−0.023 5	0.42
214	640193173784	2017	−0.023 5	0.43
214	640007174381	2017	−0.023 5	0.42
214	640193172528	2017	−0.023 5	0.45
214	640253181782	2018	−0.023 5	0.43
214	640251170636	2017	−0.023 5	0.42

续表

排名	牛号	出生年份	青年牛死产率 EBV	EBV 准确性
214	640253181755	2018	−0.023 5	0.42
214	640007174529	2017	−0.023 5	0.42
214	640190180309	2018	−0.023 5	0.42
214	640193172306	2017	−0.023 5	0.45
214	640193171488	2017	−0.023 5	0.47
214	640007174265	2017	−0.023 5	0.42
214	640193172442	2017	−0.023 5	0.45
214	640193180796	2018	−0.023 5	0.43
214	640193180868	2018	−0.023 5	0.42
234	640004187611	2018	−0.023 4	0.45
234	640193171418	2017	−0.023 4	0.45
234	640193172336	2017	−0.023 4	0.44
234	640193172242	2017	−0.023 4	0.42
234	640193172244	2017	−0.023 4	0.42
234	640193172196	2017	−0.023 4	0.44
234	640251170672	2016	−0.023 4	0.42
234	640193171448	2017	−0.023 4	0.44
234	640193180788	2018	−0.023 4	0.45
234	640007174560	2017	−0.023 4	0.42
234	640007174587	2017	−0.023 4	0.42
234	640193171684	2017	−0.023 4	0.42
234	640193171246	2017	−0.023 4	0.45
234	640253181785	2018	−0.023 4	0.46
234	640193180880	2018	−0.023 4	0.44
234	640193172332	2017	−0.023 4	0.42
234	640253171036	2017	−0.023 4	0.43
234	640253171061	2017	−0.023 4	0.43
234	640190176587	2017	−0.023 4	0.42

续表

排名	牛号	出生年份	青年牛死产率 EBV	EBV 准确性
234	640253171050	2017	−0.023 4	0.43
234	640007174564	2017	−0.023 4	0.42
234	640193171778	2017	−0.023 4	0.42
234	640251170582	2017	−0.023 4	0.42
257	640003006517	2018	−0.023 3	0.42
257	640193172274	2017	−0.023 3	0.42
257	640190183193	2018	−0.023 3	0.42
257	640190180394	2018	−0.023 3	0.42
257	640253170589	2017	−0.023 3	0.42
257	640007174554	2017	−0.023 3	0.43
257	640193171862	2017	−0.023 3	0.42
257	640193172192	2017	−0.023 3	0.42
257	640193181024	2018	−0.023 3	0.43
257	640251006542	2018	−0.023 3	0.43
257	640193171718	2017	−0.023 3	0.37
257	640193171272	2017	−0.023 3	0.42
257	640193172254	2017	−0.023 3	0.42
257	640193172314	2017	−0.023 3	0.42
257	640193172216	2017	−0.023 3	0.42
257	640193172354	2017	−0.023 3	0.42
257	640193171336	2017	−0.023 3	0.42
257	640190180473	2018	−0.023 3	0.42
257	640253181942	2018	−0.023 3	0.42
257	640251006486	2018	−0.023 3	0.43
257	640193172452	2017	−0.023 3	0.47
257	640193180410	2018	−0.023 3	0.42
257	640193172546	2017	−0.023 3	0.42
257	640193180950	2018	−0.023 3	0.42

续表

排名	牛号	出生年份	青年牛死产率 EBV	EBV 准确性
257	640193180784	2018	−0.023 3	0.42
257	640193171632	2017	−0.023 3	0.47
257	640190180325	2018	−0.023 3	0.42
284	640193171544	2017	−0.023 2	0.42
284	640193171820	2017	−0.023 2	0.42
284	640193171830	2017	−0.023 2	0.42
284	640190174729	2017	−0.023 2	0.42
284	640166182947	2018	−0.023 2	0.44
284	640193180226	2018	−0.023 2	0.42
284	640007174552	2017	−0.023 2	0.43
284	640193172182	2017	−0.023 2	0.42
284	640193172650	2017	−0.023 2	0.43
284	640193171802	2017	−0.023 2	0.42
284	640193171804	2017	−0.023 2	0.42
284	640193171806	2017	−0.023 2	0.42
284	640193181498	2018	−0.023 2	0.44
284	640193171900	2017	−0.023 2	0.42
284	640253181975	2018	−0.023 2	0.42
284	640004184341	2018	−0.023 2	0.42
284	640007174389	2017	−0.023 2	0.42
284	640251170596	2017	−0.023 2	0.42
284	640193180924	2018	−0.023 2	0.42
284	640251006530	2018	−0.023 2	0.42
284	640193172474	2017	−0.023 2	0.42
284	640166182955	2018	−0.023 2	0.43
284	640193180958	2018	−0.023 2	0.42
284	640193180960	2018	−0.023 2	0.44
284	640193173686	2017	−0.023 2	0.42

续表

排名	牛号	出生年份	青年牛死产率 EBV	EBV 准确性
284	640193171942	2017	−0.023 2	0.43
284	640190176537	2017	−0.023 2	0.43
284	640253181792	2018	−0.023 2	0.42
284	640007174537	2017	−0.023 2	0.42
313	640007174501	2017	−0.023 1	0.43
313	640190180355	2018	−0.023 1	0.42
313	640004187403	2018	−0.023 1	0.46
313	640193181052	2018	−0.023 1	0.42
313	640193171774	2017	−0.023 1	0.44
313	640193180422	2018	−0.023 1	0.42
313	640007174556	2017	−0.023 1	0.43
313	640193180748	2018	−0.023 1	0.42
313	640193180780	2018	−0.023 1	0.42
313	640193180894	2018	−0.023 1	0.42
313	640193180334	2018	−0.023 1	0.42
313	640193171518	2017	−0.023 1	0.42
313	640253181735	2018	−0.023 1	0.42
313	640193172328	2017	−0.023 1	0.42
313	640190175971	2017	−0.023 1	0.42
313	640190180326	2018	−0.023 1	0.42
313	640193171276	2017	−0.023 1	0.42
313	640253160563	2016	−0.023 1	0.42
313	640193171842	2017	−0.023 1	0.45
313	640251006490	2018	−0.023 1	0.43
313	640253181956	2017	−0.023 1	0.42
313	640193171840	2017	−0.023 1	0.42
313	640190171326	2017	−0.023 1	0.42
313	640193171864	2017	−0.023 1	0.42

续表

排名	牛号	出生年份	青年牛死产率 EBV	EBV 准确性
313	640193181776	2018	−0.023 1	0.42
313	640193171294	2017	−0.023 1	0.42
339	640193171216	2017	−0.023 0	0.42
339	640007174485	2017	−0.023 0	0.42
339	640253181952	2018	−0.023 0	0.42
339	640251006562	2016	−0.023 0	0.42
339	640190172635	2017	−0.023 0	0.41
339	640193180382	2018	−0.023 0	0.41
339	640253171025	2017	−0.023 0	0.42
339	640007174563	2017	−0.023 0	0.42
339	640193180772	2018	−0.023 0	0.42
339	640251006454	2018	−0.023 0	0.42
339	640193172346	2017	−0.023 0	0.42
339	640251170576	2017	−0.023 0	0.42
339	640007174352	2017	−0.023 0	0.42
339	640190171442	2017	−0.023 0	0.42
339	640253181910	2018	−0.023 0	0.42
339	640190171278	2017	−0.023 0	0.42
339	640190171536	2017	−0.023 0	0.42
339	640190171550	2017	−0.023 0	0.42
339	640190171702	2017	−0.023 0	0.42
339	640190171734	2017	−0.023 0	0.42
339	640190171764	2017	−0.023 0	0.42
339	640007174567	2017	−0.023 0	0.42
339	640193171912	2017	−0.023 0	0.42
339	640190171328	2017	−0.023 0	0.42
339	640190171750	2017	−0.023 0	0.42
339	640253170624	2017	−0.023 0	0.43

续表

排名	牛号	出生年份	青年牛死产率 EBV	EBV 准确性
339	640193172184	2017	−0.023 0	0.44
339	640251006524	2018	−0.023 0	0.41
339	640190171712	2017	−0.023 0	0.42
339	640193171968	2017	−0.023 0	0.42
339	640007174278	2017	−0.023 0	0.42
339	640193181428	2018	−0.023 0	0.42
339	640193171854	2017	−0.023 0	0.44
339	640193180826	2018	−0.023 0	0.42
373	640007174545	2017	−0.022 9	0.43
373	640193180224	2018	−0.022 9	0.42
373	640193172582	2017	−0.022 9	0.45
373	640190171332	2017	−0.022 9	0.42
373	640190171352	2017	−0.022 9	0.42
373	640190171682	2017	−0.022 9	0.42
373	640190171714	2017	−0.022 9	0.42
373	640190171746	2017	−0.022 9	0.42
373	640253181939	2018	−0.022 9	0.42
373	640193180804	2018	−0.022 9	0.42
373	640193171780	2017	−0.022 9	0.41
373	640190180079	2018	−0.022 9	0.42
373	640253170599	2017	−0.022 9	0.42
373	640035160441	2016	−0.022 9	0.38
373	640193171340	2017	−0.022 9	0.43
373	640193171178	2017	−0.022 9	0.41
373	640166182862	2018	−0.022 9	0.46
373	640193172200	2017	−0.022 9	0.43
373	640193180818	2018	−0.022 9	0.42
373	640193180982	2018	−0.022 9	0.42

续表

排名	牛号	出生年份	青年牛死产率 EBV	EBV 准确性
373	640166182959	2018	−0.022 9	0.44
373	640190177009	2017	−0.022 9	0.42
373	640193173700	2017	−0.022 9	0.42
373	640253171041	2017	−0.022 9	0.42
373	640251006516	2018	−0.022 9	0.42
373	640193172380	2017	−0.022 9	0.42
373	640193171828	2017	−0.022 9	0.42
373	640193172262	2017	−0.022 9	0.42
401	640253181932	2018	−0.022 8	0.42
401	640253170584	2017	−0.022 8	0.42
401	640253181913	2018	−0.022 8	0.42
401	640193171792	2017	−0.022 8	0.42
401	640004184318	2018	−0.022 8	0.42
401	640166182949	2018	−0.022 8	0.42
401	640193171636	2017	−0.022 8	0.42
401	640193172276	2017	−0.022 8	0.42
401	640193172456	2017	−0.022 8	0.42
401	640193172586	2017	−0.022 8	0.42
401	640193180882	2018	−0.022 8	0.42
401	640193172382	2017	−0.022 8	0.42
401	640253181958	2018	−0.022 8	0.42
401	640193172362	2017	−0.022 8	0.42
401	640193171348	2017	−0.022 8	0.43
401	640007174569	2017	−0.022 8	0.42
401	640193172278	2017	−0.022 8	0.42
401	640193170044	2017	−0.022 8	0.40
401	640005164797	2016	−0.022 8	0.37
401	640193171772	2017	−0.022 8	0.42

续表

排名	牛号	出生年份	青年牛死产率 EBV	EBV 准确性
401	640193172206	2017	−0.022 8	0.42
401	640004187604	2018	−0.022 8	0.43
401	640193171784	2017	−0.022 8	0.42
401	640193171786	2017	−0.022 8	0.42
401	640193171884	2017	−0.022 8	0.42
426	640193171506	2017	−0.022 7	0.42
426	640193171744	2017	−0.022 7	0.42
426	640251170586	2017	−0.022 7	0.42
426	640193171674	2017	−0.022 7	0.42
426	640193172220	2017	−0.022 7	0.42
426	640193172340	2017	−0.022 7	0.42
426	640193172554	2017	−0.022 7	0.42
426	640193172266	2017	−0.022 7	0.41
426	640193171878	2017	−0.022 7	0.42
426	640166193307	2014	−0.022 7	0.42
426	640193172420	2017	−0.022 7	0.41
426	640193170068	2017	−0.022 7	0.40
426	640190180427	2018	−0.022 7	0.42
426	640193170001	2017	−0.022 7	0.39
426	640190180275	2018	−0.022 7	0.42
426	640251170606	2017	−0.022 7	0.42
426	640190180021	2018	−0.022 7	0.42
426	640003006537	2018	−0.022 7	0.42
426	640003006557	2018	−0.022 7	0.42
426	640193180820	2018	−0.022 7	0.41
426	640193181146	2018	−0.022 7	0.44
426	640193172712	2017	−0.022 7	0.42
426	640193172176	2017	−0.022 7	0.41

续表

排名	牛号	出生年份	青年牛死产率 EBV	EBV 准确性
426	640193171334	2017	−0.022 7	0.41
426	640007184711	2018	−0.022 7	0.42
426	640253181926	2018	−0.022 7	0.42
426	640166193299	2015	−0.022 7	0.42
426	640251170577	2017	−0.022 7	0.42
426	640251170619	2017	−0.022 7	0.42
426	640253181771	2018	−0.022 7	0.42
426	640253181781	2018	−0.022 7	0.42
426	640253171086	2017	−0.022 7	0.42
458	640003006477	2018	−0.022 6	0.42
458	640003006513	2018	−0.022 6	0.42
458	640193181248	2018	−0.022 6	0.44
458	640193163975	2016	−0.022 6	0.39
458	640193180262	2018	−0.022 6	0.42
458	640193172390	2017	−0.022 6	0.44
458	640193180944	2018	−0.022 6	0.42
458	640253171059	2017	−0.022 6	0.42
458	640253171068	2017	−0.022 6	0.42
458	640166193253	2015	−0.022 6	0.42
458	640190180455	2018	−0.022 6	0.42
458	640190177161	2017	−0.022 6	0.42
458	640166193306	2014	−0.022 6	0.42
458	640166193330	2013	−0.022 6	0.42
458	640253181935	2018	−0.022 6	0.44
458	640193171848	2017	−0.022 6	0.44
458	640253181949	2018	−0.022 6	0.42
458	640007174342	2017	−0.022 6	0.42
458	640253181783	2018	−0.022 6	0.43

续表

排名	牛号	出生年份	青年牛死产率 EBV	EBV 准确性
458	640190182963	2018	−0.022 6	0.44
458	640166193297	2014	−0.022 6	0.41
458	640166193298	2015	−0.022 6	0.41
458	640166193300	2014	−0.022 6	0.41
458	640166193302	2012	−0.022 6	0.41
458	640166193303	2015	−0.022 6	0.41
458	640166193304	2015	−0.022 6	0.41
458	640166193309	2015	−0.022 6	0.41
458	640166193310	2015	−0.022 6	0.41
458	640166193311	2012	−0.022 6	0.41
458	640166193313	2014	−0.022 6	0.41
458	640166193317	2015	−0.022 6	0.41
458	640166193318	2015	−0.022 6	0.41
458	640166193319	2014	−0.022 6	0.41
458	640166193322	2013	−0.022 6	0.41
458	640166193326	2015	−0.022 6	0.41
458	640166193332	2015	−0.022 6	0.41
458	640166193334	2015	−0.022 6	0.41
458	640166193336	2015	−0.022 6	0.41
458	640166193337	2014	−0.022 6	0.41
458	640166193342	2016	−0.022 6	0.41
458	640166193344	2015	−0.022 6	0.41
458	640166193353	2015	−0.022 6	0.41
458	640190171838	2017	−0.022 6	0.41

附表 14 核心育种场经产牛死产率 EBV 排名前 500 名母牛

排名	牛号	出生年份	经产牛死产率 EBV	EBV 准确性
1	640166182967	2018	−0.004 6	0.36
2	640007195494	2019	−0.004 5	0.26
3	640190180303	2018	−0.004 3	0.35
3	640007195357	2019	−0.004 3	0.26
3	640166182956	2018	−0.004 3	0.36
6	640003182896	2018	−0.004 1	0.22
6	640166182862	2018	−0.004 1	0.36
8	640166182974	2018	−0.004 0	0.35
8	640004187392	2018	−0.004 0	0.35
8	640166182860	2018	−0.004 0	0.36
8	640253194126	2019	−0.004 0	0.27
8	640253194168	2019	−0.004 0	0.28
8	640253194080	2019	−0.004 0	0.28
14	640004187394	2018	−0.003 9	0.37
14	640193171720	2017	−0.003 9	0.37
14	640193171638	2017	−0.003 9	0.37
14	640004187400	2018	−0.003 9	0.37
14	640193171634	2017	−0.003 9	0.36
14	640193171242	2017	−0.003 9	0.37
14	640253181785	2018	−0.003 9	0.37
14	640004187403	2018	−0.003 9	0.37
14	640166182941	2018	−0.003 9	0.36
14	640166182971	2018	−0.003 9	0.36
24	640251006539	2018	−0.003 8	0.34
24	640004187393	2018	−0.003 8	0.36
24	640251006538	2018	−0.003 8	0.36
24	640251006500	2018	−0.003 8	0.35
28	640253171044	2017	−0.003 7	0.35

续表

排名	牛号	出生年份	经产牛死产率 EBV	EBV 准确性
28	640166182958	2018	−0.003 7	0.35
28	640004187601	2018	−0.003 7	0.35
28	640251186538	2018	−0.003 7	0.36
28	640251006561	2018	−0.003 7	0.20
28	640251006525	2018	−0.003 7	0.36
34	640253171020	2017	−0.003 6	0.36
34	640003182930	2018	−0.003 6	0.21
34	640166182955	2018	−0.003 6	0.34
34	640003182920	2018	−0.003 6	0.22
34	640253181783	2018	−0.003 6	0.35
34	640253171048	2017	−0.003 6	0.36
40	640166182945	2018	−0.003 5	0.34
40	640007174540	2017	−0.003 5	0.35
40	640253181744	2018	−0.003 5	0.35
40	640009191711	2019	−0.003 5	0.22
40	640003182914	2018	−0.003 5	0.23
40	640251006521	2018	−0.003 5	0.34
40	640251006468	2018	−0.003 5	0.35
40	640007174349	2017	−0.003 5	0.34
40	640253181782	2018	−0.003 5	0.35
40	640251006530	2018	−0.003 5	0.34
40	640007174563	2017	−0.003 5	0.34
40	640007174537	2017	−0.003 5	0.34
40	640166182953	2018	−0.003 5	0.35
40	640003141817	2014	−0.003 5	0.23
40	640193171704	2017	−0.003 5	0.35
40	640253171041	2017	−0.003 5	0.34
40	640251186468	2018	−0.003 5	0.35

续表

排名	牛号	出生年份	经产牛死产率 EBV	EBV 准确性
40	640007174556	2017	−0.003 5	0.34
40	640253170617	2017	−0.003 5	0.34
40	640190180309	2018	−0.003 5	0.34
40	640166182948	2018	−0.003 5	0.34
40	640253170642	2017	−0.003 5	0.34
40	640190171206	2017	−0.003 5	0.34
40	640193172490	2017	−0.003 5	0.35
40	640007174561	2017	−0.003 5	0.34
40	640253170600	2017	−0.003 5	0.34
40	640251006485	2018	−0.003 5	0.34
40	640253170635	2017	−0.003 5	0.35
40	640004187604	2018	−0.003 5	0.34
69	640193172308	2017	−0.003 4	0.35
69	640193171402	2017	−0.003 4	0.34
69	640007174551	2017	−0.003 4	0.34
69	640007174347	2017	−0.003 4	0.34
69	640166182865	2018	−0.003 4	0.34
69	640007174574	2017	−0.003 4	0.34
69	640007174381	2017	−0.003 4	0.34
69	640007174575	2017	−0.003 4	0.35
69	640253181922	2018	−0.003 4	0.34
69	640253181735	2018	−0.003 4	0.34
69	640004184264	2018	−0.003 4	0.34
69	640253194134	2019	−0.003 4	0.28
69	640009181564	2018	−0.003 4	0.22
69	640193171320	2017	−0.003 4	0.34
69	640007174569	2017	−0.003 4	0.34
69	640004184341	2018	−0.003 4	0.34

续表

排名	牛号	出生年份	经产牛死产率 EBV	EBV 准确性
69	640003193306	2019	−0.003 4	0.25
69	640004187611	2018	−0.003 4	0.35
69	640251170619	2017	−0.003 4	0.34
69	640251186499	2018	−0.003 4	0.35
69	640253194094	2019	−0.003 4	0.25
69	640251006490	2018	−0.003 4	0.34
69	640253181748	2018	−0.003 4	0.34
69	640190171652	2017	−0.003 4	0.34
69	640190171668	2017	−0.003 4	0.34
69	640190175971	2017	−0.003 4	0.34
69	640007174567	2017	−0.003 4	0.34
69	640253181949	2018	−0.003 4	0.34
69	640007174552	2017	−0.003 4	0.34
69	640007174554	2017	−0.003 4	0.34
69	640253171036	2017	−0.003 4	0.34
69	640007174501	2017	−0.003 4	0.34
69	640166182853	2018	−0.003 4	0.35
69	640251006454	2018	−0.003 4	0.34
69	640166182854	2018	−0.003 4	0.35
69	640193171334	2017	−0.003 4	0.34
69	640007174477	2017	−0.003 4	0.34
69	640251186490	2018	−0.003 4	0.34
69	640007174529	2017	−0.003 4	0.34
69	640251006542	2018	−0.003 4	0.34
69	640007174587	2017	−0.003 4	0.34
69	640190171352	2017	−0.003 4	0.34
69	640190171442	2017	−0.003 4	0.34
69	640007174485	2017	−0.003 4	0.34

续表

排名	牛号	出生年份	经产牛死产率 EBV	EBV 准确性
69	640007174555	2017	−0.003 4	0.34
69	640251186542	2018	−0.003 4	0.34
69	640253170626	2017	−0.003 4	0.34
69	640007174259	2017	−0.003 4	0.34
69	640251170586	2017	−0.003 4	0.34
69	640253181975	2018	−0.003 4	0.34
69	640253171055	2017	−0.003 4	0.34
69	640253181771	2018	−0.003 4	0.34
69	640253171061	2017	−0.003 4	0.34
69	640007174278	2017	−0.003 4	0.34
69	640251170652	2017	−0.003 4	0.34
69	640007174352	2017	−0.003 4	0.34
69	640190174729	2017	−0.003 4	0.34
69	640007174545	2017	−0.003 4	0.34
69	640253170599	2017	−0.003 4	0.34
69	640003006513	2018	−0.003 4	0.34
69	640003006537	2018	−0.003 4	0.34
69	640193171780	2017	−0.003 4	0.34
69	640190176587	2017	−0.003 4	0.34
69	640190180079	2018	−0.003 4	0.34
69	640253170624	2017	−0.003 4	0.34
69	640190177161	2017	−0.003 4	0.34
69	640166182961	2018	−0.003 4	0.34
69	640253181952	2018	−0.003 4	0.34
69	640253181792	2018	−0.003 4	0.34
69	640166193318	2015	−0.003 4	0.34
139	640166193309	2015	−0.003 3	0.34
139	640166193334	2015	−0.003 3	0.34

续表

排名	牛号	出生年份	经产牛死产率 EBV	EBV 准确性
139	640003006477	2018	−0.003 3	0.34
139	640190171278	2017	−0.003 3	0.34
139	640166193313	2014	−0.003 3	0.34
139	640190180394	2018	−0.003 3	0.34
139	640003006557	2018	−0.003 3	0.34
139	640253181781	2018	−0.003 3	0.34
139	640253160563	2016	−0.003 3	0.34
139	640253194070	2019	−0.003 3	0.24
139	640190171328	2017	−0.003 3	0.34
139	640007174532	2017	−0.003 3	0.34
139	640193171684	2017	−0.003 3	0.34
139	640190171672	2017	−0.003 3	0.34
139	640190171714	2017	−0.003 3	0.34
139	640190171712	2017	−0.003 3	0.34
139	640193171164	2017	−0.003 3	0.34
139	640193172150	2017	−0.003 3	0.34
139	640253171068	2017	−0.003 3	0.34
139	640251170606	2017	−0.003 3	0.34
139	640253181913	2018	−0.003 3	0.34
139	640251170672	2016	−0.003 3	0.34
139	640005185391	2018	−0.003 3	0.19
139	640166193299	2015	−0.003 3	0.34
139	640253194274	2019	−0.003 3	0.24
139	640253170589	2017	−0.003 3	0.34
139	640251170636	2017	−0.003 3	0.34
139	640253181958	2018	−0.003 3	0.34
139	640190180455	2018	−0.003 3	0.34
139	640166193300	2014	−0.003 3	0.34

续表

排名	牛号	出生年份	经产牛死产率 EBV	EBV 准确性
139	640253171086	2017	−0.003 3	0.34
139	640251006514	2018	−0.003 3	0.34
139	640193171290	2017	−0.003 3	0.34
139	640190180021	2018	−0.003 3	0.34
139	640251006518	2018	−0.003 3	0.34
139	640166193311	2012	−0.003 3	0.34
139	640007174342	2017	−0.003 3	0.34
139	640190171550	2017	−0.003 3	0.34
139	640190171734	2017	−0.003 3	0.34
139	640253171384	2017	−0.003 3	0.27
139	640190171190	2017	−0.003 3	0.34
139	640190171332	2017	−0.003 3	0.34
139	640190171756	2017	−0.003 3	0.34
139	640193171216	2017	−0.003 3	0.34
139	640193171804	2017	−0.003 3	0.34
139	640193171820	2017	−0.003 3	0.34
139	640007185220	2018	−0.003 3	0.23
139	640166193330	2013	−0.003 3	0.34
139	640190171390	2017	−0.003 3	0.34
139	640007174560	2017	−0.003 3	0.34
139	640190171764	2017	−0.003 3	0.34
139	640166193310	2015	−0.003 3	0.34
139	640166193304	2015	−0.003 3	0.34
139	640166193338	2015	−0.003 3	0.34
139	640190171326	2017	−0.003 3	0.34
139	640193171294	2017	−0.003 3	0.34
139	640166182951	2018	−0.003 3	0.34
139	640190171838	2017	−0.003 3	0.34

续表

排名	牛号	出生年份	经产牛死产率 EBV	EBV 准确性
139	640253181939	2018	−0.003 3	0.34
139	640253171059	2017	−0.003 3	0.34
139	640253171319	2017	−0.003 3	0.27
139	640166193297	2014	−0.003 3	0.34
139	640190180473	2018	−0.003 3	0.34
139	640251170576	2017	−0.003 3	0.34
139	640251186485	2018	−0.003 3	0.34
139	640190171536	2017	−0.003 3	0.34
139	640251198240	2019	−0.003 3	0.24
139	640166182968	2018	−0.003 3	0.35
139	640003006517	2018	−0.003 3	0.34
139	640166193302	2012	−0.003 3	0.34
139	640166193303	2015	−0.003 3	0.34
139	640166193306	2014	−0.003 3	0.34
139	640166193319	2014	−0.003 3	0.34
139	640166193321	2015	−0.003 3	0.34
139	640166193322	2013	−0.003 3	0.34
139	640166193331	2016	−0.003 3	0.34
139	640166193344	2015	−0.003 3	0.34
139	640190171298	2017	−0.003 3	0.34
139	640190171746	2017	−0.003 3	0.34
139	640193171178	2017	−0.003 3	0.34
139	640193171392	2017	−0.003 3	0.34
139	640193171396	2017	−0.003 3	0.34
139	640251006505	2018	−0.003 3	0.34
139	640251186500	2018	−0.003 3	0.34
139	640251186530	2018	−0.003 3	0.34
139	640253181910	2018	−0.003 3	0.34

续表

排名	牛号	出生年份	经产牛死产率 EBV	EBV 准确性
139	640253181927	2018	−0.003 3	0.34
139	640253181932	2018	−0.003 3	0.34
139	640253181942	2018	−0.003 3	0.34
139	640253181926	2018	−0.003 3	0.34
139	640190171682	2017	−0.003 3	0.34
139	640190171556	2017	−0.003 3	0.34
139	640193171806	2017	−0.003 3	0.34
139	640190171702	2017	−0.003 3	0.34
139	640166193336	2015	−0.003 3	0.34
139	640166193337	2014	−0.003 3	0.34
139	640166193342	2016	−0.003 3	0.34
139	640166193353	2015	−0.003 3	0.34
139	640166193253	2015	−0.003 3	0.34
139	640166182946	2018	−0.003 3	0.35
139	640253181720	2018	−0.003 3	0.34
240	640003182926	2018	−0.003 2	0.21
240	640253171034	2017	−0.003 2	0.36
240	640253170659	2017	−0.003 2	0.35
240	640007174491	2017	−0.003 2	0.35
240	640004187624	2018	−0.003 2	0.34
240	640251006698	2018	−0.003 2	0.23
240	640251006634	2018	−0.003 2	0.23
240	643051033337	2019	−0.003 2	0.12
240	640007174276	2017	−0.003 2	0.35
240	643051044082	2019	−0.003 2	0.12
240	640003193245	2019	−0.003 2	0.23
240	640251006501	2018	−0.003 2	0.33
252	640035191522	2019	−0.003 1	0.30

续表

排名	牛号	出生年份	经产牛死产率 EBV	EBV 准确性
252	640003193261	2019	−0.003 1	0.22
252	640003193282	2019	−0.003 1	0.22
252	640253171358	2017	−0.003 1	0.26
252	640003151848	2015	−0.003 1	0.22
252	640003141818	2014	−0.003 1	0.22
252	640253194158	2019	−0.003 1	0.26
252	640003182958	2018	−0.003 1	0.21
252	640251186638	2018	−0.003 1	0.36
252	643051033467	2019	−0.003 1	0.11
252	640166182939	2018	−0.003 1	0.34
252	643051044089	2019	−0.003 1	0.12
252	640253171030	2017	−0.003 1	0.35
252	640253171033	2017	−0.003 1	0.34
252	640003121323	2012	−0.003 1	0.16
252	640251006515	2018	−0.003 1	0.35
252	640251186515	2018	−0.003 1	0.35
252	640003182912	2018	−0.003 1	0.24
252	640003182917	2018	−0.003 1	0.21
271	643051033286	2019	−0.003 0	0.12
271	643051033414	2019	−0.003 0	0.12
271	643051033326	2019	−0.003 0	0.12
271	640166182943	2018	−0.003 0	0.35
271	640005185468	2018	−0.003 0	0.19
271	640003182802	2018	−0.003 0	0.21
271	643051033338	2019	−0.003 0	0.12
271	640193171776	2017	−0.003 0	0.36
271	643051033401	2019	−0.003 0	0.14
271	640166182949	2018	−0.003 0	0.35

续表

排名	牛号	出生年份	经产牛死产率 EBV	EBV 准确性
271	640166182950	2018	−0.003 0	0.34
271	640007174553	2017	−0.003 0	0.35
271	640009191696	2019	−0.003 0	0.20
271	640035117816	2014	−0.003 0	0.14
271	640004187405	2018	−0.003 0	0.26
271	640251006592	2018	−0.003 0	0.23
271	640004187404	2018	−0.003 0	0.34
271	640251006668	2018	−0.003 0	0.24
271	643051044034	2019	−0.003 0	0.12
271	640035117802	2014	−0.003 0	0.14
271	640003111118	2011	−0.003 0	0.14
271	640253171527	2017	−0.003 0	0.28
271	643051033791	2018	−0.003 0	0.11
271	643051033857	2018	−0.003 0	0.11
271	640003182923	2018	−0.003 0	0.20
271	640166182976	2018	−0.003 0	0.35
271	640166182863	2018	−0.003 0	0.34
271	640007185249	2018	−0.003 0	0.20
271	640007185208	2018	−0.003 0	0.20
300	640003193280	2019	−0.002 9	0.22
300	640251006664	2018	−0.002 9	0.20
300	640166182977	2018	−0.002 9	0.35
300	640251006688	2018	−0.002 9	0.23
300	640005185404	2018	−0.002 9	0.18
300	640005185475	2018	−0.002 9	0.18
300	640193171708	2017	−0.002 9	0.34
300	640007195445	2019	−0.002 9	0.21
300	640005144339	2014	−0.002 9	0.13

续表

排名	牛号	出生年份	经产牛死产率 EBV	EBV 准确性
300	640005185433	2018	−0.002 9	0.18
300	640193171700	2017	−0.002 9	0.34
300	640251198232	2019	−0.002 9	0.24
300	640166182965	2018	−0.002 9	0.35
300	640005185442	2018	−0.002 9	0.18
300	640251198196	2019	−0.002 9	0.24
300	640007195466	2019	−0.002 9	0.21
300	640166182947	2018	−0.002 9	0.34
300	640005185513	2018	−0.002 9	0.20
300	640193171618	2017	−0.002 9	0.34
300	640253171554	2017	−0.002 9	0.27
300	640251004990	2017	−0.002 9	0.25
300	640005175113	2015	−0.002 9	0.26
300	640003111122	2011	−0.002 9	0.13
300	640253171371	2017	−0.002 9	0.27
300	640166182827	2018	−0.002 9	0.20
300	640004136446	2013	−0.002 9	0.15
300	640003182941	2018	−0.002 9	0.20
300	640190160723	2016	−0.002 9	0.18
300	640166182959	2018	−0.002 9	0.35
300	640251198233	2019	−0.002 9	0.24
300	640253194324	2019	−0.002 9	0.22
300	640251198351	2019	−0.002 9	0.24
312	640253171559	2017	−0.002 8	0.27
312	640253194198	2019	−0.002 8	0.25
312	640007195498	2019	−0.002 8	0.20
312	640003182953	2018	−0.002 8	0.22
312	640251198295	2019	−0.002 8	0.24

续表

排名	牛号	出生年份	经产牛死产率 EBV	EBV 准确性
312	640007195534	2019	−0.002 8	0.20
312	640005185438	2018	−0.002 8	0.19
312	640193171418	2017	−0.002 8	0.35
312	640007195490	2019	−0.002 8	0.20
312	640009191700	2019	−0.002 8	0.22
312	640193171246	2017	−0.002 8	0.35
312	640190160643	2016	−0.002 8	0.18
312	640251006595	2018	−0.002 8	0.22
312	640166182805	2018	−0.002 8	0.21
312	640190160743	2016	−0.002 8	0.17
312	640193171842	2017	−0.002 8	0.35
312	640007195492	2019	−0.002 8	0.21
312	640003182950	2018	−0.002 8	0.22
312	640190160340	2016	−0.002 8	0.18
312	640253194209	2019	−0.002 8	0.24
312	640253171316	2017	−0.002 8	0.26
312	640251006612	2018	−0.002 8	0.21
312	640003111129	2011	−0.002 8	0.14
312	640007195517	2019	−0.002 8	0.21
312	640004177329	2017	−0.002 8	0.26
312	640251004861	2017	−0.002 8	0.25
312	640007185228	2018	−0.002 8	0.20
312	640003162232	2016	−0.002 8	0.21
312	640005185476	2018	−0.002 8	0.17
312	640003182944	2018	−0.002 8	0.22
312	640007195505	2019	−0.002 8	0.21
312	640253171376	2017	−0.002 8	0.27
312	640003182932	2018	−0.002 8	0.21

续表

排名	牛号	出生年份	经产牛死产率 EBV	EBV 准确性
312	640251006651	2018	−0.002 8	0.20
312	640003121287	2012	−0.002 8	0.14
312	640251006509	2018	−0.002 8	0.35
312	640166182940	2018	−0.002 8	0.35
312	640253194011	2019	−0.002 8	0.22
312	640190160759	2016	−0.002 8	0.18
312	640251006643	2018	−0.002 8	0.23
312	640193171310	2017	−0.002 8	0.34
312	640004187365	2018	−0.002 8	0.27
312	640190160747	2016	−0.002 8	0.18
312	640003193244	2019	−0.002 8	0.23
312	640190160373	2016	−0.002 8	0.18
312	640007185210	2018	−0.002 8	0.20
312	640035150143	2015	−0.002 8	0.15
312	640035148616	2014	−0.002 8	0.29
312	640007195350	2019	−0.002 8	0.20
312	640251006566	2018	−0.002 8	0.20
312	640003182961	2018	−0.002 8	0.21
312	640007185177	2018	−0.002 8	0.20
312	640251006631	2018	−0.002 8	0.20
312	640007195514	2019	−0.002 8	0.21
312	640253171222	2017	−0.002 8	0.26
312	640253194256	2019	−0.002 8	0.22
312	640251006581	2018	−0.002 8	0.21
312	640251004796	2017	−0.002 8	0.24
312	640004177340	2017	−0.002 8	0.26
312	640251006646	2018	−0.002 8	0.21
312	640003182942	2018	−0.002 8	0.20

续表

排名	牛号	出生年份	经产牛死产率 EBV	EBV 准确性
312	640251006616	2018	−0.002 8	0.21
312	640190160993	2016	−0.002 8	0.18
395	640251198267	2019	−0.002 7	0.24
395	640251006670	2018	−0.002 7	0.21
395	640003006617	2018	−0.002 7	0.20
395	640003006623	2018	−0.002 7	0.20
395	640035107786	2014	−0.002 7	0.12
395	640193171798	2017	−0.002 7	0.36
395	640166182821	2018	−0.002 7	0.22
395	640003182962	2018	−0.002 7	0.22
395	640190160610	2016	−0.002 7	0.18
395	640003182936	2018	−0.002 7	0.20
395	640251006604	2018	−0.002 7	0.19
395	640251006620	2018	−0.002 7	0.20
395	640251198309	2019	−0.002 7	0.24
395	640003006567	2018	−0.002 7	0.20
395	640003006593	2018	−0.002 7	0.20
395	640035107753	2014	−0.002 7	0.13
395	640007185205	2018	−0.002 7	0.20
395	640251006752	2018	−0.002 7	0.21
395	640007174543	2017	−0.002 7	0.34
395	640007185204	2018	−0.002 7	0.20
395	640007195449	2019	−0.002 7	0.21
395	640007185232	2018	−0.002 7	0.20
395	640005185355	2018	−0.002 7	0.22
395	640003162231	2016	−0.002 7	0.20
395	640251006673	2018	−0.002 7	0.20
395	640007185222	2018	−0.002 7	0.20

续表

排名	牛号	出生年份	经产牛死产率 EBV	EBV 准确性
395	640007195541	2019	−0.002 7	0.21
395	640193171252	2017	−0.002 7	0.35
395	640251006621	2018	−0.002 7	0.21
395	640251006699	2018	−0.002 7	0.20
395	643051044019	2019	−0.002 7	0.12
395	640253171320	2017	−0.002 7	0.25
395	640035107763	2014	−0.002 7	0.12
395	640007195460	2019	−0.002 7	0.20
395	640003152038	2015	−0.002 7	0.18
395	640003006583	2018	−0.002 7	0.20
395	640009191705	2019	−0.002 7	0.20
395	640251005705	2018	−0.002 7	0.26
395	640251005696	2018	−0.002 7	0.26
395	640003111156	2011	−0.002 7	0.14
395	640193171696	2017	−0.002 7	0.36
395	640009181531	2018	−0.002 7	0.20
395	640005185444	2018	−0.002 7	0.19
395	640004177334	2017	−0.002 7	0.25
395	640251170577	2017	−0.002 7	0.34
395	640009191708	2019	−0.002 7	0.20
395	640251006625	2018	−0.002 7	0.20
395	640005175123	2015	−0.002 7	0.24
395	640004136239	2013	−0.002 7	0.14
395	640253194047	2019	−0.002 7	0.24
445	640005185398	2018	−0.002 6	0.19
445	640003182960	2018	−0.002 6	0.21
445	640009181580	2018	−0.002 6	0.20
445	640003182929	2018	−0.002 6	0.20

续表

排名	牛号	出生年份	经产牛死产率 EBV	EBV 准确性
445	640007174566	2017	−0.002 6	0.35
445	640253171200	2017	−0.002 6	0.27
445	640251006661	2018	−0.002 6	0.19
445	640251006574	2018	−0.002 6	0.19
445	640251006548	2018	−0.002 6	0.35
445	640166182814	2018	−0.002 6	0.21
445	640166172269	2017	−0.002 6	0.21
445	640166182810	2018	−0.002 6	0.22
445	640166182773	2018	−0.002 6	0.21
445	640251185696	2018	−0.002 6	0.25
445	640035160289	2016	−0.002 6	0.22
445	640251004999	2017	−0.002 6	0.25
445	640253170648	2017	−0.002 6	0.35
445	640003182897	2018	−0.002 6	0.22
445	640005123994	2012	−0.002 6	0.15
445	640003182940	2018	−0.002 6	0.20
445	640003121183	2012	−0.002 6	0.15
445	643051000393	2014	−0.002 6	0.22
445	640009191682	2019	−0.002 6	0.21
445	640253194072	2019	−0.002 6	0.25
445	640253194142	2019	−0.002 6	0.23
445	640251004530	2017	−0.002 6	0.17
445	640251006648	2018	−0.002 6	0.21
445	640166172551	2017	−0.002 6	0.18
445	640035148796	2014	−0.002 6	0.19
445	640003182954	2018	−0.002 6	0.21
445	640253194079	2019	−0.002 6	0.24
445	640003152102	2015	−0.002 6	0.16

续表

排名	牛号	出生年份	经产牛死产率 EBV	EBV 准确性
445	640251005010	2017	−0.002 6	0.27
445	640253194098	2019	−0.002 6	0.22
445	640007185195	2018	−0.002 6	0.21
445	640253194383	2019	−0.002 6	0.28
445	640253194356	2019	−0.002 6	0.31
445	640251004865	2017	−0.002 6	0.25
445	643051033804	2018	−0.002 6	0.13
445	640253171187	2017	−0.002 6	0.25
445	640166162213	2016	−0.002 6	0.23
445	640253171337	2017	−0.002 6	0.25
445	640253181935	2018	−0.002 6	0.35
445	640253171502	2017	−0.002 6	0.28
445	640190160684	2016	−0.002 6	0.21
445	640035170638	2017	−0.002 6	0.25
445	640190160732	2016	−0.002 6	0.20
445	640251006580	2018	−0.002 6	0.24
445	640007195455	2019	−0.002 6	0.21
494	640003121310	2012	−0.002 5	0.13
494	640166182775	2018	−0.002 5	0.21
494	640166182954	2018	−0.002 5	0.34
494	640190160734	2016	−0.002 5	0.21
494	640190160621	2016	−0.002 5	0.21
494	640190160745	2016	−0.002 5	0.21
494	643051044008	2019	−0.002 5	0.12

附表 15 核心育种场生产寿命 EBV 排名前 500 名母牛

排名	牛号	出生年份	生产寿命 EBV/d	EBV 准确性
1	640166120619	2012	386.0	0.44
2	640166130763	2013	341.6	0.48
3	640005124029	2012	336.0	0.41
4	640166130807	2013	333.6	0.41
5	640035128184	2012	328.8	0.46
6	640005134073	2013	323.8	0.43
7	640005124042	2012	322.5	0.42
8	640035128191	2012	320.2	0.41
9	640166120597	2012	317.3	0.41
10	640005134107	2013	316.2	0.41
11	640005124046	2012	313.7	0.42
12	640166120604	2012	311.2	0.43
13	640166130778	2013	309.1	0.47
14	640003121263	2012	308.3	0.42
15	640166120617	2012	307.9	0.46
16	640166120621	2012	307.8	0.43
17	640166120603	2012	306.9	0.43
18	640003121269	2012	305.3	0.41
19	640166120606	2012	301.9	0.44
20	640166130802	2013	301.4	0.42
21	640005134083	2013	299.9	0.41
22	640193141844	2014	299.5	0.50
23	640005124050	2012	298.7	0.42
24	640166120602	2012	298.1	0.42
25	640035128252	2012	295.8	0.43
26	640003121258	2012	292.5	0.42
27	640035128097	2012	291.7	0.40
28	640190130893	2013	290.9	0.50

续表

排名	牛号	出生年份	生产寿命 EBV/d	EBV 准确性
29	640166130757	2013	289.7	0.48
29	640005124002	2012	289.7	0.41
31	640005123980	2012	287.2	0.46
32	640003110287	2011	284.9	0.40
33	640003121287	2012	283.3	0.42
34	640005123986	2012	282.1	0.47
35	640005134162	2013	281.4	0.42
36	640005134108	2013	281.2	0.41
37	640003121260	2012	280.9	0.41
38	640166120585	2012	280.6	0.41
39	640003128076	2012	280.2	0.39
40	640003121273	2012	277.9	0.41
41	640003120337	2012	277.5	0.40
42	640166130796	2013	277.0	0.42
43	640166130788	2013	276.2	0.48
44	640005123983	2012	276.0	0.47
45	640035118030	2011	275.4	0.41
46	640035128160	2012	274.9	0.40
47	640005124016	2012	274.3	0.48
48	640166130771	2013	274.0	0.48
49	640166120593	2012	272.7	0.41
50	640166120598	2012	272.5	0.43
51	640003120347	2012	272.1	0.41
51	640166120581	2012	271.1	0.34
53	640005134102	2013	270.8	0.41
54	640166120288	2012	270.5	0.40
55	640005124008	2012	270.4	0.43
55	640166130772	2013	270.4	0.47

续表

排名	牛号	出生年份	生产寿命 EBV/d	EBV 准确性
57	640003121183	2012	269.8	0.40
58	640035117965	2011	268.8	0.40
59	640035117972	2011	268.4	0.39
60	640035118002	2011	268.0	0.39
60	640035107743	2014	268.0	0.40
62	640035107703	2014	267.8	0.40
63	640035128244	2012	267.7	0.50
64	640166120629	2012	267.4	0.45
65	640003111169	2011	266.4	0.40
65	640035128222	2012	266.4	0.47
67	640003120302	2012	266.3	0.41
68	640035118018	2011	264.8	0.39
69	640166120574	2012	264.6	0.47
69	640166141040	2014	264.6	0.47
71	640190141254	2014	262.8	0.46
72	640003121275	2012	262.5	0.41
73	640190141822	2014	262.2	0.48
73	640005124049	2012	262.2	0.43
75	640003120537	2012	260.7	0.48
76	640166130767	2013	260.2	0.48
77	640166120568	2012	259.4	0.40
78	640005124034	2012	258.9	0.41
79	640003120307	2012	258.7	0.40
80	640005124041	2012	258.0	0.46
81	640005134093	2013	257.1	0.42
82	640005134104	2013	256.4	0.41
83	640035128198	2012	255.5	0.41
84	640035128080	2012	255.4	0.39

续表

排名	牛号	出生年份	生产寿命 EBV/d	EBV 准确性
85	640166141037	2014	254.9	0.41
86	640166120572	2012	252.8	0.41
87	640166130769	2013	252.3	0.46
88	640190141331	2014	252.2	0.48
89	640166130765	2013	252.0	0.49
90	640190141623	2014	251.9	0.49
90	640005124013	2012	251.9	0.46
92	640190141327	2014	251.7	0.50
93	640005124007	2012	251.5	0.41
94	640005124036	2012	250.9	0.43
95	640190141263	2014	249.5	0.48
96	640166120569	2012	249.4	0.48
97	640003111118	2011	249.1	0.40
98	640003121259	2012	249.0	0.41
99	640166130789	2013	248.8	0.49
100	640005117946	2011	248.7	0.41
101	640193141367	2014	248.5	0.48
102	640035128271	2012	248.3	0.41
103	640035117977	2011	247.8	0.39
104	640193142114	2014	247.5	0.46
105	640005124056	2012	247.3	0.41
106	640166120554	2012	246.6	0.41
107	640005124012	2012	246.2	0.47
108	640003111116	2011	245.1	0.40
109	640166120580	2012	244.2	0.47
110	640193141229	2014	243.1	0.46
111	640003120342	2012	242.7	0.39
112	640193141739	2014	242.3	0.46

续表

排名	牛号	出生年份	生产寿命 EBV/d	EBV 准确性
113	640190141422	2014	242.3	0.47
114	640193141674	2014	241.3	0.47
115	640193141269	2014	240.5	0.46
115	640166141035	2014	240.5	0.47
117	640035128227	2012	238.7	0.46
118	640193141391	2014	238.4	0.47
119	640193141836	2014	238.1	0.46
120	640005134084	2013	238.0	0.46
120	640005124028	2012	238.0	0.42
122	640166141062	2014	237.8	0.48
122	640005123994	2012	237.8	0.40
124	640166120545	2012	237.6	0.40
125	640193142124	2014	237.5	0.46
126	640003111156	2011	237.4	0.40
127	640003111129	2011	237.3	0.41
128	640193141548	2014	235.8	0.49
129	640005123982	2012	235.7	0.46
130	640193141355	2014	234.8	0.47
131	640193141768	2014	234.7	0.46
132	640003110873	2011	233.7	0.39
133	640035128236	2012	233.5	0.46
134	640035128084	2012	233.2	0.40
135	640190141180	2014	232.7	0.48
136	640190141617	2014	232.5	0.46
137	640003121299	2012	232.2	0.40
138	640035128239	2012	231.5	0.44
139	640003120550	2012	231.0	0.48
140	640190141266	2014	230.3	0.48

续表

排名	牛号	出生年份	生产寿命 EBV/d	EBV 准确性
141	640190141467	2014	229.7	0.46
142	640035128247	2012	229.6	0.46
142	640190142134	2014	229.6	0.50
144	640003110869	2011	229.5	0.38
145	640005123989	2012	229.2	0.46
146	640035128238	2012	229.1	0.47
147	640005134080	2013	228.9	0.46
148	640003110875	2011	228.8	0.39
149	640193141293	2014	228.5	0.46
150	640005144296	2014	228.4	0.40
151	640166120565	2012	228.2	0.47
152	640035128228	2012	227.7	0.47
153	640005144292	2014	227.0	0.39
154	640005134088	2013	226.4	0.46
155	640193141827	2014	226.0	0.46
156	640193142121	2014	225.9	0.48
156	640190142109	2014	225.9	0.48
158	640193141840	2014	225.2	0.46
158	640003120532	2012	225.2	0.40
160	640193141590	2014	223.2	0.46
161	640005123999	2012	222.8	0.47
162	640193141906	2014	222.4	0.47
163	640003120292	2012	221.5	0.46
164	640190141775	2014	221.3	0.48
165	640035128240	2012	220.9	0.44
166	640190142103	2014	219.0	0.48
167	640003120312	2012	218.9	0.40
168	640166141032	2014	218.1	0.50

续表

排名	牛号	出生年份	生产寿命 EBV/d	EBV 准确性
168	640005124027	2012	218.1	0.41
170	640003110876	2011	217.3	0.38
171	640193142717	2014	217.2	0.47
171	640190141848	2014	217.2	0.48
173	640190141728	2014	217.1	0.46
174	640035117952	2011	216.6	0.45
175	640035107740	2014	216.5	0.40
176	640190141798	2014	216.4	0.46
177	640005124021	2012	216.1	0.46
177	640166141050	2014	216.1	0.46
179	640193142129	2014	215.9	0.46
180	640166141207	2014	215.7	0.45
181	640005144277	2014	215.2	0.38
182	640193141820	2014	215.1	0.46
182	640193141610	2014	215.1	0.48
184	640190141826	2014	214.9	0.48
184	640193141813	2014	214.9	0.46
186	640003121284	2012	214.7	0.41
186	640035128074	2012	214.7	0.32
188	640190141721	2014	214.1	0.49
189	640035128249	2012	213.9	0.47
190	640190141376	2014	213.4	0.47
191	640166130795	2013	212.8	0.46
192	640190141672	2014	212.5	0.49
193	640190141587	2014	211.9	0.48
194	640035117816	2014	211.5	0.40
195	640035128077	2012	211.1	0.39
196	640005134098	2013	210.6	0.38

续表

排名	牛号	出生年份	生产寿命 EBV/d	EBV 准确性
197	640005144279	2014	210.5	0.38
198	640035118004	2011	209.9	0.39
199	640003110897	2011	209.1	0.38
200	640166130980	2014	209.0	0.39
200	640035117802	2014	209.0	0.41
202	640193142132	2014	208.9	0.47
203	640035107786	2014	208.7	0.40
204	640166141385	2014	208.1	0.46
205	640035107721	2014	207.8	0.40
206	640035117964	2011	207.6	0.39
207	640190141626	2014	206.5	0.42
208	640166151411	2015	206.3	0.46
209	640035128224	2012	206.2	0.46
210	640193142117	2014	205.9	0.46
211	640005144407	2015	205.7	0.39
212	640190141473	2014	205.1	0.49
213	640035107702	2014	205.0	0.42
213	640005124035	2012	205.0	0.46
215	640005134087	2013	204.7	0.46
216	640005123943	2012	204.4	0.40
217	640005124040	2012	204.1	0.46
218	640035128125	2012	204.0	0.40
219	640035117950	2011	203.8	0.39
220	640190141381	2014	203.4	0.48
221	640005144456	2014	202.8	0.41
221	640193141810	2014	202.8	0.46
223	640166120314	2012	202.1	0.40
224	640035128078	2012	202.0	0.44

续表

排名	牛号	出生年份	生产寿命 EBV/d	EBV 准确性
225	640035117967	2011	200.8	0.39
226	640003110877	2011	199.9	0.39
226	640003121283	2012	199.9	0.40
228	640190141564	2014	199.8	0.46
229	640003110852	2011	199.7	0.38
230	640190142123	2014	199.4	0.50
231	640193141940	2014	199.1	0.46
232	640190141034	2014	199.0	0.48
233	640166151415	2015	198.7	0.44
233	640190121010	2012	198.7	0.37
235	640035107763	2014	197.4	0.40
236	640190120401	2012	196.9	0.37
236	640035117992	2011	196.9	0.39
238	640035107748	2014	196.6	0.41
239	640035128090	2012	196.4	0.39
240	640190141280	2014	196.2	0.48
240	640190141663	2014	196.2	0.49
242	640003110839	2011	195.9	0.39
242	640035118034	2011	195.9	0.41
244	640035117823	2014	195.5	0.40
245	640166120348	2012	194.9	0.43
246	640005117983	2011	194.6	0.39
247	640035107742	2014	194.2	0.40
248	640190120650	2012	193.6	0.37
249	640003110868	2011	193.1	0.38
250	640190141785	2014	192.4	0.48
251	640035107766	2014	192.3	0.40
252	640166151405	2015	190.8	0.44

续表

排名	牛号	出生年份	生产寿命 EBV/d	EBV 准确性
253	640035128216	2012	189.4	0.47
254	640005124022	2012	189.1	0.40
255	640005144328	2014	188.8	0.41
256	640190141352	2014	188.3	0.44
257	640190141190	2014	188.2	0.48
258	640003121303	2012	188.1	0.40
258	640003110879	2011	188.1	0.38
260	640005144278	2013	187.7	0.38
261	640005124023	2012	187.1	0.40
262	640003121219	2012	186.3	0.40
262	640190154123	2015	186.3	0.52
264	640190121755	2012	185.2	0.38
265	640190141519	2014	185.1	0.42
265	640003121272	2012	185.1	0.40
267	640005124020	2012	184.6	0.40
268	640005144335	2014	184.5	0.45
269	640190141418	2014	184.4	0.50
270	640003110861	2011	184.1	0.38
271	640166151398	2015	183.7	0.45
272	640166130968	2013	182.6	0.39
273	640003111130	2011	182.5	0.40
274	640166120514	2012	181.9	0.45
274	640035117974	2011	181.9	0.39
274	640166151423	2015	181.9	0.44
274	640003110899	2011	181.9	0.38
278	640190120845	2012	181.4	0.40
279	640193153852	2015	181.2	0.53
280	640190141501	2014	180.9	0.40

续表

排名	牛号	出生年份	生产寿命 EBV/d	EBV 准确性
281	640003111125	2011	179.9	0.35
282	640190120623	2012	179.2	0.39
283	640190141274	2014	178.9	0.42
284	640035118014	2011	178.6	0.39
285	640190120508	2012	178.2	0.37
286	640166130830	2013	177.7	0.43
287	640035107753	2014	177.6	0.40
288	640005134174	2013	177.4	0.41
289	640035128081	2012	177.3	0.46
289	640190121194	2012	177.3	0.37
291	640190120796	2012	176.8	0.39
292	640166141004	2014	176.2	0.39
293	640193153888	2015	176.1	0.53
294	640003121244	2012	175.9	0.40
295	640190120441	2012	175.8	0.40
296	640190123204	2012	175.7	0.37
296	640003111122	2011	175.7	0.41
298	640190141110	2014	175.3	0.47
299	640005144287	2014	174.6	0.38
300	640166141161	2014	174.2	0.35
301	640035107751	2014	173.8	0.40
302	640003110855	2011	173.7	0.38
303	640190141407	2014	173.4	0.53
304	640035118028	2011	173.1	0.41
304	640003121313	2012	173.1	0.40
306	640035117995	2011	171.9	0.46
307	640190130849	2013	171.8	0.47
307	640190141368	2014	171.8	0.42

续表

排名	牛号	出生年份	生产寿命 EBV/d	EBV 准确性
309	640003111121	2011	171.3	0.40
310	640193141176	2014	170.7	0.40
310	640005134234	2013	170.7	0.34
310	640190120791	2012	170.7	0.45
313	640190141569	2014	170.5	0.47
314	640003120362	2012	169.6	0.45
315	640190120299	2012	169.1	0.37
316	640005134141	2013	168.9	0.47
317	640005124048	2012	168.7	0.41
318	640190120254	2012	166.9	0.37
319	640166182856	2018	166.6	0.42
319	640003121208	2012	166.6	0.44
321	640003110838	2011	166.5	0.38
322	640190141248	2014	165.4	0.49
323	640035117975	2011	164.8	0.39
324	640190120977	2012	163.5	0.39
324	640190141550	2014	163.5	0.42
324	640190120618	2012	163.5	0.37
327	640190142624	2014	163.3	0.52
328	640190121593	2012	162.9	0.39
329	640035118001	2011	162.8	0.39
329	640166141014	2014	162.8	0.36
331	640190141471	2014	162.2	0.43
332	640005144387	2014	162.1	0.33
333	640190141395	2014	161.9	0.49
334	640003111119	2011	161.6	0.36
335	640166130994	2013	161.2	0.39
336	640003110872	2011	160.9	0.38

续表

排名	牛号	出生年份	生产寿命 EBV/d	EBV 准确性
337	640190121577	2012	160.5	0.37
338	640190154168	2015	159.7	0.52
338	640035117981	2011	159.7	0.39
338	640166141274	2014	159.7	0.44
341	640005185530	2018	159.6	0.38
342	640193120627	2012	159.5	0.37
343	640253002518	2011	159.4	0.29
344	640190154080	2015	159.1	0.52
345	640193141406	2014	158.1	0.40
346	640253000146	2011	157.6	0.35
347	640035117890	2011	157.1	0.42
348	640193141476	2014	156.2	0.42
349	640190141627	2014	155.9	0.51
350	640190141483	2014	155.6	0.42
350	640193141684	2014	155.6	0.40
352	640003110849	2011	155.3	0.38
353	640193120812	2012	154.9	0.40
353	640003111136	2011	154.9	0.36
355	640193120312	2012	154.4	0.40
356	640193140982	2014	154.0	0.46
357	640166151424	2015	153.7	0.43
358	640003110878	2011	153.6	0.38
359	640190141296	2014	153.4	0.40
360	640193141464	2014	153.1	0.41
361	640253003438	2011	152.9	0.29
362	640190120984	2012	152.5	0.42
362	640190121599	2012	152.5	0.37
364	640190120818	2012	152.3	0.40

续表

排名	牛号	出生年份	生产寿命 EBV/d	EBV 准确性
365	640193141639	2014	152.2	0.40
366	640190121597	2012	151.9	0.37
367	640005113678	2011	151.7	0.38
368	640190123208	2012	151.1	0.39
368	640190141929	2014	151.1	0.52
370	640166151446	2015	150.7	0.44
371	640005134245	2013	150.5	0.48
372	640005144405	2014	150.4	0.38
372	640166141382	2014	150.4	0.40
374	640193141130	2014	150.2	0.45
375	640193141102	2014	150.0	0.45
376	640166141142	2014	149.8	0.31
377	640190154095	2015	149.5	0.52
377	640190120252	2012	149.5	0.40
379	640005144288	2014	149.2	0.38
380	640005144392	2014	149.1	0.36
381	640003110844	2011	148.9	0.38
382	640035128075	2012	148.8	0.44
383	640193153545	2015	148.4	0.52
384	640166182882	2018	148.2	0.36
385	640253000815	2011	148.1	0.34
386	640190141620	2014	147.9	0.52
387	640190130853	2013	147.8	0.47
388	640190141485	2014	147.7	0.42
388	640166130800	2013	147.7	0.40
390	640190141914	2014	147.6	0.50
391	640193141117	2014	147.4	0.45
392	640166130972	2013	147.3	0.40

续表

排名	牛号	出生年份	生产寿命 EBV/d	EBV 准确性
393	640166110198	2015	147.1	0.41
394	640005144276	2013	146.9	0.36
394	640190120456	2012	146.9	0.40
396	640190120846	2012	146.8	0.41
397	640190141878	2014	146.7	0.49
398	640193141741	2014	146.6	0.45
398	640003110865	2011	146.6	0.38
398	640190153532	2015	146.6	0.53
401	640190121199	2012	146.3	0.37
402	640003120357	2012	146.2	0.44
402	640035117948	2011	146.2	0.44
402	640166141284	2014	146.2	0.42
405	640003110776	2011	146.1	0.42
406	640005134124	2013	145.9	0.38
406	640190141761	2014	145.9	0.52
408	640190153885	2015	145.8	0.50
409	640003111081	2011	145.7	0.30
409	640193121587	2012	145.7	0.37
411	640190120835	2012	145.6	0.40
412	640193141747	2014	145.5	0.50
412	640190141429	2014	145.5	0.40
414	640005134152	2013	145.4	0.41
415	640193140691	2014	145.0	0.52
416	640190154100	2015	144.8	0.50
417	640190141607	2014	144.6	0.53
418	640193260133	2016	144.4	0.35
419	640193141858	2014	144.2	0.50
420	640166141147	2014	144.1	0.31

续表

排名	牛号	出生年份	生产寿命 EBV/d	EBV 准确性
420	640190141521	2014	144.1	0.40
420	640193153777	2015	144.1	0.51
423	640193141245	2014	143.8	0.46
424	640003110885	2011	143.6	0.38
424	640005144334	2014	143.6	0.38
424	640193140980	2014	143.6	0.45
427	640190141979	2014	143.5	0.50
428	640166141266	2014	143.4	0.43
429	640190160832	2016	143.1	0.48
430	640190141636	2014	143.0	0.40
431	640166182774	2018	142.9	0.43
431	640253003762	2011	142.9	0.30
433	640003111124	2011	142.6	0.37
434	640005144382	2014	142.4	0.34
434	640005134175	2013	142.4	0.41
434	640190130367	2013	142.4	0.49
434	640253004416	2011	142.4	0.29
438	640190141748	2014	142.2	0.50
439	640190141512	2014	141.8	0.42
439	640193140959	2014	141.8	0.45
441	640005123973	2012	141.6	0.43
441	640193121030	2012	141.6	0.37
443	640166141360	2014	140.9	0.52
444	640193120552	2012	140.8	0.37
445	640005185341	2018	140.3	0.37
446	640003121253	2013	140.1	0.41
447	640166130964	2013	140.0	0.36
448	640193153524	2015	139.9	0.51

续表

排名	牛号	出生年份	生产寿命 EBV/d	EBV 准确性
448	640193142018	2014	139.9	0.51
448	640193121766	2012	139.9	0.39
451	640193141648	2014	139.7	0.42
452	640193141552	2014	139.5	0.42
452	640193141515	2014	139.5	0.40
454	640003120946	2015	139.4	0.41
455	640190154147	2015	139.2	0.50
456	640190121133	2012	139.1	0.40
456	640166141110	2014	139.1	0.45
458	640193153619	2015	139.0	0.51
459	640003111138	2011	138.9	0.35
460	640003111141	2011	138.6	0.35
461	640035158948	2015	138.2	0.53
462	640193141941	2014	138.1	0.52
462	640193153522	2015	138.1	0.50
464	640190153809	2015	138.0	0.51
465	640193154131	2015	137.4	0.50
465	640190153752	2015	137.4	0.50
465	640166141285	2014	137.4	0.43
468	640003128099	2012	137.2	0.46
469	640035180886	2017	137.0	0.32
469	640190153989	2015	137.0	0.52
471	640190142002	2014	136.9	0.50
472	640190130928	2013	136.6	0.46
473	640166141319	2014	136.5	0.42
474	640005134199	2013	136.4	0.47
474	640190120311	2012	136.4	0.42
474	640190141996	2014	136.4	0.52

续表

排名	牛号	出生年份	生产寿命 EBV/d	EBV 准确性
474	640005134139	2012	136.4	0.41
478	640193141006	2014	136.2	0.50
478	640190120794	2012	136.2	0.42
478	640190121745	2012	136.2	0.32
481	640190141770	2014	136.2	0.47
482	640035128207	2012	135.9	0.43
483	640190153969	2015	135.8	0.52
483	640190153996	2015	135.8	0.50
485	640193141766	2014	135.4	0.45
485	640193154172	2015	135.4	0.50
487	640190141871	2014	135.3	0.52
487	640190141098	2014	135.3	0.42
489	640193154048	2015	135.2	0.53
489	640190120194	2012	135.2	0.37
491	640193141536	2014	135.0	0.41
491	640190153513	2015	135.0	0.51
491	640190154067	2015	135.0	0.50
494	640193154085	2015	134.9	0.51
494	640190141129	2014	134.9	0.45
496	640193154069	2015	134.7	0.50
497	640190120363	2012	134.6	0.40
498	640193142034	2014	134.5	0.52
499	640003195651	2019	134.4	0.37
499	640190141353	2014	134.4	0.45

附表 16 核心育种场 $CPI1_{2020}$ 指数排名前 500 名母牛

排名	牛号	出生年份	$CPI1_{2020}$
1	640003162234	2016	2 741.4
2	640003121310	2012	2 721.7
3	640190175799	2017	2 719.7
4	640190155644	2015	2 716.9
5	640166120671	2012	2 716.5
6	640003162427	2016	2 713.9
7	640035107702	2014	2 711.7
8	640190160409	2016	2 709.0
9	640003120302	2012	2 708.1
10	640004125988	2012	2 702.1
11	640190261023	2016	2 701.8
12	640005134196	2013	2 701.1
13	640005103598	2010	2 700.6
14	640190130838	2013	2 700.2
15	640035148768	2014	2 699.1
16	640005123952	2012	2 698.8
17	640166120638	2012	2 697.3
18	640003162404	2016	2 697.2
19	640005124024	2012	2 696.9
20	640009120168	2012	2 695.5
21	640190156262	2015	2 694.9
22	640190155922	2015	2 694.7
23	640166172505	2017	2 694.3
24	640190182341	2018	2 693.8
25	640009110049	2011	2 693.1
26	640190162443	2016	2 692.6
27	640003131345	2013	2 692.5
28	640190155646	2015	2 692.3

续表

排名	牛号	出生年份	$CPI1_{2020}$
29	640035160198	2016	2 690.5
30	640003172492	2017	2 690.1
31	640003121294	2012	2 689.8
32	640190140035	2014	2 688.7
33	640190130217	2013	2 688.5
33	640009090040	2009	2 688.5
35	640190156775	2015	2 687.3
36	640190160813	2016	2 687.2
37	640190162159	2016	2 686.2
38	640190156452	2015	2 686.0
38	640009110066	2011	2 686.0
38	640009110050	2011	2 686.0
41	640190141045	2014	2 685.7
42	640190181641	2018	2 685.3
43	640166120525	2012	2 685.0
44	640009110070	2011	2 684.4
45	640190174896	2017	2 683.5
46	640190130467	2013	2 683.1
47	640190160971	2016	2 682.9
48	640009090080	2009	2 682.0
49	640009140308	2014	2 681.9
50	640166162131	2016	2 681.7
51	640190172251	2017	2 681.1
52	640003121284	2012	2 680.0
53	640005124022	2012	2 679.3
54	640166172565	2017	2 678.9
55	640190155449	2015	2 678.6
56	640166120644	2012	2 678.4

续表

排名	牛号	出生年份	$CPI1_{2020}$
57	640009090048	2009	2 678.0
58	640190175017	2017	2 677.8
59	640009090052	2009	2 677.4
60	640166120654	2012	2 677.1
61	640190130229	2013	2 677.0
62	640190140331	2014	2 676.8
63	640190173699	2017	2 675.9
64	640190162176	2016	2 675.7
64	640003111119	2011	2 675.7
66	640003128093	2012	2 675.6
67	640004126094	2012	2 675.5
68	640190174497	2017	2 674.9
68	640009160993	2016	2 674.9
70	640005103629	2010	2 674.7
70	640005117970	2011	2 674.7
72	640035107685	2010	2 673.8
72	640035170689	2017	2 673.8
74	640035141157	2014	2 671.9
75	640003172517	2017	2 671.6
76	640009150703	2015	2 671.3
77	640166109742	2010	2 670.6
78	640003128076	2012	2 669.7
79	640003151857	2015	2 669.6
80	640190172323	2017	2 669.0
81	640166161836	2015	2 668.7
82	640004177351	2017	2 668.5
83	640004136275	2013	2 668.3
84	640190160747	2016	2 668.1

续表

排名	牛号	出生年份	$CPI1_{2020}$
85	640004115946	2011	2 667.1
85	640005093431	2009	2 667.1
87	640166109687	2010	2 666.7
88	640004146461	2014	2 666.6
89	640190162160	2016	2 666.2
90	640009110094	2016	2 666.0
91	640166109681	2010	2 665.5
91	640005166981	2016	2 665.5
93	640005113832	2011	2 665.1
94	640035118007	2011	2 664.9
95	640166109761	2010	2 664.7
96	640009160907	2016	2 664.2
97	640003141688	2011	2 664.0
97	640190174883	2017	2 664.0
99	640190174844	2017	2 663.9
100	640190162331	2016	2 663.7
100	640166120674	2012	2 663.7
102	640003162279	2016	2 663.5
103	640003141718	2014	2 663.3
103	640009130126	2013	2 663.3
105	640003121323	2012	2 663.2
106	640004095534	2009	2 663.0
107	640005144456	2014	2 662.9
108	640009171093	2017	2 662.8
109	640005144411	2014	2 662.7
110	640009110081	2011	2 662.4
111	640190141110	2014	2 662.3
112	640166099388	2009	2 662.1

续表

排名	牛号	出生年份	$CPI1_{2020}$
113	640035148796	2014	2 662.0
114	640003152051	2015	2 661.9
115	640190090328	2009	2 661.6
115	640190260930	2016	2 661.6
117	640190155531	2015	2 661.4
118	640005144360	2014	2 661.3
119	640005093316	2009	2 661.2
120	640190156070	2015	2 660.8
121	640003110237	2011	2 660.5
121	640190080063	2008	2 660.5
123	640004156810	2015	2 660.4
123	640004177347	2017	2 660.4
125	640004177325	2017	2 660.2
126	640190157644	2015	2 660.1
127	640190155522	2015	2 659.8
127	640005175092	2017	2 659.8
129	640003121238	2012	2 659.7
130	640009090071	2009	2 659.5
131	640190123608	2012	2 659.4
132	640190157417	2015	2 659.3
132	640190173495	2017	2 659.3
132	640005103608	2010	2 659.3
135	640190162698	2016	2 659.1
136	640035138502	2013	2 659.0
136	640190130536	2013	2 659.0
138	640190155809	2015	2 658.7
138	640004187459	2018	2 658.7
138	640190140332	2014	2 658.7

续表

排名	牛号	出生年份	$CPI1_{2020}$
141	640190154411	2015	2 658.6
142	640007100895	2010	2 658.5
143	640009080093	2008	2 658.3
143	640009160765	2016	2 658.3
145	640009160807	2016	2 658.1
145	640166120480	2012	2 658.1
147	640005123933	2012	2 658.0
147	640009090050	2009	2 658.0
149	640190131605	2013	2 657.9
150	640003120482	2012	2 657.8
151	640190110353	2011	2 657.6
151	640004187386	2018	2 657.6
153	640190162732	2016	2 657.5
154	640166120615	2012	2 657.4
155	640005175219	2017	2 657.2
155	640190135676	2013	2 657.2
157	640009160961	2016	2 656.5
158	640009150597	2015	2 656.4
158	640190162476	2016	2 656.4
158	640005134073	2013	2 656.4
161	640004115942	2011	2 656.3
161	640004136322	2013	2 656.3
163	640035128077	2012	2 656.2
163	640004177330	2017	2 656.2
165	640190156704	2015	2 656.0
166	640190160951	2016	2 655.9
167	640004125986	2012	2 655.8
168	640035138496	2013	2 655.4

续表

排名	牛号	出生年份	$CPI1_{2020}$
168	640003141746	2014	2 655.4
170	640166120345	2012	2 655.3
171	640009100082	2010	2 655.2
172	640190155318	2015	2 655.1
173	640005124027	2012	2 655.0
174	640190156072	2015	2 654.9
174	640009140287	2014	2 654.9
176	640166130835	2013	2 654.6
176	640190171215	2017	2 654.6
178	640035118018	2011	2 654.4
179	640190157381	2015	2 654.0
180	640005124017	2012	2 653.9
181	640035107678	2010	2 653.6
181	640166110151	2011	2 653.6
183	640190180188	2018	2 653.4
184	640009110063	2011	2 653.3
184	640190113432	2011	2 653.3
186	640190160340	2016	2 653.2
187	640166120647	2012	2 653.0
187	640005107689	2010	2 653.0
189	640190131141	2013	2 652.9
189	640190160924	2016	2 652.9
189	640035097451	2013	2 652.9
192	640035138442	2013	2 652.7
193	640190162559	2016	2 652.5
193	640190130019	2013	2 652.5
195	640009090019	2009	2 652.3
196	640005134176	2013	2 651.9

续表

排名	牛号	出生年份	$CPI1_{2020}$
196	640190123762	2012	2 651.9
196	640009130014	2013	2 651.9
199	640003120497	2012	2 651.8
200	640005185305	2018	2 651.7
201	640005144328	2014	2 651.6
202	640009171125	2017	2 651.5
202	640166109772	2010	2 651.5
204	640166120583	2012	2 651.4
204	640190155303	2015	2 651.4
206	640009090028	2009	2 651.2
206	640190173355	2017	2 651.2
206	640190163558	2016	2 651.2
206	640005123925	2012	2 651.2
210	640166119994	2011	2 651.1
211	640003167080	2016	2 651.0
211	640007090665	2009	2 651.0
213	640003111150	2011	2 650.9
213	640003162360	2016	2 650.9
213	640005103669	2010	2 650.9
216	640190156039	2015	2 650.8
216	640007110037	2011	2 650.8
216	640190155434	2015	2 650.8
216	640190127851	2012	2 650.8
216	640003162349	2016	2 650.8
221	640166109782	2010	2 650.7
222	640009160973	2016	2 650.4
223	640003162447	2016	2 650.1
224	640190155665	2015	2 649.7

续表

排名	牛号	出生年份	$CPI1_{2020}$
224	640190172825	2017	2 649.7
224	640005175088	2017	2 649.7
224	640190155618	2015	2 649.7
228	640005123916	2012	2 649.5
229	640035097569	2011	2 649.1
229	640005164770	2016	2 649.1
231	640035117816	2014	2 649.0
231	640035160358	2016	2 649.0
233	640190160760	2016	2 648.8
233	640190163307	2016	2 648.8
233	640009120093	2012	2 648.8
236	640004126006	2012	2 648.7
237	640003167059	2016	2 648.6
237	640009160857	2016	2 648.6
239	640003131437	2009	2 648.5
240	640190162226	2016	2 648.3
241	640166130957	2013	2 648.2
242	640005154587	2015	2 648.1
243	640190141402	2014	2 648.0
244	640035148774	2014	2 647.9
245	640005134243	2013	2 647.7
246	640190261021	2016	2 647.5
247	640190171827	2017	2 647.4
248	640003162311	2016	2 647.3
248	640190123485	2012	2 647.3
250	640003162399	2016	2 647.2
251	640003151883	2015	2 647.1
251	640190162255	2016	2 647.1

续表

排名	牛号	出生年份	$CPI1_{2020}$
251	640009160949	2016	2 647.1
254	640004177329	2017	2 647.0
255	640004146476	2014	2 646.8
255	640190156178	2015	2 646.8
257	640003121208	2012	2 646.7
258	640009160868	2016	2 646.3
258	640035107723	2010	2 646.3
260	640166161964	2016	2 646.2
260	640009150687	2015	2 646.2
262	640166182738	2018	2 646.1
262	640009161007	2016	2 646.1
264	640190123201	2012	2 646.0
264	640190134617	2013	2 646.0
264	640035117802	2014	2 646.0
264	640035170636	2017	2 646.0
264	640035087365	2007	2 646.0
269	640190173719	2017	2 645.9
269	640166182635	2017	2 645.9
271	640003121210	2012	2 645.8
272	640005134255	2013	2 645.6
273	640166161889	2016	2 645.4
273	640009090069	2009	2 645.4
273	640003162369	2016	2 645.4
273	640009090072	2009	2 645.4
273	640190123976	2012	2 645.4
278	640190177135	2017	2 645.2
278	640009130082	2013	2 645.2
280	640190090133	2009	2 645.1

续表

排名	牛号	出生年份	$CPI1_{2020}$
281	640005123949	2012	2 644.8
282	640009090057	2009	2 644.7
282	640035109754	2010	2 644.7
282	640190162467	2016	2 644.7
282	640166151424	2015	2 644.7
286	640190120164	2012	2 644.5
286	640190134325	2013	2 644.5
288	640009090018	2009	2 644.4
288	640005154575	2015	2 644.4
290	640190174260	2017	2 644.3
291	640005154538	2015	2 644.1
292	640005123939	2012	2 644.0
292	640005164939	2016	2 644.0
294	640009150532	2015	2 643.9
295	640004187381	2018	2 643.7
296	640190132114	2013	2 643.5
297	640009120175	2012	2 643.3
298	640009160738	2016	2 643.2
298	640005175125	2017	2 643.2
298	640003090726	2009	2 643.2
301	640009150515	2015	2 643.0
301	640003120307	2012	2 643.0
303	640190156061	2015	2 642.9
304	640005118003	2011	2 642.8
304	640166130948	2013	2 642.8
306	640035097447	2009	2 642.7
307	640005117999	2011	2 642.6
307	640166130953	2013	2 642.6

续表

排名	牛号	出生年份	$CPI1_{2020}$
309	640009130076	2013	2 642.5
309	640166109735	2010	2 642.5
309	640005093392	2009	2 642.5
312	640166099338	2009	2 642.4
313	640190176001	2017	2 642.3
313	640190173173	2017	2 642.3
313	640009150726	2015	2 642.3
316	640190163518	2016	2 642.2
316	640003162217	2016	2 642.2
316	640004095510	2009	2 642.2
319	640190173765	2017	2 642.1
319	640003111124	2011	2 642.1
321	640035128078	2012	2 642.0
321	640035148616	2014	2 642.0
323	640003131527	2013	2 641.9
324	640009171149	2017	2 641.8
325	640166099311	2009	2 641.7
325	640166161837	2016	2 641.7
325	640190172191	2017	2 641.7
328	640005083157	2007	2 641.6
329	640009150571	2015	2 641.5
329	640190141149	2014	2 641.5
331	640003162140	2016	2 641.3
331	640005123974	2012	2 641.3
333	640003090690	2008	2 641.2
333	640005144307	2014	2 641.2
335	640190142289	2014	2 641.1
335	640005103628	2010	2 641.1

续表

排名	牛号	出生年份	$CPI1_{2020}$
335	640003162165	2016	2 641.1
338	640005175182	2017	2 641.0
339	640190142447	2014	2 640.9
340	640166109797	2010	2 640.8
340	640190175279	2017	2 640.8
342	640190142560	2014	2 640.5
342	640190162645	2016	2 640.5
344	640005134253	2013	2 640.4
345	640166151719	2015	2 640.3
346	640035148721	2014	2 640.2
347	640005124008	2012	2 640.1
347	640007100837	2010	2 640.1
349	640166099387	2009	2 639.9
350	640009090030	2009	2 639.8
350	640005103606	2010	2 639.8
350	640005174981	2016	2 639.8
350	640004146482	2014	2 639.8
350	640005175250	2017	2 639.8
350	640035148702	2014	2 639.8
356	640005154650	2015	2 639.7
357	640166130890	2013	2 639.6
358	640005113688	2009	2 639.5
358	640190174409	2017	2 639.5
358	640003167063	2016	2 639.5
361	640035097430	2009	2 639.4
362	640035160490	2016	2 639.3
362	640190162116	2016	2 639.3
362	640035117852	2011	2 639.3

续表

排名	牛号	出生年份	$CPI1_{2020}$
362	640005175175	2017	2 639.3
362	640190130150	2013	2 639.3
367	640009130074	2013	2 639.2
368	640035128216	2012	2 639.1
368	640005113825	2011	2 639.1
368	640005175086	2017	2 639.1
371	640035097458	2006	2 639.0
371	640005154702	2015	2 639.0
373	640003121293	2012	2 638.9
373	640003131535	2013	2 638.9
373	640003110876	2011	2 638.9
376	640004177252	2017	2 638.7
376	640190162024	2016	2 638.7
378	640005123968	2012	2 638.6
378	640190155322	2015	2 638.6
378	640190156069	2015	2 638.6
381	640166120661	2012	2 638.5
381	640190113916	2011	2 638.5
381	640166119997	2011	2 638.5
381	640005097439	2009	2 638.5
385	640005124023	2012	2 638.4
385	640190142466	2014	2 638.4
387	640035160365	2016	2 638.3
388	640005164716	2016	2 638.2
388	640009090042	2009	2 638.2
390	640005174983	2016	2 638.1
390	640166141138	2014	2 638.1
390	640190163287	2016	2 638.1

续表

排名	牛号	出生年份	$CPI1_{2020}$
393	640035097418	2009	2 638.0
393	640190171965	2017	2 638.0
393	640005144453	2014	2 638.0
396	640004095480	2009	2 637.9
396	640166109731	2010	2 637.9
396	640190128916	2013	2 637.9
399	640004136452	2013	2 637.8
399	640190142183	2014	2 637.8
401	640190160037	2016	2 637.7
401	640166151435	2015	2 637.7
401	640005113671	2011	2 637.7
404	640035097405	2007	2 637.5
404	640190173421	2017	2 637.5
404	640166109752	2010	2 637.5
404	640005144334	2014	2 637.5
408	640005144340	2014	2 637.4
409	64019013A148	2013	2 637.2
410	640190156154	2015	2 637.1
411	640003100927	2010	2 637.0
411	640004177284	2017	2 637.0
411	640035148790	2014	2 637.0
414	640190172421	2017	2 636.9
414	640190160198	2016	2 636.9
414	640035118002	2011	2 636.9
417	640190162667	2016	2 636.8
418	640190171985	2017	2 636.7
419	640190126772	2012	2 636.5
420	640009140456	2014	2 636.3

续表

排名	牛号	出生年份	$CPI1_{2020}$
420	640004125997	2012	2 636.3
420	640190132115	2013	2 636.3
423	640166182639	2017	2 636.2
424	640005154581	2015	2 636.1
425	640190155409	2015	2 636.0
426	640035117954	2011	2 635.9
427	640005134212	2013	2 635.5
427	640190155473	2015	2 635.5
429	640190160486	2016	2 635.4
430	640166120348	2012	2 635.3
430	640190130240	2013	2 635.3
430	640190123813	2012	2 635.3
433	640005134236	2013	2 635.2
434	640035117835	2011	2 635.1
434	640035128254	2012	2 635.1
436	640035148783	2014	2 634.9
436	640005154468	2015	2 634.9
436	640009110043	2011	2 634.9
436	640009140262	2014	2 634.9
440	640190172913	2017	2 634.8
441	640004095486	2009	2 634.7
441	640190174555	2017	2 634.7
443	640004095539	2009	2 634.6
443	640005144339	2014	2 634.6
443	640190132187	2013	2 634.6
443	640005117963	2011	2 634.6
443	640190141379	2014	2 634.6
443	640035160277	2016	2 634.6

续表

排名	牛号	出生年份	$CPI1_{2020}$
449	640190142471	2014	2 634.5
449	640035148798	2014	2 634.5
451	640166120514	2012	2 634.4
452	640003141581	2014	2 634.2
453	640003162409	2016	2 634.1
454	640035160402	2016	2 634.0
454	640190090165	2009	2 634.0
456	640190155610	2015	2 633.8
457	640005175084	2017	2 633.7
457	640190123876	2012	2 633.7
459	640190173303	2017	2 633.6
459	640003120292	2012	2 633.6
459	640190160448	2016	2 633.6
462	640035128239	2012	2 633.4
463	640007110043	2011	2 633.3
464	640190174504	2017	2 633.1
464	640004105743	2010	2 633.1
466	640009150660	2015	2 633.0
466	640009090098	2009	2 633.0
466	640190162298	2016	2 633.0
469	640003141821	2014	2 632.9
470	640190173547	2017	2 632.8
470	640190123686	2012	2 632.8
470	640190261040	2016	2 632.8
470	640005175061	2017	2 632.8
470	640190157173	2015	2 632.8
475	640035128214	2012	2 632.7
475	640190156206	2015	2 632.7

续表

排名	牛号	出生年份	$CPI1_{2020}$
475	640190155628	2015	2 632.7
475	640003120337	2012	2 632.7
475	640190171871	2017	2 632.7
480	640190141058	2014	2 632.6
481	640166161865	2016	2 632.5
482	640005164851	2016	2 632.3
482	640009113154	2011	2 632.3
482	640190173711	2017	2 632.3
485	640005103567	2010	2 632.2
486	640190129337	2013	2 632.0
486	640035138297	2012	2 632.0
486	640003121297	2012	2 632.0
489	640190163438	2016	2 631.9
490	640190162719	2016	2 631.8
491	640005144338	2014	2 631.7
491	640035160357	2016	2 631.7
493	640190156177	2015	2 631.6
493	640009100089	2010	2 631.6
493	640005134179	2013	2 631.6
496	640190141588	2014	2 631.5
496	640166162201	2016	2 631.5
498	640190173043	2017	2 631.3
499	640035128243	2012	2 631.2
499	640190157618	2015	2 631.2